21世纪高等院校信息与通信工程规划教材

21st Century University Planned Textbooks of Information and Communication Engineering

SDH技术（第3版）

孙学康 毛京丽 编著

SDH Technology (3rd Edition)

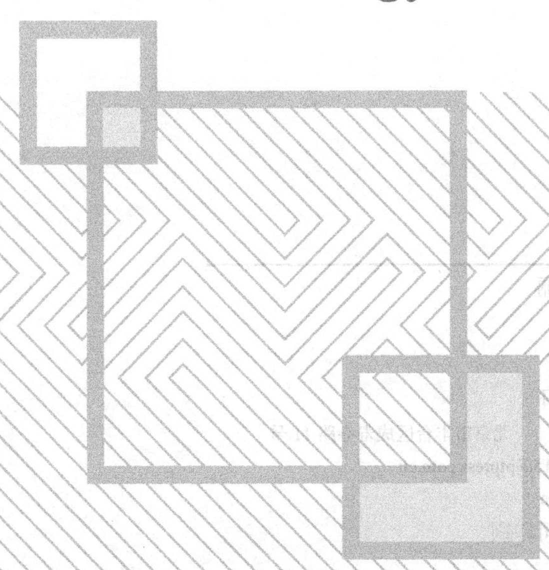

人 民 邮 电 出 版 社

北 京

图书在版编目（CIP）数据

SDH技术 / 孙学康，毛京丽编著. -- 3版. -- 北京 ：人民邮电出版社，2015.12
21世纪高等院校信息与通信工程规划教材
ISBN 978-7-115-40890-7

Ⅰ. ①S… Ⅱ. ①孙… ②毛… Ⅲ. ①光纤通信－同步通信网－高等学校－教材 Ⅳ. ①TN929.11

中国版本图书馆CIP数据核字(2015)第258770号

内容提要

本书分为两部分共9章。第1部分包括第1章和第2章，详细地介绍了SDH的基本概念以及SDH的复用、映射和定位等基本原理。第2部分包括第3～9章，内容侧重实际应用技术，介绍SDH设备（包括终端设备、分插复用设备、数字交叉连接设备、中继设备），SDH传送网的结构及其自愈功能，SDH传输系统性能分析，基于SDH多业务传送平台，SDH与MSTP同步网以及网络管理等实际问题。另外，讨论了SDH在互联网、接入网中的应用方案以及MSTP在城域网中的应用方案，并通过实例，介绍了SDH和MSTP网络规划设计内容。

本书可作为高等学校通信专业的教材，也可供从事通信工作的工程技术人员参考。

♦ 编　　著　孙学康　毛京丽
　责任编辑　张孟玮
　执行编辑　李　召
　责任印制　沈　蓉　彭志环
♦ 人民邮电出版社出版发行　　北京市丰台区成寿寺路11号
　邮编　100164　　电子邮件　315@ptpress.com.cn
　网址　https://www.ptpress.com.cn
　北京盛通印刷股份有限公司印刷
♦ 开本：787×1092　1/16
　印张：16　　　　　　2015年12月第3版
　字数：392千字　　　　2025年1月北京第12次印刷

定价：45.00元

读者服务热线：(010)81055256　印装质量热线：(010)81055316
反盗版热线：(010)81055315

第3版前言

随着IP业务的迅速发展，因特网已由简单的传送数据文件发展到普遍提供实时视频、音频通信及动画、广告等其他娱乐服务，数据传输量大大增加，因而对通信网络的服务质量提出了更高的要求。尽管SDH光传送网最初是针对话音业务而设计的，但其低传输损耗和宽传输带宽的特点，特别是在基于SDH的多业务传送技术应用于城域网之后，使其成为高速数据业务的理想传输手段之一。

本书在内容取材和编写上具有以下特点。

（1）内容全面。全书包括SDH技术和基于SDH的多业务传送平台（MSTP）两部分内容，主要涉及SDH网络的基本概念及特点，SDH的映射、定位和复用过程，SDH设备与传输系统，SDH传送网络结构，MSTP的基本概念和特点、MSTP中的关键技术和以太业务、ATM业务、TDM业务的实现过程等。

（2）循序渐进。由于SDH技术是在PDH技术的基础上发展而来的，考虑到知识的连续性，教材中特意补充了有关数字通信的基础理论，以利于学生由浅到深地全面掌握SDH与MSTP传输技术。

（3）实用性强。书中包括了SDH线路系统性能分析、SDH在互联网和接入网中的应用、SDH支撑网、MSTP技术在城域网和接入网中的应用、SDH与MSTP网络规划设计等，符合技术发展和市场的需求。

为了便于学习，每一章还提供了内容摘要、小结和复习题。

本次修订在《SDH技术（第2版）》的基础上做了如下调整。

增加了有关高速光纤传输系统性能分析，MSTP网络规划设计及其在接入网、城域网、承载网中的应用等内容，并对SDH支撑网的内容进行了有效梳理，使其更具条理性。考虑到知识的连续性，教材中补充了有关数字通信的基础理论。

本书作为通信专业的本科生教材，具有理论适中、内容实用便于自学的特点，因而也可供从事通信方面工作的工程技术人员参考。

本书的第1、2、7、9章由毛京丽负责编写，第3、4、5、6、8章由孙学康负责编写。

本书在编写的过程中，得到了北京邮电大学李文海、张政、张金菊、段炳毅教授和董跃武、段玫、王晓勤老师的热心指导，在此表示衷心的感谢。同时还要感谢周日康、武强、任永攀、许世纳、苏坤、吴宏星等对本书所提供的帮助。

编　者

2015年11月

目录

第1章 概述 ······ 1
1.1 PDH的局限性 ······ 1
1.1.1 PCM基本概念 ······ 1
1.1.2 PCM30/32路系统 ······ 4
1.1.3 准同步数字体系 ······ 7
1.1.4 PDH的局限性 ······ 14
1.2 SDH基本概念 ······ 15
1.2.1 SDH的概念 ······ 15
1.2.2 SDH的优缺点 ······ 16
1.3 SDH的速率体系 ······ 17
1.4 SDH的基本网络单元 ······ 17
1.4.1 终端复用器 ······ 17
1.4.2 分插复用器 ······ 17
1.4.3 再生中继器 ······ 19
1.4.4 同步数字交叉连接设备 ······ 19
1.5 网络节点接口与SDH的帧结构 ······ 21
1.5.1 网络节点接口 ······ 21
1.5.2 SDH的帧结构 ······ 22
1.5.3 段开销字节 ······ 23
小结 ······ 28
复习题 ······ 29
第2章 同步复用与映射方法 ······ 31
2.1 复用结构 ······ 31
2.1.1 SDH的一般复用结构 ······ 31
2.1.2 复用单元 ······ 32
2.1.3 我国的SDH复用结构 ······ 33
2.2 映射 ······ 35
2.2.1 映射的概念 ······ 35
2.2.2 通道开销 ······ 35
2.2.3 映射方式的分类 ······ 38
2.2.4 映射过程 ······ 40
2.3 定位 ······ 51
2.3.1 定位的概念及指针的作用 ······ 51
2.3.2 指针调整原理及指针调整过程 ······ 52
2.4 复用 ······ 58
2.4.1 复用过程 ······ 58
2.4.2 2.048Mbit/s信号映射、定位、复用的过程总结 ······ 60
2.4.3 34.368 Mbit/s信号映射、定位、复用的过程总结 ······ 62
2.5 复用映射单元的参数 ······ 63
小结 ······ 64
复习题 ······ 65
第3章 SDH设备 ······ 67
3.1 SDH逻辑功能块 ······ 67
3.1.1 基本功能块 ······ 67
3.1.2 复合功能块 ······ 76
3.1.3 辅助功能块 ······ 76
3.2 再生器 ······ 78
3.2.1 SDH物理接口（1） ······ 79
3.2.2 再生器终端（1） ······ 79
3.2.3 再生器终端（2） ······ 79
3.2.4 SDH物理接口（2） ······ 80
3.3 复用设备 ······ 80
3.3.1 终端复用设备 ······ 80

3.3.2 分插复用器……81
3.3.3 复用器类型Ⅳ……82
3.3.4 复用设备的抖动和漂移性能……83
3.4 数字交叉连接器……85
3.4.1 问题的提出……85
3.4.2 DXC的基本功能……85
3.4.3 DXC的特点及与数字交换机的区别……86
3.4.4 DXC设备连接类型……87
3.4.5 DXC设备性能要求……89
小结……90
复习题……91
第4章 SDH光传输系统……92
4.1 系统结构……92
4.2 衰减与色散对中继距离的影响……93
4.2.1 衰减对中继距离的影响……94
4.2.2 色散对中继距离的影响……94
4.2.3 最大中继距离的计算……96
4.3 高速长距离光传输系统……98
4.3.1 传输通道特性……98
4.3.2 高速光传输系统……99
4.3.3 超长距离光传输系统中的光放大技术……102
4.4 SDH网络性能指标……107
4.4.1 SDH网络性能指标……107
4.4.2 SDH网络的误码性能……108
4.4.3 SDH网络抖动性能……111
4.4.4 SDH网络延时特性……114
4.5 SDH光接口、电接口技术标准……116
4.5.1 SDH光接口、电接口的定界……116
4.5.2 SDH光接口技术指标……117
4.5.3 SDH电接口指标……123
小结……126
复习题……127
第5章 SDH传送网络结构和自愈网……128
5.1 SDH传送网……128
5.1.1 传送网的基本概念……128
5.1.2 分层与分割的概念……129
5.1.3 SDH网络拓扑结构……134
5.2 自愈网……139
5.2.1 自愈网的概念……139
5.2.2 自动线路保护倒换……140
5.2.3 环路保护……142
5.2.4 DXC保护……149
5.2.5 混合保护……150
5.2.6 各种自愈网的比较……150
小结……151
复习题……152
第6章 基于SDH的多业务传送平台……153
6.1 MSTP的基本概念及特点……153
6.2 MSTP中的关键技术……154
6.2.1 级联与虚级联……154
6.2.2 链路容量调整方案（LCAS）……157
6.2.3 通用成帧协议……159
6.2.4 智能适配层……163
6.3 多业务传送平台……163
6.3.1 以太网业务在MSTP中的实现……163
6.3.2 ATM业务在MSTP中的实现……165
6.3.3 TDM业务在MSTP中的实现……166
6.4 MPLS技术在MSTP中的应用……166
6.4.1 MPLS技术基础……166
6.4.2 MPLS技术在MSTP中的应用……168
6.5 弹性分组环技术在MSTP中的应用……170
6.5.1 弹性分组环基础理论……170
6.5.2 RPR技术在MSTP中的应用……177
6.6 MSTP的性能指标……178
小结……179
复习题……181
第7章 SDH支撑网……182
7.1 SDH同步网……182
7.1.1 网同步的基本概念……182

7.1.2 SDH同步网 ……186
7.2 电信管理网与SDH管理网 ……193
7.2.1 电信管理网基础 ……193
7.2.2 SDH管理网 ……201
7.3 MSTP管理网 ……208
7.3.1 对MSTP网络管理的要求 ……208
7.3.2 基于SDH的MSTP网络管理体系结构 ……208
7.3.3 MSTP网络管理功能 ……209
7.3.4 网元管理系统与网络管理系统接口功能 ……211
小结 ……214
复习题 ……216
第8章 SDH和MSTP的应用 ……217
8.1 SDH在互联网中的应用 ……217
8.1.1 Internet网络 ……217
8.1.2 实现宽带IP网络的主要技术 ……217
8.1.3 IP over SDH技术 ……221
8.1.4 基于SDH的千兆以太网（GEOS-Gbit Ethernet over SDH）技术 ……223
8.2 SDH在接入网中的应用 ……227
8.2.1 在接入网中应用SDH的主要优势 ……228
8.2.2 SDH在接入网中的应用方案 ……228
8.3 MSTP技术在城域网中的应用 ……230
8.3.1 MSTP在城域网中的应用优势 ……230
8.3.2 MSTP应用模式 ……230
8.4 MSTP在IP承载网中的应用 ……232
小结 ……232
复习题 ……233
第9章 SDH与MSTP本地传输网规划设计 ……234
9.1 本地传输网规划设计概述 ……234
9.1.1 本地传输网的分层结构 ……234
9.1.2 本地传输网的分层规划设计 ……234
9.2 SDH本地传输网规划设计 ……237
9.2.1 SDH本地传输网规划设计的原则及内容 ……237
9.2.2 SDH本地传输网规划设计的方法 ……238
9.3 MSTP本地传输网规划设计 ……245
9.3.1 MSTP本地传输网规划设计的方法 ……245
9.3.2 MSTP本地传输网的分层组网设计 ……245
小结 ……248
复习题 ……249
参考文献 ……250

第1章 概述

21世纪人类进入高度发达的信息社会，这就要求高质量的信息服务与之相适应，也就是要求现代化的通信网向着数字化、综合化、宽带化、智能化和个人化方向发展。传输系统是现代通信网的主要组成部分，而传统的准同步数字体系（PDH）有其自身的一些弱点，为了适应通信网的发展，需要一个新的传输体制，同步数字体系（SDH）则应运而生。

本章首先介绍准同步数字体系（PDH）的基本概念、分析PDH的局限性，然后引出SDH的概念及优缺点，最后介绍SDH的速率体系、基本网络单元和帧结构。

1.1 PDH的局限性

1.1.1 PCM基本概念

1. PCM的概念

数字通信是以数字信号的形式来传递消息的，其传输的主要对象是话音信号等。而话音信号是幅度、时间取值均连续的模拟信号，所以数字通信所要解决的首要问题是模拟信号的数字化，即模/数变换（A/D变换）。

模/数变换的方法主要有脉冲编码调制（PCM）、差值脉冲编码调制（DPCM）、自适应差值脉冲编码调制（ADPCM）、增量调制（DM）等。

脉冲编码调制（PCM）是对模拟信号的瞬时抽样值量化、编码，以将模拟信号转化为数字信号。

2. PCM通信系统的构成

若模/数变换的方法采用PCM，由此构成的数字通信系统称为PCM通信系统。采用基带传输的PCM通信系统构成方框图如图1-1所示。

PCM通信系统由以下三个部分构成。

（1）模/数变换

模/数变换（A/D变换）具体包括抽样、量化、编码三步。

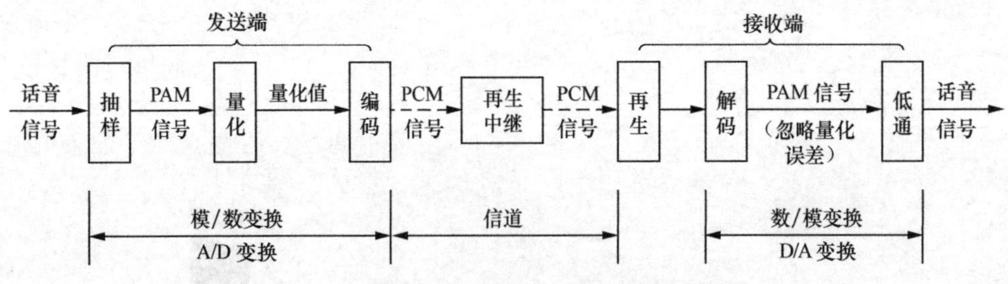

图 1-1　PCM 通信系统的构成方框图（基带传输）

① 抽样

所谓抽样就是每隔一定的时间间隔 T（称为抽样周期），抽取模拟信号的一个瞬时幅度值（样值）。即抽样是把模拟信号在时间上离散化，变为脉冲幅度调制（PAM）信号。

抽样是由抽样门来完成的，在抽样脉冲 S_T（t）的控制下，抽样门闭合或断开，如图 1-2 所示。

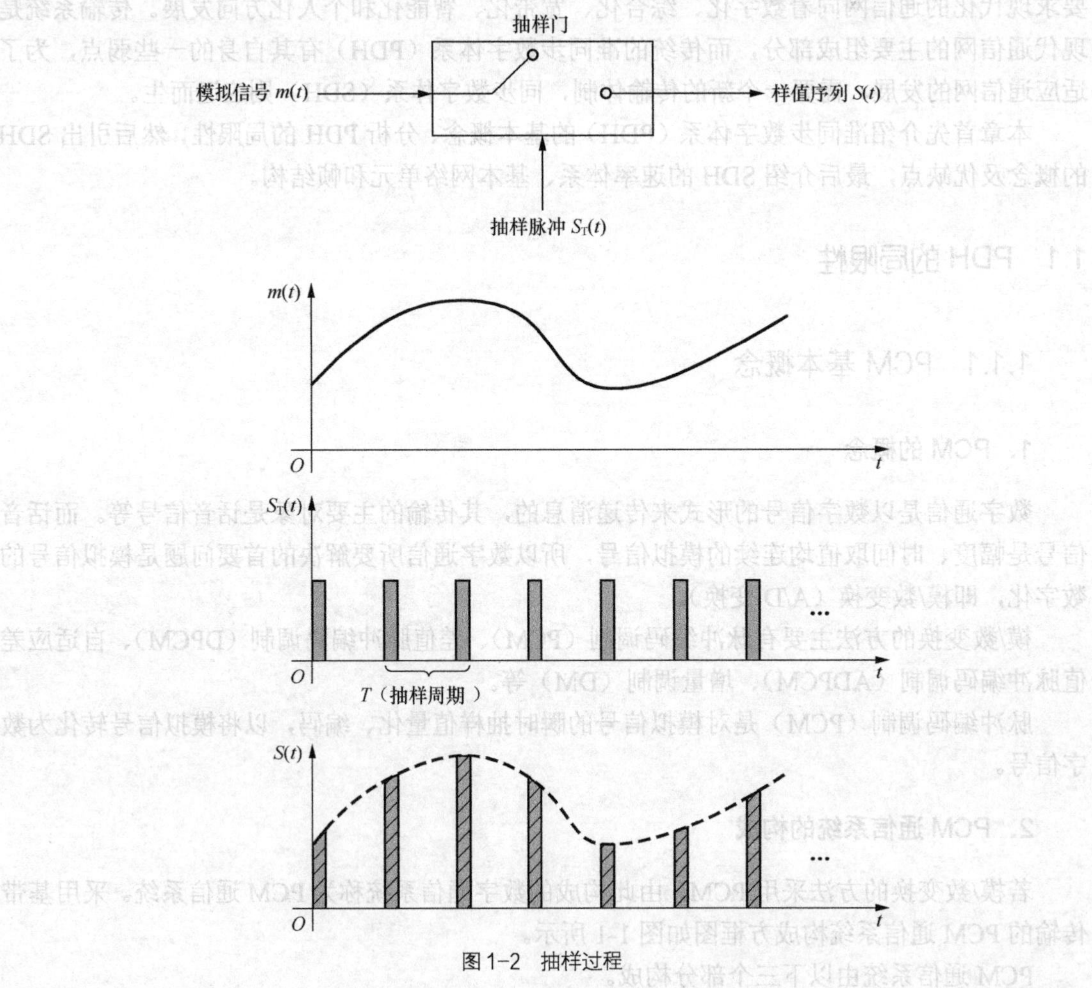

图 1-2　抽样过程

每当有抽样脉冲时，抽样门开关闭合，其输出取出一个模拟信号的样值；当抽样脉冲幅度为零时，抽样门开关断开，其输出为零（假设抽样门等效为一个理想开关）。抽样后所得出的一串在时间上离散的样值称为样值序列或样值信号，也称为 PAM 信号，由于其幅度取值仍然是连续的，所以它仍属于模拟信号。

抽样要满足抽样定理。根据推导得出低通型信号（模拟信号的频率范围为 $f_0 \sim f_M$，$B = f_M - f_0$，若 $f_0 < B$ 称为低通型信号）的抽样定理为："一个频带限制在 f_M Hz 以下的连续信号 $m(t)$，可以唯一地用时间每隔 $T \leqslant \frac{1}{2f_M}$ 秒的抽样值序列来确定。"即对于频率范围为 $f_0 \sim f_M$ 的模拟信号，其抽样频率 $f_S \geqslant 2f_M \left(f_S = \frac{1}{T} \right)$。否则，抽样后的 PAM 信号会产生折叠噪声，收端将无法用低通滤波器准确地恢复或重建原模拟信号（推导及说明从略，详见《数字通信原理》相关教材）。

话音信号的最高频率限制在 3400Hz，这时满足抽样定理的最低的抽样频率应为 $f_{Smin} = 6800$ Hz，为了留有一定的防卫带，CCITT 规定话音信号的抽样频率为 $f_S = 8000$Hz，这样就留出了 $8000 - 6800 = 1200$Hz 作为滤波器的防卫带。

② 量化

量化是将时间域上幅度连续的样值序列变换为幅度离散的信号（量化值）。即量化是把 PAM 信号在幅度上离散化，变为量化值（共有 N 个量化值）。

量化分为均匀量化和非均匀量化两种。均匀量化是在量化区内（即量化范围为 $-U \sim +U$，U 为过载电压。话音信号为小信号时出现的机会多，而大信号时出现的机会少，其主要分布在 $-U \sim +U$ 之间）均匀等分 N 个小间隔。非均匀量化大、小信号的量化间隔不同，信号幅度小时，量化间隔小，其量化误差也小；信号幅度大时，量化间隔大，其量化误差也大。数字通信系统中通常采用非均匀量化。

实现非均匀量化的方法有模拟压扩法和直接非均匀编解码法，目前一般采用直接非均匀编解码法。所谓直接非均匀编解码法是在发端根据非均匀量化间隔的划分直接将样值编码（非均匀编码），在编码的过程中相当于实现了非均匀量化，收端进行非均匀解码。

③ 编码

编码是用二进码来表示 N 个量化值，每个量化值编 l 位码，则有 $N = 2^l$。

值得说明的是：由于直接非均匀编解码法是发端根据非均匀量化间隔的划分直接将样值编码，在编码的过程中相当于实现了非均匀量化，所以实际数字通信系统中采用的编码器是对样值编码。

（2）信道部分

信道部分包括传输线路及再生中继器。再生中继器可消除噪声干扰，所以数字通信系统中每隔一定的距离加一个再生中继器以延长通信距离。

（3）数/模变换

接收端首先利用再生中继器消除数字信号中的噪声干扰，然后进行数/模变换。数/模变换包括解码和低通两部分。

① 解码

解码是编码的反过程，假设忽略量化误差（量化值与 PAM 信号样值之差）的话，解码后还原为 PAM 信号。

② 低通

收端低通的作用是恢复或重建原模拟信号。

1.1.2 PCM30/32路系统

1. 时分多路复用通信

（1）时分多路复用的概念

所谓时分多路复用（即时分制）是利用各路信号在信道上占有不同时间间隔的特征来分开各路信号。具体来说，把时间分成均匀的时间间隔，将各路信号的传输时间分配在不同的时间间隔内，以达到互相分开的目的。

（2）PCM时分多路复用通信系统的构成

PCM时分多路复用通信系统的构成如图1-3所示。为简化起见只绘出3路复用情况，现结合图1-4所示波形图说明时分复用通信系统的工作原理。

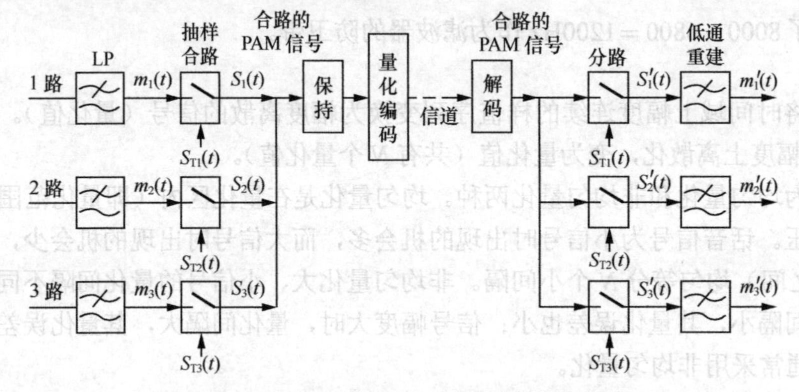

图1-3 PCM时分多路复用通信系统的构成

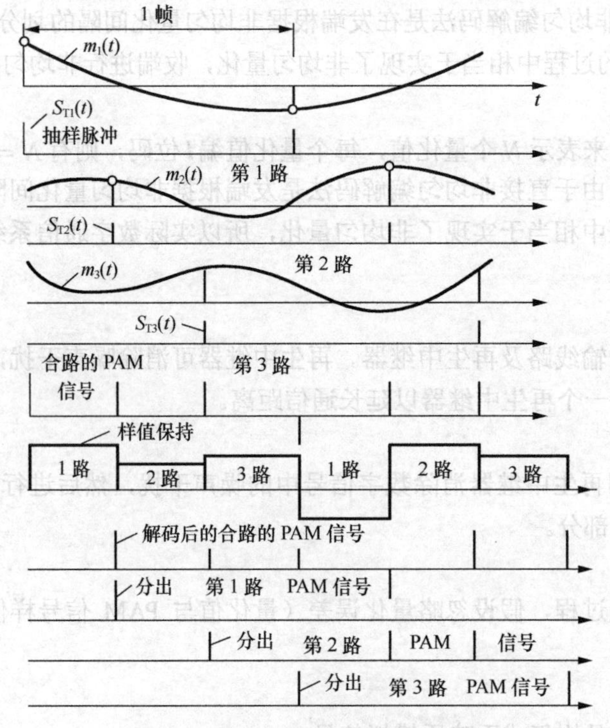

图1-4 PCM时分复用波形变换示意图

各路信号先经低通滤波器（截止频率为 3.4kHz）LP 将频带限制在 0.3～3.4kHz 以内，防止高于 3.4kHz 的信号通过，避免抽样后的 PAM 信号产生折叠噪声。然后各路话音信号 $(m_1(t) \sim m_3(t))$ 经各自的抽样门进行抽样，抽样间隔均为 $T=125\mu s(f_S=8kHz)$，抽样脉冲 $S_{T1}(t) \sim S_{T3}(t)$ 的脉冲出现时刻依次错后，因此各路样值序列在时间上是分开的，从而达到合路的目的。

由于编码需要一定的时间，为了保证编码的精度，要将样值展宽占满整个时隙，因此合路的 PAM 信号送到保持电路，它将每一个样值记忆一个路时隙，然后经过量化编码变成 PCM 信码，每一路的码字依次占用一个路时隙。

在接收端，解码后还原成合路的 PAM 信号（假设忽略量化误差）。由于解码是在一路码字（每个样值编 8 位码，8 位码称为一个码字）都到齐后，才解码成原抽样值，所以在时间上推迟了一些。最后通过分路门电路，将合路的 PAM 信号分配至相应的各路中去，即分成各路的 PAM 信号，经低通重建、近似地恢复为原始话音信号。

以上是以 3 路为例介绍的，一般复用的路数是 n 路，道理一样。另外，发端的 n 个抽样门通常用一个旋转开关 K1 来实现；收端的 n 个分路门用旋转开关 K2 来实现，如图 1-5 所示。

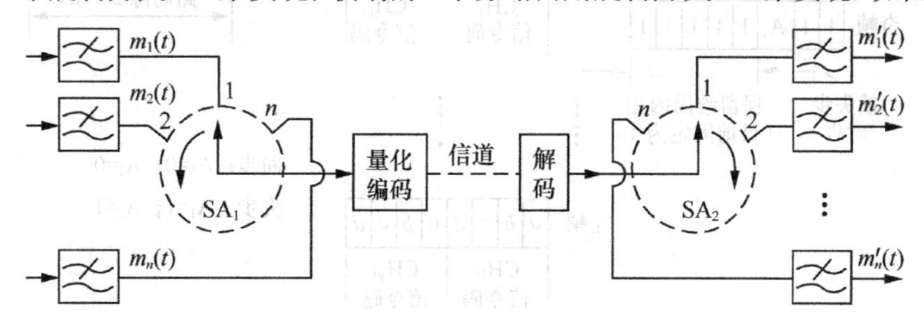

图 1-5 时分多路复用示意图

这里顺便介绍以下几个概念。

- 1 帧——抽样时各路每轮一次的总时间（即图 1-5 开关旋转一周的时间），也就是一个抽样周期。
- 路时隙（时隙）——路时隙（t_c）是合路的 PAM 信号每个样值所允许占的时间间隔 $\left(t_c=\dfrac{T}{n}\right)$。
- 位时隙——1 位码的时间 $\left(t_B=\dfrac{t_c}{l}\right)$。

2. PCM30/32 路系统帧结构

图 1-6 是 PCM30/32 路系统（称为基群，也叫一次群）的帧结构图。

由上述已知，话音信号采用 8kHz 抽样，抽样周期为 125μs，所以一帧的时间（即帧周期）$T=125\mu s$。每一帧由 32 个路时隙组成（每个时隙对应一个样值，一个样值编 8 位码），各时隙的分配如下。

（1）30 个话路时隙：$TS_1 \sim TS_{15}$，$TS_{17} \sim TS_{31}$

$TS_1 \sim TS_{15}$ 分别传送第 1～15 路（$CH_1 \sim CH_{15}$）话音信号，$TS_{17} \sim TS_{31}$ 分别传送第 16～30 路（$CH_{16} \sim CH_{30}$）话音信号。

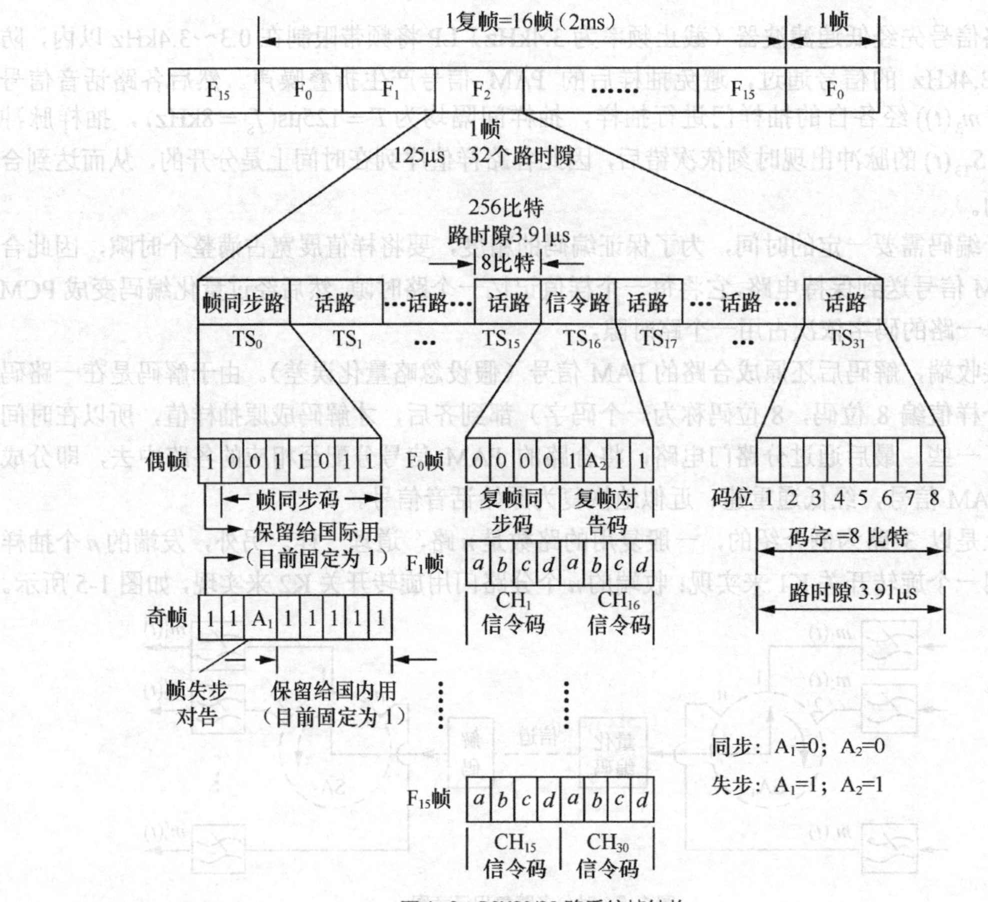

图1-6　PCM30/32路系统帧结构

（2）帧同步时隙：TS_0

帧同步是保证收端与发端相应的话路在时间上要对准。为了实现帧同步：

偶帧 TS_0——发送帧同步码0011011；偶帧 TS_0 的8位码中第1位保留给国际用，暂定为1，后7位为帧同步码。

奇帧 TS_0——发送帧失步告警码。奇帧 TS_0 的8位码中第1位也保留给国际用，暂定为1。其第2位码固定为1码，以便在接收端用以区别是偶帧还是奇帧（因为偶帧的第2位码是0码）。第3位码 A_1 为帧失步时向对端发送的告警码（简称对告码）。当帧同步时，A_1 为0码；帧失步时 A_1 码为1码。以便告诉对端，收端已经出现帧失步，无法工作。其第4～8位码可供传送其他信息（如业务联络等）。这几位码未使用时，固定为1码。这样，奇帧 TS_0 时隙的码型为（$11A_111111$}。

（3）信令与复帧同步时隙：TS_{16}

为了起各种控制作用，每一路话音信号都有相应的信令信号，即要传信令信号。由于信令信号频率很低，其抽样频率取500Hz，即其抽样周期为 $\dfrac{1}{500}=125\mu s\times 16=16T(T=125\mu s)$，而且只编4位码（称为信令码或标志信号码，实际一般只需要3位码），所以对于每个话路的信令码，只要每隔16帧轮流传送一次就够了。将每一帧的 TS_{16} 传送两个话路信令码（前四位码为一路，后四位码为另一路），这样15个帧（F_1～F_{15}）的 TS_{16} 可以轮流传送30个话路的信令码（具体情况参见图 1-6）。而 F_0 帧的 TS_{16} 传送复帧同步码和复帧失步告警码。

16 个帧称为一个复帧（F_0~F_{15}）。为了保证收、发两端各路信令码在时间上对准，每个复帧需要送出一个复帧同步码，以使复帧得到同步。复帧同步码安排在 F_0 帧的 TS_{16} 时隙中的前四位，码型为{0000}，另外 F_0 帧 TS_{16} 时隙的第 6 位 A_2 为复帧失步对告码。复帧同步时，A_2 码为 0 码，复帧失步时则改为 1 码。第 5、7、8 位码也可供传送其他信息用，如暂不使用，则固定为 1 码。需要注意的是信令码{a，b，c，d}不能同时编成 0 码，否则就无法与复帧同步码区别。

对于 PCM30/32 路系统，可以算出以下几个标准数据。

- 帧周期 125μs ，帧长度 32×8＝256bit（l=8）。
- 路时隙 $t_c = \frac{T}{n} = \frac{125\mu s}{32} = 3.91\mu s$ 。
- 位时隙 $t_B = \frac{t_c}{l} = \frac{3.91\mu s}{8} = 0.488\mu s$ 。
- 传信速率 $f_B = f_s \cdot n \cdot l = 8000 \times 32 \times 8 = 2048 kbit/s$

1.1.3 准同步数字体系

1. 数字复接的基本概念

（1）准同步数字体系概述

根据不同的需要和不同的传输介质的传输能力，要有不同话路数和不同速率的复接，形成一个系列（或等级），由低向高逐级复接，这就是数字复接系列。多年来一直使用较广的是准同步数字体系（PDH）。

国际上主要有两大系列的准同步数字体系，都经 CCITT（现更名为 ITU-T）推荐，即 PCM24 路系列和 PCM30/32 路系列。北美和日本采用 1.544Mbit/s 作为第一级速率（即一次群）的 PCM24 路数字系列，并且两家又略有不同；欧洲和中国则采用 2.048Mbit/s 作为第一级速率（即一次群）的 PCM30/32 路数字系列。两类速率系列如表 1-1 所示。

表 1-1　　数字复接系列（准同步数字体系）

	一次群（基群）	二 次 群	三 次 群	四 次 群
北美	24 路 1.544Mbit/s	96 路 （24×4 ） 6.312Mbit/s	672 路 （96×7） 45.736Mbit/s	4032 路 （672×6） 275.176Mbit/s
日本	24 路 1.544Mbit/s	96 路 （24×4） 6.312Mbit/s	480 路 （96×5） 32.064Mbit/s	1440 路 （480×3） 97.728Mbit/s
欧洲 中国	30 路 2.048Mbit/s	120 路 （30×4） 8.448Mbit/s	480 路 （120×4） 34.368Mbit/s	1920 路 （480×4） 139.264Mbit/s

（2）PCM 复用和数字复接

扩大数字通信容量，形成二次及以上的高次群的方法通常有两种：PCM 复用和数字复接。

① PCM 复用

所谓 PCM 复用就是直接将多路信号编码复用，即将多路模拟话音信号按 125μs 的周期分别进行抽样，然后合在一起统一编码形成多路数字信号。

显然一次群（PCM30/32 路）的形成就属于 PCM 复用。那么这种方法是否适用于二次及以上的高次群的形成呢？以二次群为例，假如采用 PCM 复用，要对 120 路话音信号分别按 8kHz 抽样，一帧 125μs 时间内有 120 多个路时隙，一个路时隙约等于一次群一个路时隙的 1/4，即每个样值编 8 位码的时间仅为 1μs（一次群的路时隙为 3.91μs，约 4μs），编码速度是一次群的四倍。而编码速度越快，对编码器的元件精度要求越高，不易实现。所以，高次群的形成一般不采用 PCM 复用，而采用数字复接的方法。

② 数字复接

数字复接是将几个低次群在时间的空隙上迭加合成高次群。例如，将四个一次群合成二次群，四个二次群合成三次群等。

（3）数字复接的实现

数字复接的实现主要有两种方法：按位复接和按字复接。

① 按位复接

按位复接是每次复接各低次群（也称为支路）的一位码形成高次群。图 1-7（a）是四个 PCM30/32 路基群的 TS_1 时隙（CH_1 话路）的码字情况。图 1-7（b）是按位复接的情况，复接后的二次群信码中第一位码表示第一支路第一位码的状态，第二位码表示第二支路第一位码的状态，第三位码表示第三支路第一位码的状态，第四位码表示第四支路第一位码的状态。四个支路第一位码取过之后，再循环取以后各位，如此循环下去就实现了数字复接。复接后高次群每位码的间隔约是复接前各支路的 1/4，即高次群的速率大约提高到复接前各支路的 4 倍。

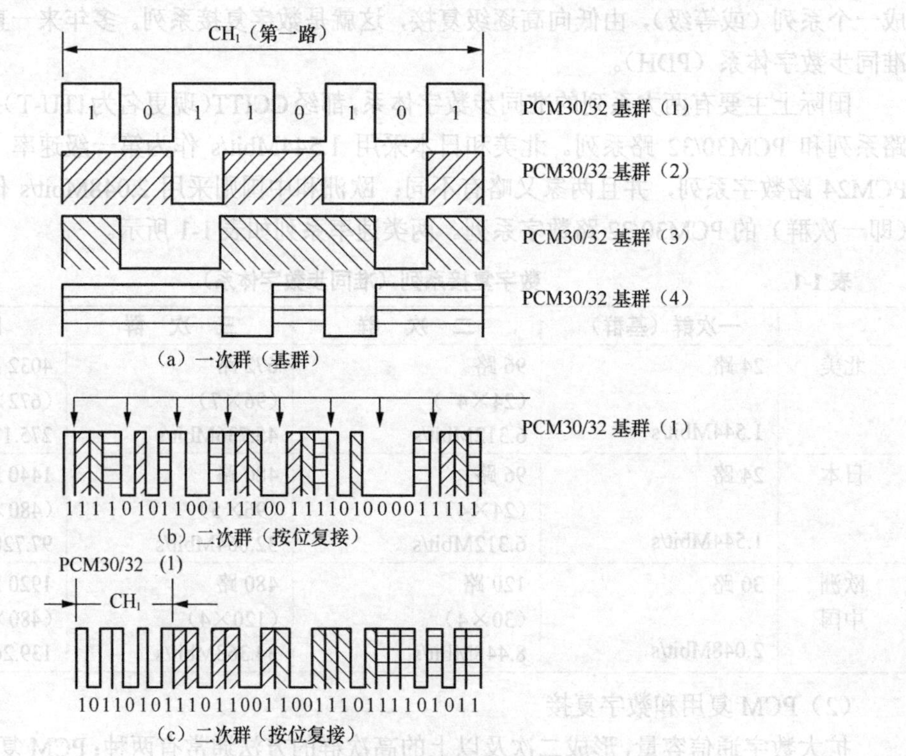

图 1-7 按位复接与按字复接示意图

按位复接要求复接电路存储容量小，简单易行，准同步数字体系（PDH）大多采用它。

但这种方法破坏了一个字节的完整性，不利于以字节（即码字）为单位的信号的处理和交换。

② 按字复接

按字复接是每次复接各低次群（支路）的一个码字形成高次群。图 1-7（c）是按字复接，每个支路都要设置缓冲存储器，事先将接收到的每一支路的信码储存起来，等到传送时刻到来时，一次高速（速率约是原来各支路的 4 倍）将 8 位码取出（即复接出去），四个支路轮流被复接。这种按字复接要求有较大的存储容量，但保证了一个码字的完整性，有利于以字节为单位的信号的处理和交换。同步数字体系（SDH）大多采用这种方法。

（4）数字复接的同步

数字复接要解决两个问题：同步和复接。

数字复接的同步指的是被复接的几个低次群的数码率（传信速率）相同。如果几个低次群数字信号是由各自的时钟控制产生的，即使它们的标称数码率相同，如 PCM30/32 路基群（一次群）的数码率都是 2048kbit/s，它们的瞬时数码率也总是不同的，因为几个晶体振荡器的振荡频率不可能完全相同。

CCITT 规定 PCM30/32 路的数码率为 2048kbit/s ± 100bit/s，即允许它们有 ± 100bit/s 的误差，这样几个低次群复接后的数码就会产生重叠和错位，在接收端是无法分接恢复成原来的低次群信号的，所以数码率不同的低次群信号是不能直接复接的。为此，在各低次群复接之前，必须使各低次群数码率互相同步，同时使其数码率符合高次群帧结构的要求。

（5）数字复接的方法及系统构成

① 数字复接的方法

数字复接的方法实际也就是数字复接同步的方法，有同步复接和异步复接两种。

同步复接是用一个高稳定的主时钟来控制被复接的几个低次群，使这几个低次群的数码率（简称码速）统一在主时钟的频率上（这样就使几个低次群系统达到同步的目的），可直接复接（复接前不必进行码速调整）。同步复接方法的缺点是一旦主时钟发生故障时，相关的通信系统将全部中断，所以它只限于局部地区使用。

异步复接是各低次群各自使用自己的时钟，由于各低次群的时钟频率不一定相等，使得各低次群的数码率不完全相同（这是不同步的），因而先要进行码速调整，使各低次群获得同步，再复接。PDH 大多采用异步复接。

② 数字复接系统的构成

数字复接（异步复接）系统主要由数字复接器和数字分接器两部分组成，如图 1-8 所示。

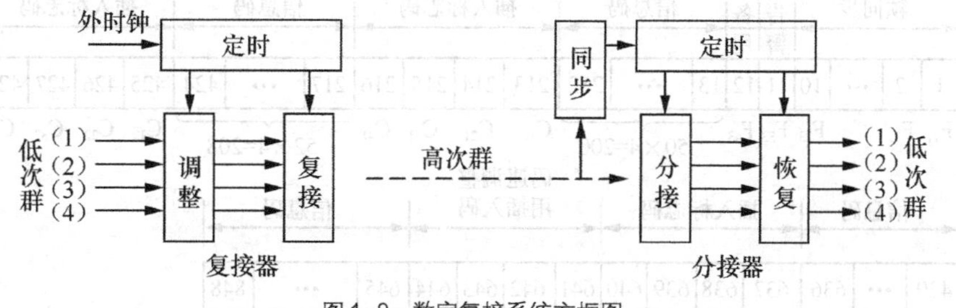

图 1-8 数字复接系统方框图

数字复接器的功能是把四个支路（低次群）合成一个高次群。它是由定时、码速调整和复接等单元组成的。定时单元给设备提供统一的基准时钟（它备有内部时钟，也可以由外部时钟推动）。码速调整单元的作用是把各输入支路的数字信号的速率进行必要的调整，使它们获得同步。这里需要指出的是四个支路分别有各自的码速调整单元，即四个支路分别进行码速调整。复接单元将几个低次群合成高次群。

数字分接器的功能是把高次群分解成原来的低次群，它是由定时、同步、分接和恢复等单元组成。分接器的定时单元是由接收信号序列中提取的时钟来推动的。借助于同步单元的控制使得分接器的基准时钟与复接器的基准时钟保持正确的相位关系，即保持同步。分接单元的作用是把合路的高次群分离成同步支路信号，然后通过恢复单元把它们恢复成原来的低次群信号。

2. 异步复接

（1）码速调整

① 码速调整的概念

以四个一次群复接成二次群为例，异步复接时，四个一次群虽然标称数码率都是2048kbit/s，但因四个一次群各有自己的时钟源，并且这些时钟都允许有±100Hz的偏差，因此四个一次群的瞬时数码率各不相等。所以对异源一次群信号的复接首先要解决的问题就是使被复接的各一次群信号在复接前有相同的数码率，这一过程叫码速调整。

② 码速调整与恢复的方法

码速调整是利用插入一些码元将各一次群的速率由2048kbit/s左右统一调整成2112kbit/s。接收端进行码速恢复，通过去掉插入的码元，将各一次群的速率由2112kbit/s还原成2048kbit/s左右。

③ 码速调整技术的分类

码速调整技术可分为正码速调整、正/负码速调整和正/零/负码速调整三种。其中正码速调整应用最普遍。

（2）异步复接二次群帧结构

CCITT G.742推荐的正码速调整异步复接二次群帧结构如图1-9（b）所示。

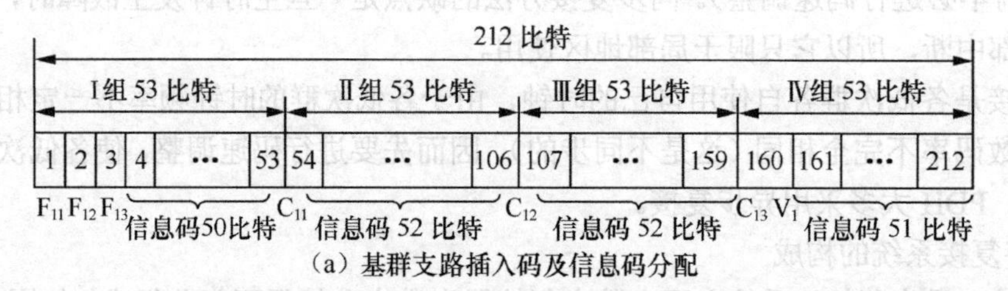

（a）基群支路插入码及信息码分配

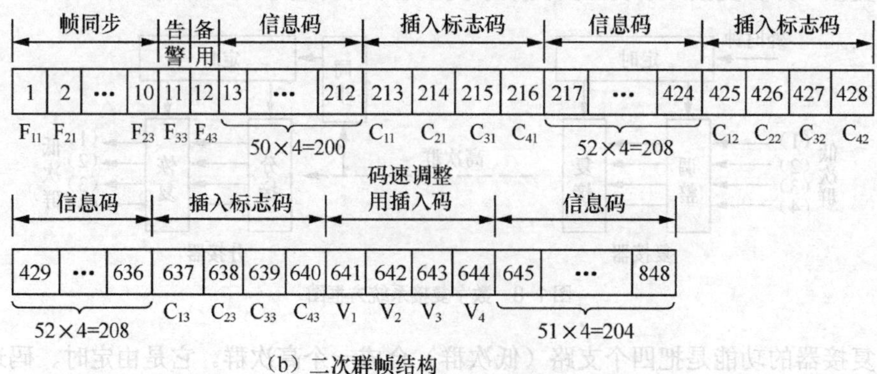

（b）二次群帧结构

图1-9 异步复接二次群帧结构

异步复接二次群的帧周期为 100.38μs，帧长为 848bit。其中有 4×205＝820bit（最少）为信息码（这里的信息码指的是四个一次群码速调整之前的码元，即不包括插入的码元），有 28bit 的插入码（最多）。28bit 的插入码的具体安排如表 1-2 所示。

表 1-2　28bit 插入码的具体安排

插入码个数	作　用
10bit	二次群帧同步码（1111010000）
1bit	告警
1bit	备用
4bit（最多）	码速调整用的插入码
4×3=12bit	插入标志码

图 1-9（b）的二次群是四个一次群分别码速调整后，即插入一些附加码以后按位复接得到的。经计算得出，各一次群（支路）码速调整之前（速率 2048kbit/s 左右）100.38μs 内有约 205～206 个码元，码速调整之后（速率为 2112kbit/s）100.38μs 内应有 212 个码元（bit），即应插入 6～7 个码元。以第 1 个一次群为例，100.38μs 内插入码及信息码分配情况如图 1-9（a）所示，其他支路与之类似。

其中前 3 位是插入码 F_{i1}, F_{i2}, F_{i3}（i=1～4），用作二次群的帧同步码、告警和备用；第 54 位，107 位，160 位为插入码 C_{i1}, C_{i2}, C_{i3}，它们是插入标志码；第 161 位可能是原信息码（如果原支路数码率偏高，100.38μs 内有 206 个 bit），也可能是码速调整用的插入码 V_i（如果原支路数码率偏低，100.38μs 内有 205 个 bit）。

四个支路码速调整后按位复接，即得到图 1-9(b)的二次群帧结构。前 10 位 $F_{11}, F_{21}, F_{31} \ldots F_{23}$ 是帧同步码，第 11 位 F_{33} 是告警码，第 12 位 F_{43} 备用；第 213～216 位 $C_{11}, C_{21}, C_{31}, C_{41}$，第 425～428 位 $C_{12}, C_{22}, C_{32}, C_{42}$，第 637～640 位 $C_{13}, C_{23}, C_{33}, C_{43}$ 是插入标志码；第 641～644 位可能是信息码，也可能是码速调整用的插入码 V_1～V_4。

接收端分接后将图 1-9（b）所示的二次群分成类似图 1-9（a）的各一次群，然后各一次群要进行码速恢复，也就是要去除发端插入的码元，这个过程叫“消插”或“去塞”。那么接收端如何判断各支路第 161 位码是信息码还是码速调整用的插入码呢？

插入标志码的作用就是用来通知收端第 161 位有无 V_i 插入，以便收端“消插”。每个支路采用三位插入标志码是为了防止由于信道误码而导致的收端错误判决。“三中取二”，即当收到两个以上的“1”码时，认为有 V_i 插入，当收到两个以上的“0”码时，认为无 V_i 插入。

3．PCM 高次群

前面介绍数字复接的基本概念、基本原理时，主要是以二次群为例分析的，下面简要介绍比一次群、二次群等级高的 PCM 三次群、四次群。

（1）PCM 三次群

CCITT G.751 推荐的 PCM 三次群有 480 个话路，速率为 34.368Mbit/s。三次群的异步复接过程与二次群相似。四个标称速率是 8.448Mbit/s（瞬时速率可能不同）的二次群分别进行码速调整，将其速率统一调整成 8.592Mbit/s，然后按位复接成三次群。异步复接三次群的帧结构如图 1-10（b）所示。

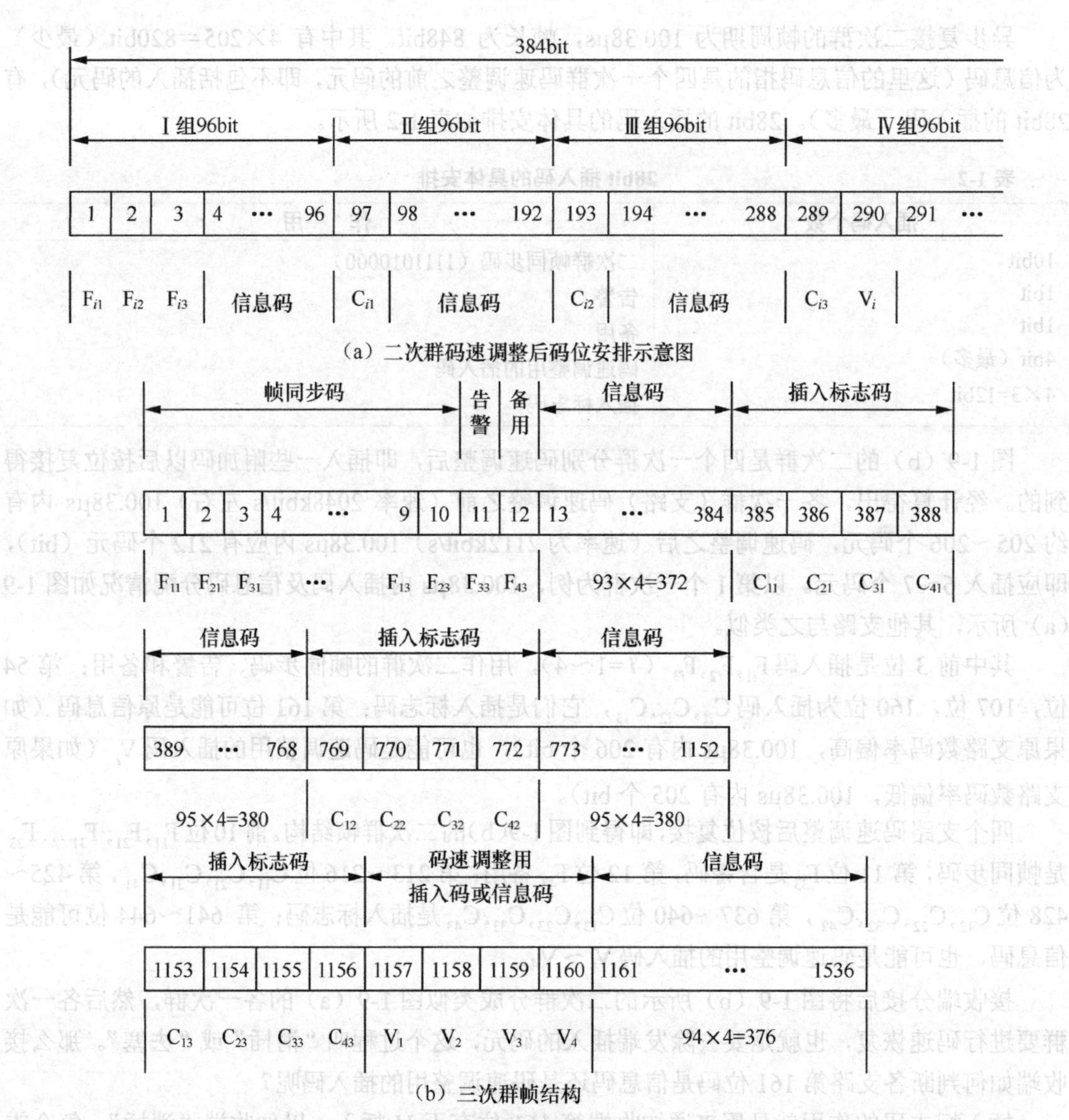

（a）二次群码速调整后码位安排示意图

（b）三次群帧结构

图 1-10　异步复接三次群帧结构

异步复接三次群的帧长度为 1536bit，帧周期为$\frac{1536\text{bit}}{34.368\text{Mbit/s}}\approx 44.69\ \mu\text{s}$。每帧中原二次群（码速调整前）提供的比特为 377×4＝1508 个（最少），插入码有 28 个 bit（最多）。其中前 10bit 作为二次群的帧同步码，码型为 1111010000，第 11 位为告警码，第 12 位为备用码，另外有最多 4bit 的码速调整用插入码（V_1～V_4），还有 3×4＝12bit 的插入标志码。

图 1-10（a）为各二次群（支路）码速调整（即插入码元）后的情况（时间长度为 44.69μs）。插入码的安排及作用与一次群的相似，区别是各二次群在 44.69μs 内码速调整后有 384bit，以 384bit 为重复周期，每 384bit 分为 4 组，每组有 96bit。

（2）PCM 四次群

CCITT G.751 推荐的 PCM 四次群有 1920 个话路，速率为 139.264Mbit/s。

四次群的异步复接过程也与二次群相似。异步复接四次群的帧结构如图 1-11（b）所示。

异步复接四次群的帧长度为 2928bit，帧周期为 $\dfrac{2928\text{bit}}{139.264\text{Mbit}} \approx 21.02\ \mu\text{s}$。每帧中原三次群（码速调整前）提供的比特为 722×4＝2888 个（最少），插入码有 40bit（最多）。其中前 12bit 作为四次群的帧同步码（111110100000），第 13bit 为告警码，第 14～16bit 为备用码，另外有最多 4bit 码速调整用的插入码（V_1～V_4），还有 5×4＝20bit 插入标志码。

图 1-11（a）为各三次群支路码速调整（即插入码元）后的情况（时间长度为 21.02μs）。其中每个三次群支路的前 4bit 为插入码，第 123，245，367，489，611 为插入标志码（可见此时每个支路插入标志码为 5 位），第 612 为码速调整用插入码 V_I 或为原信息码。

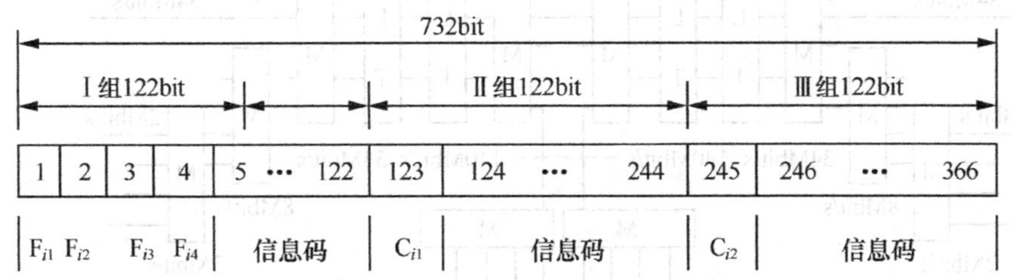

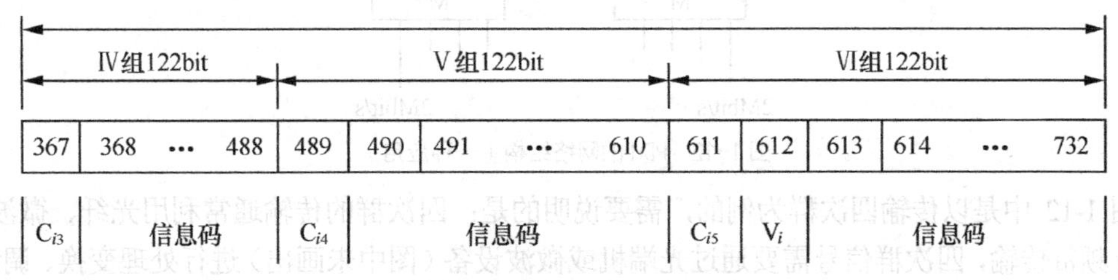

（a）三次群码速调整码位安排示意图

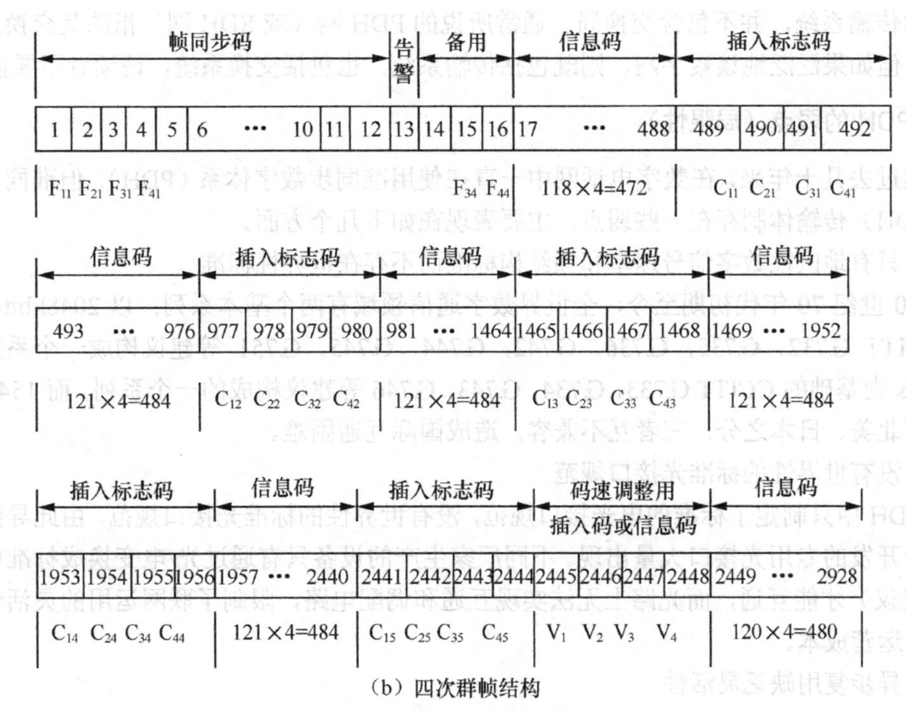

（b）四次群帧结构

图 1-11 异步复接四次群帧结构

四个三次群码速调整后21.02μs内有732bit，按位复接成四次群，帧结构如图1-11（b）所示。

1.1.4 PDH的局限性

1. PDH的网络结构

以上介绍了PDH的各次群，即PCM一次群、二次群、三次群、四次群等。作为一个总结，图1-12给出了一种PDH的网络结构。

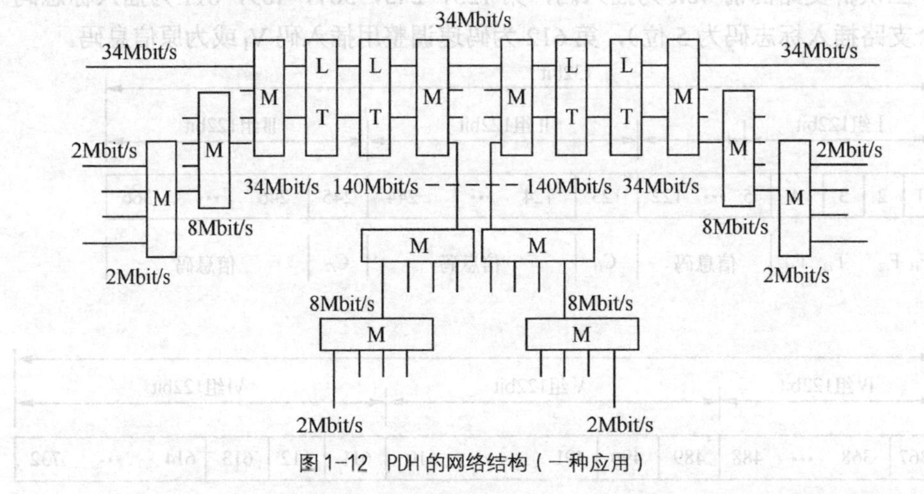

图1-12 PDH的网络结构（一种应用）

图1-12中是以传输四次群为例的，需要说明的是：四次群的传输通常利用光纤、微波等信道进行频带传输，四次群信号需要通过光端机或微波设备（图中未画出）进行处理变换、调制等。

另外，需要强调的是数字通信系统（无论是采用PDH还是将要介绍的SDH）只是交换局之间的传输系统，并不包含交换局。通常所说的PDH网（或SDH网）指的是交换局之间的部分。但如果泛泛地谈数字网，则既包括传输系统，也包括交换系统，请读者不要搞混。

2. PDH的弱点（局限性）

虽然过去几十年来，在数字电话网中一直在使用准同步数字体系（PDH），但准同步数字体系（PDH）传输体制存在一些弱点，主要表现在如下几个方面。

（1）只有地区性数字信号速率和帧结构标准而不存在世界性标准

从20世纪70年代初期至今，全世界数字通信领域有两个基本系列：以2048kbit/s为基础的CCITT G.732，G.735，G.736，G.742，G.744，G.745，G.751等建议构成一个系列和以1544kbit/s为基础的CCITT G.733，G.734，G.743，G.746等建议构成的一个系列，而1544kbit/s系列又有北美、日本之分，三者互不兼容，造成国际互通困难。

（2）没有世界性的标准光接口规范

在PDH中只制定了标准的电光接口规范，没有世界性的标准光接口规范，由此导致各个厂家自行开发的专用光接口大量出现。不同厂家生产的设备只有通过光/电变换成标准电接口（G.703建议）才能互通，而光路上无法实现互通和调配电路，限制了联网运用的灵活性，增加了网络运营成本。

（3）异步复用缺乏灵活性

准同步系统的复用结构，除了几个低等级信号（如2048kbit/s，1544kbit/s）采用同步复用外，其他多数等级信号采用异步复用，即靠塞入一些额外的比特使各支路信号与复用设备同步并复用成高速信号。这种方式难以从高速信号中识别和提取低速支路信号。为了上下电路，必须将整个高速线路信号一步一步分解成所需要的低速支路信号等级及上下支路信号后，再一步一步地复用成高速线路信号进行传输。复用结构复杂，缺乏灵活性，硬件数量大，上下业务费用高。

（4）按位复接不利于以字节为单位的现代信息交换

PDH 复接方式大多采用按位复接，虽然节省了复接所需的缓冲存储器容量，但不利于以字节为单位的现代信息交换。目前缓冲存储器容量的增大不再困难，大规模存储器容量已能满足 PCM 三次群一帧的需要。

（5）网络管理能力较差

PDH 复用信号的结构中用于网络运行、管理、维护（OAM）的比特很少，网络的 OAM 主要靠人工的数字交叉连接和停业务检测，这种方式已经不能适应不断演变的电信网的要求。

（6）数字通道设备利用率低

由于建立在点对点传输基础上的复用结构缺乏灵活性，使数字通道设备利用率很低。非最短的通道路由占了业务流量的大部分。例如，北美大约有 77%的 DS3（45Mbit/s）速率的信号传输需要一次以上的转接，仅有 23%的 DS3 速率信号是点到点一次传输。可见目前的体制无法提供最佳的路由选择，也难以迅速、经济地为用户提供电路和业务，包括对电路带宽和业务提供在线的实时控制。

传统的准同步数字体系的上述弱点使它已不能适应现代电信网和用户对传输的新要求，所以必须从技术体制上对传输系统进行根本的改革，找到一种有机地结合高速大容量光纤传输技术和智能网络技术的新体制，这就产生了同步数字体系（SDH）。

1.2 SDH 基本概念

1.2.1 SDH 的概念

SDH 网是由一些 SDH 的网络单元（NE）组成的，在光纤上进行同步信息传输、复用、分插和交叉连接的网络（SDH 网中不含交换设备，它只是交换局之间的传输手段）。SDH 网的概念中包含以下几个要点。

（1）SDH 网有全世界统一的网络节点接口（NNI），从而简化了信号的互通以及信号的传输、复用、交叉连接等过程。

（2）SDH 网有一套标准化的信息结构等级，称为同步传递模块 STM-N（N=1、4、16、64），并具有一种块状帧结构，允许安排丰富的开销比特（即比特流中除去信息净负荷后的剩余部分）用于网络的 OAM。

（3）SDH 网有一套特殊的复用结构，允许现存准同步数字体系（PDH）、同步数字体系和 B-ISDN 的信号都能纳入其帧结构中传输，即具有兼容性和广泛的适应性。

（4）SDH 网大量采用软件进行网络配置和控制，增加新功能和新特性非常方便，适合将来不断发展的需要。

（5）SDH 网有标准的光接口，即允许不同厂家的设备在光路上互通。

（6）SDH网的基本网络单元有终端复用器（TM）、分插复用器（ADM）、再生中继器（REG）和同步数字交叉连接设备（SDXC）等。

1.2.2 SDH的优缺点

1. SDH的优点

SDH与PDH相比，其优点主要体现在如下几个方面。

（1）有全世界统一的数字信号速率和帧结构标准。SDH把北美、日本和欧洲、中国流行的两大准同步数字体系（三个地区性标准）在STM-1等级上进行统一，第一次实现了数字传输体制上的世界性标准。

（2）采用同步复用方式和灵活的复用映射结构，净负荷与网络是同步的。因而只需利用软件控制即可使高速信号一次分接出支路信号，即所谓一步复用特性。这样既不影响别的支路信号，又避免了分解整个高速复用信号，省去了全套背靠背复用设备，使上下业务十分容易，也使数字交叉连接（DXC）的实现大大简化。

（3）SDH帧结构中安排了丰富的开销比特（约占信号的5%），因而使得OAM能力大大加强。智能化管理，使得信道分配、路由选择最佳化。许多网络单元的智能化，通过嵌入在SOH中的控制通路可以使部分网络管理功能分配到网络单元，实现分布式管理。

（4）将标准的光接口综合进各种不同的网络单元，减少了将传输和复用分开的需要，从而简化了硬件，缓解了布线拥挤。同时有了标准的光接口信号，使光接口成为开放型的接口，可以在光路上实现横向兼容，各厂家产品都可在光路上互通。

（5）SDH与现有的PDH网络完全兼容。SDH可兼容PDH的各种速率，同时还能方便地容纳各种新业务信号。而且它具有信息净负荷的透明性，即网络可以传送各种净负荷及其混合体而不管其具体信息结构如何。它同时具有定时透明性，通过指针调整技术，容纳不同时钟源（非同步）的信号（如PDH系列信号）映射进来传输而保持其定时时钟。

（6）SDH的信号结构的设计考虑了网络传输和交换的最佳性。以字节为单位复用与信息单元相一致。在电信网的各个部分（长途、市话和用户网）都能提供简单、经济和灵活的信号互连和管理。

上述SDH的优点中最核心的有三条，即同步复用、标准光接口和强大的网络管理能力。

2. SDH的缺点

SDH的缺点主要有如下几个方面。

（1）频带利用率不如传统的PDH系统（这一点可从第2章介绍的复用结构中看出）。

（2）采用指针调整技术会使时钟产生较大的抖动，造成传输损伤。

（3）大规模使用软件控制和将业务量集中在少数几个高速链路和交叉节点上，这些关键部位出现问题可能导致网络的重大故障，甚至造成全网瘫痪。

（4）SDH与PDH互连时（在从PDH到SDH的过渡时期，会形成多个SDH“同步岛”经由PDH互连的局面），由于指针调整产生的相位跃变使经过多次SDH/PDH变换的信号在低频抖动和漂移上比纯粹的PDH或SDH信号更严重（抖动指的是数字信号的特定时刻相对理想位置的短时间偏离。所谓短时间偏离是指变化频率高于10Hz的相位变化，而将低于10Hz

的相位变化称为漂移)。

尽管 SDH 有这些不足，但它比传统的 PDH 体制有着明显的优越性，所以已经基本取代 PDH 传输体制。

1.3 SDH 的速率体系

要确立一个完整的数字体系，必须确立一个统一的网络节点接口，定义一整套速率和数据传送格式以及相应的复接结构（即帧结构）。这里首先介绍 SDH 的速率体系，后面再分析 SDH 网络节点接口和帧结构。

同步数字体系最基本的模块信号（即同步传递模块）是 STM-1，其速率为 155.520Mbit/s。更高等级的 STM-*N* 信号是将基本模块信号 STM-1 同步复用、字节间插的结果。其中 *N* 是正整数。目前 SDH 只能支持一定的 *N* 值，即 *N* 为 1，4，16，64。

ITU-T G.707 建议规范的 SDH 标准速率如表 1-3 所示。

表 1-3　　SDH 标准速率

等级	STM-1	STM-4	STM-16	STM-64
速率/（Mbit/s）	155.520	622.080	2488.320	9953.280

1.4 SDH 的基本网络单元

前面在介绍 SDH 的概念时，提到过 SDH 网是由一些基本网络单元构成的，目前实际应用的基本网络单元有四种，即终端复用器（TM）、分插复用器（ADM）、再生中继器（REG）和同步数字交叉连接设备（SDXC）。下面分别加以介绍。

1.4.1 终端复用器

终端复用器（TM）如图 1-13 所示（图中速率是以 STM-1 等级为例）。

终端复用器（TM）位于 SDH 网的终端，概括地说，终端复用器（TM）的主要任务是将低速支路信号纳入 STM-N 帧结构，并经电/光转换成为 STM-*N* 光线路信号，其逆过程正好相反。其具体功能为：

（1）在发送端能将各 PDH 支路信号等复用进 STM-*N* 帧结构，在接收端进行分接。

（2）在发送端将若干个 STM-*N* 信号复用为一个 STM-*M*（*M*>*N*）信号（例如将四个 STM-1 复用成一个 STM-4），在接收端将一个 STM-*M* 信号分成若干个 STM-*N*（*M*>*N*）信号。

（3）TM 还具备电/光（光/电）转换功能。

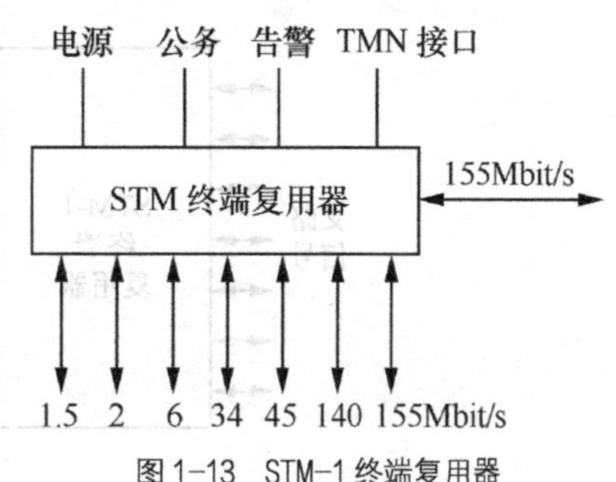

图 1-13　STM-1 终端复用器

1.4.2 分插复用器

分插复用器（ADM）如图 1-14 所示（图中速率是以 STM-1 等级为例）。

分插复用器（ADM）位于 SDH 网的沿途，它将同步复用和数字交叉连接功能综合于一体，具有灵活地分插任意支路信号的能力，在网络设计上有很大灵活性。

以从 140Mbit/s 的码流中分插一个 2Mbit/s 低速支路信号为例，来比较一下传统的 PDH 和新的 SDH 的工作过程。在 PDH 系统中，为了从 140Mbit/s 码流中分插一个 2Mbit/s 支路信号，需要经过 140/34Mbit/s，34/8Mbit/s，8/2Mbit/s 三次分接后才能取出一个 2Mbit/s 的支路信号，然后一个 2Mbit/s 的支路信号须再经 2/8Mbit/s，8/34Mbit/s，34/140Mbit/s 三次复接后才能得到 140Mbit/s 的信号码流（见图 1-12）。而采用 SDH 分插复用器 ADM 后，可以利用软件一次分插出 2Mbit/s 支路信号，十分简便，如图 1-15 所示。

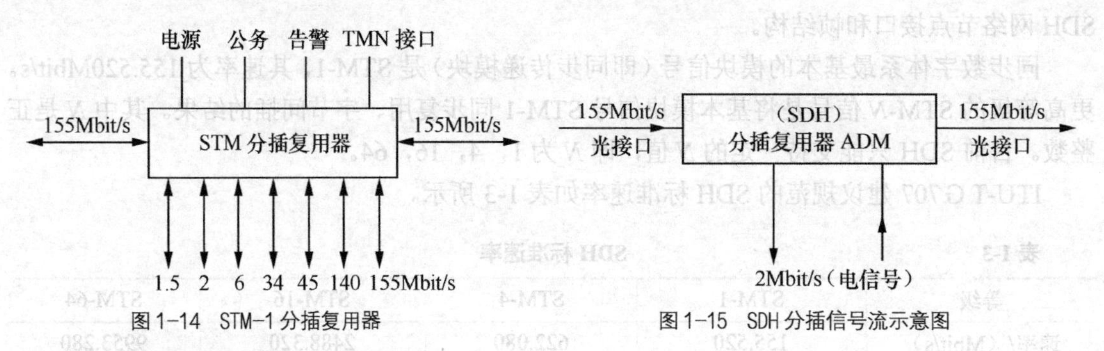

图 1-14 STM-1 分插复用器　　图 1-15 SDH 分插信号流示意图

ADM 的具体功能如下。

（1）ADM 具有支路——群路（即上/下支路）能力。支路可分为部分连接和全连接，所谓部分连接是上/下支路仅能取自 STM-*N* 内指定的某一个（或几个）STM-1，而全连接是所有 STM-*N* 内的 STM-1 可以实现任意组合。

ADM 可上下的支路，既可以是 PDH 支路信号，也可以是较低等级的 STM-*N* 信号。ADM 同 TM 一样也具有光/电（电/光）转换功能。

（2）ADM 具有群路——群路（即直通）的连接能力。

（3）ADM 具有数字交叉连接功能，即将 DXC 功能融于 ADM 中。

以上介绍了终端复用器和分插复用器，它们是 SDH 网的最重要的两个网络单元。由终端复用器和分插复用器组成的典型网络应用有多种形式，例如：点到点传输（见图 1-16（a））、线形（见图 1-16（b））、枢纽网（见图 1-16（c））和环形网（参见第 5 章）。实际应用中还可能出现别的形式，在此不一一介绍了。

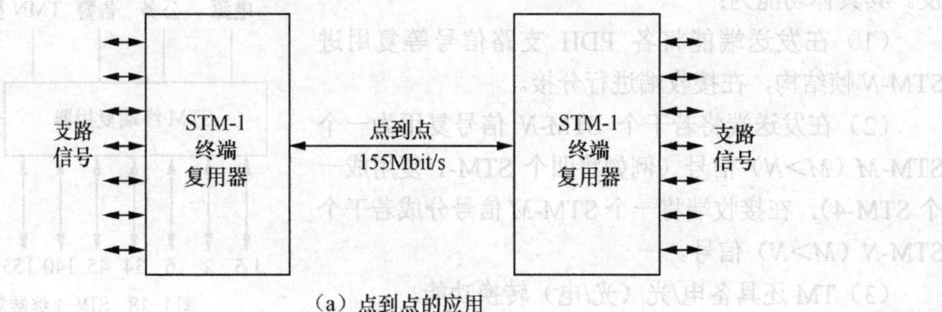

（a）点到点的应用

图 1-16 TM 和 ADM 组成的典型网络应用

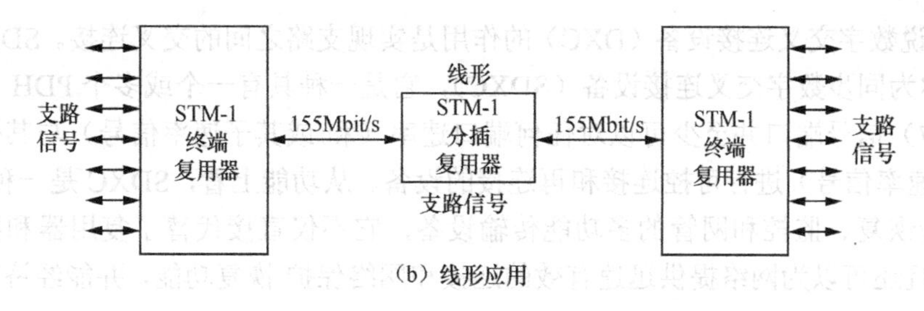

（b）线形应用

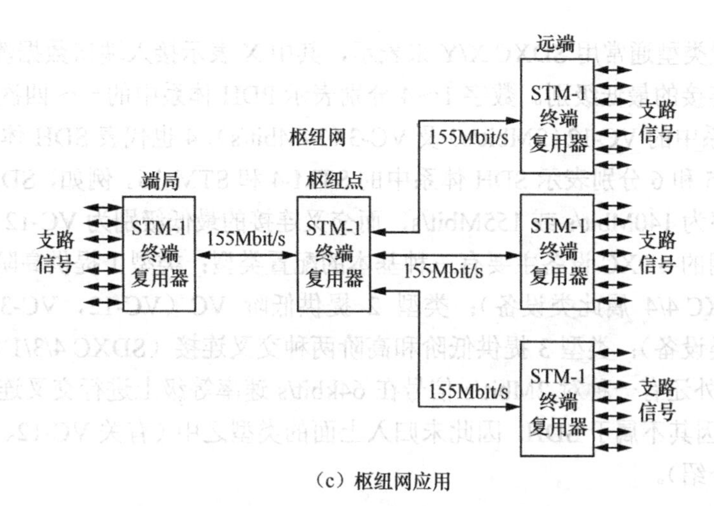

（c）枢纽网应用

图 1-16 TM 和 ADM 组成的典型网络应用（续）

1.4.3 再生中继器

再生中继器（REG）如图 1-17（a）所示。

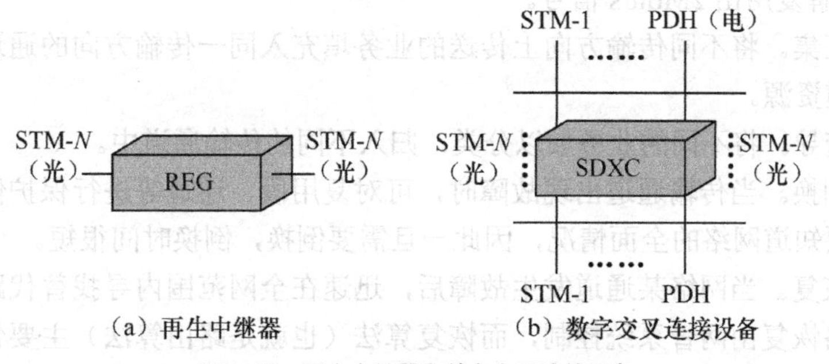

（a）再生中继器 （b）数字交叉连接设备

图 1-17 再生中继器和数字交叉连接设备

再生中继器是光中继器，其作用是将光纤长距离传输后受到较大衰减及色散畸变的光脉冲信号转换成电信号后进行放大整形、再定时、再生为规划的电脉冲信号，再调制光源变换为光脉冲信号送入光纤继续传输，以延长传输距离。

1.4.4 同步数字交叉连接设备

1. 基本概念

数字交叉连接设备如图 1-17（b）所示。

简单来说数字交叉连接设备（DXC）的作用是实现支路之间的交叉连接。SDH网络中的DXC设备称为同步数字交叉连接设备（SDXC），它是一种具有一个或多个PDH（G.702）或SDH（G.707）信号端口并至少可以对任何端口速率（和/或其子速率信号）与其他端口速率（和/或其子速率信号）进行可控连接和再连接的设备。从功能上看，SDXC是一种兼有复用、配线、保护/恢复、监控和网管的多功能传输设备，它不仅直接代替了复用器和数字配线架（DDF），而且还可以为网络提供迅速有效的连接和网络保护/恢复功能，并能经济有效地提供各种业务。

SDXC的配置类型通常用SDXC X/Y来表示，其中X表示接入端口数据流的最高等级，Y表示参与交叉连接的最低级别。数字1～4分别表示PDH体系中的一～四次群速率，其中1也代表SDH体系中的VC-12（2Mbit/s）及VC-3（34Mbit/s），4也代表SDH体系中的STM-1（或VC-4），数字5和6分别表示SDH体系中的STM-4和STM-16。例如，SDXC 4/1表示接入端口的最高速率为140Mbit/s或155Mbit/s，而交叉连接的最低级别为VC-12（2Mbit/s）。

目前实际应用的SDXC设备主要有三种基本的配置类型：类型1提供高阶VC（VC-4）的交叉连接（SDXC 4/4 属此类设备）；类型 2 提供低阶 VC（VC-12，VC-3）的交叉连接（SDXC 4/1属此类设备）；类型3提供低阶和高阶两种交叉连接（SDXC 4/3/1和SDXC 4/4/1属此类设备）。另外还有一种对2Mbit/s信号在64kbit/s速率等级上进行交叉连接的设备，一般称为DXC1/0，因其不属于SDH，因此未归入上面的类型之中（有关VC-12、VC-3和VC-4等概念在第2章介绍）。

2．SDXC的主要功能

SDXC设备与相应的网管系统配合，可支持如下功能。

（1）复用功能。将若干个2Mbit/s信号复用至155Mbit/s信号中，或从155Mbit/s和（或）从140Mbit/s中解复用出2Mbit/s信号。

（2）业务汇集。将不同传输方向上传送的业务填充入同一传输方向的通道中，最大限度地利用传输通道资源。

（3）业务疏导。将不同的业务加以分类，归入不同的传输通道中。

（4）保护倒换。当传输通道出现故障时，可对复用段、通道等进行保护倒换。由于这种保护倒换不需要知道网络的全面情况，因此一旦需要倒换，倒换时间很短。

（5）网络恢复。当网络某通道发生故障后，迅速在全网范围内寻找替代路由，恢复被中断的业务。网络恢复由网管系统控制，而恢复算法（也就是路由算法）主要包括集中控制和分布控制两种算法，它们各有千秋，可互相补充，配合应用。

（6）通道监视。通过SDXC的高阶通道开销监视（HPOH）功能，采用非介入方式对通道进行监视，并进行故障定位。

（7）测试接入。通过SDXC的测试接入口（空闲端口），将测试仪表接入被测通道上进行测试。测试接入有两种类型：中断业务测试和不中断业务测试。

（8）广播业务。可支持一些新的业务（如HDTV）并以广播的形式输出。

以上介绍了SDH网的几种基本网络单元，它们在SDH网中的使用（连接）方法之一如图1-18所示。

图1-18中标出了实际系统组成中的再生段、复用段和通道。

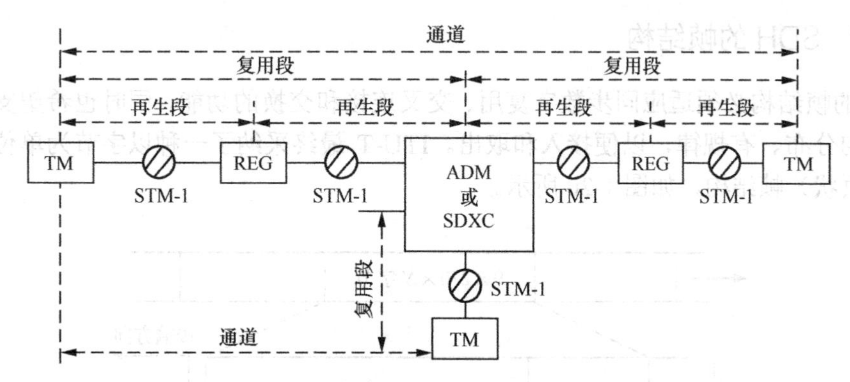

图 1-18 基本网络单元在 SDH 网中的应用

再生段——再生中继器（REG）与终端复用器（TM）之间、再生中继器与分插复用器（ADM）或 SDXC 之间称为再生段。再生段两端的 REG，TM，ADM（或 SDXC）称为再生段终端（RST）。

复用段——终端复用器与分插复用器（或 SDXC）之间称为复用段。复用段两端的 TM，ADM（或 SDXC）称为复用段终端（MST）。

通道——终端复用器之间称为通道。通道两端的 TM 称通道终端（PT）。

1.5 网络节点接口与 SDH 的帧结构

1.5.1 网络节点接口

网络节点接口（NNI）是实现 SDH 网的关键。从概念上讲，网络节点接口是网络节点之间的接口，从实现上看它是传输设备与其他网络单元之间的接口。如果能规范一个唯一的标准，它不受限于特定的传输媒介，也不局限于特定的网络节点，而能结合所有不同的传输设备和网络节点，构成一个统一的传输、复用、交叉连接和交换接口，则这个 NNI 对于网络的演变和发展具有很强的适应性和灵活性，并最终成为一个电信网的基础设施。NNI 在网络中的位置如图 1-19 所示。

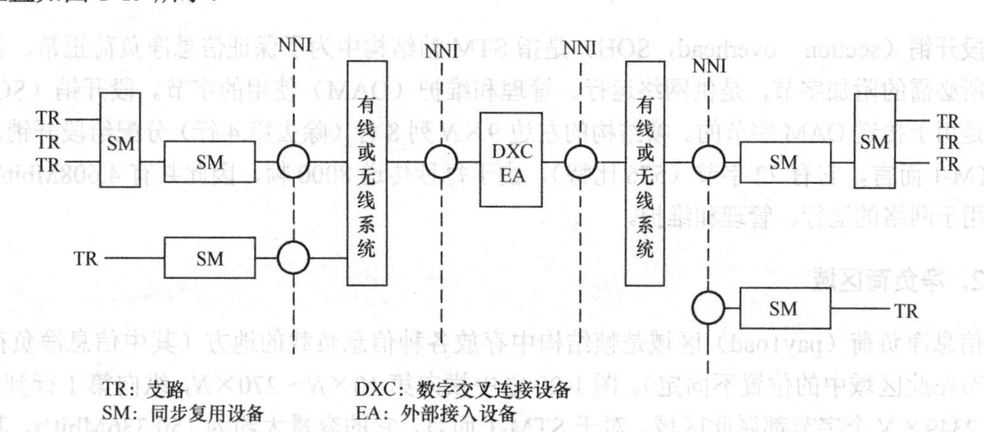

图 1-19 NNI 在网络中的位置

1.5.2 SDH的帧结构

SDH的帧结构必须适应同步数字复用、交叉连接和交换的功能，同时也希望支路信号在一帧中均匀分布、有规律，以便接入和取出。ITU-T最终采纳了一种以字节为单位的矩形块状（或称页状）帧结构，如图1-20所示。

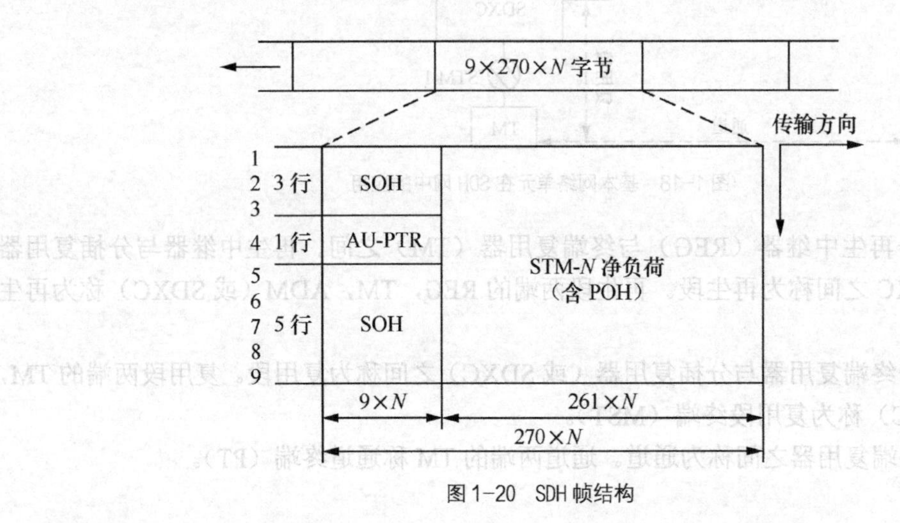

图1-20 SDH帧结构

STM-*N*由270×*N*列9行组成，即帧长度为270×*N*×9个字节或270×*N*×9×8个比特。帧周期为125μs（即一帧的时间）。

对于STM-1而言，帧长度为270×9＝2430个字节，相当于19440比特，帧周期为125μs，由此可算出其比特速率为$270\times9\times8/125\times10^{-6}$=155.520Mbit/s。

这种块状（页状）结构的帧结构中各字节的传输是从左到右、由上而下按行进行的，即从第1行最左边字节开始，从左向右传完第1行，再依次传第2，3行等，直至整个9×270×*N*个字节都传送完再转入下一帧，如此一帧一帧地传送，每秒共传8000帧。

由图1-20可见。整个帧结构可分为如下三个主要区域。

1．段开销区域

段开销（section overhead，SOH）是指STM帧结构中为了保证信息净负荷正常、灵活传送所必需的附加字节，是供网络运行、管理和维护（OAM）使用的字节。段开销（SOH）区域是用于传送OAM字节的。帧结构的左边9×*N*列8行（除去第4行）分配给段开销。对于STM-1而言，它有72字节（576比特），由于每秒传送8000帧，因此共有4.608Mbit/s的容量用于网络的运行、管理和维护。

2．净负荷区域

信息净负荷（pay1oad）区域是帧结构中存放各种信息负载的地方（其中信息净负荷第一字节在此区域中的位置不固定）。图1-20之中横向第10×*N*～270×*N*，纵向第1行到第9行的2349×*N*个字节都属此区域。对于STM-1而言，它的容量大约为150.336Mbit/s，其中含有少量的通道开销（POH）字节，用于监视、管理和控制通道性能，其余荷载业务信息。

3. 单元指针区域

管理单元指针（AU-PTR）用来指示信息净负荷的第一个字节在STM-*N*帧中的准确位置，以便在接收端能正确的分解。在图1-20帧结构第4行左边的9×*N*列分配给管理单元指针用。对于STM-1而言它有9个字节（72比特）。采用指针方式，可以使SDH在准同步环境中完成复用同步和STM-*N*信号的帧定位。这一方法消除了常规准同步系统中滑动缓存器引起的时延和性能损伤。

1.5.3 段开销字节

SDH帧结构中安排有两大类开销：段开销（SOH）和通道开销（POH），它们分别用于段层和通道层的维护。在此先介绍SOH。

1. 段开销字节的安排

SOH中包含定帧信息，用于维护与性能监视的信息以及其他操作功能。SOH可以进一步划分为再生段开销（RSOH，占第1～3行）和复用段开销（MSOH，占第5～9行）。每经过一个再生段更换一次RSOH，每经过一个复用段更换一次MSOH。

STM-N帧中SOH所占空间与*N*成正比，*N*不同，SOH字节在空间中的位置也不同，但SOH字节的种类和功能是相同或相近的。

各种不同SOH字节在STM-1，STM-4，STM-16和STM-64帧内的安排分别如图1-21～图1-24所示。

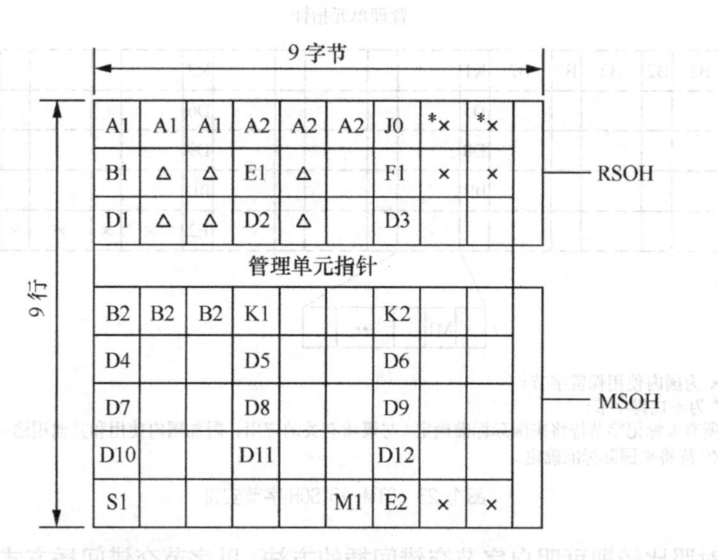

图1-21 STM-1 SOH字节安排

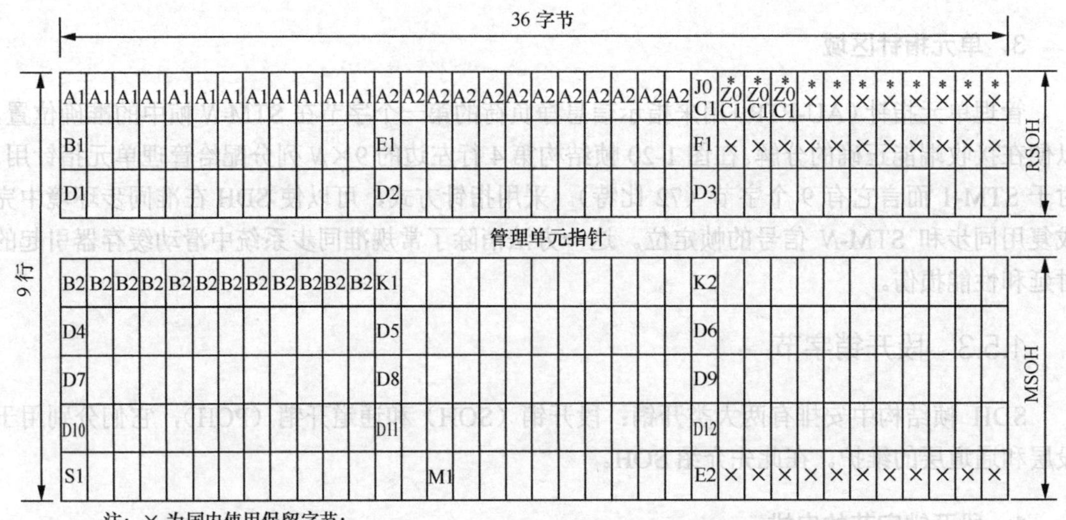

注：× 为国内使用保留字节；
* 为不扰码字节；
所有未标记字节待将来国际标准确定（与媒质有关的应用，附加国内使用和其他用途）。
Z0 为备用字节待将来国际标准确定；C1 为老版本（老设备）；J0 为新版本（新设备）。

图 1-22　STM-4 SOH 字节安排

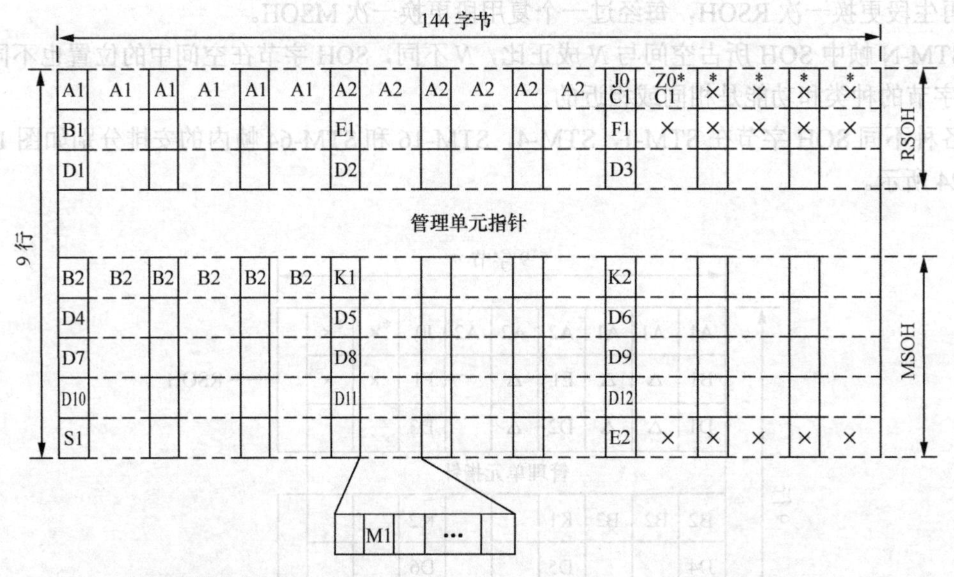

注：× 为国内使用保留字节；
* 为不扰码字节；
所有未标记字节待将来国际标准确定（与媒质有关的应用，附加国内使用和其他用途）。
Z0 待将来国际标准确定。

图 1-23　STM-16 SOH 字节安排

将这些图对照比较即可明白字节交错间插的方法。以字节交错间插方式构成高阶 STM-*N*（*N*>1）段开销时，第一个 STM-1 的段开销被完整保留，其余 *N*-1 个 STM-1 的段开销仅保留定帧字节 A1、A2 和比特间插奇偶校验 24 位码字节 B2，其他已安排的字节（即 B1、E1、E2、F1、K1、K2 和 Dl～D12）均应略去。

段开销字节在 SRM-*N* 帧内的位置可用一个三坐标矢量 *S*（*a*，*b*，*c*）来表示，其中 *a* 表示行数，取值为 1～3（对应于 RSOH）或 5～9（对应于 MSOH）；b 表示复列数，取值为 1～9；c 表示在复列数内的间插层数，取值为 1～N。

字节的行列坐标[行数，列数]与三坐标矢量 S（a，b，c）的关系是

行数=a

列数=N（b-1）＋c

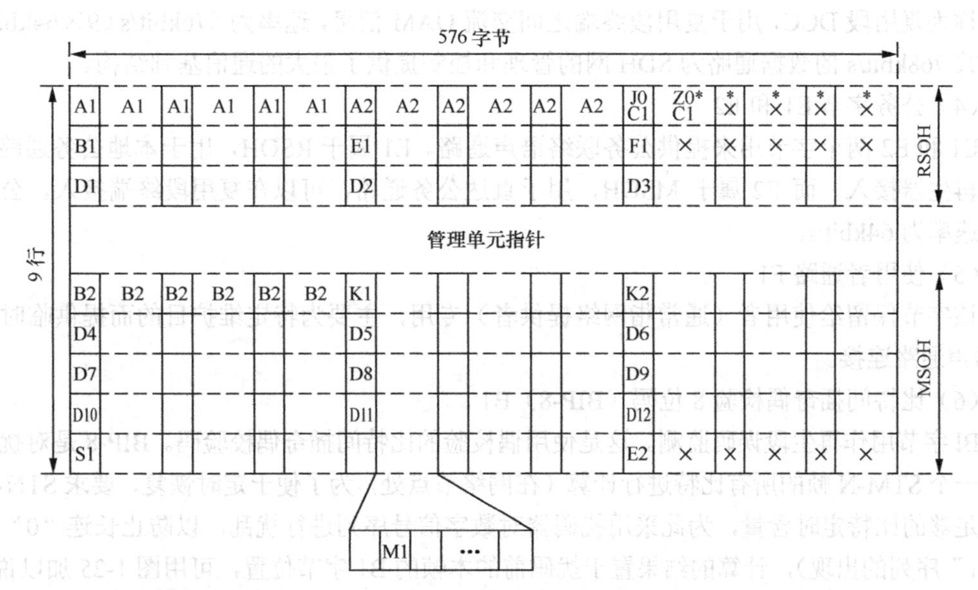

注：× 为国内使用保留字节；
　　* 为不扰码字节；
　　所有未标记字节待将来国际标准确定（与媒质有关的应用，附加国内使用和其他用途）。
　　Z0 待将来国际标准确定。

图 1-24　STM-64 SOH 字节安排

2．SOH 字节的功能

（1）帧定位字节 A1 和 A2

SOH 中的 A1 和 A2 字节可用来识别帧的起始位置。A1 为 11110110，A2 为 00101000。STM-1 帧内集中安排有 6 个帧定位字节，占帧长的大约 0.25%。选择这种帧定位长度是综合考虑了各种因素的结果，主要是伪同步概率和同步建立时间这两者。根据现有安排，产生伪同步的概率等于 $\left(\frac{1}{2}\right)^{48} \approx 3.55\times10^{-15}$，几乎为 0，同步建立时间也可以大大缩短。

（2）再生段踪迹字节 J0

J0 字节在 STM-N 中位于 S（1，7，1）或[1，6N+1]。该字节被用来重复地发送“段接入点标识符”，以便使段接收机能据此确认其是否与指定的发射机处于持续连接状态。

在一个国内网络内或单个营运者区域内，该段接入点标识符可用一个单字节（包含 0～255 个编码）或 ITU-T 建议 G.831 规定的接入点标识符格式。在国际边界或不同营运者的网络边界，除双方另有协议外，均应采用 G.831 的格式。

对于采用 C1 字节（STM 识别符：用来识别每个 STM-1 信号在 STM-N 复用信号中的位置，它可以分别表示出复列数和间插层数的二进制数值，还可以帮助进行帧定位。）的老设备

与采用 J0 字节的新设备的互通，可以用 J0 为“00000001”表示“再生段踪迹未规定”来实现。

（3）数据通信通路（DCC）D1～D12

SOH 中的 DCC 用来构成 SDH 管理网（SMN）的传送链路。其中 D1～D3 字节称为再生段 DCC，用于再生段终端之间交流 OAM 信息，速率为 192kbit/s（3×64kbit/s）；D4～D12 字节称为复用段 DCC，用于复用段终端之间交流 OAM 信息，速率为 576kbit/s（9×64kbit/s）。这总共 768kbit/s 的数据通路为 SDH 网的管理和控制提供了强大的通信基础结构。

（4）公务字节 E1 和 E2

E1 和 E2 两个字节用来提供公务联络语声通路。E1 属于 RSOH，用于本地公务通路，可以在再生器接入。而 E2 属于 MSOH，用于直达公务通路，可以在复用段终端接入。公务通路的速率为 64kbit/s。

（5）使用者通路 F1

该字节保留给使用者（通常指网络提供者）专用，主要为特定维护目的而提供临时的数据/语声通路连接。

（6）比特间插奇偶检验 8 位码（BIP-8）B1

Bl 字节用作再生段误码监测。这是使用偶校验的比特间插奇偶校验码。BIP-8 是对扰码后的上一个 STM-N 帧的所有比特进行计算（在网络节点处，为了便于定时恢复，要求 STN-N 信号有足够的比特定时含量，为此采用扰码器对数字信号序列进行扰乱，以防止长连“0”和长连“1”序列的出现），计算的结果置于扰码前的本帧的 B1 字节位置，可用图 1-25 加以说明。

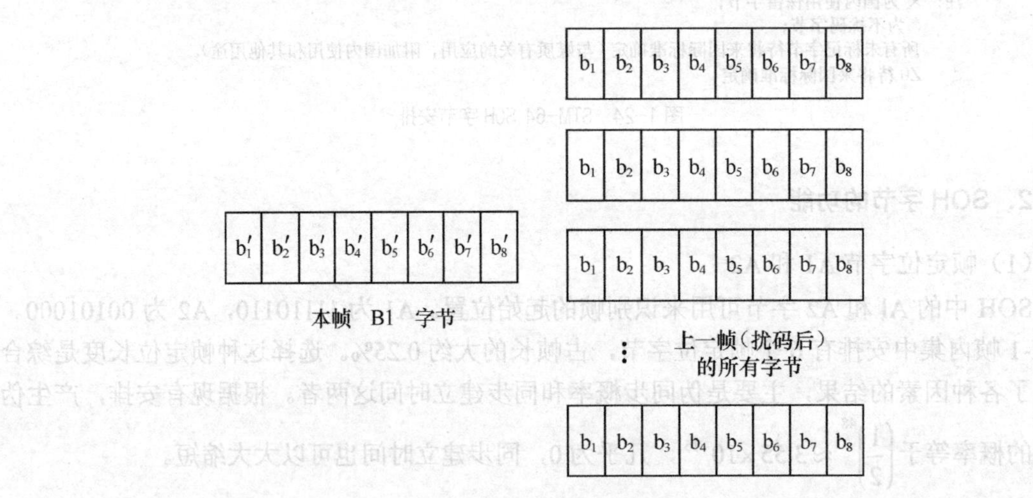

图 1-25 B1 字节计算的图解

BIP-8 的具体计算方法是：将上一帧（扰码后的 STM-*N* 帧）所有字节（注意再生段开销的第一行是不扰码字节）的第一个比特的“1”码计数，若“1”码个数为偶数时，本帧（扰码前的帧）B1 字节的第一个比特 b_1' 记为“0”。若上帧所有字节的第一个比特“1”码的个数为奇数时，本帧 B1 字节的第一个比特 b_1' 记为“1”。上帧所有字节 $b_2 \sim b_8$ 比特的计算方法依此类推。最后得到的 B1 字节的 8 个比特状态就是 BIP-8 计算的结果。

这种误码监测方法是 SDH 的特点之一。它以比较简单的方式实现了对再生段的误码自动监视。但是对同一监视码组内（如各字节的b_2比特）恰好发生偶数个误码的情况，这种方法无法检出。不过这种情况出现的概率较小，因而总的误码检出概率还是较高的。

（7）比特间插奇偶检验24位码（BIP-N×24）字节B2B2B2

B2字节用作复用段误码监测，复用段开销字节中安排了三个B2字节（共24比特）作此用途。B2字节使用偶校验的比特间插奇偶校验N×24位码，其计算方法与BIP-8类似。其描述方法是：BIP-24是对前一个STM-N帧的所有比特（再生段开销的第1～3行字节除外）进行计算，其结果置于扰码前的本帧的B2字节。

其具体计算方法是：每x个比特为一组（x=24，或x=N×24比特）。将参与计算的全部比特从第1个比特算起，按顺序将x个比特分为一组，共分成若干组，将各组相对应的第1个比特的“1”码进行计数，若为偶数，则在本帧的B2字节的第1个比特位记为“0”，若相应比特“1”码的个数为奇数，则记为“1”，其余各比特位依此类推。

（8）自动保护倒换（APS）通路字节K1，K2（b_1～b_5）

两个字节用作自动保护倒换（APS）信令。ITUT-G.70X建议的附录A给出了这两个字节的比特分配和面向比特的规约。

（9）复用段远端失效指示（MS-RDI）字节K2（b_6～b_8）

MS-RDI用于向发信端回送一个指示信号，表示收信端检测到来话故障或正接收复用段告警指示信号（MS-AIS）。解扰码后K2字节的第6，7，8比特构成“110”码即为MS-RDI信号。

（10）同步状态字节S1（b_5～b_8）

S1字节的第5～8比特用于传送四种同步状态信息，可表示16种不同的同步质量等级。其中一种表示同步的质量是未知的，另一种表示信号在段内不用同步，余下的码留作各独立管理机构定义质量等级用。

（11）复用段远端差错指示（MS-REI）M1

该字节用作复用段远端差错指示。对STM-N信号，它用来传送BIP-N×24（B2）所检出的误块数。

（12）与传输媒质有关的字节Δ

仅在STM-1帧内，安排6个字节，它们的位置是S（2，2，1），S（2，3，1），S（2，5，1），S（3，2，1），S（3，3，1）和S（3，5，1）。

Δ字节专用于具体传输媒质的特殊功能，例如用单根光纤作双向传输时，可用此字节来实现辨明信号方向的功能。

（13）备用字节Z0

Z0字节的功能尚待定义。

用“×”标记的字节是为国内使用保留的字节。

所有未标记的字节的用途待将来国际标准确定（与媒质有关的应用，附加国内使用和其他用途）。

需要说明以下几个点。

- 再生器中不使用这些备用字节。
- 为便于从线路码流中提取定时，STM-N信号要经扰码、减少连续同码概率后方可在线路上传送，但是为不破坏A1和A2组成的定帧图案，STM-N信号中RSOH第一行的 9×N 个开销字节不应扰码，因此其中带*号的备用字节之内容应予精心安排，通常可在这些字节上送“0”“1”交替码。

- 收信机对备用开销字节的内容不予解读。

3. 简化的SOH功能接口

在某些应用场合（如局内接口），仅A1、A2、B2和K2字节是必不可少的，很多其他开销字节可以选用或不用，从而使接口得以简化，设备成本可以降低。

小结

1. 脉冲编码调制（PCM）是对模拟信号的瞬时抽样值量化、编码，以将模拟信号转化为数字信号。若模/数变换的方法采用PCM，由此构成的数字通信系统称为PCM通信系统。

采用基带传输的PCM通信系统由三个部分构成：模/数变换（包括抽样、量化、编码三步），信道部分（包括传输线路及再生中继器）和数/模变换（包括解码和低通两部分）。

抽样是把模拟信号在时间上离散化，变为脉冲幅度调制（PAM）信号。抽样要满足抽样定理：抽样频率 $f_S \geqslant 2f_M$（$f_S = \frac{1}{T}$）。

量化是把PAM信号在幅度上离散化，变为量化值（共有N个量化值），分为均匀量化和非均匀量化两种。数字通信系统中通常采用非均匀量化，实现非均匀量化的方法，具体采用直接非均匀编解码法。

编码是用二进码来表示N个量化值（样值）。

解码是编码的反过程，假设忽略量化误差（量化值与PAM信号样值之差）的话，解码后还原为PAM信号。

收端低通的作用是恢复或重建原模拟信号。

2. 时分多路复用是利用各路信号在信道上占有不同的时间间隔的特征来分开各路话音信号。时分多路复用通信系统中各路信号在发送端首先经过低通滤波进行滤波，抽样后合在一起成为和路的PAM信号，经保持电路将样值展开后进行编码；接收端解码后恢复为和路的PAM信号，然后由分路门分开各路的PAM信号，再经接收低通滤波器恢复成为原模拟信号。

3. PCM30/32路系统是PCM通信的基本传输体制。其传信速率为2048kbit/s，帧周期是125μs，帧长度是256bit（l=8）。一帧共有32个时隙，其中TS_1～TS_{15}，TS_{17}～TS_{31}为话路时隙，TS_0为同步时隙，TS_{16}为信令时隙。

4. 准同步数字体系（PDH）主要有PCM一次群、二次群、三次群、四次群等，其速率分别为2.048Mbit/s、8.448Mbit/s、34.368Mbit/s及139.264Mbit/s（欧洲和中国的系列）。

二次群及其以上的各次群是采用数字复接的方法形成的，其具体实现有按位复接和按字复接，PDH采用的是按位复接。数字复接所要解决的首要问题是同步（即要复接的各低次群的数码率相同），然后才复接。数字复接的方法有同步复接和异步复接，PDH大多采用异步复接。

异步复接是各个支路有各自的时钟源，其数码率不完全相同，需要先进行码速调整再复接。收端分接后进行码速恢复以还原各支路。

5. 异步复接二次群帧周期是100.38μs，帧长度为848bit，其中信息码占820bit（最少），插入码有 28bit（最多）。

PCM 三次群、四次群等与二次群一样，也是采用异步复接的方法形成。它们的帧周期分别为 44.69μs 和 21.02μs，帧长度分别为 1536bit 和 2928bit。三、四次群的帧结构与二次群相似。

6. PDH 存在一些弱点，主要表现：（1）只有地区性数字信号速率和帧结构标准而不存在世界性标准；（2）没有世界性的标准光接口规范；（3）异步复用缺乏灵活性；（4）按位复接不利于以字节为单位的现代信息交换；（5）网络管理能力较差；（6）数字通道设备利用率低。

为了适应现代电信网和用户对传输的新要求，SDH 应运而生。

7. SDH 网是由一些 SDH 的网络单元（NE）组成的，在光纤上进行同步信息传输、复用、分插和交叉连接的网络（SDH 网中不含交换设备，它只是交换局之间的传输手段）。

SDH 与 PDH 相比，其优点主要有：（1）有全世界统一的数字信号速率和帧结构标准；（2）采用同步复用方式和灵活的复用映射结构，净负荷与网络是同步的；（3）SDH 帧结构中安排了丰富的开销比特，使得 OAM 能力大大加强；（4）有标准的光接口；（5）SDH 与现有的 PDH 网络完全兼容；（6）SDH 的信号结构的设计考虑了网络传输和交换的最佳性。

SDH 具有三条最核心的优点：即同步复用、标准光接口和强大的网络管理能力。

8. SDH 的同步传递模块有 STM-1、STM-4、STM-16 和 STM-64，其速率分别为 155.520Mbit/s、622.080Mbit/s、2488.320Mbit/s 和 9953.280Mbit/s。

9. SDH 的基本网络单元有终端复用器（TM）、分插复用器（ADM）、再生中继器（REG）和数字交叉连接设备（SDXC）四种。

终端复用器(TM)的主要任务是将低速支路信号纳入 STM-1 帧结构,并经电/光转换成为 STM-1 光线路信号，其逆过程正好相反。分插复用器（ADM）将同步复用和数字交叉连接功能综合于一体，具有灵活地分插任意支路信号的能力（它也具有电/光、光/电转换功能）。再生中继器的作用是消除信号衰减和失真。数字交叉连接设备（DXC）的作用是实现支路之间的交叉连接。

10. SDH 的帧周期为 125μs，帧长度为 $9\times270\times N$ 个字节（或 $9\times270\times N\times8$bit）。其帧结构有 9 行，$270\times N$ 列，主要包括三个区域：段开销（SOH）、信息净负荷区及管理单元指针。段开销区域用于存放 OAM 字节；信息净负荷区域存放各种信息负载；管理单元指针用来指示信息净负荷的第一字节在 STM-N 帧中的准确位置，以便在接收端能正确分接。

11. SDH 帧结构中安排有两大类开销：段开销（SOH）和通道开销（POH），它们分别用于段层和通道层的维护。

SOH 字节主要包括：帧定位字节 A1 和 A2、再生段踪迹字节 J0、数据通信通路 DCC、公务字节 El 和 E2、使用者通路 F1、比特间插奇偶校验 8 位码 B1，比特间插奇偶校验 24 位码 B2B2B2 等。

复习题

1. PCM 通信系统中 A/D 变换、D/A 变换分别经过哪几步？
2. PCM30/32 路系统 1 帧有多少 bit？1 秒传多少个帧？各时隙的作用是什么？
3. 帧同步的目的是什么？
4. 高次群的形成采用什么方法？为什么？
5. 比较按位复接与按字复接的优缺点。

6. 数字复接的方法有哪几种？PDH 采用哪一种？

7. 异步复接的概念是什么？

8. 异步复接二次群的帧周期和帧长分别为多少？

9. PDH 的弱点有哪些？

10. SDH 的概念是什么？其最核心的优点有哪些？

11. SDH 的基本网络单元有哪几种？

12. 分插复用器的主要功能是什么？

13. SDH 帧结构分哪几个区域？各自的作用是什么？

14. 由 STM-1 帧结构计算出①STM-1 的速率。②SOH 的速率。③AU-PTR 的速率。

15. 简述段开销字节 BIP-8 的作用及计算方法。

第2章 同步复用与映射方法

SDH 网有一套特殊的复用结构，允许现存准同步数字体系（PDH）、同步数字体系和 B-ISDN 的信号都能纳入其帧结构中传输，各种业务信号复用进 STM-N 帧的过程经历三个步骤：映射、定位和复用。

本章首先介绍 SDH 的复用结构，然后详细讨论映射、定位和复用的相关内容。主要包括映射的概念、方法及各种信号映射进 SDH 帧结构的过程，定位的概念、指针的作用、指针调整原理及指针调整过程，复用的概念及过程等。

2.1 复用结构

2.1.1 SDH 的一般复用结构

G.709 建议的 SDH 的一般复用结构如图 2-1 所示，它是由一些基本复用单元组成的有若干中间复用步骤的复用结构。各种业务信号复用进 STM-*N* 帧的过程都要经历映射（mapping）、定位（a1igning）和复用（mu1tip1exing）三个步骤。

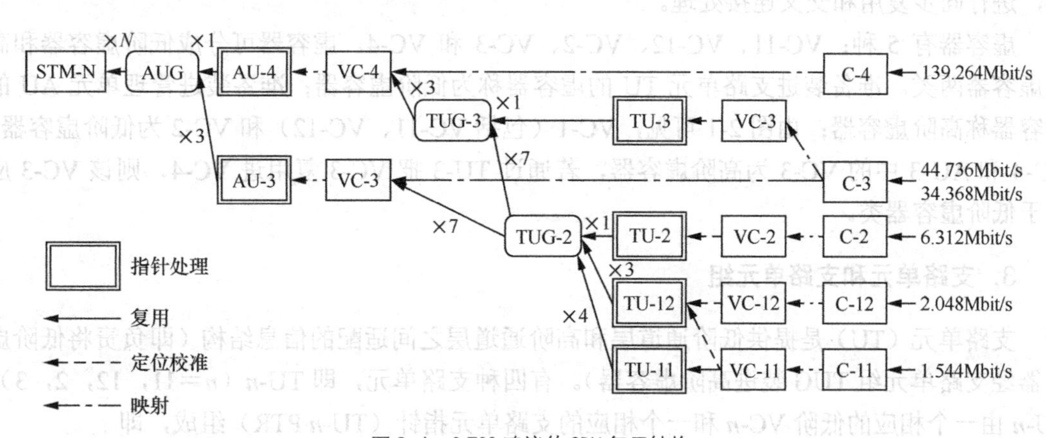

图 2-1 G.709 建议的 SDH 复用结构

为了帮助读者理解图 2-1 的 SDH 复用结构，下面介绍 SDH 的基本复用单元。

2.1.2　复用单元

SDH的基本复用单元包括标准容器（C），虚容器（VC），支路单元（TU），支路单元组（TUG），管理单元（AU）和管理单元组（AUG）（见图2-1）。

1．标准容器

容器（C）是一种用来装载各种速率的业务信号的信息结构，主要完成适配功能（如速率调整），以便让那些最常使用的准同步数字体系信号能够进入有限数目的标准容器。目前，针对常用的准同步数字体系信号速率，ITU-T建议G.707已经规定了5种标准容器：C-11，C-12，C-2，C-3和C-4，其标准输入比特率如图2-1所示，分别为1544，2048，6312，34368（或44736）和139264kbit/s.

参与SDH复用的各种速率的业务信号都应首先通过码速调整等适配技术装进一个恰当的标准容器。已装载的标准容器又作为虚容器的信息净负荷。

2．虚容器

虚容器（VC）是用来支持SDH的通道层连接的信息结构（虚容器属于SDH传送网分层模型中通道层的信息结构。其中VC-11、VC-12、VC-2及TU-3中的VC-3是低阶通道层的信息结构；而AU-3中VC-3和VC-4是高阶通道层的信息结构。详见第5章图5-4），它由容器输出的信息净负荷加上通道开销（POH）组成，即：

$$\text{VC-}n = \text{C-}n + \text{VC-}n\ \text{POH}$$

VC的输出将作为其后接基本单元（TU或AU）的信息净负荷。

VC的包封速率是与SDH网络同步的，因此不同VC是互相同步的，而VC内部却允许装载来自不同容器的异步净负荷。

除在VC的组合点和分解点（即PDH/SDH网的边界处）外，VC在SDH网中传输时总是保持完整不变，因而可以作为一个独立的实体十分方便和灵活地在通道中任一点插入或取出，进行同步复用和交叉连接处理。

虚容器有5种：VC-11、VC-12、VC-2、VC-3和VC-4。虚容器可分成低阶虚容器和高阶虚容器两类。准备装进支路单元TU的虚容器称为低阶虚容器；准备装进管理单元AU的虚容器称高阶虚容器；由图2-1可见，VC-1（包括VC-11、VC-12）和VC-2为低阶虚容器；VC-4和AU-3中的VC-3为高阶虚容器，若通过TU-3把VC-3复用进VC-4，则该VC-3应归于低阶虚容器类。

3．支路单元和支路单元组

支路单元（TU）是提供低阶通道层和高阶通道层之间适配的信息结构（即负责将低阶虚容器经支路单元组TUG装进高阶虚容器）。有四种支路单元，即TU-*n*（*n*=11，12，2，3）。TU-*n*由一个相应的低阶VC-*n*和一个相应的支路单元指针（TU-*n* PTR）组成，即

$$\text{TU-}n = \text{VC-}n + \text{TU-}n\ \text{PTR}$$

TU-*n* PTR指示VC-*n*净负荷起点在TU帧内的位置。

在高阶 VC 净负荷中固定地占有规定位置的一个或多个 TU 的集合称为支路单元组

（TUG）。把一些不同规模的 TU 组合成一个 TUG 的信息净负荷可增加传送网络的灵活性。VC-4/3 中有 TUG-3 和 TUG-2 两种支路单元组。一个 TUG-2 由一个 TU-2 或 3 个 TU-12 或 4 个 TU-11 按字节交错间插组合而成；一个 TUG-3 由一个 TU-3 或 7 个 TUG-2 按字节交错间插组合而成。一个 VC-4 可容纳 3 个 TUG-3；一个 VC-3 可容纳 7 个 TUG-2。

4．管理单元和管理单元组

管理单元（AU）是提供高阶通道层和复用段层之间适配的信息结构（即负责将高阶虚容器经管理单元组 AUG 装进 STM-N 帧，STM-N 帧属于 SDH 传送网分层模型中段层的信息结构。详见第 5 章图 5-4。），有 AU-3 和 AU-4 两种管理单元。AU-n（n=3，4）由一个相应的高阶 VC-n 和一个相应的管理单元指针（AU-n PTR）组成，即：

$$\text{AU-}n = \text{VC-}n + \text{AU-}n\ \text{PTR};\ n=3,\ 4$$

AU-n PTR 指示 VC-n 净负荷起点在 AU 帧内的位置。

在 STM-N 帧的净负荷中固定地占有规定位置的一个或多个 AU 的集合称为管理单元组（AUG）。一个 AUG 由一个 AU-4 或 3 个 AU-3 按字节交错间插组合而成。

需要强调指出的是：在 AU 和 TU 中要进行速率调整，因而低一级数字流在高一级数字流中的起始点是浮动的。为了准确地确定起始点的位置，设置两种指针（AU PTR 和 TU PTR）分别对高阶 VC 在相应 AU 帧内的位置以及 VC-1，2，3 在相应 TU 帧内的位置进行灵活动态的定位。顺便提一下，在 N 个 AUG 的基础上再附加段开销（SOH）便可形成最终的 STM-N 帧结构。

以上介绍了 SDH 的几种基本复用单元，为了帮助读者理解 SDH 的复用结构，在此基础上结合图 2-1 简单解释一下映射、定位和复用的概念（详见后述）。

映射——是将各种速率的 G.703 支路信号先分别经过码速调整装入相应的标准容器，然后再装进虚容器的过程。即图 2-1 中将 2.048Mbit/s 信号装进 VC-12、将 34.368Mbit/s 信号装进 VC-3、139.264Mbit/s 信号装进 VC-4 等的过程（此处只列举了我国常用的情况）。

定位——是一种以附加于 VC 上的支路单元指针指示和确定低阶 VC 帧的起点在 TU 净负荷中位置或管理单元指针指示和确定高阶 VC 帧的起点在 AU 净负荷中的位置的过程。即图 2-1 中以附加于 VC-12 上的 TU-12 PTR 指示和确定 VC-12 的起点在 TU-12 净负荷中位置的过程、以附加于 VC-3 上的 TU-3 PTR 指示和确定 VC-3 的起点在 TU-3 净负荷中的位置的过程、以附加于 VC-4 上的 AU-4 PTR 指示和确定 VC-4 的起点在 AU-4 净负荷中的位置的过程等（此处也只列举了我国常用的情况）。

复用——是一种把 TU 组织进高阶 VC 或把 AU 组织进 STM-N 的过程。即图 2-1 中将 TU-12 经 TUG-2 和 TUG-3 装进 VC-4、将 TU-3 经 TUG-3 装进 VC-4 及将 AU-4 经 AUG 装进 STM-N 帧的过程（此处还只列举了我国常用的情况）。下面具体介绍我国的 SDH 复用结构。

2.1.3　我国的 SDH 复用结构

由图 2-1 可见，在 G.709 建议的复用结构中，从一个有效负荷到 STM-N 的复用路线不是唯一的。对于一个国家或地区则必须使复用路线唯一化。

我国的光同步传输网技术体制规定以 2Mbit/s 为基础的 PDH 系列作为 SDH 的有效负荷并选用 AU-4 复用路线，其基本复用映射结构如图 2-2 所示。

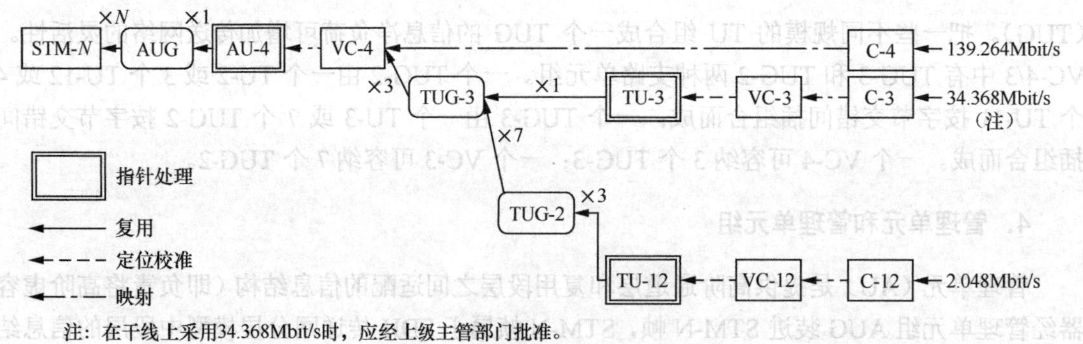

图 2-2 我国的基本复用映射结构

由图 2-2 可见：我国的 SDH 复用映射结构规范可有三个 PDH 支路信号输入口。一个 139.264Mit/s 可被复用成一个 STM-1（155.520Mbit/s）；63 个 2.048Mbit/s 可被复用成一个 STM-1；3 个 34.368Mbit/s 也能复用成一个 STM-1。

在 PDH 中，一个四次群（速率为 139.264Mit/s，可类比一个 STM-1）里有 64 个 2.048Mbit/s（一次群），有 4 个 34.368Mbit/s（三次群）。但在 SDH 中，一个 STM-1（155.520Mbit/s）只能装载 63 个 2.048Mbit/s、3 个 34.368Mbit/s，显然，相比之下 SDH 的信道利用率低（这是 SDH 的一个主要缺点）。尤其是利用 SDH 传输 34.368Mbit/s 信号时的信道利用率太低，所以在规范中加“注”（即较少采用）。

为了对 SDH 的复用映射过程有一个较全面的认识，也为后面具体介绍映射、定位、复用作个铺垫，现以 139.264Mbit/s 支路信号复用映射成 STM-*N* 帧为例详细说明整个复用映射过程，如图 2-3 所示。

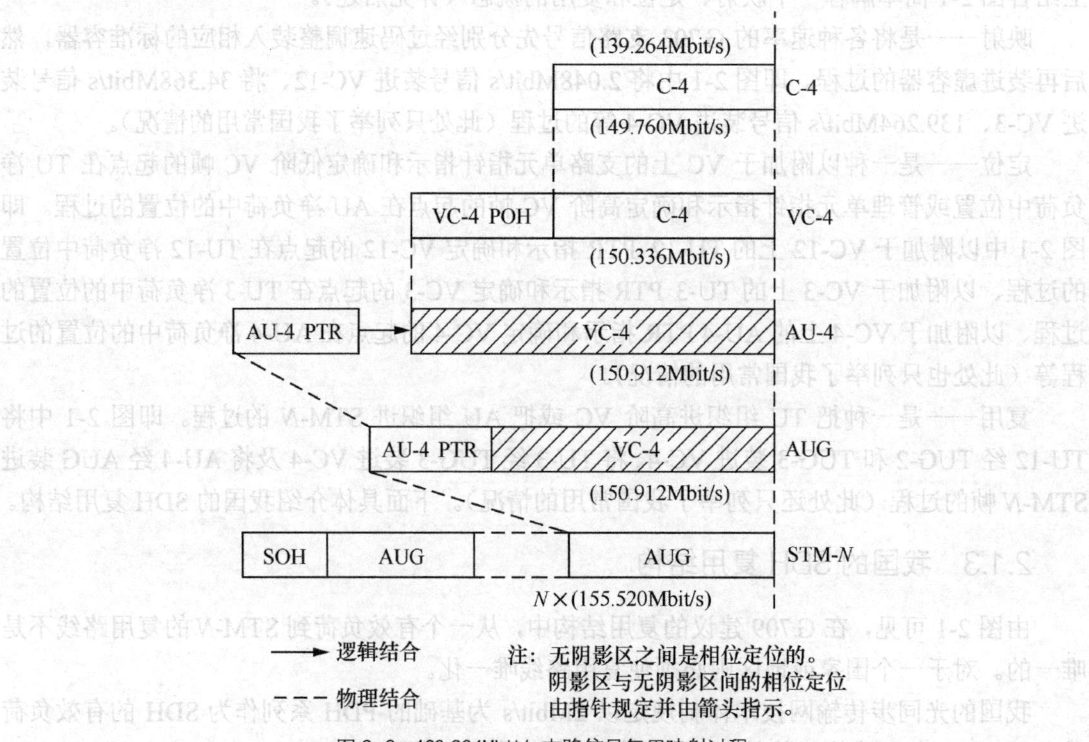

图 2-3 139.264Mbit/s 支路信号复用映射过程

（1）首先将标称速率为 139.264Mbit/s 的支路信号装进 C-4，经适配处理后 C-4 的输出速率为 149.760Mbit/s。然后加上每帧 9 字节的 POH（相当于 576kbit/s）后，便构成了 VC-4（150.336Mbit/s），以上过程称为映射。

（2）VC-4 与 AU-4 的净负荷容量一样，但速率可能不一致，需要进行调整。AU-4 PTR 的作用就是指明 VC-4 相对 AU-4 的相位，它占有 9 个字节，相当容量为 576kbit/s。于是经过 AU-4 PTR 指针处理后的 AU-4 的速率为 150.912Mbit/s，这个过程称为定位。

（3）得到的单个 AU-4 直接置入 AUG，再由 *N* 个 AUG 经单字节间插并加上段开销便构成了 STM-*N* 信号。以上过程称为复用。当 *N*=1 时，一个 AUG 加上容量为 4.608Mbit/s 的段开销后就构成了 STM-1，其标称速率为 155.520Mbit/s。

下面将分别详细介绍映射、定位和复用的相关内容。下面介绍映射、定位和复用的相关内容时主要以我国的基本复用映射结构为例加以说明。

2.2　映射

2.2.1　映射的概念

映射是一种在 SDH 边界处使支路信号适配进虚容器的过程。即各种速率的 G.703 信号先分别经过码速调整装入相应的标准容器，之后再加进低阶或高阶通道开销（POH）形成虚容器。

为了说明映射过程，下面首先介绍通道开销。

2.2.2　通道开销

通道开销（POH）分为低阶通道开销和高阶通道开销。

低阶通道开销附加给 C-1/C-2 形成 VC-1/VC-2，其主要功能有 VC 通道性能监视、维护信号及告警状态指示等。

高阶通道开销附加给 C-3 或者多个 TUG-2 的组合体形成 VC-3，而将高阶通道开销附加给 C-4 或者多个 TUG-3 的组合体即形成 VC-4。高阶 POH 的主要功能有 VC 通道性能监视、告警状态指示、维护信号以及复用结构指示等。

1．高阶通道开销

高阶通道开销（HPOH）是位于 VC-3/VC-4/VC-4-Xc（VC-4 级联，后述）帧结构第一列的 9 个字节：J1、B3、C2、G1、F2、H4、F3、K3、N1，如图 2-4 所示。

HPOH 各自的功能如下。

（1）通道踪迹字节 J1

J1 是 VC 的第 1 个字节，其位置由相关的 AU-4 或 TU-3 指针指示。这个字节用来重复发送高阶通道接入点识别符。这样，通道接收端可以确认它与预定的发送端是否处于持续的连接状态。

在国内网或单个运营者范围内，这个通道接入点识别符可使用 64 字节自由格式码流或 ITU-T 建议 G.831 规定的接入点识别格式。在国际边界或在不同运营者的网络边界，除双方另有协议外，应采用G.831规定的16字节格式。当它在64字节内传送16字节的格式时，需重复四次。

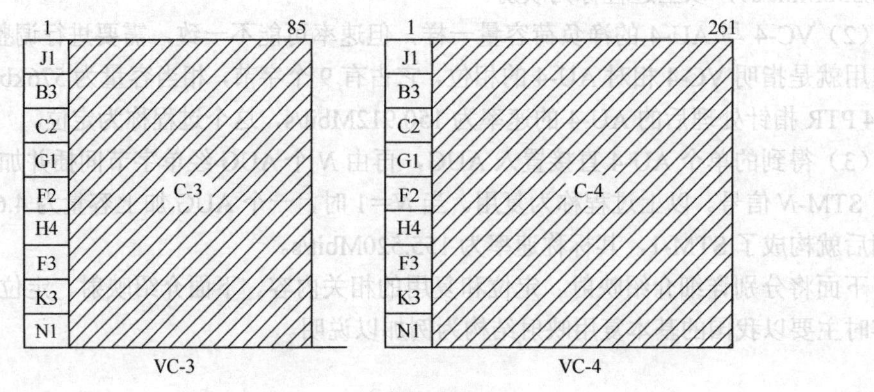

图2-4 HPOH位置示意图

（2）通道BIP-8码B3

B3具有高阶通道误码监视功能。在当前VC-3/VC-4/VC-4-Xc帧中，B3字节8比特的值是对扰码前上一VC-3/VC-4/VC－4-Xc帧所有字节进行比特间插BIP-8偶校验计算的结果。

（3）信号标记字节C2

C2用来指示VC帧的复接结构和信息净负荷的性质，如表示VC-3/VC-4/VC-4-Xc通道是否装备、所载业务种类和它们的映射方式。表2-1列出了该字节8个比特对应的16进制码字及其含义。

表2-1　　C2字节的编码规定

C2 字节 1234 5678	十六进制码字	含　义
0000 0000	00	通道未装载信号
0000 0001	01	通道装载非特定净负荷
0000 0010	02	TUG结构
0000 0011	03	锁定的TU
0000 0100	04	34.368Mbit/s和44.736Mbit/s信号异步映射进C-3
0001 0010	12	139.264Mbit/s信号异步映射进C-4
0001 0011	13	异步转移模式（ATM）
0001 0100	14	城域网MAN（分布式排队总线DQDB）
0001 0101	15	光纤分布式数据接口FDDI

（4）通道状态字节G1

该字节用来将通道终端的状态和性能回传给VC-3/VC-4/VC-4-Xc通道源端。这一特性，使得能在通道的任一端，或在通道的任一点上监测整个双向通道的状态和性能。

（5）通道使用者字节F2，F3

这两个字节提供通道单元间的公务通信（与净负荷有关）。

（6）TU 位置指示字节 H4

H4 指示有效负荷的复帧（复帧的概念见后）类别和净负荷位置，还可作为 TU-1/TU-2 复帧指示字节或 ATM 净负荷进入一个 VC-4 时的信元边界指示器。

（7）自动保护倒换（APS）通路字节 K3（b1～b4）

这些比特用作高阶通道级保护的 APS 指令。

（8）网络操作者字节 N1

N1 用作提供高阶通道的串接监视功能。

（9）备用比特 K3（b_5～b_8）

这些比特留作将来使用，因此没有规定其值，接收机应忽略其值。

2．低阶通道开销

低阶通道开销（VC-1/VC-2 POH）由 V5、J2、N2、K4 字节组成。以 VC-12（由 2．048Mbit/s 支路信号异步映射而成）为例低阶通道开销的位置如图 2-5 所示。

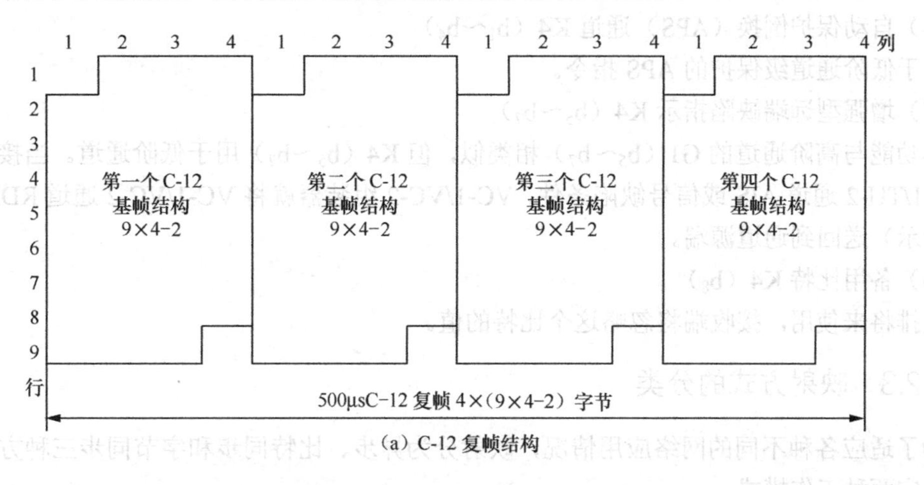

（a）C-12 复帧结构

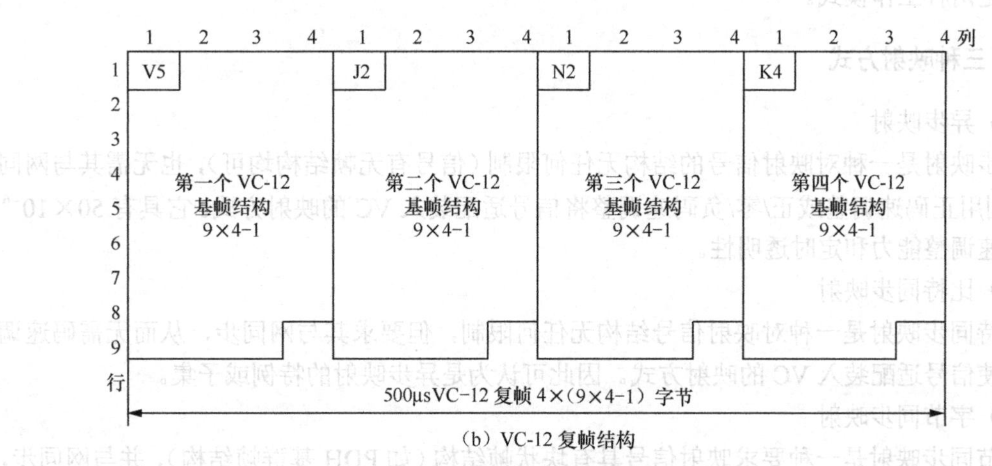

（b）VC-12 复帧结构

图 2-5　低阶通道开销位置示意图

在此解释一下复帧的概念。为了适应不同容量的净负荷在网中的传送需要，SDH 允许组成若干不同的复帧形式。例如，四个 C-12 基本帧（125μs）组成一个 500μs 的 C-12 复帧（见

图 2-5（a）)，C-12 复帧加上低阶通道开销 V5、J2、N2、K4 字节便构成 VC-12 复帧（见图 2-5（b）)，这里需要说明的是：也可以由 16 个或 24 个基本帧组成一个复帧，复帧类别由 HPOH 中的 H4 指示。可见，V5 是第一个 VC-12 基帧的第 1 个字节，J2 是第二个 VC-12 基帧的第 1 个字节，N2 是第三个 VC-12 基帧的第 1 个字节，K4 则是第四个 VC-12 基帧的第 1 个字节。下面分别加以介绍。

（1）V5 字节

V5 字节为 VC-1/VC-2 通道提供误码检测、信号标记和通道状态功能。

（2）通道踪迹字节 J2

J2 用来重复发送低阶通道接入点识别符，所以通道接收端可据此确认它与预定的发送端是否处于持续的连接状态。此通道接入点识别符使用 ITU-T 建议 G.831 所规定的 16 字节帧格式。

（3）网络操作者字节 N2

这个字节提供低阶通道的串接监视（TCM）功能。

（4）自动保护倒换（APS）通道 K4（b_1～b_4）

用于低阶通道级保护的 APS 指令。

（5）增强型远端缺陷指示 K4（b_5～b_7）

其功能与高阶通道的 G1（b_5～b_7）相类似，但 K4（b_5～b_7）用于低阶通道。当接收端收到 TU-1/TU-2 通道 AIS 或信号缺陷条件，VC-1/VC-2 组装器就将 VC-1/VC-2 通道 RDI（远端缺陷指示）送回到通道源端。

（6）备用比特 K4（b_8）

安排将来使用，接收端将忽略这个比特的值。

2.2.3 映射方式的分类

为了适应各种不同的网络应用情况，映射分为异步、比特同步和字节同步三种方式与浮动和锁定两种工作模式。

1. 三种映射方式

（1）异步映射

异步映射是一种对映射信号的结构无任何限制（信号有无帧结构均可），也无需其与网同步，仅利用正码速调整或正/零/负码速调整将信号适配装入 VC 的映射方式。它具有 50×10^{-6} 内的码速调整能力和定时透明性。

（2）比特同步映射

比特同步映射是一种对映射信号结构无任何限制，但要求其与网同步，从而无需码速调整即可使信号适配装入 VC 的映射方式。因此可认为是异步映射的特例或子集。

（3）字节同步映射

字节同步映射是一种要求映射信号具有块状帧结构（如 PDH 基群帧结构），并与网同步，无需任何速率调整即可将信息字节装入 VC 内规定位置的映射方式。它特别适用于在 VC-1X（X= 1，2）内无需组帧和解帧地直接接入和取出 64kbit/s 或 $N\times$64kbit/s 信号。

2. 两种工作模式

（1）浮动VC模式

浮动VC模式是指VC净负荷在TU或AU内的位置不固定，并由TU PTR或AU PTR指示其起点位置的一种工作模式。它采用TU PTR和AU PTR两层指针处理来容纳VC净负荷与STM-*N*帧的频差和相差，从而勿需滑动缓存器即可实现同步，且引入的信号延时最小（约10μs）。

浮动模式时，VC帧内安排有VC POH，因此可进行通道性能的端到端监测。

三种映射方式都能以浮动模式工作。

（2）锁定TU模式

锁定TU模式是一种信息净负荷与网同步并处于TU或AU帧内固定位置，因而无需TU PTR或AU PTR的工作模式。PDH一次群信号的比特同步和字节同步两种映射可采用锁定模式。

锁定模式省去了TU PTR或AU PTR，且在VC内不能安排VC POH，因此要用125μs（一帧容量）的滑动缓存器来容纳VC净负荷与STM-*N*帧的频差和相差，引入较大的（约150μs）信号延时，且不能进行通道性能的端到端监测。

3. 映射方式的比较

综上所述，三种映射方式和两种工作模式可组合成5种映射方式，如表2-2所示。

表2-2 PDH信号进入SDH的映射方式

H-*n*	VC-*n*	映射方式		
		异步映射	比特同步映射	字节同步映射
H-4	VC-4	浮动模式	无	无
H-3	VC-3	浮动模式	浮动模式	浮动模式
H-12	VC-12	浮动模式	浮动/锁定	浮动/锁定

异步映射仅有浮动模式，最适合异步/准同步信号映射，包括将PDH通道映射进SDH通道的应用，能直接接入和取出各次PDH群信号，但不能直接接入和取出其中的64kbit/s信号。异步映射的接口最简单，引入的映射延时最小，可适应各种结构和特性的数字信号，是一种最通用的映射方式，也是PDH向SDH过渡期内必不可少的一种映射方式。

比特同步映射与传统的PDH相比并无明显优越性，不适合国际互连应用，目前也未用于国内网。

浮动的字节同步映射适合按G.704规范组帧的一次群信号，其净负荷既可以具有字节结构形式（64kbit/s和*N*×64kbit/s），也可以具有非字节结构形式，虽然接口复杂但能直接接入和取出64kbit/s和*N*×64kbit/s信号，同时允许对VC-1*X*通道进行独立交叉连接，主要用于不需要一次群接口的数字交换机互连应用和两个需要直接处理64kbit/s和*N*×64kbit/s业务的节点间的SDH连接。

锁定的字节同步映射可认为是浮动的字节同步映射的特例，只适合有字节结构的净负荷，主要用于大批64kbit/s和*N*×64kbit/s信号的传送和交叉连接，也适用于高阶VC的交叉连接。

下面首先以我国复用结构中的139.264Mbit/s、34.368Mbit/s和2.048Mbit/s支路信号的映射为例介绍映射过程。然后简单介绍ATM信元和IP数据报的映射。

2.2.4 映射过程

1. 139.264Mbit/s支路信号（H-4）的映射

139.264Mbit/s支路信号的映射一般采用异步映射、浮动模式。

（1）139.264Mbit/s支路信号异步装入C-4

它是由正码速调整方式异步装入的，可以把C-4比喻成一个集装箱，其结构容量一定大于139.264Mbit/s，只有这样才能进行正码速调整。C-4的子帧结构如图2-6所示。

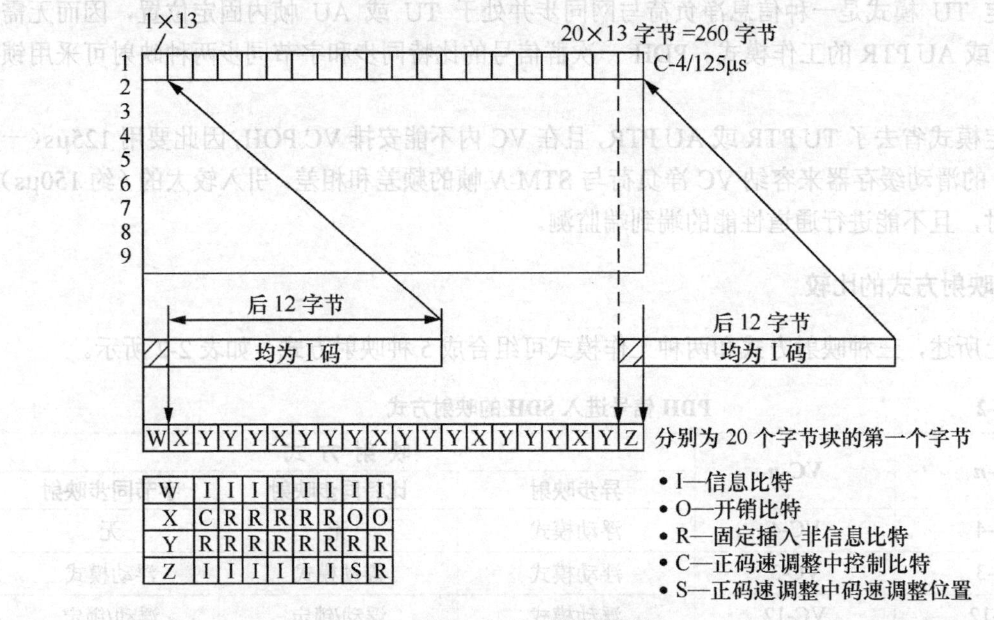

图2-6 C-4的子帧结构

C-4基帧的每行为一个子帧，每个子帧为一个速率调整单元，并分成20个13字节块。每个13字节块的第一个字节依次分别为W，X，Y，Y，Y，X，Y，Y，Y，X，Y，Y，Y，X，Y，Y，Y，X，Y，Z。

X字节内含1个调整控制比特（C码），5个固定塞入比特（R码）和2个开销比特（O码），由于每行有5个X字节，因此每行有5比特C码。

Z字节内含6个信息比特（I码），1个调整机会比特（S码）和1个R码。

Y字节为固定塞入字节，含8个R码。

W字节为信息字节，含8个信息比特。每个13字节块的后12个字节均为信息字节W，共96个I码。

C4子帧=（C-4）/9=241W＋13Y＋5X＋1Z＝260（字节）

=（1934I＋S）＋5C＋130R＋10 O＝2080（bit）

一个C-4子帧总计有8×260＝2080bit，其分配如表2-3所示。

表 2-3　　C-4 子帧的分配

比 特 类 型	个　数
信息比特（I）	1934
固定塞入比特（R）	130
开销比特（O）	10
调整控制比特（C）	5
调整机会比特（S）	1

C 码主要用来控制相应的调整机会比特（S），确定 S 应作为信息比特（I）还是调整比特（R^*），接收机对 R^* 不予理睬。

在发送端，CCCCC＝00000 时 S=I；CCCCC＝11111 时 S= R^*。

为什么用五个 C 比特与一个 S 比特配合使用呢？这是因为在收信端解同步器中，为了防范 C 码中单比特和双比特误码的影响，提高可靠性，当 5 个 C 码并非全 0 或全 1 时，应按照择多判决准则做出去码速调整决定，即当多数 C 码为 1 时，解同步器认为 S 位为 R^*，故不理睬 S 比特的内容，而多数 C 码为 0 时，解同步器把 S 比特中的内容作为信息比特。

下面分别令 S 全为 I 或全为 R^*，可算出 C-4 容器能容纳的信息速率 IC 的上限和下限：

$$IC_{max}=(1934+1)\times9\times8000=139320\ (\text{kbit/s})$$

$$IC_{min}=(1934+0)\times9\times8000=139248\ (\text{kbit/s})$$

根据 ITU-T 的建议，H-4 支路信号的速率范围是 $139264\pm15\times10^{-6}=139261\sim139266$kbit/s，正处于 C-4 能容纳的负荷速率范围之内，故能适配地装入 C-4。

（2）C-4 装入 VC-4

在 C-4 的 9 个子帧前分别插入 VC-4 的通道开销（VC-4 POH）字节 J1，B3，C2，G1，F2，H4，F3，K3，N1，就构成了 VC-4 帧（即 VC-4＝C-4＋VC-4 POH），如图 2-7 所示。

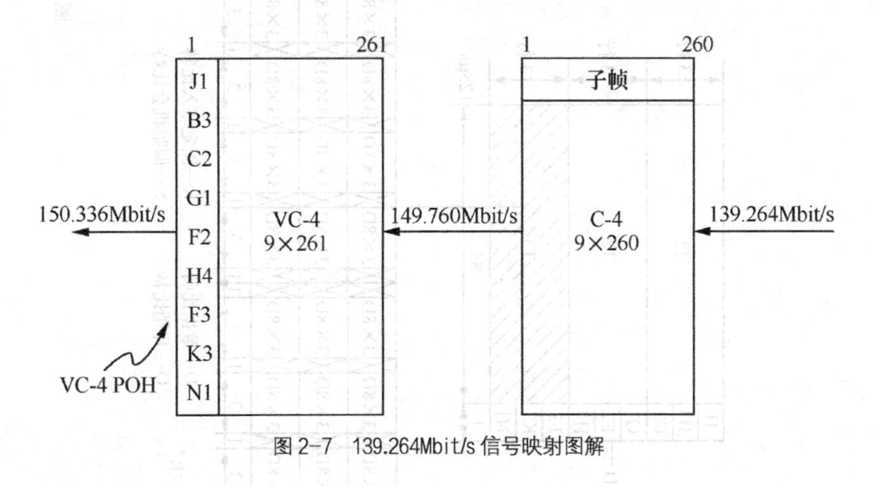

图 2-7　139.264Mbit/s 信号映射图解

2．34.368Mbit/s 支路信号的异步映射

34.368Mbit/s 支路信号异步映射进 VC-3 的过程如图 2-8 所示。

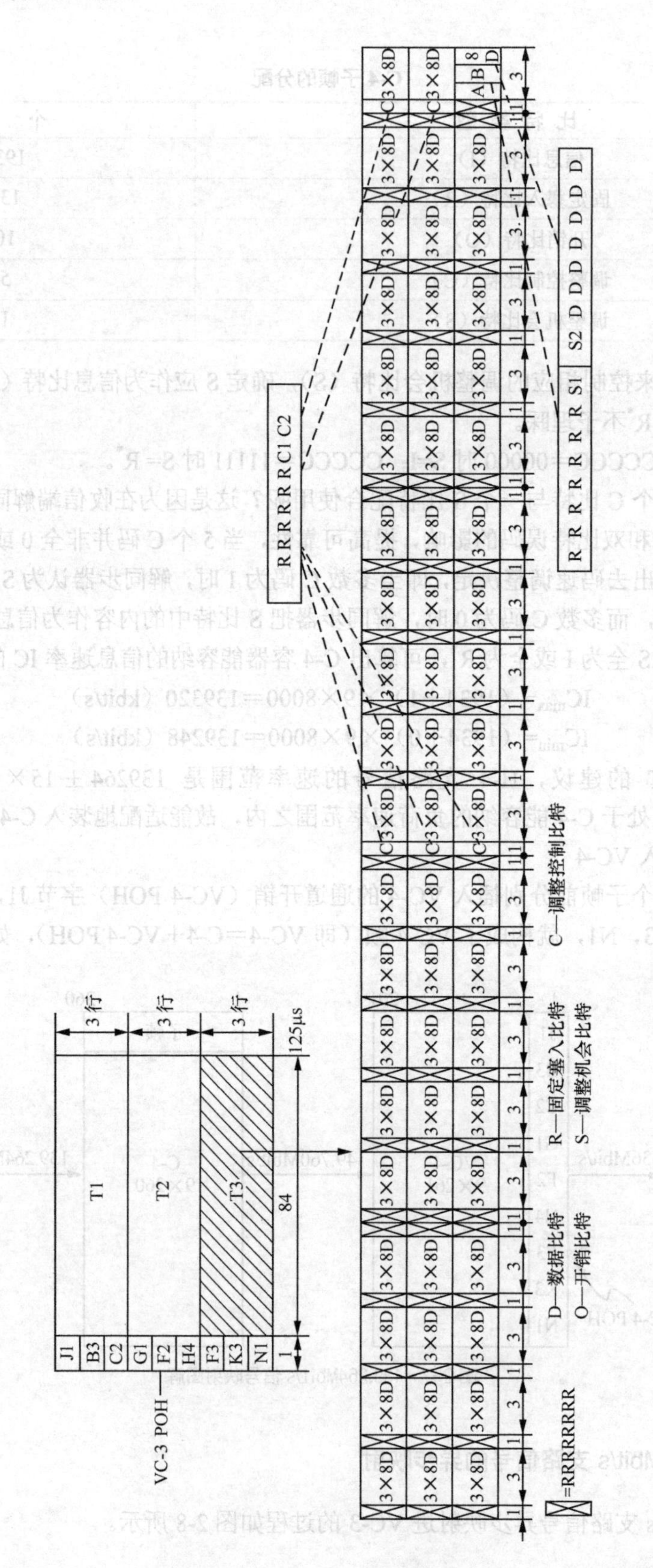

图 2-8　34.368Mbit/s 支路信号映射进 VC-3

VC-3 由 9 个字节的 VC-3 POH 加上 9 行 84 列的净负荷组成。该净负荷分为 3 个子帧（T1、T2 和 T3），每个子帧（分为 12 段）的组成如下。

- 1431 个信息比特（D）（3×8×59＋7＋8＝1431）；
- 两组（每组 5 个）调整控制比特（C1、C2）；
- 两个调整机会比特（S1、S2）；
- 573 个固定塞入比特（R）。

两组（每组 5 个）调整控制比特 C1 和 C2 分别用于控制两个调整机会比特 S1 和 S2。C1C1C1C1C1=00000 表示 S1 为信息比特，而 C1C1C1C1C1＝11111 则表示 S1 为调整比特。C2 控制 S2 情况相同。在解同步器中为防止 C 比特中的单比特或双比特误码影响，采用 5 个比特多数判决准则来决定调整与否。

当 Sl 和 S2 调整比特时，其值不作规定，因而要求接收器对该值忽略不计。

3．2.048Mbit/s 支路信号（H-12）的映射

2.048Mbit/s 支路信号的映射既可以采用异步映射，也可以采用比特同步映射或字节同步映射。前面介绍低阶通道开销时提到复帧的概念，对于 2.048Mbit/s 支路信号不论是异步映射还是同步映射，均采用复帧形式，只不过异步映射时需码速调整（正/零/负调整），同步映射时不需码速调整。

由于篇幅所限，在此仅介绍 2.048Mbit/s 支路信号的异步映射。

首先将 2.048Mbit/s 的支路信号装入四个基帧组成的 C-12 复帧，C-12 基帧的结构是 9×4-2 字节，C-12 复帧的字节数为 4×（9×4-2），其结构如图 2-5（a）所示。由于 E1（H-12）支路信号的标称速率是 2.048Mbit/s，实际速率可能会偏高或偏低些，所以要进行码速调整。

在 C-12 复帧中加上低阶通道开销（VC-l POH）字节 V5、J2、N2、K4，便构成了 VC-12（复帧），如图 2-5（b）所示，现改画成如图 2-9 所示的形式。

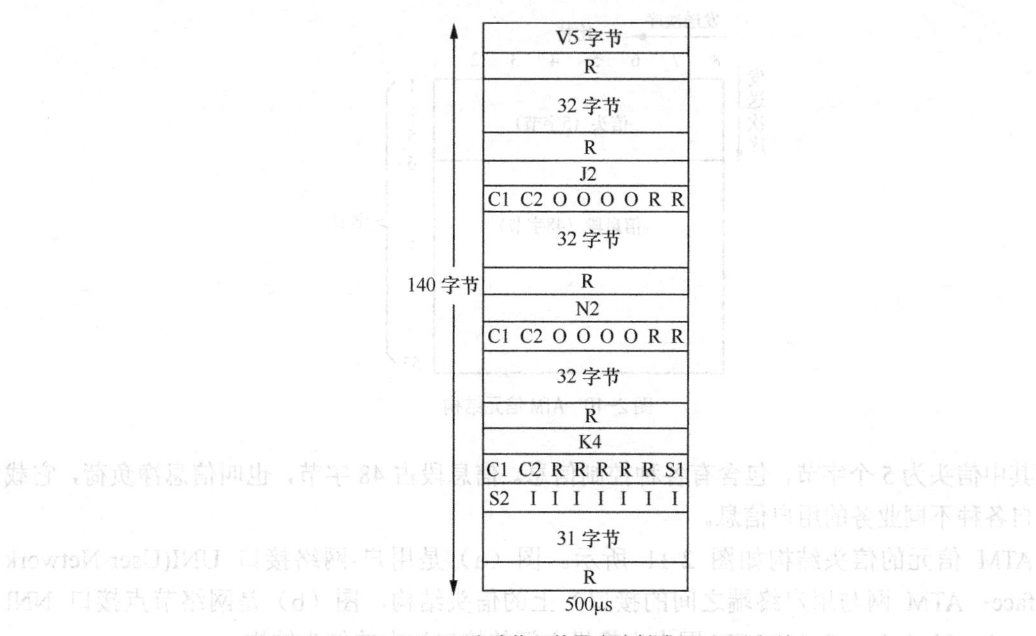

图 2-9　2.048Mbit/s 支路信号的异步映射成 VC-12（复帧）

由图2-9可见，VC-12由VC-1 POH加上1023（32×3×8+31×8+7）个信息比特（I），6个调整控制比特（C1，C2），2个调整机会比特（S1，S2）、8个开销通信通路比特（O）以及49个固定塞入比特（R）组成。

两套C1和C2比特可以分别控制两个调整机会比特S1（负调整机会）和S2（正调整机会）进行码速调整。当C1C1C1＝000时，表示S1是信息比特，而C1C1C1＝111时，表示S1是调整比特。C2按同样方式控制S2比特。

4．ATM信元的映射

（1）ATM基本概念

① ATM的定义

异步传递模式（ATM）是B-ISDN的传递模式。人们习惯把电信网分为传输、复用、交换和终端等几个部分，其中除终端以外的传输、复用和交换合起来称为传递模式（也叫转移模式）。传递模式可分为同步传递模式（STM）和异步传递模式（ATM）两种。

同步传递模式（如PCM系统的复用等级等）的主要特征是采用时分复用，各路信号都是按一定时间间隔周期性地出现，可根据时间（或靠位置）识别每路信号。异步传递模式采用统计时分复用，各路信号不是按一定时间间隔周期性地出现，要根据标志识别每路信号。

ATM的定义为：ATM是一种传递模式，在这一模式中信息被组织成固定长度的信元，来自某用户一段信息的各个信元并不需要周期性地出现，从这个意义上来看，这种传递模式是异步的（统计时分复用也叫异步时分复用）。

② ATM信元

ATM信元具有固定的长度，从传输效率、时延及系统实现的复杂性考虑，CCITT规定ATM信元长度为53字节。ATM信元结构如图2-10所示。

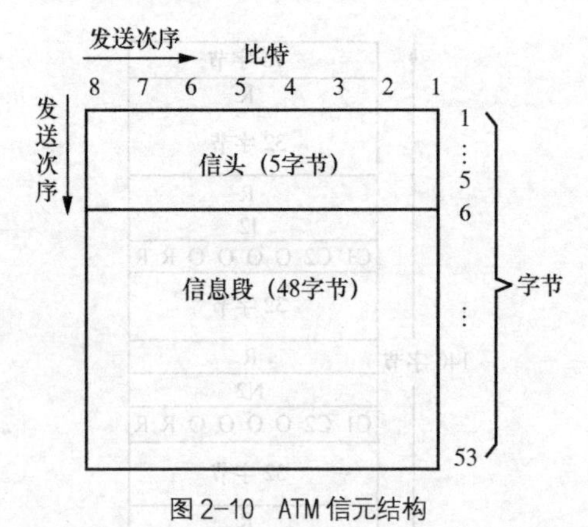

图2-10 ATM信元结构

其中信头为5个字节，包含有各种控制信息。信息段占48字节，也叫信息净负荷，它载荷来自各种不同业务的用户信息。

ATM信元的信头结构如图2-11所示。图（a）是用户-网络接口UNI(User-Network Interface：ATM网与用户终端之间的接口）上的信头结构，图（b）是网络节点接口NNI（Network—Node Interface：ATM网内交换机之间的接口）上的信头结构。

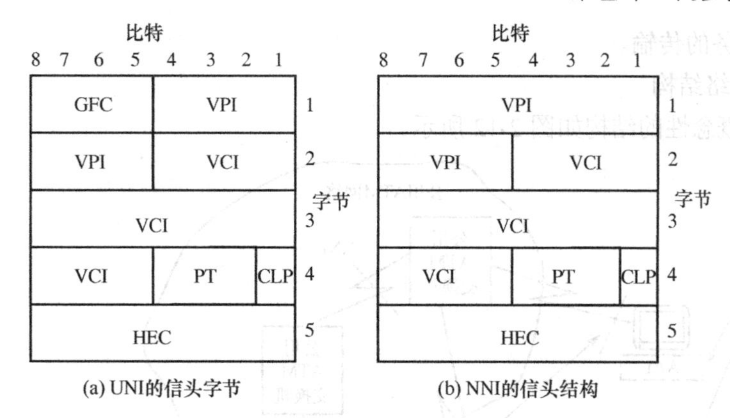

(a) UNI的信头字节　　(b) NNI的信头结构

图 2-11 ATM 信元的信头结构

图 2-11 中字段作用如下。

- GFC——一般流量控制。它为 4bit，用于控制用户向网上发送信息的流量，只用在 UNI（其终端不是一个用户，而是一个局域网），在 NNI 不用。
- VPI——虚通道标识符。UNI 上 VPI 为 8bit，NNI 上 VPI 为 12bit。
- VCI——虚通路标识符。UNI 和 NNI 上，VCI 均为 16 bit。VPI 和 VCI 合起来构成了一个信元的路由信息，即标识了一个虚电路，VPI/VCI 为虚电路标志。
- PT——净荷类型（3bit）。它指出信头后面 48 字节信息域的信息类型。
- CLP——信元优先级比特（1bit）。CLP 用来说明该信元是否可以丢弃。CLP=0，表示信元具有高优先级，不可以丢弃；CLP=1 的信元可以被丢弃。
- HEC——信头校验码（8bit）。采用循环冗余校验 CRC，用于信头差错控制，保证整个信头的正确传输。HEC 产生的方法是：信元前 4 个字节所对应的多项式乘 x^8，然后除 (x^8+x^2+x+1)，所得余数就是 HEC。

在 ATM 网中，利用 AAL 协议将各种不同特性的业务都转化为相同格式的 ATM 信元进行传输和交换。

③ ATM 的特点

ATM 具有如下特点。

- ATM 以面向连接的方式工作——即终端在传递信息之前，先提出呼叫申请，建立虚电路（虚连接）。
- ATM 采用统计时分复用。
- ATM 网中没有逐段链路的差错控制和流量控制——ATM 的线路一般使用光纤，其传输可靠性很高，没有必要逐段链路的差错控制。而网络中适当的资源分配和队列容量设计将会使导致信元丢失的队列溢出得到控制，所以也没有必要逐段链路流量控制。为了简化网络的设计，ATM 将差错控制和流量控制都交给终端去完成。
- 信头的功能被简化——由于不需要逐段链路的差错控制和流量控制等，ATM 信元的信头功能十分简单，主要是标志虚电路和信头本身的差错校验等，所以信头的处理速度很快，处理时延很小。
- ATM 采用固定长度的信元，信息段的长度较小。为了降低交换节点内部缓冲区的容量，减小在缓冲区内的排队时延，与分组交换比，ATM 信元长度比较小，这有利于实时业务的传输。

④ ATM网络结构

ATM网络概念性的结构如图2-12所示。

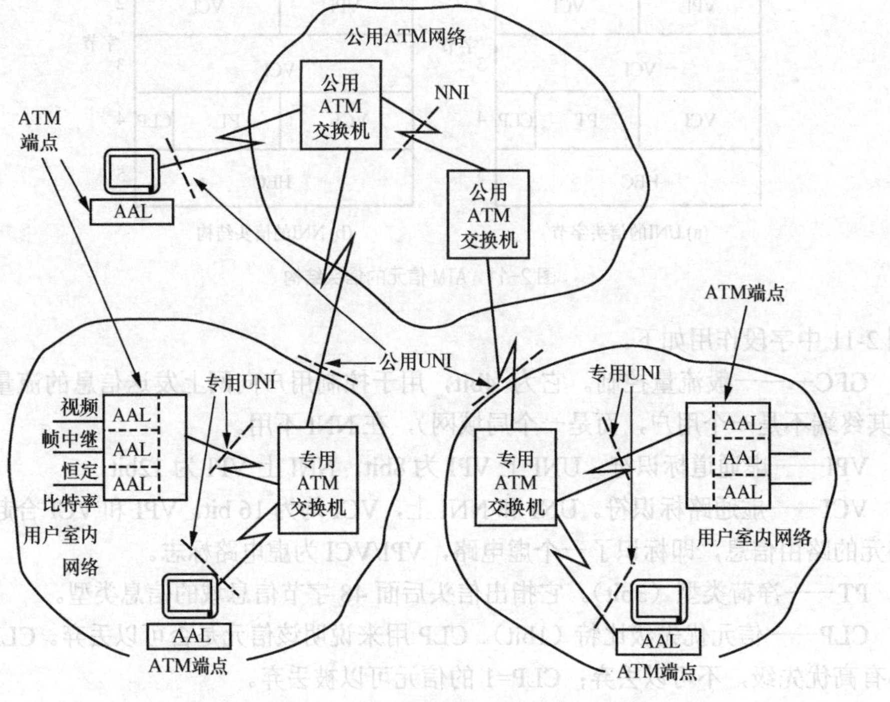

图2-12 ATM网络概念性的结构

公用ATM网络是由电信部门建立、运营和管理，组成部分有公用ATM交换机、传输线路及网管中心等。公用ATM网络内部交换机之间的接口称为网络节点接口（NNI）。公用ATM网络作为骨干网络使用，可与各种专用ATM网及ATM用户终端相连。公用ATM网与专用ATM网及与用户终端之间的接口称为公用用户-网络接口（public UNI）。

专用ATM网络是某一部门所拥有的专用网络，包括专用ATM交换机、传输线路、用户端点等。其中用户终端与专用ATM交换机之间的接口称为专用用户-网络接口（privateUNI）。

公用ATM网内各公用ATM交换机之间(即NNI处)的传输线路一律采用光纤，传输速率为155Mbit/s，622Mbit/s（甚至可达2.4Gbit/s）。公用UNI处一般也使用光纤作为传输媒体，而专用UNI处则既可以使用屏蔽双绞线STP或非屏蔽双绞线UTP（近距离时），也可以使用同轴电缆或光纤连接（远距离时）。

ATM交换机之间信元的传输方式有三种：

- 基于信元（cell）——ATM交换机之间直接传输ATM信元。
- 基于SDH——利用同步数字体系SDH的帧结构来传送ATM信元，目前ATM网主要采用这种传输方式。
- 基于PDH——利用准同步数字体系PDH的帧结构来传送ATM信元。

由于实际ATM网内ATM交换机之间ATM信元传输的主要手段是基于SDH，显然，必须解决如何将ATM信元映射到SDH帧结构中的问题。

（2）ATM信元的映射原理

ATM 信元的映射是通过将每个信元的字节结构与所用虚容器字节结构（包括级联结构VC-*n*-*X*c，$X \geqslant 1$）进行定位对准的方法来完成的。由于C-*n*或C-*n*-*X*c容量不一定是ATM信元长度（53字节）的整数倍，因此允许信元跨过C-*X*或C-*n*-*X*c的边界。

信元映射进虚容器后即可随其在网络中传送，当虚容器终结时信元也得到恢复。信头中含有信头误码控制（HEC）字段，占8个比特，它是信头中除HEC字段以外的其他部分乘以8再模二除生成多项式$g(x)=x^8+x^2+x+1$所得的余数，HEC为信元提供了较好的误码保护功能，使信元的错误传送概率减至最低。这种HEC方法利用受HEC保护的信头比特（32比特）与HEC控制比特之间的相关性来达到信元定界的目的，详细定界算法可参见ITU-T I.432建议。

为了防止伪信元定界和信元信息字段重复STM-*N*帧定位码，在将ATM信元信息字段映射进VC-*n*或VC-*n*-*X*c前，应先进行扰码处理。在逆过程中，当 VC-*n*或VC-*n*-*X*c信号终结后，也应先对ATM信元信息字段进行解扰处理后再传送给ATM层。G.707规定扰码器采用生成多项式为$x^{43}+1$的自同步扰码器。其优点是无需采用帧置位和复位，扰码器和解扰器能自动同步而且容易实现，不足之处是有误码增值，但由于已经选择了x^r+1形式的生成多项式，因而误码增值已压至最低。此外，为了减少扰码后的信元流对源数据的依赖性，r值取得很大，为43。需要指出的是，扰码器只对信元信息字段进行扰码，对信头不进行扰码。

（3）ATM信元的映射过程

① 将ATM信元映射进VC-3/VC-4

将ATM信元映射进VC-3/VC-4的过程如图2-13所示。

将ATM信元流映射进C-3/C-4，只需将ATM信元字节的边界与C-3/C-4字节边界定位对准，然后再将C-3/C-4与VC-3/VC-4 POH一起映射进VC-3/VC-4即可。这样，ATM信元边界就与VC-3/VC-4字节的边界对准了。由于C-3/C-4容量（756/2340个字节）不是信元长度（53字节）的整数倍，因而允许信元跨越C-3/C-4边界。信元边界位置的确定只能利用HEC信元定界方法。

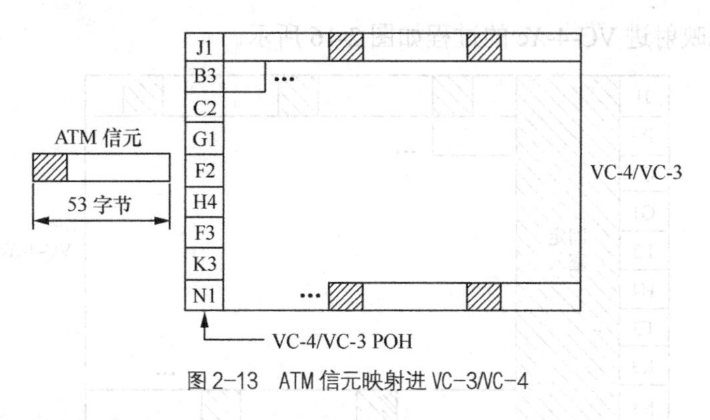

图2-13 ATM信元映射进VC-3/VC-4

② 将ATM信元映射进VC-12

将ATM信元流映射进VC-12的过程如图2-14所示。

具体过程为：VC-12结构组织成由4帧构成的一个复帧（500μs），其中每1帧由VC-12 POH字节和34字节的净负荷区组成。将ATM信元装入VC-12净负荷区，只需将信元边界与任何VC-12字节边界对准即可。由于VC-12净负荷区规格与ATM信元长度无关，因而ATM信元边界与VC-12结构的对准对每一帧都不同，每53帧重复一次。信元同样允许跨越VC-12边界，信元边界的位置只能利用HEC信元定界方法来确定。

③ 将ATM信元映射进VC-4-*X*c

在此首先简单介绍VC-4级联（VC-4-*X*c）（详见第6章6.2节）。

在实际应用中，可能需要传送大于单个C-4容量的净负荷，如传送高清晰度电视的数字编码信号，此时可将多个C-4彼此关联复合在一起当作一个维持比特系列完整性的单个容器使用并称之为级联。

VC-4-*X*c帧的第一列是VC-4-*X*c POH，第二至*X*列规定为固定塞入字节。

*X*个C-4级联成的容器记为C-4-*X*c，可用于映射的容量是C-4的*X*倍。相应地，C-4-*X*c加上VC-4-*X*c POH即构成VC-4-*X*c，如图2-15所示。

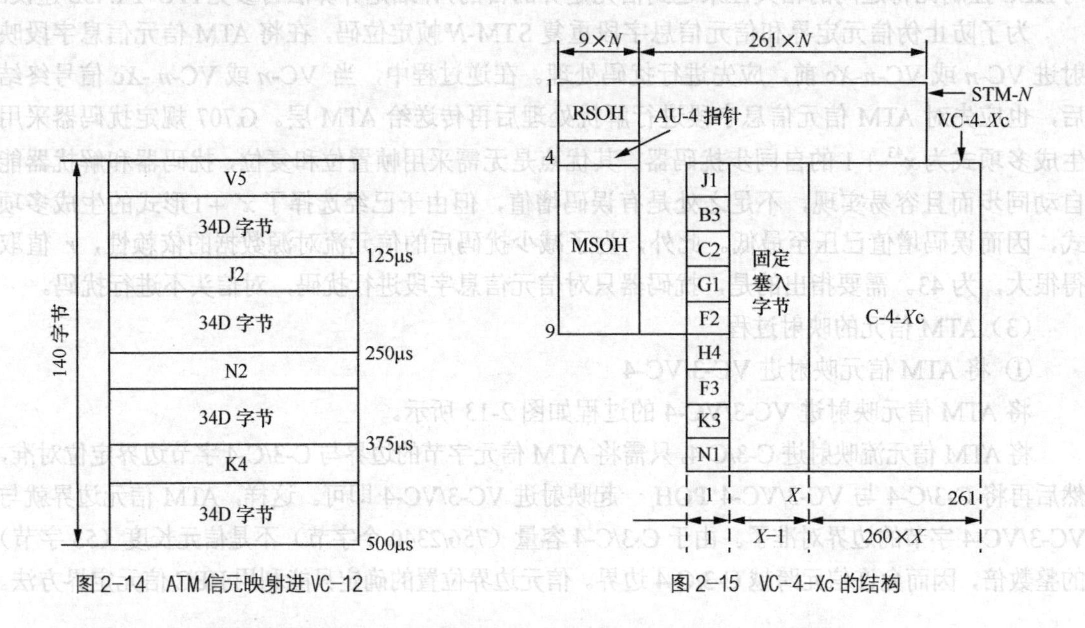

图2-14 ATM信元映射进VC-12　　图2-15 VC-4-Xc的结构

将ATM信元映射进VC-4-*X*c的过程如图2-16所示。

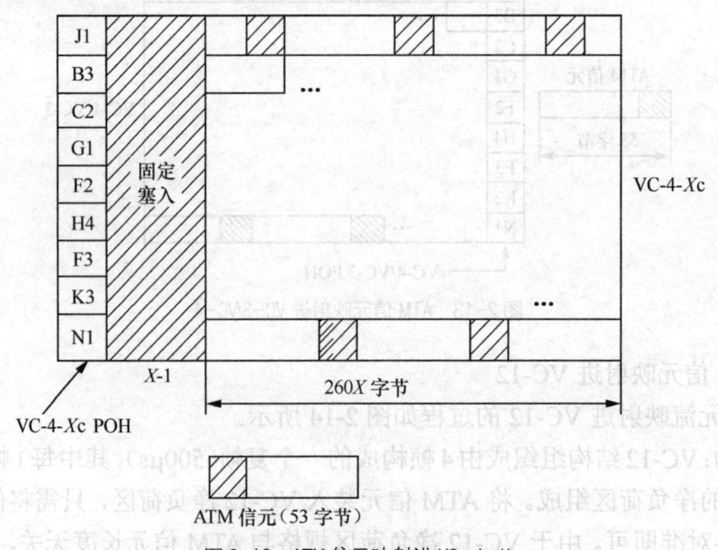

图2-16 ATM信元映射进VC-4-Xc

将 ATM 信元映射进 C-4-*X*c 只需将 ATM 信元字节的边界与 C-4-*X*c 字节边界对准，然后再将 C-4-*X*c 与 VC-4-*X*c POH 和（*X*-1）列固定塞入字节一起映射进 VC-4-*X*c 即可。这样，ATM 信元边界就与 VC-4-*X*c 字节边界对准了。由于 C-4-*X*c 容量（2340 字节乘以 *X* 倍）不是信元长度的整数倍，因而允许信元跨越 C-4-*X*c 边界。

5．IP 数据报的映射

随着计算机和通信技术的不断发展，Internet 已成为风靡全球的计算机网络，它是实现全球信息传递的一种快捷、有效、方便的手段，是近年来信息业发展的主要推动力。Internet 是一种由不同种类计算机网或其他网络经路由器互联在一起的网络，其网络互联协议采用 TCP/IP（因此 Internet 也叫 IP 网）。

近些年来，IP 业务发展很快，而且将来电话网、计算机网和有线电视网三网融合的发展趋势是向宽带 IP 网发展。因此，能否有效地支持 IP 业务，已成为新技术是否具有长远性的标志之一。

目前，ATM 和 SDH 均能支持 IP，两者各有千秋，分别称为 IP over ATM 和 IP over SDH。

（1）IP over ATM

IP over ATM（POA）是 IP 技术与 ATM 技术的结合，它是将 IP 数据报首先封装为 ATM 信元，以 ATM 信元的形式在信道中传输；或者再将 ATM 信元映射进 SDH 帧结构中传输。IP over ATM 的分层结构如图 2-17 所示。

IP over ATM 利用 ATM 的速度快、容量大、多业务支持能力的优点以及 IP 的简单、灵活、易扩充和统一性的优点，实现优势互补。不足之处是网络体系结构复杂，传输效率低，开销损失大。而 SDH 与 IP 的直接结合（IP over SDH）恰好能弥补上述 IP over ATM 的缺点，是一种更加直接了当的简明解决方案。

（2）IP over SDH

① IP over SDH 的分层结构

IP over SDH（POS）是 IP 技术与 SDH 技术的结合，它的基本思路是将 IP 数据报通过点到点协议（PPP）直接映射到 SDH 帧结构中，从而省去了中间的复杂的 ATM 层。IP over SDH 的分层结构如图 2-18 所示。

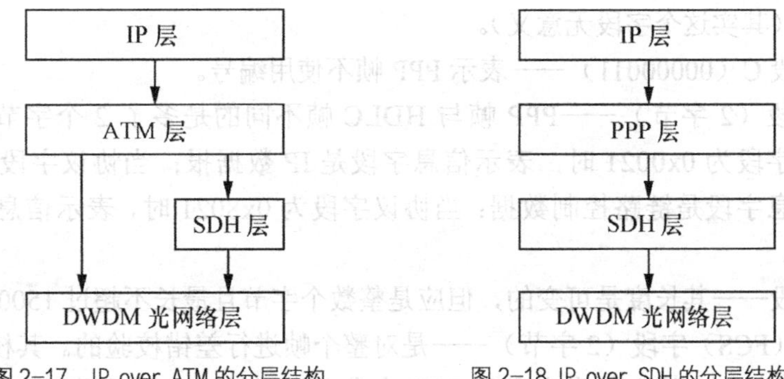

图 2-17 IP over ATM 的分层结构　　图 2-18 IP over SDH 的分层结构

这里有个问题说明一下：IP over ATM 和 IP over SDH 的分层结构，若进行波分复用则需要DWDM光网络层，否则这一层可以省略。

② PPP帧格式

PPP帧的格式与分组交换网中HDLC帧的格式相似，如图2-19所示。

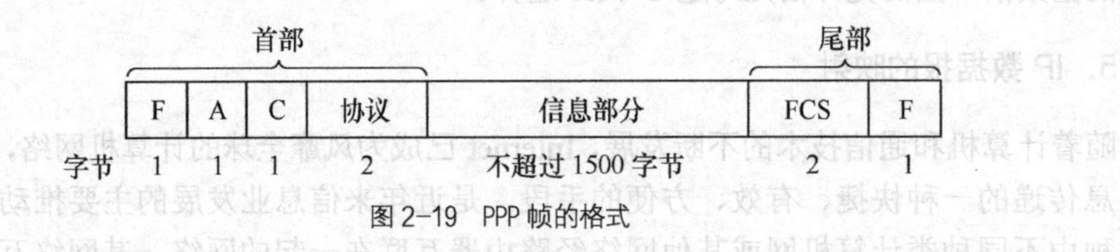

图2-19 PPP帧的格式

各字段的作用如下。

- 标志字段F（01111110）——表示一帧的开始和结束。PPP协议规定连续两帧之间只需要用一个标志字段，它既可表示上一个帧的开始又可表示下一个帧的结束。

对于POS技术来说，组成PPP帧后要利用SDH来承载，即PPP帧利用字节同步的方式映射入SDH的净负荷区中，这时PPP帧中的标志位F就起定界帧的作用。然而在SDH帧的净荷中可能包含用户数据与信息域内的标志有相同字节长度的情况，这样会导致帧的失配。为了避免这种情况，且保证数据的透明（即对数据序列不加任何限制），就要采取一些措施。

当PPP用在同步传输链路时（PPP协议在使用SDH链路时就是同步传输），透明传输的措施与HDLC的一样，即“0”插入和删除技术。具体是在发送站将数据信息和控制信息组成帧后，检查两个F之间的字段，若有5个连“1”就在第5个“1”之后插入一个“0”。在接收站根据F识别出一个帧的开始和结束后，对接收帧的比特序列进行检查，当发现起始标志和结束标志之间的比特序列中有连续5个“1”时，自动将其后的“0”删去，

当PPP用在异步传输时，就使用一种特殊的字节填充法。字节填充是在FCS计算完后进行的，在发端把SDH帧净负荷区除标志字段以外的其他字段中出现的标志字节Ox7E（即01111110）置换成双字节序列0x7D、0x5E；若其他字段中出现一个0x7D字节，则将其转变成为2字节序列（0x7D，0x5D）等。接收端完成相反的变换。

- 地址字段A（11111111）——由于PPP只能用在点到点的链路上，没有寻址的必要，因此把地址域设为“全站点地址”，即二进制序列：11111111，表示所有的站都接受这个帧（其实这个字段无意义）。
- 控制字段C（00000011）——表示PPP帧不使用编号。
- 协议字段（2字节）——PPP帧与HDLC帧不同的是多了2个字节的协议字段。当协议字段为0x0021时，表示信息字段是IP数据报；当协议字段为0xC021时，表示信息字段是链路控制数据；当协议字段为0x8021时，表示信息字段是网络控制数据。
- 信息字段——其长度是可变的，但应是整数个字节且最长不超过1500字节。
- 帧校验（FCS）字段（2字节）——是对整个帧进行差错校验的。其校验的范围是地址字段、控制字段、信息字段和FCS本身，但不包括为了透明而填充的某些比特和字节等。

③ IP 数据报映射到 SDH 帧的过程

IP 数据报映射到 SDH 帧的过程如图 2-20 所示。

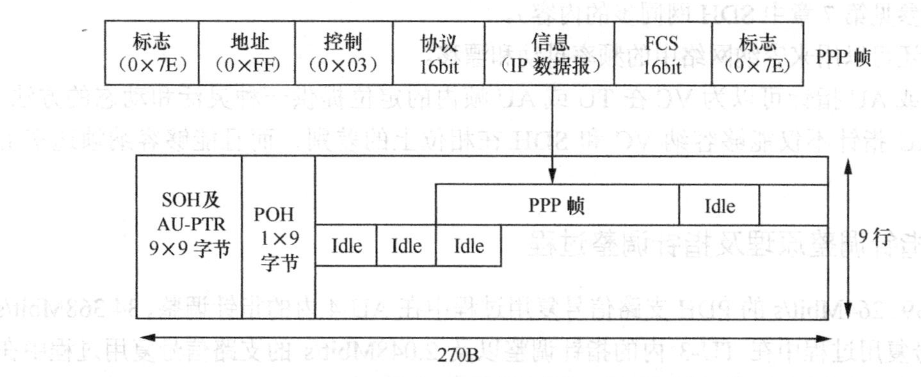

图 2-20 IP 数据报映射到 SDH 帧的过程

具体做法是：首先利用 PPP 技术把 IP 数据报封装进 PPP 帧，然后再将 PPP 帧按字节同步映射进 SDH 的虚容器中，再加上相应的 SDH 开销置入 STM-*N* 帧中。

④ IP over SDH 的优缺点

IP over SDH 的优点是简化了 IP 网络体系结构，减少了开销，提供更高的带宽利用率，提高了数据传输效率，降低了成本；将 IP 网络技术建立在 SDH 传输平台上，可以很容易地跨越地区和国界，兼容各种不同的技术和标准，实现网络互连；而且可以充分利用 SDH 技术的各种优点，如自动保护倒换（APS），保证网络的可靠性。

当然 IP over SDH 也有其自身的不足。例如，网络流量和拥塞控制能力差；大规模网络路由表太复杂；只有业务分级，尚无优先级业务质量，对于某些实时高质量业务难以确保质量等。

尽管如此，随着 IP 业务的飞速发展以及千兆高速路由器技术的日益成熟和改进，IP over SDH 会获得越来越广泛的应用。

2.3 定位

2.3.1 定位的概念及指针的作用

1. 定位的概念

定位是一种将帧偏移信息收进支路单元或管理单元的过程。即以附加于 VC 上的支路单元指针指示和确定低阶 VC 帧的起点在 TU 净负荷中的位置，或管理单元指针指示和确定高阶 VC 帧的起点在 AU 净负荷中的位置，在发生相对帧相位偏差使 VC 帧起点浮动时，指针值也随之调整，从而始终保证指针值准确指示 VC 帧的起点的位置。

2. 指针的作用

SDH 中指针的作用可归结为以下三条。

（1）当网络处于同步工作方式时，指针用来进行同步信号间的相位校准。

（2）当网络失去同步时（即处于准同步工作方式），指针用作频率和相位校准；当网络处于异步工作方式时，指针用作频率跟踪校准（有关同步工作方式，准同步工作方式和异步工作方式的概念参见第7章中SDH网同步的内容）。

（3）指针还可以用来容纳网络中的频率抖动和漂移。

设置TU或AU指针可以为VC在TU或AU帧内的定位提供一种灵活和动态的方法。因为TU或AU指针不仅能够容纳VC和SDH在相位上的差别，而且能够容纳帧速率上的差别。

2.3.2 指针调整原理及指针调整过程

下面以139.264Mbit/s的PDH支路信号复用过程中在AU-4内的指针调整、34.368Mbit/s PDH支路信号复用过程中在TU-3内的指针调整以及2.048Mbit/s的支路信号复用过程中在TU-12内的指针调整为例说明指针调整原理及指针调整过程。

1. VC-4在AU-4中的定位（AU-4指针调整）

（1）AU-4指针

VC-4进入AU-4时应加上AU-4指针，即

AU-4＝VC-4＋AU-4 PTR

AU-4 PTR由位于AU-4帧第4行第1～9列的9个字节组成，具体为

AU-4 PTR＝H1 Y Y H2 1*1* H3 H3 H3

其中：Y＝1001 SS 11，SS是未规定值的比特

1* ＝11111111

虽然AU-4 PTR共有9个字节，但用于表示指针值并确定VC-4在帧内位置的，只需H1和H2两个字节即可。H1和H2字节是结合使用的，以这16个比特组成AU-4指针图案，其格式如图2-21所示。H1和H2的最后10比特（即第7～16bit）携带具体指针值。H3字节用于VC帧速率调整，负调整时可携带额外的VC字节（详见后述）。

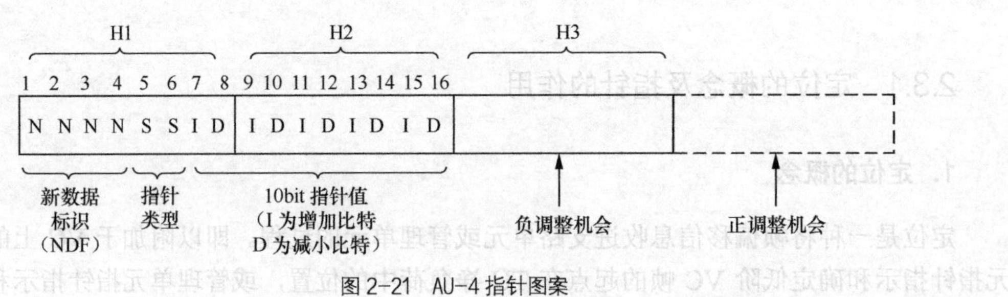

图2-21 AU-4指针图案

那么，10个比特的指针值何以指示VC-4的2349（9行×261列而得）个字节位置呢？10个比特的AU-4指针值仅能表示2^{10}＝1024个十进制值，但AU-4指针调整是以3个字节作为一个调整单位的，故2349除以3，只需783个调整位置即可。因此由10个二进制码组合成的指针值（1024）足以表示783个位置。用000，111，…782 782 782，共783个指针调整单位序号表示。

（2）指针调整原理

如图 2-22 所示为 AU-4 指针的位置和偏移编号。

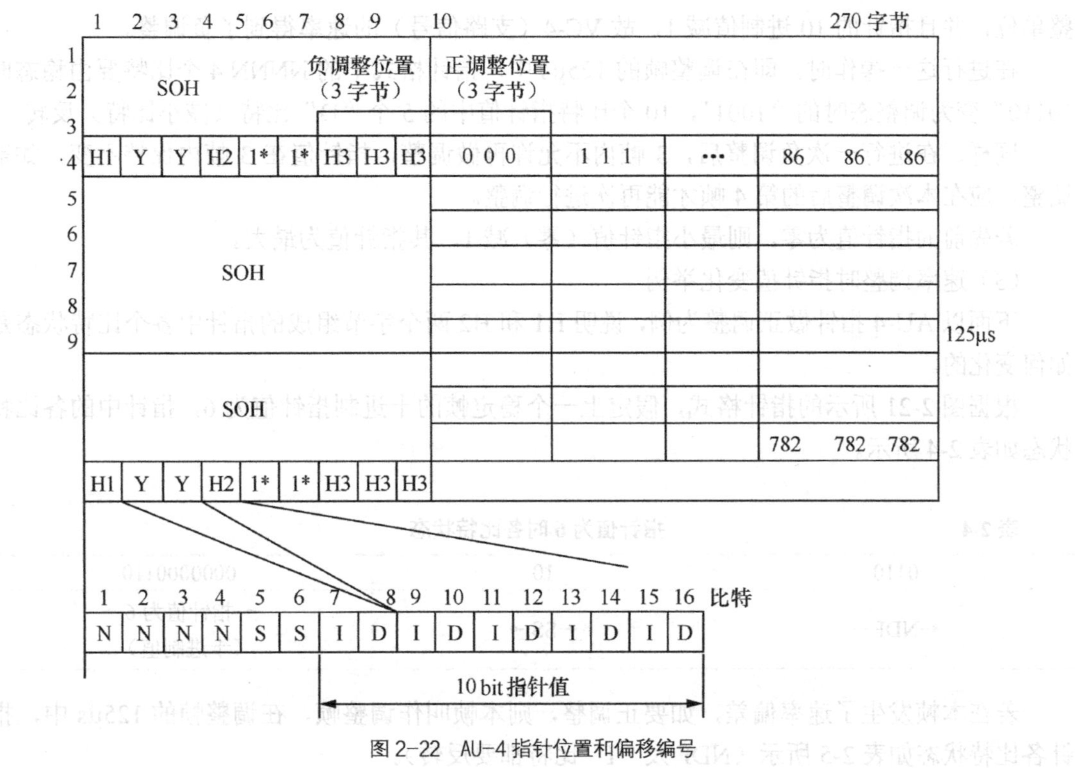

图 2-22 AU-4 指针位置和偏移编号

为了便于说明问题，图中将 VC-4 的所有字节（2349 个字节）安排在本帧的第 4 行到下帧的第 3 行，上下仍为 9 行。

① 正调整

先假定本帧虚容器 VC-4 的前 3 个字节位于图 2-22 的“000”位置，即指针值为零。当下一帧的 VC-4 速率比 AU-4 的速率低时，就应提高 VC-4 的速率，以便使其与网络同步。此时应在 VC-4 的第 1 个字节（J1）前插入 3 个伪信息填充字节，使整个 VC-4 帧在时间上向后（即向右）推移一个调整单位，并且 10 进制的指针值加 1，VC-4 的前 3 个字节右移至“111”位置，这样，就对 VC-4（支路信号）的速率进行了正调整。

在进行这一操作时，即在调整帧的 125μs 中，指针格式中的 NNNN 4 个比特要由稳定态 的“0110”变为调整态的“1001”，10 个比特指针值中的 5 个“I”比特（增加比特）反转。

当速率偏移较大，需要连续多次指针调整时，相邻两次操作至少要间隔 3 帧，即经某次速率调整后，指针值要在 3 帧内保持不变，本次调整后的第 4 帧（不含调整帧）才能进行再次调整。

若先前的指针值已经最大，则最大指针值加 1，其指针值为零。

② 负调整

仍然是本帧虚容器 VC-4 的前 3 个字节位于图 2-22 的“000”位置，当下帧的 VC-4 速率比 AU-4 的速率高时，就应降低 VC-4 的速率，以便使其与网络同步，即 VC-4 的前 3 个字节要前移（左移）。在本书所举的这个特殊例子中，可利用 AU-4 指针区的 H3 H3 H3 字节作为负调整机会，使 VC-4 的前 3 个字节移至其中。由于整个 VC-4 帧在时间上向前推移了一个调整单位，并且指针的 10 进制值减 1，故 VC-4（支路信号）的速率得到了负调整。

在进行这一操作时，即在调整帧的 125μs 中，指针格式中的 NNNN 4 个比特要由稳态时“0110”变为调整态时的“1001”，10 个比特指针值中的 5 个“D”比特（减小比特）反转。

同样，在进行一次负调整后，3 帧内不允许再做调整，指针值在 3 帧内保持不变，如需调整，应在本次调整后的第 4 帧才能再次进行调整。

若先前的指针值为零，则最小指针值（零）减 1，其指针值为最大。

（3）速率调整时指针值变化举例

下面以 AU-4 指针做正调整为例，说明 H1 和 H2 两个字节组成的指针中各个比特状态是如何变化的。

根据图 2-21 所示的指针格式，假定上一个稳定帧的十进制指针值为 6，指针中的各比特状态如表 2-4 所示。

表 2-4　指针值为 6 时各比特状态

0110	10	0000000110
←NDF→	←SS→	←指针值为 6→ （十进制值）

若在本帧发生了速率偏差，如要正调整，则本帧叫作调整帧，在调整帧的 125μs 中，指针各比特状态如表 2-5 所示（NDF 及“I”比特都要反转）。

表 2-5　125μs 中各比特状态

1001	10	1010101100
←NDF→	←SS→	←10 个比特中的→ “I”比特反转

经 125μs 的调整帧，在下一帧便确定了新的指针值，即重新获得了稳定状态，此时各个比特状态如表 2-6 所示。

表 2-6　稳定状态后的各比特状态

0110	10	0000000111
←NDF→	←SS→	←指针值为 7→ （十进制值）

本例说明，在 SDH 网络中，某节点有失步时，就要发生指针调整，以便达到同步的目的，可见指针调整是一种将帧速率的偏移信息收进管理单元的过程。

（4）AU-4 指针调整小结

综上所述，用表 2-7 对 AU-4 指针调整作一个小结。

表 2-7　　　　　　　　　　　　指针调整小结

N　N　N　N 新数据标帜（NDF）	S　S AU 类别	I　D　I　D　I　D　I　D　I　D 10 比特指针值
表示所载净负荷容量有变化。 净负荷无变化时，NNNN 为正常值“0110”。 在净负荷有变化的那一帧，NNNN 反转为“1001”此即 NDF。 NDF 出现那一帧，指针值随之改变为指示 VC 新位置的新值，称为新数据。 若净负荷不再变化，下一帧 NDF 又返回到正常值“0110”，并至少在 3 帧内不作指针值增减操作	对于 AU-4 SS=10	AU-4 指针值为 0～782； 指针值指示了 VC 帧的首字节 J1 与 AU 指针中最后一个 H3 字节间的偏移量。 指针调整规则 （1）在正常工作时，指针值确定了 VC-4 帧在 AU-4 帧内的起始位置。NDF 设置为“0110”。 （2）若 VC 帧速率比 AU 帧速率低，5 个 I 比特反转表示要作正帧频调整，该 VC 帧的起始点后移，下帧中的指针值是先前指针值加 1。 （3）若 VC 帧速率比 AU 帧速率高，5 个 D 比特反转表示要作负帧频调整，负调整位置 H3 用 VC 的实际信息数据重写，该 VC 帧的起始点前移，下帧中的指针值是先前指针值减 1。 （4）如果除上述（2）、（3）条规则以外的其他原因引起 VC 定位的变化，应送出新的指针值，同时 NDF 设置为“1001”。NDF 只在含有新数值的第 1 帧出现，VC 的新位置将由新指针标明的偏移首次出现时开始。 （5）指针值完成一次调整后，至少停 3 帧才可有新的调整

2. VC-3 在 TU-3 中的定位（TU-3 指针调整）

设置 TU-3 指针可以为 VC-3 在 TU-3 帧内的灵活和动态的定位提供一种手段。定位过程与实际 VC 的内容无关。

（1）TU-3 指针的位置

3 个单独的 TU-3 指针中的任意一个都分别包含在 3 个分离的 H1、H2 和 H3 字节中，具体位置如图 2-23 所示。

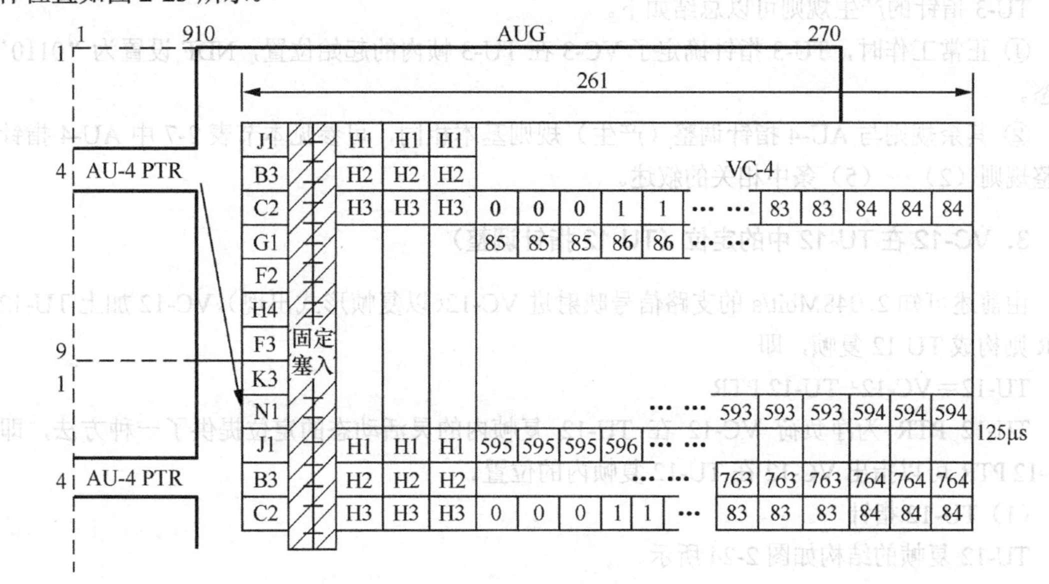

图 2-23　TU-3 指针偏移的编号

（2）TU-3 指针值

TU-3 指针值表示 VC-3 开始的字节位置，它包含在 H1 和 H2 两个字节中，因此，H1 和 H2 可以看作 1 个指针码字，如图 2-21 所示（TU-3 的指针图案与 AU-4 的相同）。指针码字的最后 10 个比特（即第 7～16 比特）携带具体指针值。当告警指示信号出现时，指针值将设置为全“1”。 TU-3 指针值是二进制数，用十进制数表示的指针偏移范围（85×9）可达 0～764，足以覆盖实际可能的最大偏移字节数。

（3）频率调整

如果 TU-3 帧速率与 VC-3 帧速率间有频率偏移，则 TU-3 指针值将按需要增加或减少，同时还伴随相应的正或负调整字节的出现或变化。与 AU-4 指针一样，相邻两次指针调整操作必须至少分开 3 帧，其间指针值保持不变。

如果 VC-3 的帧速率比 TU-3 帧速率慢，则需要插入正调整字节提高速率，即 VC 必须在时间上周期性地向后移动，指针值应加 1。进行这一操作的指示是将指针码字的第 7、9、11、13 和 15 比特（I 比特）进行反转并在接收机中按 5 比特多数判决准则做出决定。此后，将在 TU-3 帧内相应的单独 H3 字节后出现 1 个正调整字节，随后的 TU-3 指针将包含新的偏移值。

如果 VC-3 的帧速率比 TU-3 帧速率快，则可以利用 TU 指针区 H3 字节存放 VC 信息，即 VC 必须在时间上周期性地向前移动，指针值应减 1。进行这一操作的指示是将指针码字的第 8、10、12、14 和 16 比特进行反转，并在接收机中按 5 比特多数判决准则做出决定。此后，将在 TU-3 帧内相应的单独 H3 字节内出现 1 个负调整字节，随后的 TU-3 指针将包含新的偏移值。

（4）新数据标志

与 AU-4 指针一样，在 TU-3 指针内也设置了新数据标志（NDF）（即图 2-21 中的 N 比特），允许由净负荷 VC-3 变化所引起的任何指针值变化。详细规定可参见本节“AU-4 指针”中有关内容。

（5）TU-3 指针的产生

TU-3 指针的产生规则可以总结如下。

① 正常工作时，TU-3 指针确定了 VC-3 在 TU-3 帧内的起始位置，NDF 设置为“0110”状态。

② 其余规则与 AU-4 指针调整（产生）规则基本相同，可参见本节表 2-7 中 AU-4 指针调整规则（2）～（5）条中相关的叙述。

3．VC-12 在 TU-12 中的定位（TU-12 指针调整）

由前述可知 2.048Mbit/s 的支路信号映射进 VC-12（以复帧形式出现），VC-12 加上 TU-12 PTR 则构成 TU-12 复帧，即

TU-12＝VC-12+ TU-12 PTR

TU-12 PTR 为净负荷 VC-12 在 TU-12 复帧内的灵活动态的定位提供了一种方法，即 TU-12 PTR 可以指出 VC-12 在 TU-12 复帧内的位置。

（1）TU-12 指针

TU-12 复帧的结构如图 2-24 所示。

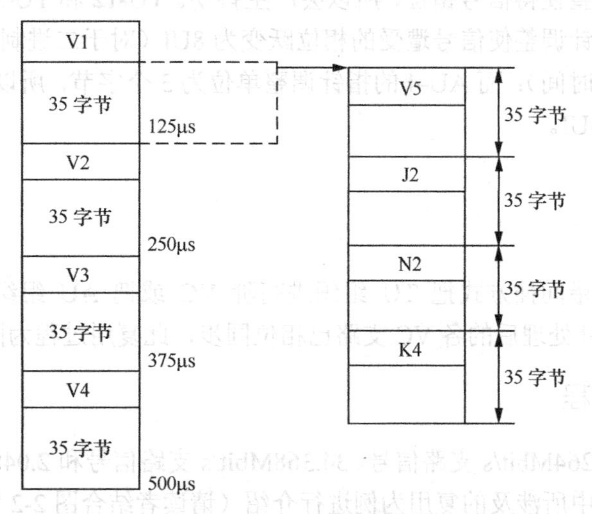

图 2-24 TU-12 复帧结构

在 TU-12 复帧中有 4 个字节（V1、V2、V3、V4）分别为 TU-12 指针使用。其中 V1 是 TU-12 复帧的第 1 个字节，也即复帧中第 1 个 TU-12 帧的第 1 个字节。V2 到 V4 则是复帧中随后各个 TU-12 帧的第 1 个字节。真正用于表示 TU-12 指针值的是 V1 和 V2 字节，V3 字节作为负调整字节，其后的那个字节作正调整字节，V4 作为保留字节。

Vl 和 V2 字节可以看作一个指针码字，其编码方式如图 2-25 所示。

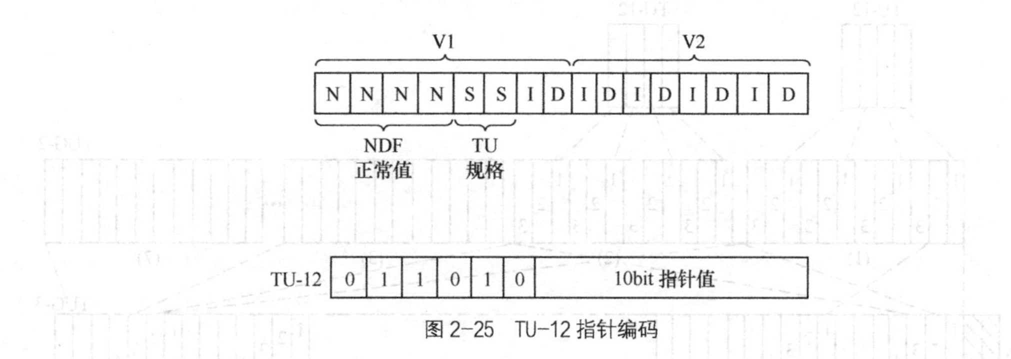

图 2-25 TU-12 指针编码

其中两个 S 比特表示 TU 的规格（TU-12 为 10，TU-11 为 11，TU-2 为 00），第 7～16 比特表示二进制数的指针值，指示 V2 至 VC-12 第 1 字节的偏移。

（2）TU-12 指针调整原理

TU-12 指针调整原理与 AU-4 指针调整原理基本相同（包括指针值的变化及 NDF 的含义等），唯一区别的是 AU-4 有 3 个调整字节，而 TU-12 只有 1 个调整字节。

另外，需要指出的是此处只介绍的是 TU-12 指针调整，而 TU-ll 和 TU-2 指针调整与 TU-12 相同，只不过指针值中的 SS 不同以及 V2 至第一字节的偏移范围不同。

以上介绍了指针调整原理，这里有一个问题值得说明一下，就是指针调整会引起抖动。

抖动（即定时抖动）指的是数字信号的特定时刻（如最佳抽样时刻）相对理想位置的短时间偏离。所谓短时间偏离是指变化频率高于 10Hz 的相位变化，而将低于 10Hz 的相位变化称为漂移。

可见由于指针调整使得信号错位，所以会产生抖动。TU-12和TU-3的指针调整单位为1个字节，所以一次指针调整使信号遭受的相位跃变为8UI（对于二进制的数字信号，1个UI等于1个比特的持续时间）；而AU-4的指针调整单位为3个字节，所以一次指针调整使信号遭受的相位跃变为24UI。

2.4 复用

复用是以字节交错间插方式把TU组织进高阶VC或把AU组织进STM-*N*的过程。由于经TU和AU指针处理后的各VC支路已相位同步，此复用过程为同步复用。

2.4.1 复用过程

下面还是以139.264Mbit/s支路信号、34.368Mbit/s支路信号和2.048Mbit/s支路信号在映射、定位、复用过程中所涉及的复用为例进行介绍（请读者结合图2-2学习以下内容）。

1. TU-12复用进TUG-2再复用进TUG-3

3个TU-12（此处的TU-12不是复帧而是基本帧，有9行4列，共36字节）先按字节间插复用进一个TUG-2（9行12列），然后7个TUG-2按字节间插复用进TUG-3（9行86列，其中第1，2列为塞入字节）。这个过程如图2-26所示。

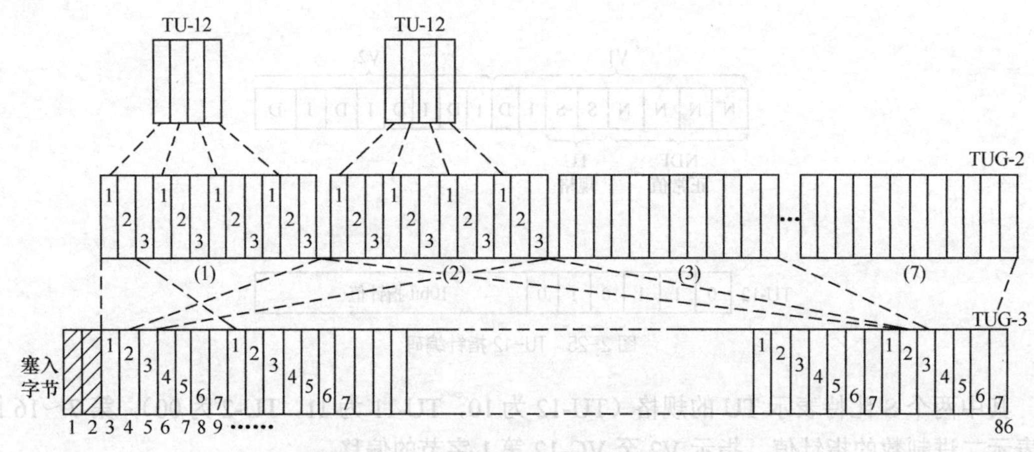

图2-26 TU-12复用进TUG-2再复用进TUG-3

2. TU-3复用进TUG-3

单个TU-3复用进TUG-3的结构如图2-27所示。

TU-3由VC-3（含9个字节的VC-3 POH）和TU-3指针组成，而TU-3指针由TUG-3的第1列的上面3个字节H1、H2和H3构成。VC-3相对TUG-3的相位由指针指示。将TU-3加上塞入比特即可构成TUG-3。

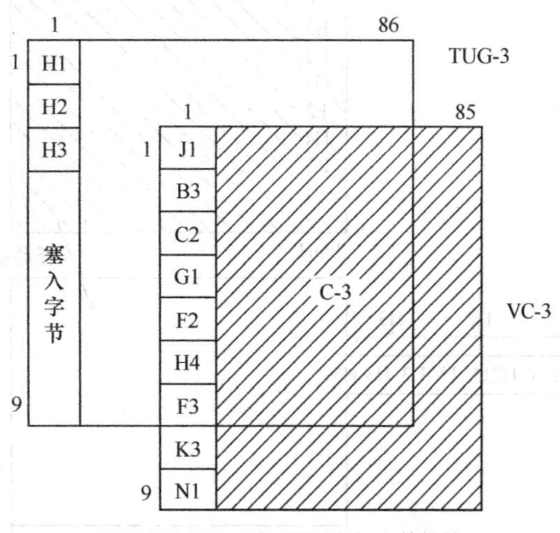

图 2-27 TU-3 复用进 TUG-3 的结构

3．3 个 TUG-3 复用进 VC-4

将 3 个 TUG-3 复用进 VC-4 的安排如图 2-28 所示。

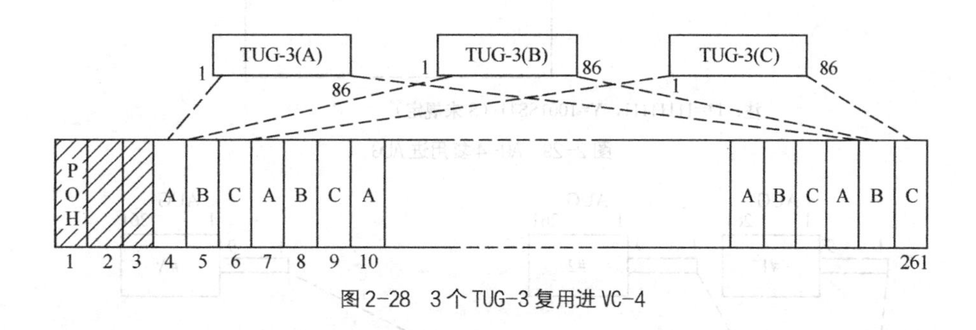

图 2-28 3 个 TUG-3 复用进 VC-4

3 个 TUG-3 按字节间插构成 9 行 3×86=258 列，作为 VC-4 的净负荷，VC-4 是 9 行 261 列，其中第 1 列为 VC-4 POH，第 2，3 列是固定塞入字节。TUG-3 相对于 VC-4 有固定的相位。

4．AU-4 复用进 AUG

单个 AU-4 复用进 AUG 的结构如图 2-29 所示。

我们已知 AU-4 由 VC-4 净负荷加上 AU-4 PTR 组成，VC-4 在 AU-4 内的相位是不确定的，由 AU-4 PTR 指示 VC-4 第 1 字节在 AU-4 中的位置。但 AU-4 与 AUG 之间有固定的相位关系，所以只需将 AU-4 直接置入 AUG 即可。

5．*N* 个 AUG 复用进 STM-*N* 帧

图 2-30 显示了如何将 *N* 个 AUG 复用进 STM-*N* 帧的安排。*N* 个 AUG 按字节间插复用，再加上段开销（SOH）形成 STM-*N* 帧，这 *N* 个 AUG 与 STM-*N* 帧有确定的相位关系。

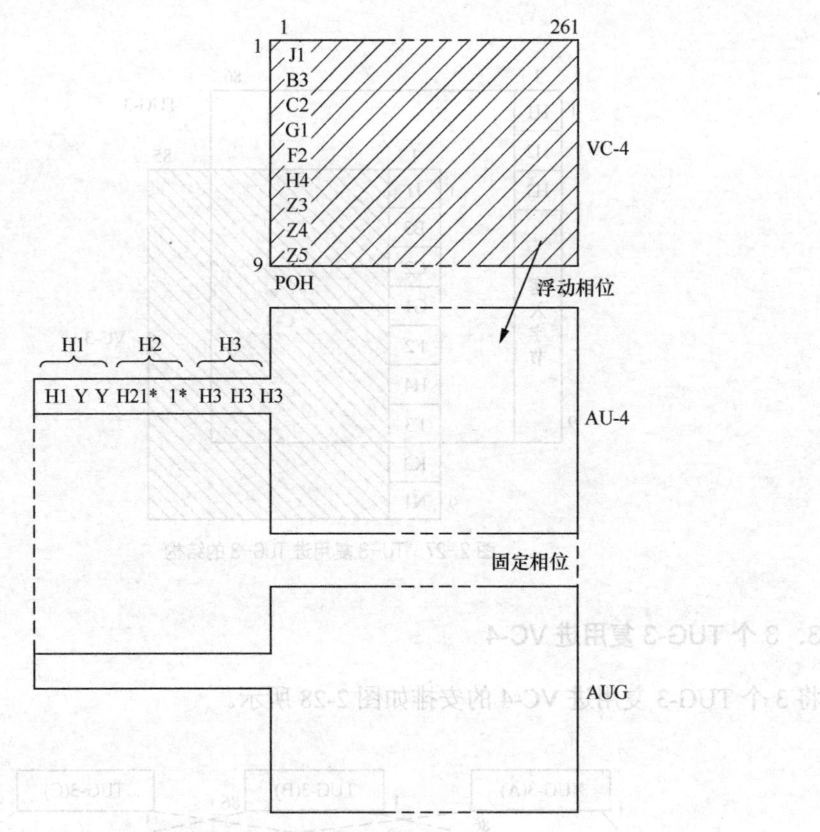

注：1*=11111111，Y=1001SS11（S 未规定）

图 2-29　AU-4 复用进 AUG

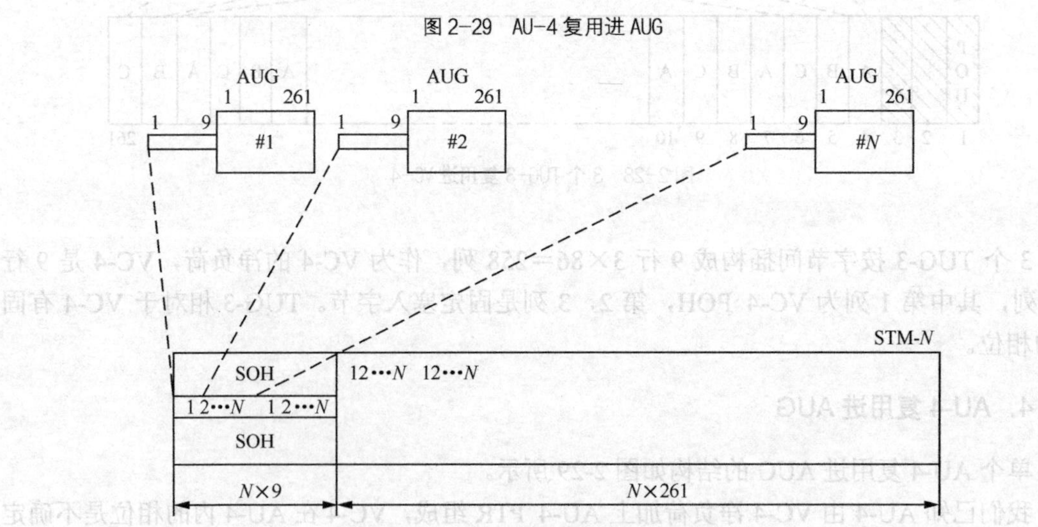

图 2-30　将 N 个 AUG 复用进 STM-N 帧

2.4.2　2.048Mbit/s 信号映射、定位、复用的过程总结

以上介绍了映射、定位、复用的过程。由 139.264Mbit/s 支路信号经映射、定位、复用成 STM-*N* 帧的过程在本节已经进行介绍过，请参见图 2-3。

现将由 2.048Mbit/s 支路信号经映射、定位、复用成 STM-*N* 帧的过程进行归纳总结，如

图 2-31 所示。

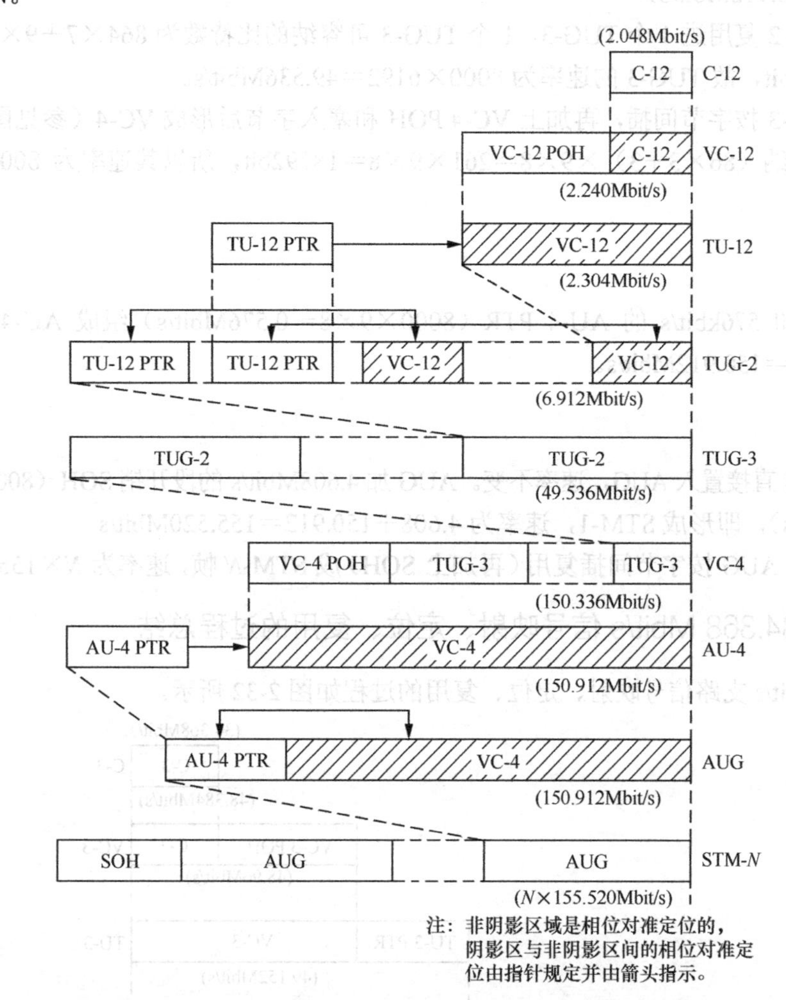

图 2-31　2.048Mbit/s 支路信号映射、定位、复用过程

具体过程如下。

1．映射

速率为 2.048Mbit/s 的信号先进入 C-12 作适配处理后，加上 VC-12 POH 构成了 VC-12。由前述映射过程可知，一个 500μs 的 VC-12 复帧容纳的比特数为 4×（4×9-1）×8=1120bit，所以 VC-12 的速率为 $1120/500\times10^{-6}$=2.240Mbit/s。

2．定位（指针调整）

VC-12 加上 TU-12 PTR 构成 TU-12。一个 500μs 的 TU-12 复帧有 4 个字节的 TU-12 PTR，所含总比特数为 1120＋4×8=1152bit，故 TU-12 的速率为 $1152/500\times10^{-6}$=2.304Mbit/s。

3．复用

3 个 TU-12（基帧）复用进 1 个 TUG-2，每个 TUG-2 由 9 行 12 列组成，容纳的比特数为 9×12×8＝864bit，TUG-2 的帧频为 8000 帧/s，因此 TUG-2 的速率为 8000×864=6.912Mbit/s

（或 2.304×3=6.912Mbit/s）。

7 个 TUG-2 复用进 1 个 TUG-3，1 个 TUG-3 可容纳的比特数为 864×7＋9×2×8（塞入比特）＝6192bit，故 TUG-3 的速率为 8000×6192＝49.536Mbit/s。

3 个 TUG-3 按字节间插，再加上 VC-4 POH 和塞入字节后形成 VC-4（参见图 2-28），每个 VC-4 可容纳（86×3＋3）×9×8＝261×9×8＝18792bit，所以其速率为 8000×18792＝150.336Mbit/s。

4．定位

VC-4 再加 576kbit/s 的 AU-4 PTR（8000×9×8= 0.576Mbit/s）组成 AU-4，其速率为 150.336+0.576＝150.912Mbit/s。

5．复用

单个 AU-4 直接置入 AUG，速率不变。AUG 加 4.608Mbit/s 的段开销 SOH（8000×8×9×8＝4.608Mbit/s），即形成 STM-1，速率为 4.608＋150.912＝155.520Mbit/s。

或者 N 个 AUG 按字节间插复用（再加上 SOH）成 STM-N 帧，速率为 N×155.520Mbit/s。

2.4.3 34.368 Mbit/s 信号映射、定位、复用的过程总结

34.368Mbit/s 支路信号映射、定位、复用的过程如图 2-32 所示。

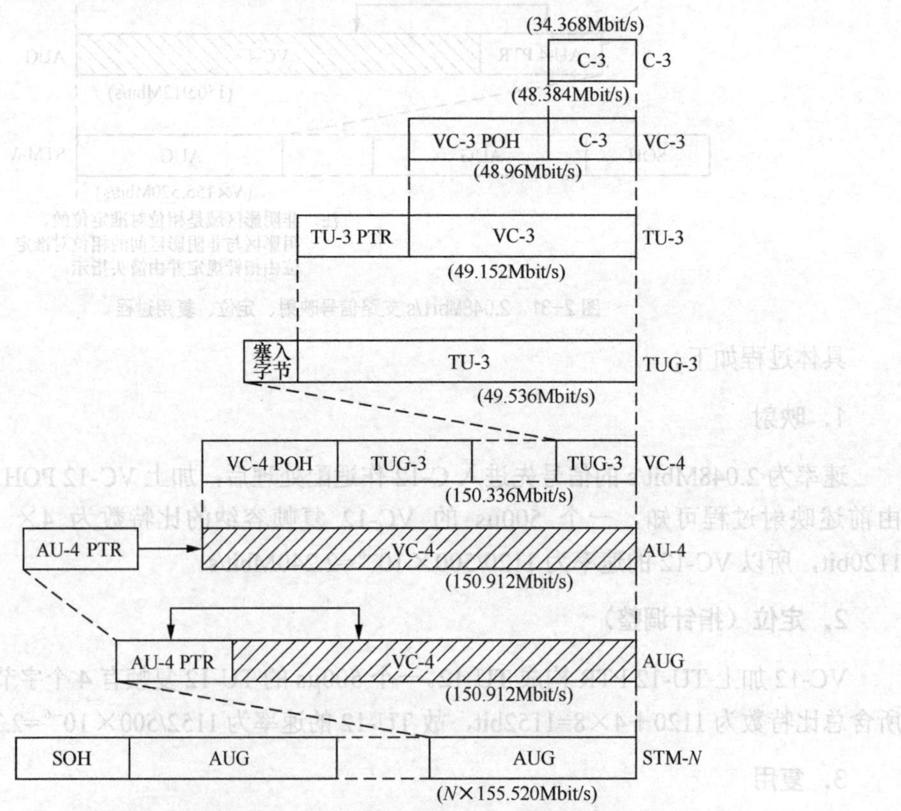

注：非阴影区域是相位对准定位的，阴影区与非阴影区间的相位对准定位由指针规定并由箭头指示。

图 2-32　34.368Mbit/s 支路信号映射、定位、复用过程

具体过程如下。

1．映射

速率为 34.368Mbit/s 的信号先进入 C-3 作适配处理，C-3 的速率为 $84\times9\times8/125\times10^{-6}$=48.384Mbit/s；C-3 加上 VC-3 POH 构成了 VC-3。VC-3 的速率为 $85\times9\times8/125\times10^{-6}$=48.96Mbit/s。

2．定位（指针调整）

VC-3 加上 TU-3 PTR 构成 TU-3。TU-3 的速率为$(85\times9+3)\times8/125\times10^{-6}$=49.152Mbit/s。

3．复用

1 个 TU-3 复用进 1 个 TUG-3，TUG-3 的速率为 $86\times9\times8/125\times10^{-6}$=49.536Mbit/s。以后过程与 2.048Mbit/s 信号复用、定位过程相同。

2.5 复用映射单元的参数

根据以上各节的介绍，可以总结出各类基本复用映射单元的参数，主要参数如表 2-8～表 2-10 所示。

表 2-8

容器	C-4	C-3	C-12
周期或复帧周期/μs	125	125	500
帧频或复帧频率/Hz	8000	8000	2000
结构	260×9	84×9	4（4×9−1）−1
容量（字节数）	2340	756	139
速率/（Mbit/s）	149.760	48.384	2.224

表 2-9

虚容器	VC-4	VC-3	VC-12
周期或复帧周期/μs	125	125	500
帧频或复帧频率/Hz	8000	8000	2000
结构	261×9	85×9	4（4×9-1）
容量（字节数）	2349	765	140
速率/（Mbit/s）	150.336	48.960	2.240

表 2-10

支路单元和管理单元	AU-4	AU-3	TU-3	TU-12
周期或复帧周期/μs	125	125	125	500
帧频或复帧频率/Hz	8000	8000	8000	2000
结构	261×9+9	87×9+3	85×9+3	4（4×9）
容量（字节数）	2358	786	768	144
速率/（Mbit/s）	150.912	50.304	49.152	2.304

小结

1. G.709建议的SDH复用结构显示了将PDH各支路信号通过复用单元复用进STM-*N*帧结构的过程，我国主要采用的是将2.048Mbit/s，34.368Mbit/s及139.264Mbit/s PDH支路信号复用进STM-*N*帧结构。

将PDH支路信号复用进STM-*N*帧的过程要经历映射、定位和复用三个步骤。

2. SDH的基本复用单元包括标准容器（C）、虚容器（VC）、支路单元（TU）、支路单元组（TUG）、管理单元（AU）和管理单元组（AUG）。

容器是一种用来装载各种速率的业务信号的信息结构，主要完成适配功能（如速率调整），以便让那些最常使用的准同步数字体系信号能够进入有限数目的标准容器。

虚容器是用来支持SDH的通道层连接的信息结构，由容器输出的信息净负荷加上通道开销（POH）组成。

支路单元（TU）是提供低阶通道层和高阶通道层之间适配的信息结构，由一个相应的低阶VC-*n*和一个相应的支路单元指针（TU-*n* PTR）组成；在高阶VC净负荷中固定地占有规定位置的一个或多个TU的集合称为支路单元组（TUG）。

管理单元（AU）是提供高阶通道层和复用段层之间适配的信息结构，由一个相应的高阶VC-*n*和一个相应的管理单元指针（AU-*n* PTR）组成；在STM-*N*帧的净负荷中固定地占有规定位置的一个或多个AU的集合称为管理单元组（AUG）。

3. 通道开销分为低阶通道开销和高阶通道开销。低阶通道开销由V5，J2，N2，K4字节组成，其主要功能有VC通道性能监视、维护信号及告警状态指示等。高阶通道开销（HPOH）是位于VC-3/VC-4/VC-4-*X*c（VC-4级联）帧结构第一列的9个字节：J1，B3，C2，G1，F2，H4，F3，K3，N1，HPOH的主要功能有VC通道性能监视、告警状态指示、维护信号以及复用结构指示等。

4. 映射是一种在SDH边界处使各支路信号适配进虚容器的过程。

映射分为异步、比特同步和字节同步三种方式与浮动和锁定两种工作模式。三种映射方式都能以浮动模式工作。

5. 139.264Mbit/s支路信号的映射一般采用异步映射、浮动模式；2.048Mbit/s支路信号的映射既可以采用异步映射，也可以采用比特同步映射或字节同步映射。

ATM信元可以映射进VC-3/VC-4、VC-12及VC-4-*X*c。

IP 数据报映射到 SDH 帧的过程为：首先利用 PPP 技术把 IP 数据报封装进 PPP 帧，然后再将 PPP 帧按字节同步映射进 SDH 的虚容器中，再加上相应的 SDH 开销置入 STM-*N* 帧中。

6. 定位是以附加于 VC 上的支路单元指针指示和确定低阶 VC 帧的起点在 TU 净负荷中的位置，或管理单元指针指示和确定高阶 VC 帧的起点在 AU 净负荷中的位置的过程。

SDH 中指针的作用有：①当网络处于同步工作方式时，指针用来进行同步信号间的相位校准；②当网络失去同步时，指针用作频率和相位校准；当网络处于异步工作方式时，指针用作频率跟踪校准；③指针还可以用来容纳网络中的频率抖动和漂移。

7. VC-4 进入 AU-4 时应加上 AU-4 指针，AU-4 PTR 共有 9 个字节，用于表示指针值并确定 VC-4 在帧内位置的，只需 H1 和 H2 两个字节的最后 10 比特（携带具体指针值），H3 字节（3 个字节）用于 VC 帧速率调整。

2.048Mbit/s 的支路信号映射进 VC-12（以复帧形式出现），VC-12 加上 TU-12 PTR 则构成 TU-12 复帧，TU-12 PTR 可以指出 VC-12 在 TU-12 复帧内的位置。TU-12 指针调整原理与 AU-4 指针调整原理基本相同，唯一区别的是 AU-4 有 3 个调整字节，而 TU-12 只有 1 个调整字节。

8. 复用是以字节交错间插方式把 TU 组织进高阶 VC 或把 AU 组织进 STM-*N* 的过程。

2.048Mbit/s 支路信号经映射、定位、复用成 STM-*N* 帧的具体过程为：首先把速率为 2.048Mbit/s 的信号进入 C-12 作适配处理后，加上 VC-12 POH 构成了 VC-12（映射）；VC-12 加上 TU-12 PTR 构成 TU-12（定位），3 个 TU-12（基帧）复用进 1 个 TUG-2，7 个 TUG-2 复用进 1 个 TUG-3，3 个 TUG-3 按字节间插，再加上 VC-4 POH 和塞入字节后形成 VC-4（复用）；VC-4 再加 AU-4 PTR 组成 AU-4（定位）；单个 AU-4 直接置入 AUG，AUG 加段开销 SOH 即形成 STM-1，或者 *N* 个 AUG 按字节间插复用（再加上 SOH）成 STM-*N* 帧。

34.368Mbit/s 支路信号映射、定位、复用的具体过程为：速率为 34.368Mbit/s 的信号先进入 C-3 作适配处理，C-3 加上 VC-3 POH 构成了 VC-3（映射）；VC-3 加上 TU-3 PTR 构成 TU-3（定位）；1 个 TU-3 复用进 1 个 TUG-3，以后过程与 2.048Mbit/s 信号复用、定位过程相同。

139.264Mbit/s 支路信号映射、定位、复用的具体过程为：速率为 139.264Mbit/s 的支路信号装进 C-4，经适配处理后加上每帧 9 字节的 POH 后，便构成了 VC-4（映射）；VC-4 加上 AU-4 PTR 构成 AU-4（定位）；单个 AU-4 直接置入 AUG，再由 *N* 个 AUG 经单字节间插并加上段开销便构成了 STM-*N* 信号（复用）。

9. 各种基本复用映射单元的主要参数如表 2-8～表 2-10 所示。

复习题

1. 画出我国 SDH 基本复用映射结构。
2. 各种业务信号复用进 STM-*N* 帧的过程经历哪几个步骤？
3. SDH 的基本复用单元包括哪几种？
4. 说明容器的作用及种类。
5. 映射的概念是什么？映射方式有哪些？
6. 画出 139.264Mbit/s 支路信号映射进 VC-4 的示意图。

7. 画出IP数据报映射到SDH帧的过程示意图。

8. 定位的概念是什么？指针的作用有哪些？

9.（1）假设AU-4指针的指示值为9，请写出指针中H1和H2中各比特的状态。（2）若出现速率偏差，需进行负调整时，请写出调整帧和恢复稳定状态后指针中H1和H2各比特的状态。

10. 什么叫复用？

11. 画出TUG-3复用进VC-4过程的示意图。

12. 简述2.048Mbit/s支路信号映射、定位、复用进STM-1帧结构的具体过程。

第3章 SDH 设备

光同步数字传输网是由一些 SDH 网络单元组成。它的基本网络单元有同步光缆线路系统、同步复用器（SM）、分插复用器（ADM）和数字交叉连接设备（DXC）等，这些设备均由一系列逻辑功能块构成。本章将从 SDH 逻辑功能块入手，着重介绍 SDH 网络中所使用的复用器、数字交叉连接设备以及再生器等设备的类型、结构、功能和性能要求。

3.1 SDH 逻辑功能块

对于 SDH 网络而言，其中所用设备的基本功能大致与 PDH 设备的功能相同，即复接、交叉连接和线路传输。因而，SDH 设备通常可分为再生器、复用器和交叉连接设备，只是现在所使用的 SDH 设备大多以组件形式构成，不同的组件又由不同的逻辑功能块组成，这样便可使具体设备的物理实现与其功能无关，而是通过软件来实现个别功能或功能组的组合（见图 3-1），从而实现横向兼容。下面逐一介绍各功能块完成的功能。

SDH 逻辑功能块主要由基本功能块和辅助功能块构成。

3.1.1 基本功能块

所谓 SDH 的基本功能块是用来完成 SDH 的映射、复用、交叉连接功能的模块，大致包括下列各种功能块。

1. SDH 物理接口功能

SDH 物理接口功能（SPI）块所起的作用是在 STM-*N* 线路接口信号与逻辑电平信号之间完成相互转换，其功能图如图 3-2 所示，具体工作过程如下。

（1）信号流从参考点 A 到参考点 B 时的功能

在参考点 A，接收到的是来自 SDH 传输网的 STM-*N* 光线路信号，然后经过 SPI 之后，将光信号转换成电信号；同时从接收信号中提取定时信号。将产生的定时信号经 T1 端送至同步设备的定时源（SETS）。若在参考点 A 未能接收到有效的 STM-*N* 信号，则 SPI 处于告警状态，即产生接收信号丢失（LOS），并将 LOS 信号向后传送给 RST 的同时，经 S1 端送往同步设备管理模块（SEMF）。

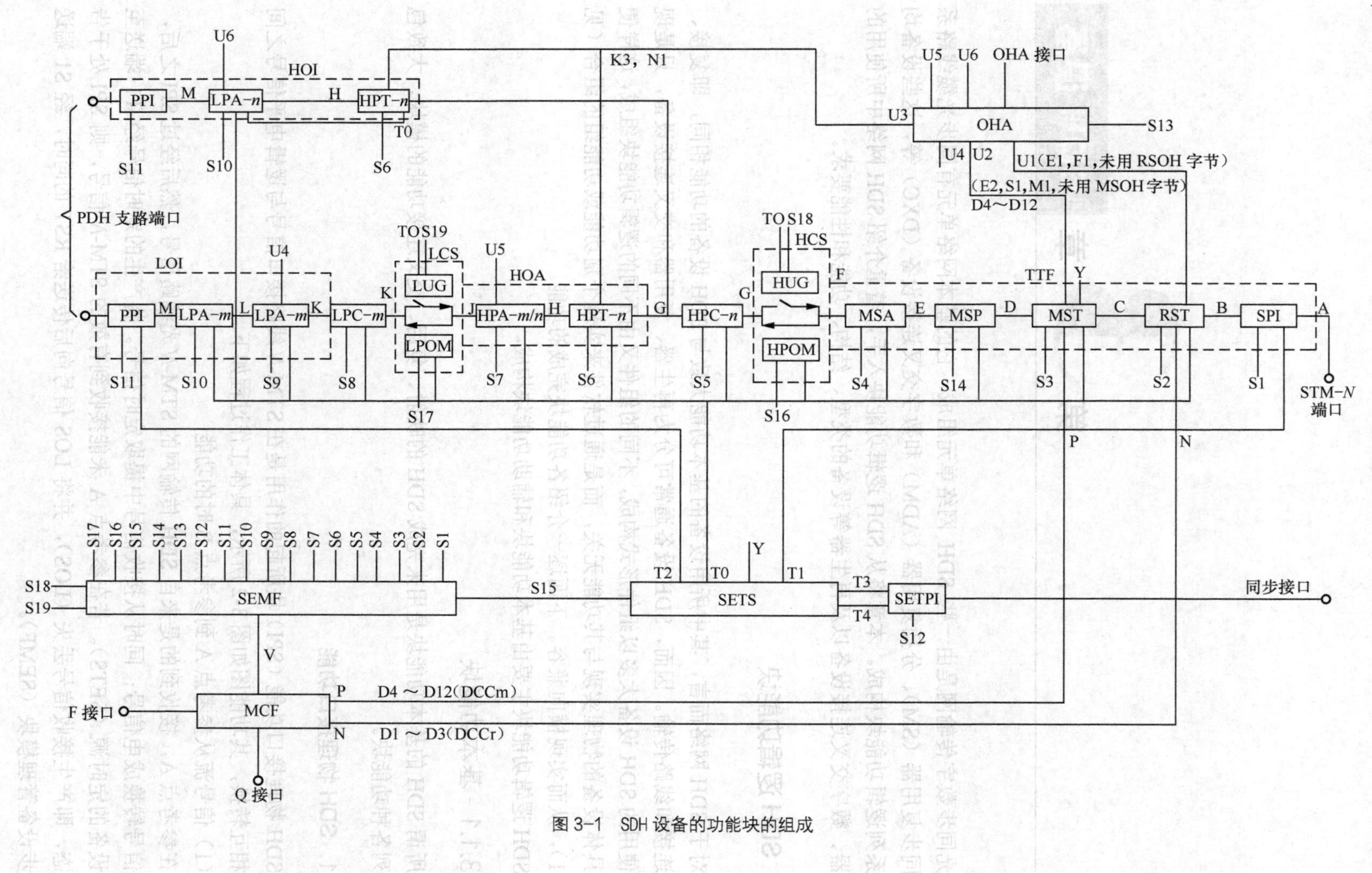

图 3-1 SDH 设备的功能块的组成

（2）信号流从参考点B到参考点A时的功能

SPI在参考点B将接收到的电信号经电/光转换，在参考点A形成适合光通道传输的STM-*N*光接口信号。同时通过S1端口将发送无光告警、激光器寿命等状态参数送至SEMF。

2．再生段终端功能

再生段终端（RST）功能是RSOH的源和宿，即在构成SDH帧信号的复用过程中加入RSOH，而在解复用过程中取出RSOH，其功能如图3-3所示，其具体工作过程如下。

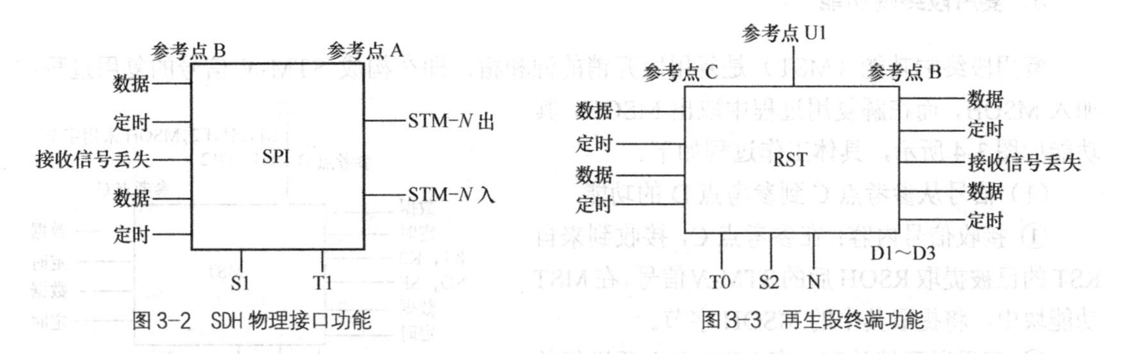

图3-2 SDH物理接口功能　　图3-3 再生段终端功能

（1）信号流从参考点B到参考点C时RST完成的功能

① 在参考点B，接收到来自SPI的STM-*N*信号、定时信号以及LOS信号。若RST收到LOS信号，则在参考点C出现全“1”信号。

② 若RST收到的是正常信号，则开始搜寻帧定位字节A1A1A1A2A2A2，这就是帧定位工作。当寻找到这些字节时，便处于定帧状态。当连续收到5个以上错误时，则处于帧失步（OOF）状态，如果OOF状态保持相对长的一定时间，则认为该设备进入帧丢失（LOF）状态。

③ 在定帧状态下，当设备得到帧定位后，RST提取一帧中RSOH的第1行定帧字节后的J0字节，即再生段踪迹字节。若该字节与本接收机的段接入点标识符不一致，则将本帧信号全部送往光发射机，由光发射机向下一站点发送。

若再生段踪迹字节J0与本接收机的段接入点标识符一致，RST则对一帧中除RSOH第1行字节以外的所有字节进行解扰码处理，从而恢复出原帧数据，然后再从中取出RSOH开销，并将其经U1参考点送到开销接入功能块（OHA）进行处理，因而在参考点C所得到的信号为仅带MSOH和定时的STM-*N*信号。

④ 若所接收到的是STM-1信号，则在此需进行包括比特间插奇偶校验8位码BIP-8处理、数字通信通路（DCC）字节处理等项开销处理工作。具体过程如下。

- BIP-8计算：RST对这一帧解扰码后的所有比特进行BIP-8计算，其结果占用8比特，即一个字节，然后将该字节与下一帧解扰码后的B1字节进行比较。如果一致，则说明所接收到的本帧无误。如果不一致，则经S2端口将错误数向SEMF报告。
- 数字通信通路（DCC）字节的处理：数字通信通路字节共D1～D12，其中D1～D3是再生段数字通路字节，用于再生段终端间传送OAM信息；D4～D12为复用段数字通信通路字节，用于为复用段终端间传送OAM信息提供通道，因而RST将D1～D3字节的内容送往MCF（消息通信功能块），由MCF负责通过F、Q接口，为网管人员提供SDH网络的运行、维护和管理（OAM）。

（2）当信号流从参考点C到参考点B时完成的功能

在参考点C，所接收到的是带MSOH的STM-*N*信号和定时信号。该信号经过RST时，将其所确定的RSOH字节加入（其中包括上一帧扰码后的BIP-8计算结果B1以及本端数据通信通路字节D1～D3），并对一帧中除第一行字节以外的所有字节进行扰码处理，同时在第一行加上定帧字节A1A1A1A2A2A2和再生段踪迹字节J0，从而在参考点B输出的是一完整的STM-*N*信号。

3．复用段终端功能

复用段终端功能（MST）是复用段开销的源和宿，即在构成STM-*N*信号的复用过程中加入MSOH，而在解复用过程中取出MSOH，其功能如图3-4所示，具体工作过程如下。

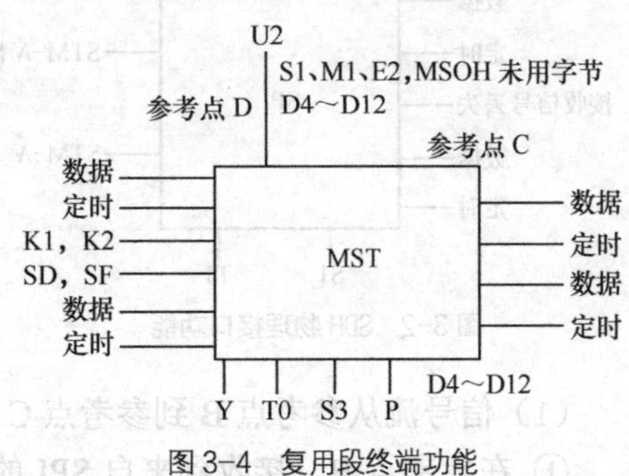

图3-4　复用段终端功能

（1）信号从参考点C到参考点D的功能

① 接收信号内容：在参考点C，接收到来自RST的已被提取RSOH后的STM-*N*信号，在MST功能块中，将提取其中的MSOH字节。

② 复用段开销处理：在MST中主要进行的复用段开销处理包括自动保护倒换信息、BIP-24误码检测等项内容。

- 保护倒换信息处理：从MSOH的K1和K2字节提取自动保护倒换信息，检测其中的K2字节（b_6～b_8）位。当连续3帧以上观察到K2="111"时，表示MST出现复用段告警（MS-AIS），若K2="110"时，则表示出现线路远端接收失效（MS-RDI）。如果出现上述情况，则将上述信息经S3报告SEMF。
- BIP-24误码检验：BIP-24误码检验位占据MSOH开销字节的B2B2B2三个字节。在MST功能块中对所接收到的除RSOH开销之外的STM-*N*信号进行BIP-24计算，其结果共24比特，然后将该计算结果与下一帧MSOH开销中的B2B2B2位进行比较。如果一致，则表示接收到的本帧信号正确，否则出现误码。当出现该种错误时，应在两帧内参考点D都出现全"1"信号和信号失效（SF）指示。若该种错误已经被排除，则SEMF功能块将通过配置命令，在两帧内去掉参考点D的全"1"信号。
- 同步状态信号的处理：在MSOH开销中的S1字节的（b_5～b_8）位为同步状态信息。通过该字节将所接收到的数字流的同步质量等级经Y端口报告给SETS功能块。

（2）信号从参考点D到参考点C时的功能

在参考点D，MST接收的信号为缺少SOH开销的STM-*N*信号，该信号进入MST中将接收到的如下信号构成MSOH开销。

① 经参考点U2来自OHA的S1，M1，E2以及D4～D12字节。

② 来自MSP的自动保护倒换字节K1和K2。若O点出现MS-AIS，则将K2（b_6～b_8）="111"或"110"反向插入，并回送给故障端，同时再将状态信号向SEMF报告。

③ 来自S3的同步状态信息。

这样在参考点C，可以获得除RSOH开销外的STM-*N*信号。

4. 复用段保护功能

复用段保护功能（MSP）是通过对 STM-*N* 信号的监测及系统的评价来完成在复用段内避免 STM-*N* 信号出现故障的功能块。如果出现此类故障，则可以利用 MSP 功能块中的 K1、K2 字节的协议，将适当的信道倒换到保护段上，从而实现防止故障的目的，其功能如图 3-5 所示。

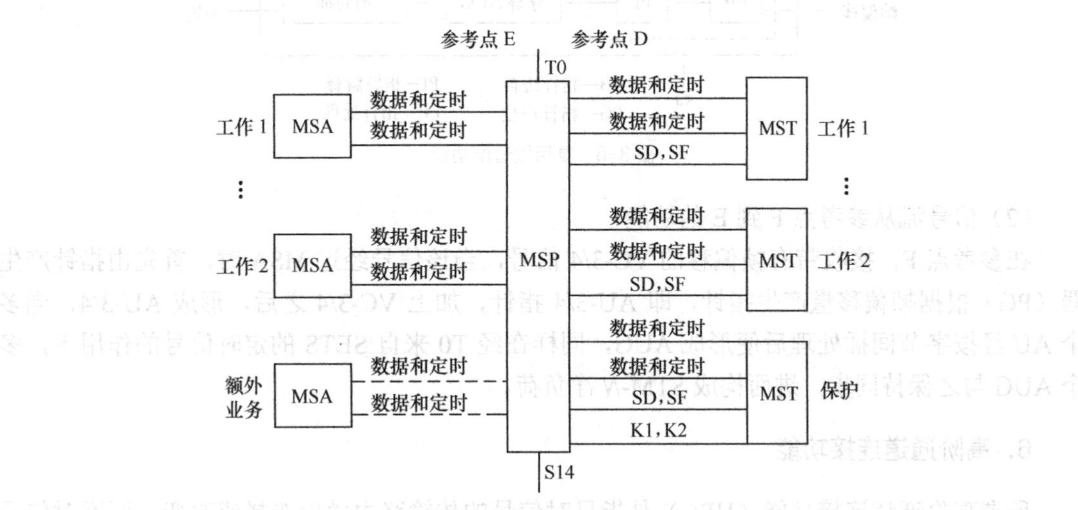

图 3-5 复用段保护功能

（1）信号流从参考点 D 到参考点 E 的功能

从图 3-5 中可以看出，在参考点 D，MST 所接收的信号包括 STM-*N* 净负荷、定时、信号劣化缺陷 SD 和信号失效 SF 等信号，而通过 MSP 在参考点 E 送入复用段适配功能块（MSA）的是数据和定时信息。然而不同的保护方式，其工作过程不同，这部分内容将在第 4 章系统保护问题中进行详细介绍。

（2） 信号流从参考点 E 到参考点 D 的功能

在参考点 E，所接收的信号为来自 MSA 的除去 SDH 开销字节之外的 STM-*N* 信号，该信号是通过 MSP 透明传输到 D 点的。其 MSP 保护工作过程与信号流从参考点 D 到参考点 E 的情况一样。

5. 复用段适配功能

MAS，HPA 和 LPA 均具有适配的功能，在此分析一下复用段适配功能（MSA）的功能。

MSA 功能块是用于处理 AU-3/4 指针，并完成组合/分解整个 STM-*N* 帧信号的任务，其功能如图 3-6 所示。

具体工作过程如下。

（1）信号流从参考点 E 到参考点 F 时的功能

在参考点 E 所接收到的信号是 STM-*N* 净负荷和定时信号，当该信号经过 MSA，通过对 STM-*N* 净负荷的消间插处理以及 AU3/4 进行的指针解释（PI）处理，在参考点 F 送出的是带有帧偏移的 VC-3/4，若出现指针丢失或 AU 通道告警时，则在向 SEMF 通报的同时，在参考点F全部置“1”信号。当故障被排除，系统恢复正常时，去掉全“1”信号。

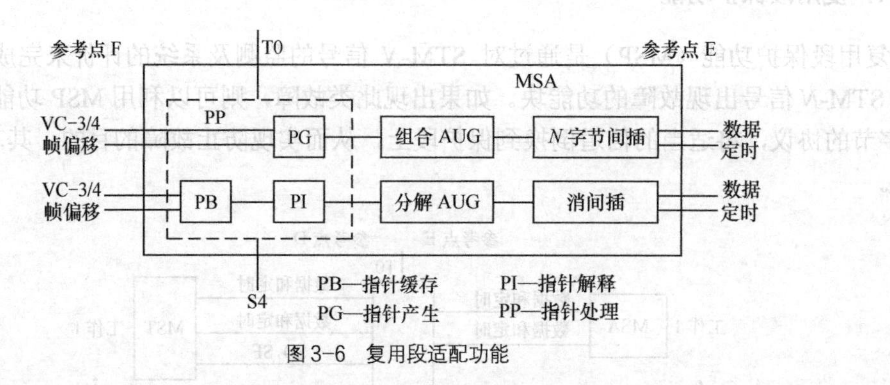

图3-6 复用段适配功能

（2）信号流从参考点F到E的功能

在参考点F，接收带有帧偏移的VC-3/4信号，当该信号经过MSA时，首先由指针产生器（PG）根据帧偏移量产生指针，即AU-3/4指针，加上VC-3/4之后，形成AU-3/4，当多个AU经按字节间插处理后便形成AUG，同样在经T0来自SETS的定时信号的作用下，多个AUG与之保持同步，进而构成STM-*N*净负荷。

6. 高阶通道连接功能

所谓高阶通道连接功能（HPC）是指只对信号的传输路由做出选择或改变，而不对信号本身进行任何处理，即将输入的VC-3/4指定给可供使用的输出口的VC-3/4，从而实现在VC-3/4等级上的重新排列，因而，在实现交叉连接功能的同时，信号是透明传输的，它是实现DXC和ADM的关键功能块。

7. 高阶通道终端功能

高阶通道终端功能（HPT）是高阶通道开销的源和宿，即在构成STM-*N*净负荷过程中加入高阶通道开销（POH），而在分解过程中则取出POH，其功能图如图3-7所示。

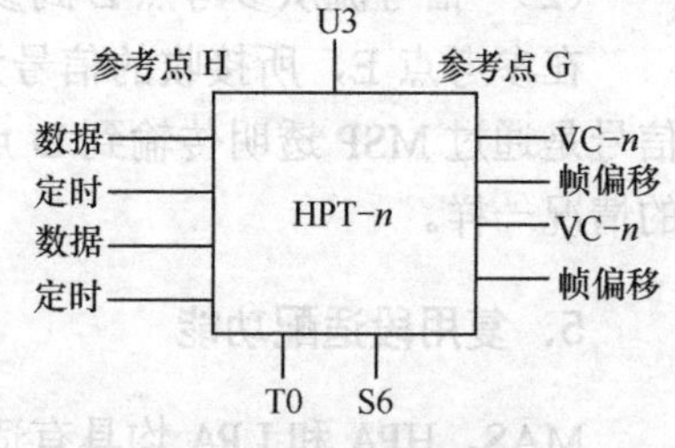

图3-7 高阶通道终端功能

（1）信号流从参考点G到参考点H的功能

在参考点G所接收的信号为VC-3/4。当该信号经过HPT之后，从中取出POH开销进行通道开销处理，并在参考点H，输出高阶容器数据流C-3/4。

通道开销处理的内容包括BIP-8计算、高阶通道识别符、信号标记字节等。下面逐一进行分析。

① BIP-8计算：对VC-3/4进行BIP-8计算，并与下一帧B3字节进行比较。如果一致，则证明本帧接收正确。如果不一致，则表示出现误码，因而HPT经S6将错误状态向SEMF报告。

② 高阶通道识别符的检测：检验高阶通道识别符J1，若出现失配错误，则在两帧时间内在参考点H出现全“1”信号。一旦恢复正常，也将必须在两帧时间内去掉全部“1”信号。

③ 信号识别标记字节C2：对信号识别标记字节C2的测试，实际上是对VC装载情况的

检验。当连续 5 个 VC 帧内的 C2=“0”时，则认为 VC 通道中未装载任何有效信号，而当 C2 不为“0”时，则说明 VC 中传输的是有效信号。

④ 通道状态字节 G1 的检测：通道状态字节 G1 是用以表示系统通道的状态和性能参数的字节。其中根据传送高阶通道 BIP-8 的 B3 字节来确定是否出现误码。其指示占用 G1（b_1～b_4）用以表示误码性质为远端误块（REI）。当误块未达到相当严重的程度时，系统仍能工作，反之则在 G1 字节的 b_5 位置“1”以表示远端接收失效，同时向 SEMF 报告，并通过 V 接口和 MCF（消息通过功能块）下达命令，启动保护通道。

⑤ H4 字节检测：通过 H4 字节指示，将复帧位置信息传递给高阶通道适配功能（HPA）。

（2）信号流从参考点 H 到参考点 G 的功能

在参考点 H 所接收到的信号为 C-3/4 的数据流。当通过 HPT 时，在此装入 POH 后，便形成 VC-3/4，因而 G 参考点输出信号为 VC-3/4 和帧偏离信息。

8．高阶通道适配功能

高阶通道适配功能（HPA）所完成的是高阶通道与低阶通道之间的组合和分解以及指针处理等项工作。即在复用和解复用过程中，当信号经过 HPA 时，在此将分别进行字节间插处理和消间插处理、指针的插入和取出操作，从而实现 VC-12 与 VC-3/4 之间的复用、解复用功能，其过程如下。

（1）信号流从参考点 H 到参考点 J 的功能

如图 3-8 所示，在参考点 H 所接收的信号是由 TU-1/2 复用而成的高阶容器 C-3/4，当该信号通过 HPA 时，通过对其进行消间插处理分解成若干个 TU-1/2，并同时进行指针处理，在指针处理器中取出 TU-1/2 指针，从而获得 VC-1/2 及其在高阶容器中的帧偏移量信息。

当从 HPT 收到的表示复帧指示的 H4 字节与复帧序列中单帧的预期值相比较，并连续几帧出现不一致时，则进入复帧丢失状态（LOM），应向 SEMF 报告。此后当连续几帧内预期值与 H4 一致，则系统退出 LOM 状态。

（2）信号流从参考点 J 到参考点 H 的功能

在参考点 J 所接收到的信号是带帧偏移信息的 VC-1/2 信号。当这样的信号进入 HPA 时，首先进行指针处理，从而获得 TU-1/2 指针，然后加上 VC-1/2，便形成 TU-1/2。若由几个 TU-1/2 按字节间插进行处理，则在 H 点就形成一个 VC-3/4。

9．低阶通道连接功能

低阶通道连接（LPA）功能与高阶通道连接功能基本相同，只是对低阶信道信号的传输路由做出选择或改变，而不对其信号进行处理，通过此功能块可以实现低阶 VC 之间灵活的分配和连接。另外 LPC 还通过 S8 端完成 LPC 与 SEMF 之间的命令和信息的交互。

10．低阶通道终端功能

低阶通道终端功能（LPT）是低阶通道开销的源和宿，即在构成 TU 支路信号过程中，加入低阶通道开销，而在分解过程中，取出 POH，其功能图如图 3-9 所示。

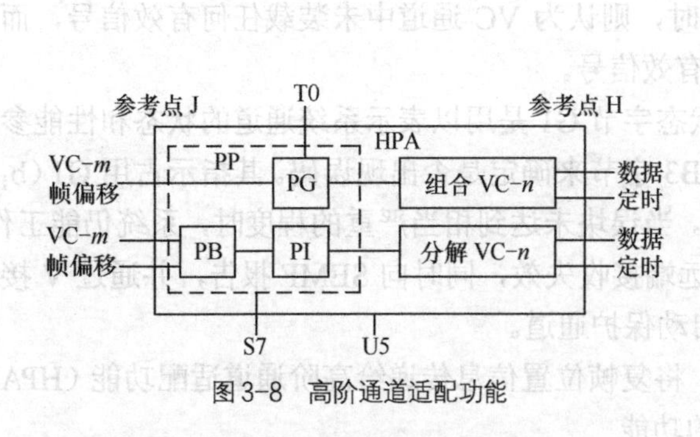

图3-8　高阶通道适配功能

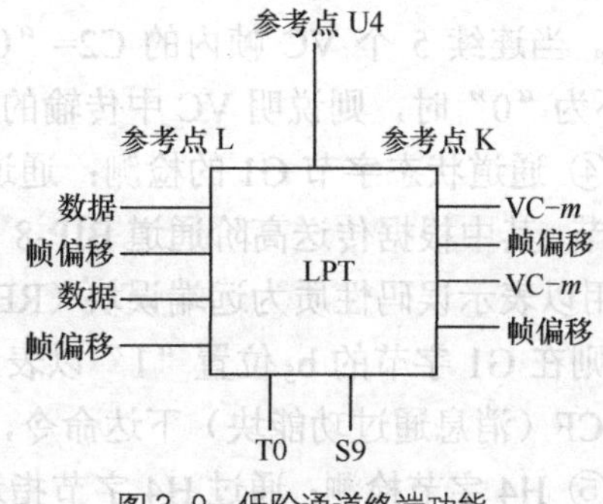

图3-9　低阶通道终端功能

（1）信号流从参考点K到参考点L的功能

① 传输信号内容：在参考点K所接收到的信号为低阶VC-1/2信息流。当其通过LPT时，将恢复出低阶通道开销POH（V5字节），而在L点则输出C-1/2信号流。

② 通道开销处理：通道开销处理包括4个字节——V5，J2，N2和K4。

- V5字节

BIP-2误码检测（b_1～b_2）：对VC-1/2进行BIP-2计算，并与下一帧中V5的（b_1～b_2）进行比较。如果一致，则说明本帧接收的数据流正确。如果不一致，则表示出现误码，因而LPT将经S9向SEMF报告。

通道远端误块指示REI（b_3）：当BIP-2码检测到一个或多个差错块时，则在通道远端误块指示REI（V5的b_3）中有所表示，其中REI置为“1”。当未出现误块错误时，REI为“0”。

通道远端故障指示RFI（b_4）：所谓故障是指失效状态持续期超过传输系统保护机制所设定的门限的事件。因而当发现此类故障时，V5（b_4）=“1”，否则V5（b_4）=“0”。

信号标记（b_5～b_7）：信号标记是用以表示净负荷装载情况和映射方式的比特，如000表示未装载，001则表示已装载，但未规定有效负载。

远端接收失效指示RDI（b_8）：当收到来自TU-1/2通道的告警信号（AIS）或信号失效指示时，该比特设置为“1”，否则设置为“0”，同时在K4（b_5～b_7）还提供一种增强型RDI功能。

- J2（VC-1/2通道踪迹字节）：通道踪迹字节是让收发两端识别接入点的识别符。利用该识别符，通道终端接收机便可与指定的发送机之间保持连接状态。
- N2网络运营者字节：用于提供低阶通道的串联连接功能。
- K4字节：该字节K4（b_1～b_4）是用于传输通道保护命令的自动保护倒换（APS）通路信息，K4（b_5～b_7）为增强型低阶通道远端失效指示RDI，K4（b_8）为备用比特。由于通道AIS（告警指示信号失效）或通道踪迹失配都会产生RDI。增强型RDI实际上是相对于比特型RDI V5（b_8）而言的，因而在VC-1/2的POH中有增强型远端接收失效和比特型的远端接收失效两种。在增强型中，K4（b_5）值与V5（b_8）值是相同的，而它们之间的区别在于当K4（b_6～b_7）同时为“1”或“0”时代表FERF。如果它们的取值彼此相反，则代表增强型远端接收失效RDI。由于增强型RDI有版本控制功能，使得依照此概念产生出来的产品具有良好的后向兼容性。

以上信息均要向SEMF报告。

（2）信号流从参考点L到参考点K的功能

在参考点L所接收到的是C-12。当该信号经过LPT之后，便加入低阶POH（V5字节），从而构成VC-12。

当LPT监视到TIM（踪迹识别符失配）或SLM（信号标记失配）全“1”信号时，则在V5字节的b_8内装入FERF指示，反之则去掉FERF指示。

11．低阶通道适配功能

低阶通道适配功能（LPA）是通过映射、去映射的方式，用于完成PDH信号与SDH网络之间的适配过程。即在数据流经过LPA的去映射和解同步处理之后，则在M参考点可获得相应的准同步信息和定时信号，反之，不同速率的PDH信号经过LPA的映射和同步处理之后，被装入各自相应的不同容器之中，其中高阶容器内的信息流经过H点送到HPT，低阶容器内的信息流则经L点送至LPT。具体过程如下。

（1）信号流从参考点L到参考点M的功能

如图3-10所示，在参考点L所接收到的是带有帧偏移的低阶同步信息的容器C-12，在数据流经过LPA的去映射和解同步处理之后，在参考点M便可以获得相应的准同步信息和定时信号，同理当来自于HPT的数据流C-3/4经过LPA的同样处理之后，可以获得高次群的PDH信号和定时信号。

（2）信号流从参考点M到参考点L或H的功能

在参考点M所接收的信号为准同步信号，不同的准同步信息，其速率不同，因而当不同速率等级的PDH信号经过LPA的映射和同步处理之后，被装进各自相应的不同容器之中，其中高阶容器内得到信息流经H点送至HPT，低阶容器内的数据流则经L点送至LPT。

12．PDH物理接口

目前在光通信系统中仍采用强度调制——直接检波的通信方式，为适合光通路的信号传输，因而采用非归零码（NRZ）作为光线路码，然而仅在SPI中，将光信号转换成逻辑电信号，因此到目前为止，在图3-11所示的参考点H所接收的信号为NRZ，但支路传输编码要求采用HDB_3码，故该信号通过PDH物理接口（PPI）功能块之后，将所接收的信息流按HDB_3编码方式，变化成适于支路传输的HDB_3码，从而形成支路信号。其工作过程为图3-11所示的信号流从参考点H到支路端口的过程，反之在支路端口将接收到的支路信号的数据码进行码型变换，使其变换成为NRZ码。

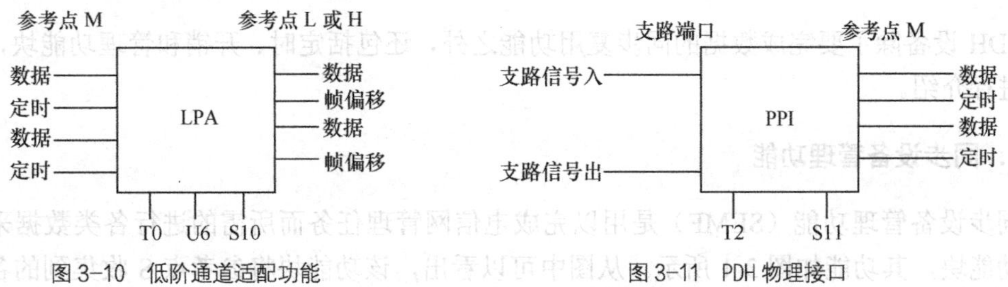

图3-10 低阶通道适配功能　　图3-11 PDH物理接口

若支路输入信号出现中断（即出现信号丢失），则将在两帧内出现全“1”信号，当该故障被排除，则在两帧时间内，全“1”消失。

13．高阶、低阶连接监控功能块

如图3-12所示，由于高阶连接监控（HCS）功能和低阶连接监控（LCS）功能均由两个模块构成，因而它们同属于复用功能块，它们可以处于活动状态，也可以处于不活动状态。

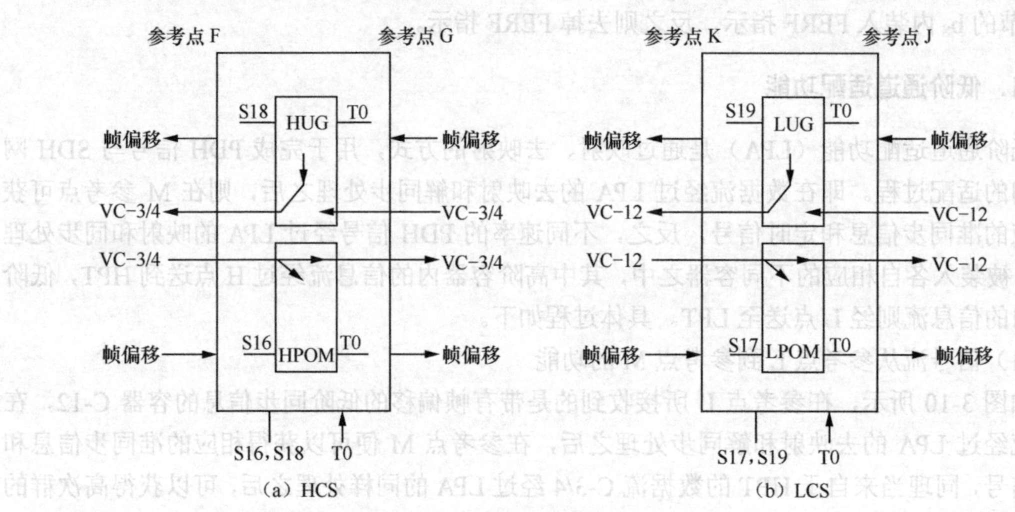

图3-12　高阶、低阶连接监控功能示意图

所谓活动状态是指信息流透明地完成由参考点F到参考点G，或由参考点G到参考点F的传输，而无需对其通道开销进行监视。然而不活动状态是指在完成数据流从参考点F到参考点G或从参考点G到参考点F的同时，还通过HPOM或LPOM进行通道开销的提取，从而达到对传输质量的监控。

3.1.2　复合功能块

根据不同的基本功能，可以构成两类不同的复合功能（见图3-1），一类是适配功能，另一类为监控功能。

（1）适配功能包括传送终端功能（TTF）、高阶接口（HOI）、低阶接口（LOI）和高阶组装HOA。

（2）监控功能包括高阶连接监控（HCS）和低阶连接监控（LCS）。

3.1.3　辅助功能块

SDH设备除了要完成数据的同步复用功能之外，还包括定时、开销和管理功能块，下面逐一进行介绍。

1．同步设备管理功能

同步设备管理功能（SEMF）是用以完成电信网管理任务而所需的进行各类数据采集工作的功能块，其功能如图3-1所示。从图中可以看出，该功能块将参考点S收集到的各基本功能块的工作状态性能数据以及具体硬件告警指示，转换成可供DCC和Q接口传输的目标信息，其信息内容如表3-1所示。这样在各功能块监测到异常或故障的同时，便可以通过SEMF

向上游和下游的功能块送出相应的维护命令。

表 3-1　　经 S 参考点向 SEMF 报告的状态信息流

单元功能块	经由参考点	信号流向	异常或故障	单元功能块	经由参考点	信号流向	异常或故障
SPI	S1	A→B B→A	LOS TF，TD	RST	S2	B→C	LOF，OOF B1 中误码计数
MST	S3	C→D	MS-AIS，EX-BER（B2），SD，B2 中误码计数，MS.FERF	MSP	S14	D→E	收.发 K2（5）失配，收 K2（1～4）发 K1（5～8）失配，保护段 SF 条件 （EX-BER，MS-PAIS，LOS，LOF），PJF
MSA	S4	E→F	AU-LOP，AU-AIS，AU-PJE				
HPT	S6	G→H	AU-AIS*，HO-PTI 失配，HO-PSL 失配，TU-LOM，HO-RDI，HO-REI，B3 中误码计数	HPA	S7	H→J	TU-LOP，TU-AIS TU-PJE
LPT	S9	K→L	TU-AIS*，LO-PTI 失配，LO-PSL 失配，LO-REI，LO-RDI，B3/V5 中误码计数	LPA	S10	L（或 H）→M，M→L（或 H）	AU-AIS*或 TU-AIS*FAL
PPI	S11	M→支路口 支路口→M	AIS* 支路 LOS	SETPI	S12	同步接口→T3	LOS，LOF，AIS，EX-BER
HPOM	S16	>F→G	AU-AIS，HO-PTI 失配，HO-PSL 失配，HO-RDI，HO-REI，B3 误码计数	LPOM	S17	>J→K	TU-AIS，LO-PTI 失配，LO-PSL 失配，LO-RDI，LO-REI，B3/V5 误码计数

注：*代表信息由其他参考点转来，不直接经由该功能块的 S 点向 SEMF 报告。
符号意义：LOS—信号丢失　LOF—帧丢失　OOF—帧失步　LOP—指针丢失
LOM—复帧丢失　PJE—指针调整事件　PTI—通道踪迹识别　SD—信号劣化
PSL—通道信号标签　FAL—帧对准丢失　PSE—保护倒换事件
TF—发射机失效　TD—发射机劣化　SF—信号失效

2．消息通信功能块

消息通信功能块（MCF）是用来完成网管所需的各类数据信息传输的功能块，其功能如图 3-1 所示，由此可见，该功能块主要负责接收和缓存来自 SEMF、DCC、Q 接口和 F 接口的信息，从而实现人机对话。

3．同步设备定时源

同步设备定时源功能（SETS）代表 SDH 网络单元的时钟。SDH 设备中的各基本功能块都是以此时钟为依据进行工作的，为保证其精度和稳定度，SETS 设有供同步设备自由状态下使用的内部时钟源——定时发生器（OSC）。除此之处还设有以下三种外部时钟源。

（1）从 STM-N 信号流中提取的时钟信号 T1。

（2）从支路信号中提取的时钟信号 T2。

（3）从外同步信号源如2MHz正弦信号或2Mbit/s信号经同步设备定时物理接口（SETPI）提取的T3时钟。

通过SETS选择精度最高的时钟信号作为输出时钟T0，供SPI和PPI以外的所有单元功能块的本地定时使用，同时还输出T4供其他网络单元使用。

4．同步设备定时物理接口

同步设备定时物理接口（SETPI）是用来完成对外来2Mbit/s信号进行时钟的提取、编/解码功能和提供与物理接口适配功能。

5．开销接入功能

由SDH的复用过程可知，不同的容器对其进行运行、维护和管理的开销字节不同，因而通过图3-1中所示的开销接入功能（OHA）的参考点U，可以实现对各相应单元功能块的开销字节的统一管理。例如，操作者能够通过公务联络E1和E2字节，调整所使用信道的开销以及备用或供未来使用的开销，以达到对不同通道层中的所传信息进行监控，从而实现对其进行运行、维护和管理的目标。

SDH传输网中的设备有三类，即交叉连接、传输和接入设备。就其传输设备而言，又包括再生器、复用设备和交叉连接设备。由于它们的功能各不相同，因而构成其功能的逻辑功能块也不同，下面逐一进行介绍。

3.2 再生器

由于光纤固有损耗的影响，使得光信号在光纤中传输时，随着传输距离的增加，光波逐渐减弱。如果接收端所接收的光功率过小时，便会造成误码，影响系统的性能，因而，此时必须对变弱的光波进行放大、整形处理，这种仅对光波进行放大、整形的设备就是再生器，由此可见，再生器不具备复用功能，是最简单的一种设备，其逻辑功能如图3-13所示。

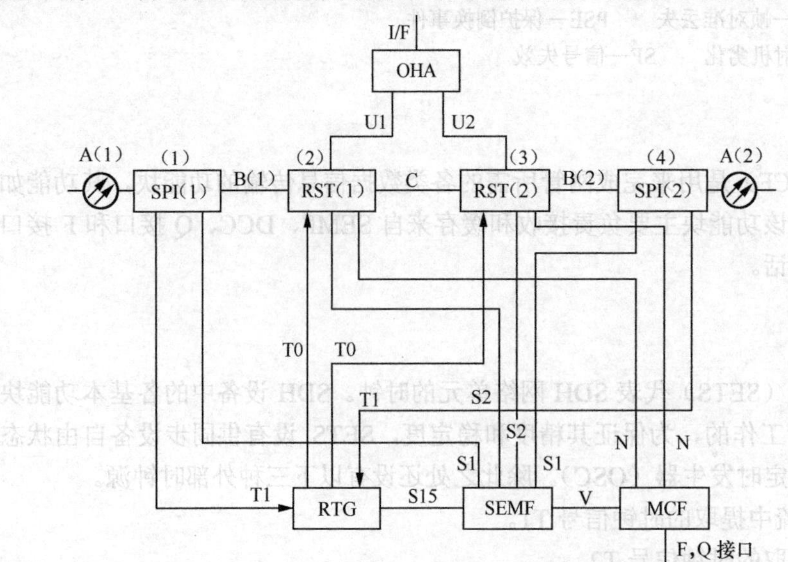

图3-13 再生器模型

从图 3-13 中可以看出再生器主要是由 SDH 物理接口（SPI）、再生段终端（RST）和开销接入功能块（OHA）构成。

3.2.1 SDH 物理接口（1）

若 SPI（1）的参考点 A（1）处的信号是来自光纤线路上传输 STM-1 光信号，而对于该信号进行放大、整形处理过程是在电信号中进行的，因而 SPI（1）首先完成的是光/电转换的功能，这样将光信号就转换成为电信号，然后将从中提取的定时信号经 T1 送入再生器定时发生器（RTG）的同时，又进行放大处理，再由判决器识别再生。这时参考点 B（1）处的电信号完全能够满足传输网络的性能要求。

3.2.2 再生器终端（1）

此时在 RST（1）的参考点 B（1）处所接收的是再生的 STM-1 数据，该信号在再生器定时发生器输出的相关定时信号的作用下，首先从再生的 STM-1 中恢复出帧定位字节 A1A1A1A2A2A2，以识别帧的起始位置，然后对除帧结构中第一行的字节外的整个帧信息进行解扰码处理，同时提取 RSOH 字节，并通过 U1 参考点送给 OHA（开销插入功能块）进行处理，而带有定时的 STM-1 信号，经 C 参考点直接送入 RST（2）。

其中在 OHA 所进行的处理中，首先是对再生段踪迹字节 J0 进行识别，当该识别符是与本再生器的识别符相同时，则做如下处理。

（1）BIP-8 比特间插奇偶校验 8 位码

将在 RSOH 中获得的 B1 字节，与经 RST（1）并进行解扰码处理的上一帧的 BIP-8 计算结果进行比较，如果一致则认为上一帧被正常接收，否则出现误码。同样在对本帧 STM-1 信号进行解扰码之后，也会进行 BIP-8 计算，同时保存该结果，以便与下一帧中解扰码后的 B1 字节进行对照。

（2）公务字节 E1

在 RSOH 中的 E1 字节是用于再生器终端之间进行公务联络，而设置的语声通路，并经参考点 U1 送入 OHA。

（3）使用者字节 F1

F1 字节也送给 OHA，但在再生器中是可以任意选择并决定是否接入 F1 字节。

（4）数据通信通路字节 D1～D3

D1～D3 字节是用于传送再生器之间进行运行、维护、管理时所需的信息内容，通常将 D1～D3 字节经规定的线路送至消息通信功能块（MCF）做详细处理。

3.2.3 再生器终端（2）

RST（2）接收来自 RST（1）的带有定时的 STM-1 定帧信号，在 RST（2）插入相关的 RSOH，并进行扰码处理后，经参考点 B（2）形成完整的 STM-1 信号送至 SPI（2）。这里值得注意的是此时插入的 RSOH，有别于 RST（1）从 STM-1 信号中所提取的 RSOH。首先再生段踪迹字节 J0 被更换为下一个再生器的识别符，以供下面的一个再生器进行识别接收。正是由于 J0 被更换为下一个再生器的识别符，因而使得本帧 STM-1 信号码发生变化，故此需重新进行 BIP-8 计算，并将计算结果放在下一帧的 B1 字节中去。

3.2.4 SDH物理接口（2）

由于SPI（2）所接收的信号是STM-1电信号，而在SPI（2）输出端输出的是供耦合进光纤中传输的光信号，因而SPl（2）首先起到电/光转换的功能，同时将STM-1的定时信号回送给RTG，供时钟发生器选择。

由此可见，在正常工作情况下，A1A2字节可以由本地产生，也可以是转接来的。B1字节在每个再生段都需重新计算，因而故障分段定位能力不受影响。E1和E2字节一般都来自OHA，也可以是通过转接而来，同时D1～D3字节取自MCF。

当RST（1）处于帧失步状态，但尚未构成失效条件（即信号丢失或帧丢失时），所有RSOH字节可以被转接。

以上分析是以STM-1信号为例来进行说明的，STM-*N*信号是由若干个STM-1信号按字节间插同步复用方式构成的。因而其工作原理与STM-1相同，只是STM-*N*时的RSOH的信息结构不同，故所进行的开销处理形式不同。

3.3 复用设备

在SDH传输网中共有两种复用设备，即终端复用设备（TM）和分插复用设备（ADM）。

3.3.1 终端复用设备

在传统的准同步数字（PDH）网络终端中，首先是将2Mbit/s的电信号经过逐级复用，复用成为140Mbit/s的高次群电信号，然后再通过电/光转换变为光信号输出。在SDH网中，终端复用器则是用综合的终端代替了多个分立的复用器，一次完成复用功能，并同时进行电/光转换，然后将其送入光纤。

终端复用器的种类有多种，在此便以复用器Ⅰ.1和复用器Ⅰ.2为例加以说明。

1．复用器Ⅰ.1

图3-14所示给出了复用器Ⅰ.1的逻辑功能块组成。这类复用设备提供了从G.703接口到STM-1输出的简单复用功能。例如，它可以将63个2Mbit/s信号复用形成一个STM-1，同时根据所送的复用结构的不同，在组合信号中，每一个支路的信号保持固定的对应位置，这样便可利用计算机软件进行信息的插入与分离工作。

由此可见，与PDH相比，SDH的终端复用器减少了多个分立的复用器，去掉了配线架及其相应的线缆，而且因TM本身具有的功能，从而大大提高了通道的管理能力。

2．复用器Ⅰ.2

如图3-15所示，复用设备Ⅰ.2也属于终端复用器（TM）的复用设备。但它在复用设备Ⅰ.1的基础之上，在LOI与HOA之间使用了LPC功能块，使其具有VC-1/2/3或VC-3/4通道的连接功能。因此，这种复用设备能将输入支路中的信号灵活地分配给STM-*N*帧中的任何位置。

除上述终端复用器外，还包括Ⅱ.1和Ⅱ.2型复用器，这两种复用器均为高阶复用器。

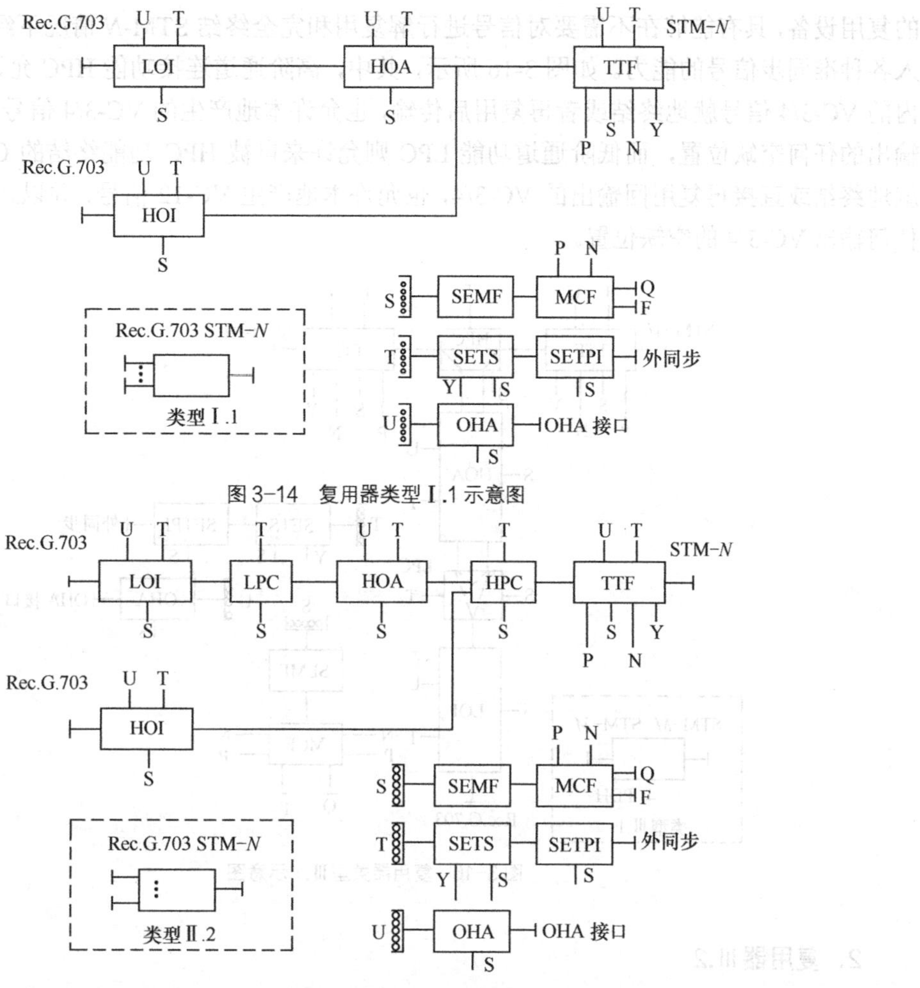

图 3-14　复用器类型Ⅰ.1 示意图

图 3-15　复用器类型Ⅰ.2 示意图

Ⅱ.1 类型复用器可将若干个 STM-*N* 信号组合成为一个 STM-*M*（*M*>*N*）信号。例如，将 4 个（来自复用设备或线路系统的）STM-1 信号按字节间插方式复用成一个 STM-4 信号，并且每个 STM-1 信号的 VC-4 都固定在 STM-4 的相应位置上。而Ⅱ.2 类型复用器可灵活地将 STM-*N* 信号 VC-3/4 分配到 STM-*M* 帧中的任何位置上。

从上面的分析可以将 TM 的功能总结如下。

（1）在发送端能将各 PDH 支路信号复用进 STM-*N* 帧结构中，而在接收端能够从 STM-*N* 信号中进行 PDH 信号分接。

（2）在发送端能将若干个 STM-*N* 信号复用为一个 STM- *M*（*M*>*N*）信号（如将 4 个 STM-1 复用成一个 STM-4），而在接收端又能将一个 STM-*M* 信号分成若干个 STM- *M*（*M*>*N*）信号。

（3）具有电/光转换功能。

3.3.2　分插复用器

1．复用器Ⅲ.1

分插复用器（ADM）是在 SDH 网络中使用的另一种复用设备，其中称为复用器类型Ⅲ.1

的复用设备，具有能够在不需要对信号进行解复用和完全终结 STM-*N* 情况下经 G.703 接口接入各种准同步信号的能力。如图 3-16 所示，其中，高阶通道连接功能 HPC 允许 STM-*N* 信号内的 VC-3/4 信号就地终结或者再复用后传输，也允许本地产生的 VC-3/4 信号分配给 STM-*N* 输出的任何空缺位置，而低阶通道功能 LPC 则允许来自被 HPC 功能终结的 C-3/4 的 VC-12 就地终结或直接再复用回输出的 VC-3/4，也允许本地产生 VC-12 信号，并以适当途径分配给任何输出 VC-3/4 的空缺位置。

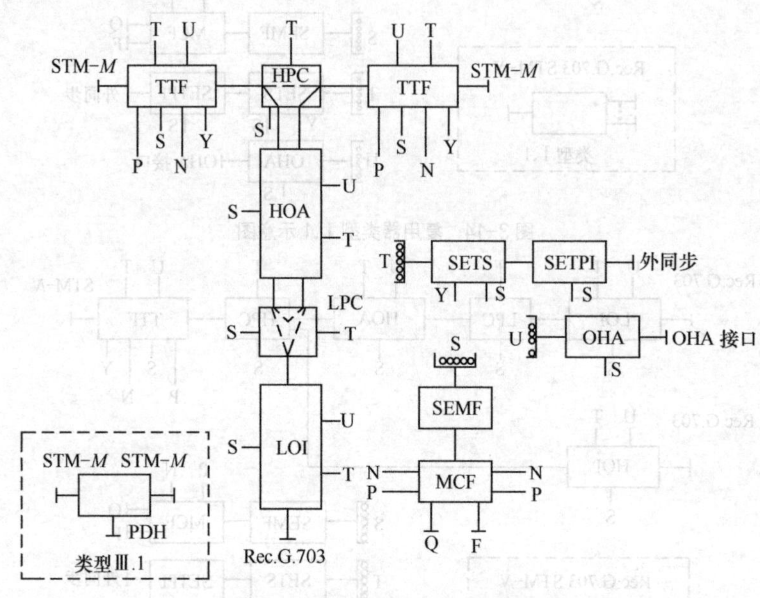

图 3-16　复用器类型Ⅲ.1 示意图

2. 复用器Ⅲ.2

在复用器Ⅲ.2 中，它具有将 STM-*N* 输入到 STM-*M*（*M*>*N*）内的任何支路的能力，如图 3-17 所示。

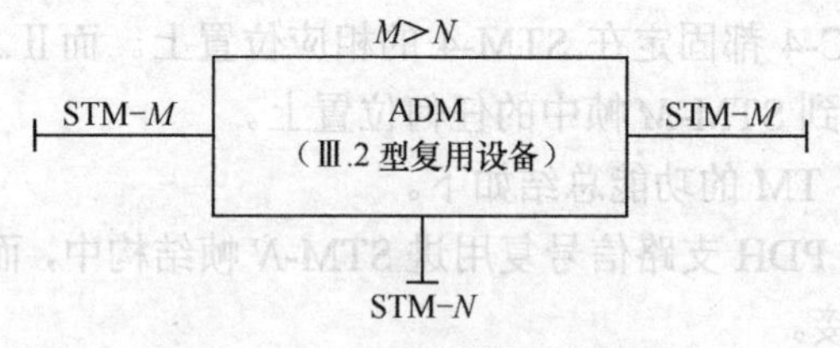

图 3-17　复用器类型Ⅲ.2 示意图

由于分插复用器（ADM），具有能在 SDH 网中灵活地插入和分接电路的功能，即通常所说的上、下话路的功能，因此，ADM 可以用在 SDH 网中点对点的传输上，也可用于环形网和链状网的传输上。

3.3.3　复用器类型Ⅳ

由于国际上主要存在两大速率体系、三大地区标准的准同步数字系列，即 PCM24 和

PCM30/32系列，北美和日本都采用1.544Mbit/s为第1级速率，但略有不同。欧洲、中国采用PCM30/32系列，因而不同的体系下的数字信号其映射路径不同，如图2-1所示。这样当两种不同体系的网络间需进行互通时，则要求VC-3净负荷能在使用AU-3与使用AU-4的网络之间进行转换。复用器类型Ⅳ正提供了此种功能。

从上述分析可见，无论何种复用器，均未包括特殊的物理功能分割，因而仅仅是一般性的描述。需要指出的是，不同的网络应用场合所需的配置不同。因而以上几种最常见的复用器类型的应用场合也不同。具体如下。

（1）复用器类型Ⅰ.1和Ⅰ.2能够将各种PDH支路信号纳入SDH网，因而广泛应用于SDH/PDH网的边界处。

（2）复用器类型Ⅱ.1和Ⅱ.2能够将若干STM-*N*信号汇接成单个STM-*M*（*M*>*N*），这样能够使各类低速信号进入高速线路进行传输。

（3）复用器类型Ⅲ.1和Ⅲ.2，又称为分插复用器，它能够利用其内部的时隙交换功能，实现带宽管理，即允许STM-*M*信号之间的不同VC实现互联，其功能相当于一个小型交叉连接设备。利用ADM设备可以构成各种自愈环，应用于用户接入网、市内局间中继网以及长途网中，这部分内容将在第4章中进行介绍。

（4）复用器类型Ⅳ主要用于完成两种不同体系网络间的互通。应该指出的是一个实际复用器可根据具体需要配置成为终端复用器或ADM。

整体而言，SDH网中的分插复用器所完成的功能可以归纳如下。

（1）ADM具有支路-群路（即上、下支路）能力。通常可分为部分连接和全连接。所谓部分连接是指只能对STM-*N*中指定的某个或几个STM-1进行上、下支路操作，而全连接则是指能够对STM-*N*中的所有的STM-1实现任意组合的操作。

在ADM中可实现上、下的支路，既可以是PDH支路信号，也可以是较低等级的STM-*N*信号。ADM与TM一样，也具有光/电转换功能。

（2）ADM具有群路-群路能力，即同时具有上、下STM-*N*信号的能力。

3.3.4 复用设备的抖动和漂移性能

当低速PDH信号或低速STM-*N*信号进入SDH复用器后，首先经过指针调整，然后按同步复接方式，映射进高速STM-*M*（*M*>*N*）。由前面分析可知，指针调整的频繁程度直接决定了系统性能。因而有必要对复用设备给系统引入的抖动与漂移进行讨论。人们不仅要问什么是抖动？什么是漂移？下面就首先对此做出解释。

1. 抖动与漂移的概念

在数字信号传输过程中，脉冲在时间间隔上不再是等间隔的，而是随机的，这种变化关系可以用频率来描述，当频率f>10Hz时的随机变化便称为抖动，反之称为漂移。抖动的程度原则上可以用时间、相位、数字周期来表示。现在多数情况是用数字周期来表示，即一个码元的时隙为一个单位间隔，或者说一个比特传输信息所占的时间，通常用符号UI（Unit Interval）来表示。显然随着所传码速率的不同，1UI的时间也不同。例如，2.048Mbit/s码速率的1UI时间为488.00ns，而139.261Mbit/s码速率的1UI则为7.18ns。

一个系统又是由包括复用器在内的各种设备和传输线路构成，当信号通过上述设备和线路时，均会给系统引入抖动与漂移，而且抖动与漂移对信号的影响程度不同。通常抖动对高速传输的语音、数据及图像信号的影响较大。一般来说，在语音、数据信号系统中，系统的抖动容限是小于或等于4%UI；在彩色电视信号系统中，系统的抖动容限应小于或等于2%UI。

抖动容限往往用峰-峰抖动 $J_{p\text{-}p}$ 来描述的。它是指某个特定的抖动比特的时间位置，相对于该比特无抖动时的时间位置的最大偏移。

2．抖动与漂移指标

由前面的讨论可知，在数字通信系统中，抖动将引起系统误码率的增加。为了在有抖动的情况下，仍能保证满足系统的技术指标，那么必须对整个数字通信系统中的复用设备和传输信道的抖动性能提出限制。ITU-T 建议这两部分均需考虑输入抖动与漂移容限、无输入抖动时的输出抖动与漂移容限和抖动与漂移转移特性三种抖动性能指标。

（1）STM-*N*接口

① 输入抖动和漂移容限

输入抖动和漂移容限是指复用器能够允许的输入信号的最高抖动和漂移限值，即任一复用器或设备接口应抵御这个限值以下的抖动和漂移而不产生误码的能力，因此这一指标不仅适用于复用器，而且还适用于数字网内任何速率的接口。

在 SDH 网中，复用器的输入端所输入的信号应为 STM-*N* 信号，当信号通过光纤线路及中继器时都会引入抖动和漂移，因而为使复用器能够正常工作，SDH 物理接口（SPI）必须能够容纳所输入的 STM-*N* 信号的抖动量。另外，由图 3-1 可知，同步设备时钟源（SETS）的时钟信号首先是取自 STM-*N* 信号，因而，SETS 也必须能够容忍 STM-*N* 信号的最大绝对抖动和漂移量。

② 输出抖动和漂移

当输入到复用器的信号无抖动和漂移时，由于复用器中的映射和指针调整会产生抖动与漂移，于是在复用器的输出端信号中存在抖动和漂移。为了能够满足数字网的抖动和漂移要求，ITU-T 提出了无输入抖动时的输出抖动和漂移限值（最大值），这就是输出抖动和漂移容限。

图 3-1 实际是一个 SDH 复用设备的功能块组成图，可见它是在 SETS 的支持下工作的，因此其输出抖动和漂移与 SETG（同步设备发生器）的固有性能以及输入信号特性有关。在 G.813 规范中对 STM-*N* 接口的输出抖动和漂移做出了具体的要求。通常当利用 12kHz 高通滤波器进行测试时，输出的固有抖动的均方根值（RMS）应小于等于 0.01UI。

③ 抖动和漂移转移特性

抖动和漂移转移特性和设备同步与否以及具体采用的同步方式有关。当设备未处于同步状态时，SETS 所输出的时钟信号是由设备内振荡器特性决定。这样此时的转移特性便无具体实际意义。当设备处于同步状态时，则抖动和漂移转移特性取决于 SETG 的滤波特性。而 SETG 的滤波特性又与其所采用的定时方式有关。

④ 在 AU 和 TU 指针调整中编码的漂移转移特性

在 SDH 网中，不同速率的信号将被装入不同大小的容量中，然后再将装有高速信号的容器映射进 AU，而将装有低速信号的容器映射进 TU。这其中的复用过程是由 AU 和 TU 指针处理器控制完成的。即当高阶 VC 从一个 STM-*N* 转移到另一个由不同时钟导出的 STM-*N* 之中时，AU指针需要进行处理，而当低阶VC从一个高阶VC转移到另一个由不同时钟导出的高阶VC时，需要对TU指针进行处理。从以上分析可以看出，无论何种指针进行调整，其调整的频繁程度（漂移大小）与输入信号的相位以及指针处理器缓存器内填充数据的相位差有关。而且缓存器空间越大，输入指针调整引起输出指针调整的可能性越小。

（2）PDH接口

① 输入抖动漂移容限

对于复用器类型Ⅰ.1和Ⅰ.2来讲，其输入信号为PDH信号。相对STM-*N*信号而言，尽管其速率低，但其中同样存在抖动和漂移。为了能够保证系统的正常运行，因而对以2Mbit/s为基准的准同步输入接口应符合G.823规定的要求。

② 抖动和漂移产生的原因

- 支路映射引入的抖动与漂移：当一个PDH信号欲利用SDH网进行传输时，首先需要将其装入相应速率的容器之中，再经过支路映射进STM-*N*信号中，这中间加入了空闲比特和通道开销，而在接收时，为了能够将支路信号恢复出来，则需要去掉这些塞入比特和通道开销，从而留下空隙，引入抖动和漂移。又由于来自G.703支路信号映射进容器的漂移是一种缓慢的延时变化过程，因而建议G.783规定，2Mbit/s同步器在无输入抖动和指针调整情况下的输出抖动不应超过$0.35UI_{p\text{-}p}$。
- 指针调整产生的抖动和漂移：在SDH网中，由于指针是以3字节为单位来进行调整的，因而在SDH/PDH边界处，因这种相位跃变而产生的抖动与漂移相当大。当现有准同步系统信号经过SDH网络传输时，为了使其抖动与漂移特性不会因SDH的引入而受损，因而必须尽量减小解码时因指针调整而引进的抖动和漂移。

③ 抖动和漂移转移特性

准同步设备的有关抖动转移特性只是其应满足的最低标准，可见此标准不足以保证SDH设备能够满足系统对总抖动和漂移的要求，因而应对其进行详细的研究，提出更严格的要求，具体指标参见第4章。

3.4 数字交叉连接器

3.4.1 问题的提出

在过去的电信网中，如果要对电路进行调度则是靠值机人员在人工配线架上进行操作来完成的。随着电信网的飞速发展，传输容量越来越大，传输系统种类也有所增加，这时再通过传统的人工配线架互连来调度路由，将因为它的低效率、低可靠性和高费用显得越来越不适应快速连接和再连接的要求。于是，人们就研制出了一种相当于“自动配线架”的数字交叉连接器（Digital Cross Connect equipment，DXC）。

3.4.2 DXC的基本功能

DXC的功能可列出七八种之多，下面仅就其中最基本的功能作简单的介绍。

1．电路调度功能

（1）在SDH网络所服务的范围内，当出现重要会议或重大活动等需要占用电路时，DXC可根据需要对通信网中的电路重新调配，迅速提供电路。

（2）当网络出现故障时，DXC能够迅速提供网络的重新配置。

上面的这些网络重新配置都是通过控制系统来完成的，而不像传统的PDH是由人工在人工配线架上来操作的。

2．业务的汇集和疏导功能

DXC能将同一传输方向传输过来的业务填充到同一传输方向的通道中；将不同的业务分类导入不同的传输通道中。

3．保护倒换功能

一旦SDH网络某一传输通道出现故障，DXC可对复用段、通道进行保护倒换，接入保护通道。通道层可以预先划分出优先等级，由于这种保护倒换对网络全面情况不需作了解，因此具有很快的倒换速度。

DXC除上述功能外，还有开放宽带业务、网络恢复、不完整通道段监视、测试接入等功能。

综上所述可知，DXC实质上是兼有复用、配线、保护/恢复、监测和网络管理等多种功能的一种传输设备。而且，由于DXC采用了SDH的复用方式，省去了传统的PDH DXC的背靠背复用、解复用方式，从而使DXC变得明显简单。另外，DXC的交叉连接功能实质上也可理解为是一种交换功能。当然，这与通常的交换机有许多不同的地方。具体如下所述。

3.4.3 DXC的特点及与数字交换机的区别

从DXC的基本功能可知，交叉连接网络是DXC的核心，其特点如下。

（1）信号独立性：目前现有准同步数字体系存在两大速率体系、三个地区标准，即以2Mbit/s为基准数字系列和以1.544Mbit/s为基准的数字系列。正因为SDH网络中的交叉连接网络可对任何数字系列的信号进行交叉连接，因而可以在DXC设备的接口板上观察到彼此独立的各速率接口。

（2）无阻塞：理论上将DXC能够以点对点或点对多点方式支持任意带宽的支路信号进行无阻塞的交叉连接。

（3）周期性：在每一帧（125μs）中，所有支路信号均周期性地重复出现在相应的位置上。

（4）同步性：并行输入的各支路信号彼此之间的频率相同，这样DXC设备可按字节间插方式形成高阶信号。

正是由于DXC交叉连接网络具有同步性和周期性的特点，从而使传输系统能够对任意一条通道进行定位处理。同时也可通过对不同数字体系信号的处理，使不同并行输入信号中的信息进行彼此交换。

从上面的分析可知，DXC设备具有交叉连接能力。然而普通的数字交换机具有交换功能，它们之间的区别在于DXC所交叉连接的是由多路信号构成的群信号，而且DXC远非数字交换机那样呈动态变化，基本上是保持半永久性的，并且DXC交叉连接矩阵的控制操作是在外部控制下完成的，因而增加了网络的灵活性和网络管理能力。同时 DXC 能够提供上下话路功能、网管功能以及路由选择等功能。除此之外，由于 DXC 代替了配线架和复用器，因而各个信号的定时信息必须能够从所传送的信息中提取，因此 DXC 具有定时透明性。而普通数字交换机是以一个基本话路为交换单元，因而仅需几分钟便能完成交换任务，通常可同时实现数千乃至数十万路的电话交换，并允许出现阻塞现象。在表 3-2 中详细给出了 DXC 与普通数字交换机的区别。

表 3-2　　DXC 与普通数字交换机的区别

项　目	DXC	数字交换机
交换对象	2～155Mbit/s	64kbit/s
正常保持时间	数小时至数天（半永久）	几分钟（暂时）
典型交换端口数量	16～1024	1000～100000
正常交换设计	无阻塞或低阻塞	有阻塞
交换控制嵌入	外部控制信号（OS 控制）	业务信号（用户控制）
定时透明性	具备	不具备

3.4.4 DXC 设备连接类型

DXC 设备的结构与 SDH 复用设备功能块组成基本相同，只是复用器中没有 HCS/LCS 功能块，但有时可能有 LPC/HPC 功能块。而在 DXC 设备中，必须有 LPC/HPC 功能块，并且多数情况下也存在 HCS/LCS 功能块，当然 HCS/LCS 功能块选取与否应视具体情况而定，并不是必备的。通常 DXC 设备的交叉连接类型可分为如下 5 种。

（1）单向：单向交叉连接提供单方向通过 SDH 网元的连接，并可用来传送可视信号。

（2）双向：双向交叉连接是建立双方向通过 SDH 网元的交叉连接。

（3）广播式：广播式交叉连接能把输入的 VC-n 交叉连接到多个输出端，并以 VC-n 输出。

（4）环回：将 VC-n 交叉连接到其自身的交叉连接。

（5）分离接入：终结输入 STM-N 中的 VC-n，并在输出 STM-N 中相应的 VC-n 上提供测试信号。

1. DXC 设备类型

根据 DXC 设备的应用场合，DXC 设备存在三种基本配置。在此我们仅以交叉连接类型 I 为例进行介绍。

在图 3-18（a）中给出了 DXC 类型 I 的逻辑方框图。由图可见，此设备中仅提供了高阶 VC（HOVC）的交叉连接功能。这样当由外部输入 HOVC 信号时，可在 STM-N 接口通过 TTF、HCS、HPC 功能块，在 SEMF 功能块的控制下实现交叉连接功能。当然输入的 HOVC 信号也可在 G.703 接口通过 HOI、HPC 功能块来完成交叉连接功能。

除图 3-18（a）中所示的功能块外，构成 DXC 设备时，还应包括定时系统、控制系统等。在图 3-18（b）中给出了一个 DXC 参考方框图，图中各部分的功能如下。

（1）线路接口的作用

① 完成对信号的光/电、电/光转换。

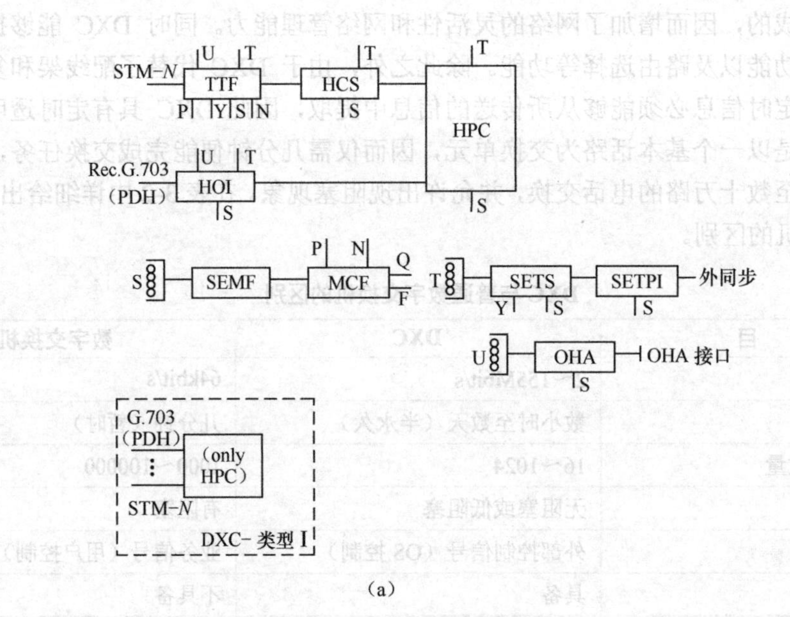

（a）

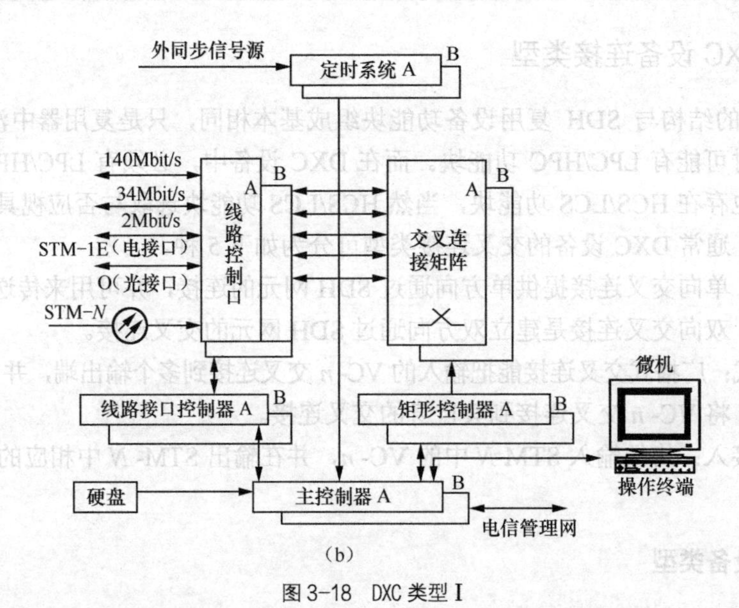

（b）

图 3-18 DXC 类型 I

② 完成对信号码速率的变换和反变换等。

③ 对 STM-N 信号分解为 VC-n 信号；对 PDH 信号则映射为 VC-n。

④ 将交叉连接矩阵输出的 VC-n，按输出端口的需要“组装”为 STM-N 信号，或去掉映射还原为 PDH 网需要的 PDH 信号。

（2）接口控制器的作用

完成采集信号，计算系统误码率等一系列功能。

（3）交叉连接矩阵的作用

完成对线路接口输出 VC-n 信号，进行无阻塞交叉连接（由此可见这是 DXC 的一个关键器件），完成交叉连接后再送回到线路接口。

（4）矩阵控制器的作用

根据主控制器来控制指令，控制交叉连接矩阵的交叉连接。

（5）主控制器

完成对接口控制器和矩阵控制器的管理，并下达由网管系统传来的控制指令等。

（6）定时系统功能

完成DXC对外信号源的同步，即能产生定时信号送到DXC的各相关部分。

根据以上结构构成的典型DXC类型Ⅰ设备是DXC4/4。其输入端口速率为140/155Mbit/s，即在VC-4级别上实现交叉连接功能。通常采用多级结构的交叉连接矩阵，其交叉连接用时小，仅几个μs。

2. DXC类型Ⅱ和类型Ⅲ的特点

DXC类型Ⅱ和类型Ⅲ与DXC类型Ⅰ的基本功能大致相同，它们之间的区别如下。

DXC类型Ⅱ仅提供低阶VC（LOVC）的交叉连接。其典型设备是DXC4/1，即可在VC-12级别上实现交叉连接功能，其输入端口速率可为140/155Mbit/s、34Mbit/s和2Mbit/s。实际上在140/155Mbit/s速率上实现交叉连接时，是对整个63个VC-12进行交叉连接。通常所使用的交叉连接矩阵多为时-空-时结构，也有采用时空混合结构的，甚至有采用结构简单、时延小的纯空分结构的，但其交叉连接矩阵的容量小。而采用时空混合方式的DXC4/1的延时较大，成本也较高。

DXC类型Ⅲ设备可为所有VC（包括HOVC和LOVC）提供交叉连接。其典型的设备是DXC4/4/1。实际上是DXC4/4和DXC4/1的功能结合体，端口速率为140/155Mbit/s、34Mbit/s和2Mbit/s。内部交叉连接既可以在VC-12层次上进行，也可以在VC-4级别上进行（此时不是在VC-12级别上同时对63个VC-12进行交叉连接）。

值得说明的是，DXC4/1和DXC4/4/1均代表不同配置的DXC设置。通常在实际设计中DXC的配置类型是用DXC *X*/*Y*来表示，其中*X*表示接口数据流的最高等级，*Y*表示参与交叉连接的最低级别。数字1～4分别表示PDH体系中的1～4次群速率，其中4也代表SDH体系中STM-1，数字5和6则分别代表SDH体系中的STM-4和STM-16。那么，DXC4/1则表示接入端口的最高速率为140Mbit/s或155Mbit/s，而交叉连接的最低级别为VC-12（2Mbit/s）的数字交叉连接设备。

3.4.5 DXC设备性能要求

DXC设备的定时、同步、误码性能要求均与复用器性能要求相同，这里就不再进行重述，下面我们着重就其转接时延、响应时间和阻塞要求进行介绍。

1. 转接时延

在SDH网络中各网元是由不同功能块组成的，当然不同功能块所构成的SDH网元具有不同的功能。当信号经过上述SDH网元中的不同功能块时，会产生不同的转接时延（TD），那么根据各功能块的功能，信号经过SDH网元的总转接时延应与指针处理、固定填充处理（SON或PON开销填充）、连接处理以及映射和去映射处理等因素有关。

2．响应时间

如图 3-19 所示，所谓响应时间是指从 Q 接口获得相关信息开始直到实际 NNI 传送信息发生变化为止的这一段时间。它包括矩阵建立时延和消息处理时延。其中矩阵建立时延是指从 SEMF 内产生原语到 NNI 的传送信息发生变化的这段时间。而消息处理时延是指从消息进入 Q 接口开始到 SEMF 产生原语为止的这段时间。

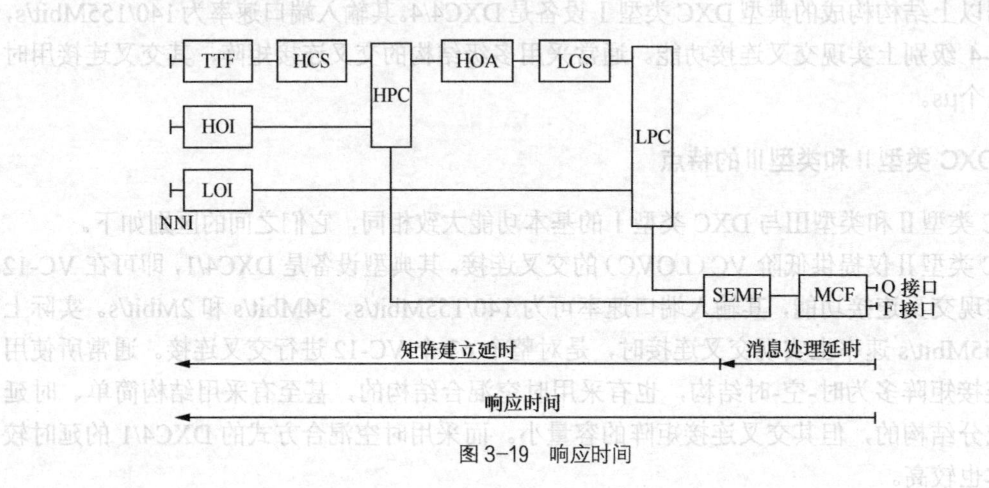

图 3-19 响应时间

3．阻塞

交叉连接设备的阻塞是指设备中已有连接情况下再建立新的交叉连接时的受阻程度。一般用阻塞系数表示，即一个特定的连接请求不能满足的概率来表示交叉连接设备的阻塞系数。由于一个 DXC 设备在进行交叉连接时的信息速率较大（话路数较大），因而理想情况下 DXC 设备应在无阻塞条件下（即阻塞系数为 0）工作，但有时为简化设计、降低设备成本，也允许有一个很低的阻塞系数。

小结

本章从 SDH 逻辑功能块的功能入手，详细讲述了 SDH 网络中所使用的复用器、数字交叉连接设备和再生器等设备的类型、结构、功能和性能要求。

1．SDH 逻辑功能块——基本功能块

它是用来完成 SDH 的映射、复用、交叉连接功能的模块（包括 SDH 物理接口功能；再生段、复用段终端功能；低阶、高阶通道终端功能；复用段保护功能；复用段、高阶通道、低阶通道适配功能；低阶、高阶通道连接功能；PDH 物理接口；高阶、低阶连接监控功能块）。

2．SDH 逻辑功能块——复合功能块

它包括两类，即适配功能和监控功能。

3．SDH 逻辑功能块——辅助功能块

用它来完成数据的同步复用功能以及定时、开销和管理功能（包括同步设备管理功能、消息通信功能块、同步设备定时源、同步设备定时物理接口、开销接入功能）。

4. 再生器

再生器的功能：再生器是仅对光波进行放大、整形的设备，它不具备复用功能，是最简单的一种设备。

再生器结构：主要由SDH物理接口、再生段终端和开销接入功能块构成。

5. 终端复用器

终端复用器（TM）能够一次完成复用功能，并同时进行电.光转换，然后将其送入光纤。

终端复用器的种类包括复用器Ⅰ.1和复用器Ⅰ.2。

6. 分插复用器

分插复用器（ADM）具有能够在不需要对信号进行解复用和完全终结STM-*N*情况下经G.703接口接入各种准同步信号的能力。

7. 复用器的抖动和漂移性能

抖动与漂移的概念：在数字信号传输过程中，脉冲在时间间隔上不再是等间隔的，而是随机的，这种变化关系可以用频率来描述，当频率 $f>10\text{Hz}$ 时的随机变化便称为抖动，反之称为漂移。

抖动的描述：可以用时间、相位、数字周期来表示。现在多数情况是用数字周期来表示。即一个码元的时隙为一个单位间隔，或者说一个比特传输信息所占的时间，通常用符号UI（Unit Interval）来表示。

8. 数字交叉连接设备

DXC的基本功能：包括电路调度功能、业务的汇集和疏导功能和保护倒换功能。

DXC设备的特点及与数字交换机的区别。

DXC的结构：包括线路接口；接口控制器；交叉连接矩阵；矩阵控制器；主控制器；定时系统。

DXC设备性能要求：DXC设备的定时、同步、误码性能要求（均与复用器性能要求相同），转接时延、响应时间和阻塞要求。

复习题

1. 请简要说明再生段终端功能块和复用段终端功能块的功能，并指出它们之间的不同之处。
2. 请简述同步设备管理功能块的功能。
3. 画出再生器的逻辑功能图。
4. 画出复用器Ⅰ.1的逻辑功能图。
5. 请简要说明分插复用器与数字交叉连接设备在功能上所存在的不同。
6. 什么叫抖动？什么叫漂移？
7. 请画出数字交叉连接设备的逻辑功能图。
8. 请叙述阻塞系数的定义。

第4章 SDH光传输系统

前面已经介绍了SDH的概念、帧结构和SDH设备，而构成一个SDH光通信系统还需考虑很多与系统设计相关的性能问题。本章首先介绍了点到点链状和环路光线路系统结构，然后对SDH线路性能和网络性能进行了详细的分析。

4.1 系统结构

在SDH光缆线路系统中可以采用多种结构，如点到点系统、点到多点系统以及环路系统等，其中，点到点链状系统和环路系统是使用最为广泛的基本线路系统。下面仅着重介绍这两种线路系统。

图4-1（a）所示为典型的点到点链状线路系统。从图中可以看出，点到点链路线路是由具有复用和光接口功能的线路终端、中继器和光缆传输线构成的，其中，中继器可以采用目前常见的光-电-光再生器，也可以使用掺铒光纤放大器EDFA，在光路上完成放大功能。另外，在此系统中，既可以构成单向系统，又可以构成双向系统。

图4-1（b）所示为环路系统，系统中可选用分插复用器（ADM），也可以选用交叉连接设备来作为节点设备，它们的区别在于后者具有交叉连接功能，它是一种集复用、自动配线、保护/恢复、监控和网管等功能为一体的传输设备，可以在外接操作系统或电信管理网络（TMN）设备的控制下，对多个电路组成的电路群进行交叉连接，因此其成本很高，故通常用在线路交汇处。

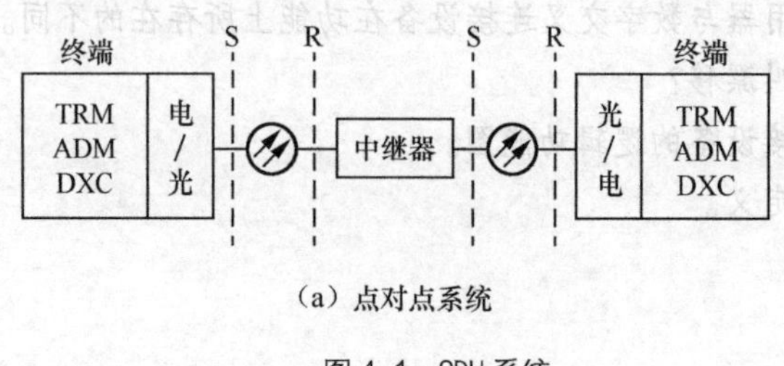

（a）点对点系统

图4-1　SDH系统

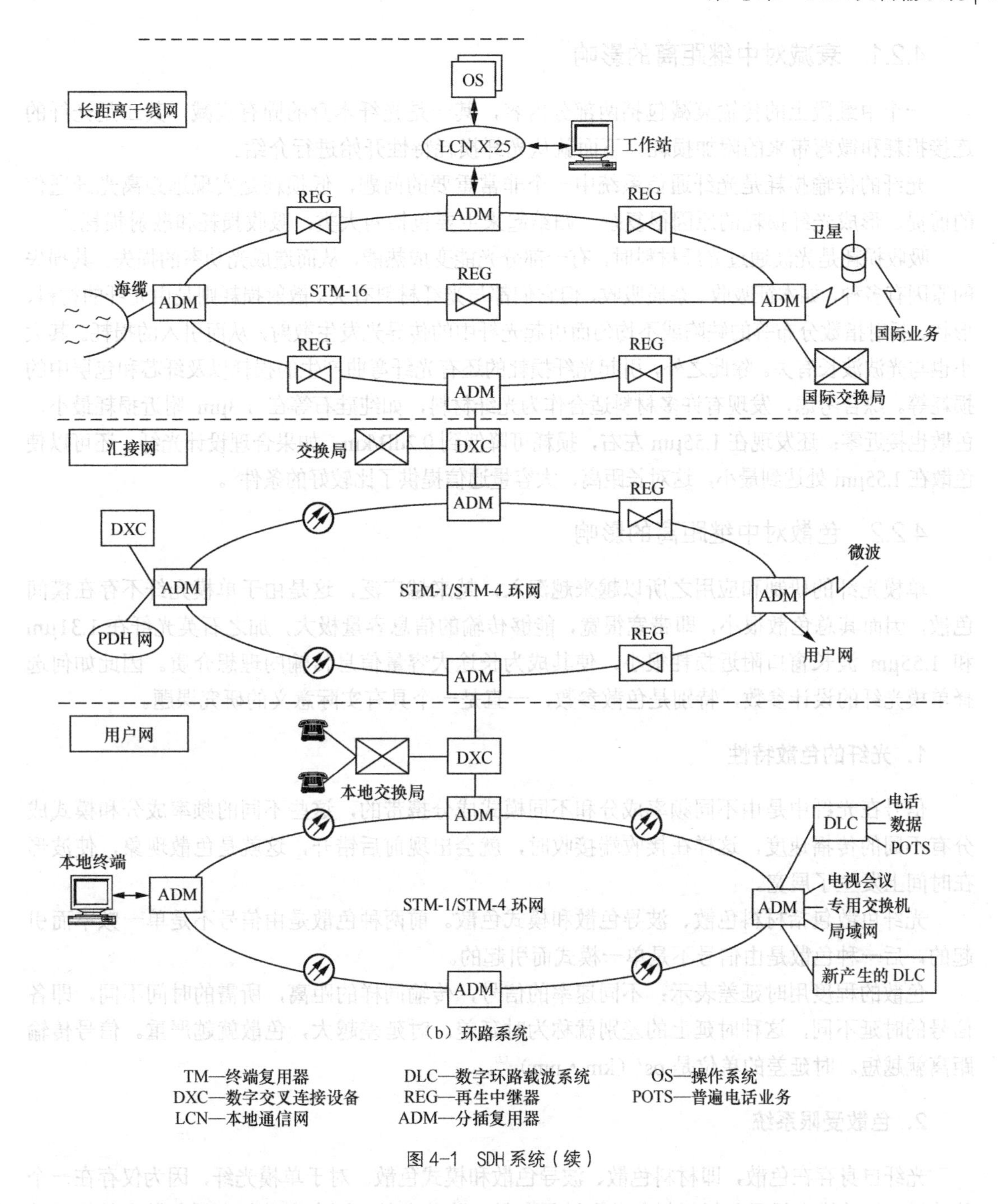

图 4-1　SDH 系统（续）

4.2　衰减与色散对中继距离的影响

在光纤通信系统中，光纤线路的传输性能主要体现在其衰减特性和色散特性上。而这恰恰是在光纤通信系统的中继距离设计中所需考虑的两个因素。后者直接与传输速率有关，在高速率传输情况下甚至成为决定因素，因此在高比特率系统的设计过程中，两个因素的影响都必须考虑。

4.2.1 衰减对中继距离的影响

一个中继段上的传输衰减包括两部分内容，其一是光纤本身的固有衰减，其二是光纤的连接损耗和微弯带来的附加损耗。下面就从光纤损耗特性开始进行介绍。

光纤的传输损耗是光纤通信系统中一个非常重要的问题，低损耗是实现远距离光纤通信的前提。形成光纤损耗的原因很复杂，归结起来主要包括两大类：吸收损耗和散射损耗。

吸收损耗是光波通过光纤材料时，有一部分光能变成热能，从而造成光功率的损失。其损失的原因有多种，如本征吸收、杂质吸收，但它们都与光纤材料有关。散射损耗则是由光纤的材料、形状、折射指数分布等的缺陷或不均匀而引起光纤中的传导光发生散射，从而引入的损耗。其大小也与光波波长有关。除此之外，引起光纤损耗的还有光纤弯曲产生的损耗以及纤芯和包层中的损耗等。综合考虑，发现有许多材料适合作为光纤材料，如纯硅石等在 1.3μm 附近损耗最小，色散也接近零；还发现在 1.55μm 左右，损耗可降低到 0.2dB/km；如果合理设计光纤，还可以使色散在 1.55μm 处达到最小，这对长距离、大容量通信提供了比较好的条件①。

4.2.2 色散对中继距离的影响

单模光纤的研制和应用之所以越来越深入，越来越广泛，这是由于单模光纤不存在模间色散，因而其总色散很小，即带宽很宽，能够传输的信息容量极大，加之石英光纤在 1.31μm 和 1.55μm 波长窗口附近损耗很小，使其成为长途大容量信息传输的理想介质。因此如何选择单模光纤的设计参数，特别是色散参数，一直是一个具有实际意义的研究课题。

1．光纤的色散特性

信号在光纤中是由不同频率成分和不同模式成分携带的，这些不同的频率成分和模式成分有不同的传播速度，这样在接收端接收时，就会出现前后错开，这就是色散现象，使波形在时间上发生了展宽。

光纤色散包括材料色散、波导色散和模式色散。前两种色散是由信号不是单一频率而引起的，后一种色散是由信号不是单一模式而引起的。

色散的程度用时延差表示：不同速率的信号，传输同样的距离，所需的时间不同，即各信号的时延不同，这种时延上的差别就称为时延差。时延差越大，色散就越严重。信号传输距离就越短。时延差的单位是 ps/（km・nm）②。

2．色散受限系统

光纤自身存在色散，即材料色散、波导色散和模式色散。对于单模光纤，因为仅存在一个传输模，故单模光纤只包括材料色散和波导色散。除此之外，还存在着与光纤色散有关的种种因素，会使系统性能参数出现恶化，如误码率、衰减常数变坏，其中比较重要的有 3 类：码间干扰、模分配噪声、啁啾声。在此，重点讨论由这 3 种因素造成的对系统中继距离的限制。

（1）码间干扰对中继距离的影响。由于激光器所发出的光波是由许多根线谱构成的，而

---

① 光纤通信是工作在近红外区，即波长范围为 0.8～1.8μm.

② 即为 1nm 的光源，通过 1km 长的光纤时所引起的时延差。其中 $1ps=10^{-12}s;1nm=10^{-9}m;1km=10^{3}m.$

每根线谱所产生的相同波形在光纤中传输时，其传输速率不同，使得所经历的色散不同，而前后错开，使合成的波形不同于单根线谱的波形，导致所传输的光脉冲的宽度展宽，出现“拖尾”，因而造成相邻两光脉冲之间的相互干扰，这种现象就是码间干扰。

分析显示，传输距离与码速、光纤的色散系数以及光源的谱宽成反比，即系统的传输速率越高，光纤的色散系数越大，光源谱宽越宽。为了保证一定传输质量，系统信号所能传输的中继距离也就越短。

（2）模分配噪声对中继距离的影响。如果数字系统的码速率尚不是超高速，并且在单模光纤的色散可忽略的情况下，不会发生模分配噪声。但随着技术的不断发展，要想更进一步地充分发挥单模光纤大容量的特点，提高传输码速率便提到议事日程，随之要面对的问题便是模分配噪声了。

在高速调制下激光器的谱线和单模光纤的色散相互作用，产生了一种叫模分配噪声的现象，它限制了通信距离和容量. 但为什么激光器的谱线和单模光纤的色散相互结合会产生模分配噪声呢？要回答这一问题，首先要从激光器的谱线特性谈起。

① 激光器的谱线特性：当普通激光器工作在直流或低码速情况下，它具有良好的单纵模（单频）谱线，如图 4-2（a）所示。这样当此单纵模耦合到单模光纤中之后，便会激发出传输模，从而完成信号的传输. 然而在高码速（如 565Mbit/s）调制情况下，其谱线呈现多纵模（多频）谱线，如图 4-2（b）所示。从图 4-3 可以看出，各谱线功率的总和是一定的，但每根谱线的功率是随机的，即各谱线的能量随机分配。可想而知，由这样多个能量随机分配的谱线，在光纤中各自激励其传输模之后会形成何等局面。

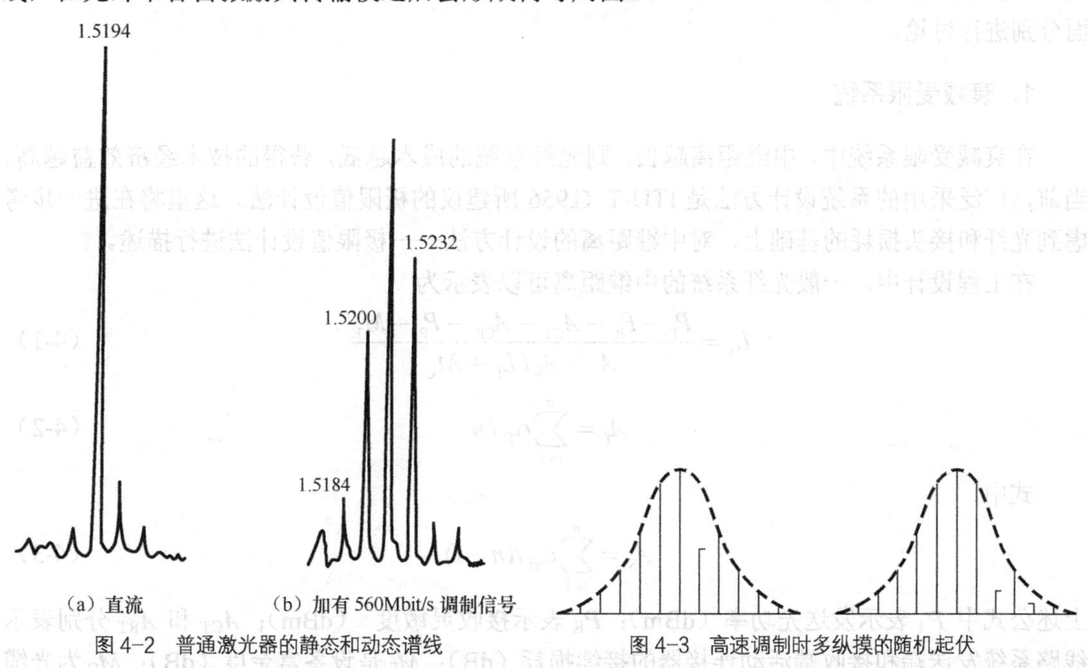

图 4-2 普通激光器的静态和动态谱线

图 4-3 高速调制时多纵摸的随机起伏

② 模分配噪声的产生及影响：因为单模光纤具有色散，所以激光器的各谱线（各频率分量）经过长光纤传输之后，产生不同的时延，在接收端造成了脉冲展宽。又因为各谱线的功率呈随机分布，因此当它们经过上述光纤传输后，在接收端取样点得到的取样信号就会有强度起伏，引入了附加噪声，这种噪声就称为模分配噪声。由此可见，模分配噪声是在发送端

的光源和传输介质光纤中形成的噪声，而不是接收端产生的噪声，故在接收端是无法消除或减弱的。这样当随机变化的模分配噪声叠加在传输信号上时，会使之发生畸变，严重时，使判决出现困难，造成误码，从而限制了传输距离。

（3）啁啾声对中继距离的影响。模分配噪声的产生是由于激光器的多纵模性造成的，因而人们提出使用新型的单纵模激光器，以克服模分配噪声的影响，但随之又出现了新的问题。

对于处于直接强度调制状态下的单纵模激光器，其载流子密度的变化是随注入电流的变化而变化。这样使有源区的折射率指数发生变化，从而导致激光器谐振腔的光通路长度相应变化，结果致使振荡波长随时间偏移，这就是所谓的频率啁啾现象。因为这种时间偏移是随机的，因而当受上述影响的光脉冲经过光纤后，在光纤色散的作用下，可以使光脉冲波形发生展宽，因此接收取样点所接收的信号中就会存在随机成分，这就是一种噪声——啁啾声。严重时会造成判决困难，给单模数字光通信系统带来损伤，从而限制传输距离。

由上述分析可知，由于啁啾声的产生源于单纵模激光器在高速调制下其载流子导致折射率的变化，这样即使采用量子阱结构设计，也只能尽量减小这种折射率的变化，即减小啁啾声的影响，因而在高速率的光纤通信系统中，都采用量子阱结构的DFB半导体激光器，若要彻底消除啁啾声的影响，则只能使系统工作于外调制状态，这样LD便工作于直流情况。

4.2.3 最大中继距离的计算

中继距离是光纤通信系统设计的一项主要任务，在中继距离的设计中应考虑衰减和色散这两个限制因素。特别是后者，它与传输速率有关，高速传输情况下甚至成为决定因素。下面分别进行讨论。

1. 衰减受限系统

在衰减受限系统中，中继距离越长，则光纤系统的成本越低，获得的技术经济效益越高。当前，广泛采用的系统设计方法是ITU-T G.956所建议的极限值设计法。这里将在进一步考虑到光纤和接头损耗的基础上，对中继距离的设计方法——极限值设计法进行描述。

在工程设计中，一般光纤系统的中继距离可以表示为

$$L_{\alpha}=\frac{P_{\mathrm{T}}-P_{\mathrm{R}}-A_{\mathrm{CT}}-A_{\mathrm{CR}}-P_{\mathrm{P}}-M_{\mathrm{E}}}{A_{\mathrm{f}}+A_{\mathrm{S}}/L_{\mathrm{f}}+M_{\mathrm{C}}} \tag{4-1}$$

$$A_{\mathrm{f}}=\sum_{i=1}^{n}\alpha_{\mathrm{f}i}/n \tag{4-2}$$

式中

$$A_{\mathrm{S}}=\sum_{i=1}^{n}\alpha_{si}/(n-1) \tag{4-3}$$

上述公式中 P_{T} 表示发送光功率（dBm）；P_{R} 表示接收灵敏度[①]（dBm）；A_{CT} 和 A_{RT} 分别表示线路系统发送端和接收端活动连接器的接续损耗（dB）；M_{E} 是设备富余度（dB）；M_{C} 为光缆富余度（dB/km）；L_{f} 为单盘光缆长度（km）；n 为中继段内所用光缆的盘数；$\alpha_{\mathrm{f}i}$ 为单盘光缆

① 接收灵敏度是指系统满足一定误码率指标的条件下接收机所允许的最小光功率。详细内容可见本章后续的介绍。

的衰减系数（dB/km）；A_f 为中继段的平均光缆衰减系数（dB/km）；α_{si} 为光纤各个接头的损耗（dB）；A_S 为中继段平均接头损耗（dB）；P_P 为光通道功率代价（dB），包括反射功率代价 P_r 和色散功率代价 P_d，其中色散功率功率代价 P_d 是由码间干扰、模分配噪声和啁啾声所引起的色散代价（dB）（功率损耗），通常应小于 1dB。

从以上分析和计算可以看出，这种设计方法仅考虑现场光功率概算参数值的最坏值，而忽略其实际分布，因而使设计出的中继距离过于保守，即其距离过短，不能充分发挥光纤系统的优越性。事实上，光纤系统的各项参数值的离散性很大，若能充分利用其统计分布特性，则有可能更有效地设计出光纤系统的中继距离。这就是近几年来出现的一种提高光纤系统效益，加长中继距离的新设计方法——统计法。但是，目前还处于研究、探讨阶段，在此就不再介绍。

2. 色散受限系统

在光纤通信系统中，如果使用不同类型的光源，则由光纤色散对系统的影响各不相同。

（1）多纵模激光器（MLM）。就目前的速率系统而言，通常光缆线路的中继距离用下式确定，即

$$L_D = \frac{\varepsilon \times 10^6}{B \times \Delta\lambda \times D} \tag{4-4}$$

式中，L_D 为传输距离（km）；B 为线路码速率（Mbit/s）；D 为色散系数（ps/km・nm）；$\Delta\lambda$ 为光源谱线宽度（nm）；ε 为与色散代价有关的系数。

其中 ε 由系统中所选用的光源类型来决定，若采用多纵模激光器，因而具有码间干扰和模分配噪声两种色散机理，故取 ε=0.115。

（2）单纵模激光器（SLM）。单纵模激光器的色散代价主要是由啁啾声决定的，其中继距离计算公式为

$$L_C = \frac{71400}{\alpha \cdot D \cdot \lambda^2 \cdot B^2} \tag{4-5}$$

式中，α 为频率啁啾系数（在后面详细介绍）。当采用普通 DFB 激光器作为系统光源时，α 取值范围为 4～6；当采用新型的量子阱激光器时，α 值可降低为 2～4；而对于采用电吸收外调制器的激光器模块的系统来说，α 值还可进一步降低为 0～1。同样 B 仍为线路码速率，但量纲为 Tbit/s。

对于某一传输速率的系统而言，在考虑上述两个因素同时，根据不同性质的光源，利用式（4-1）和式（4-4）或式（4-5）分别计算出两个中继距离 L_α、L_D（或 L_C），然后取其较短的作为该传输速率情况下系统的实际可达中继距离。

例 4-1 若一个 622Mbit/s 单模光缆通信系统，其系统总体要求如下。

系统中采用 InGaAs 隐埋异质结构多纵模激光器，其阈值电流小于 50mA，标称波长 λ_1=1310nm，波长变化范围：λ_{tmin}=1295nm，λ_{tmax}=1325nm。光脉冲谱线宽度 $\Delta\lambda_{max} \leqslant$ 2nm。发送光功率 P_T=2dBm。如用高性能的 PIN-FET 组件，可在 BER=1×10^{-10} 条件下得到接收灵敏度 P_R=-30dBm，动态范围 $D \geqslant$ 20dB。

那么考虑采用直埋方式情况下，光缆工作环境温度范围为 0～26℃时，计算最大中继

距离。

解：

（1）衰减的影响

若考虑光通道功率代价 P_P =1dB，光连接器衰减 A_C=1dB（发送和接收端各一个），光纤接头损耗 A_S=0.1dB/km，光纤固有损耗 α=0.28dB/km，取 M_E=3.2dB，M_C=0.1dB/km，则由式（4-1）得

$$L_\alpha = \frac{P_T - P_R - 2A_C - P_P - M_E}{A_f + A_s + M_C} = \frac{2+30-2-1-3.2}{0.28+0.1+0.1} = 53.75\text{km}$$

（2）色散的影响

利用式（4-4），并取光纤色散系数 $D \leqslant 2$ps/（km·nm）

$$L_D = \frac{\varepsilon \times 10^6}{B \times \Delta\lambda \times D} = \frac{0.115 \times 10^6}{622.080 \times 2 \times 2} = 46\text{km}$$

由上述计算可以看出，中继段距离只能小于46km，对于大于46km的线段，可采用加接转站的方法解决。

4.3 高速长距离光传输系统

SDH 传送信号是以 155.520Mbit/s（STM-1）为基本速率，并且四个彼此同步的 STM-1 信号可按字节间插方式复接成一个 STM-4（622.080Mbit/s），而四个彼此同步的 STM-4 信号又可以复用成一个 STM-16（2.5Gbit/s）……由此可见，信号的速率等级每上一个台阶，其传输速率将提高 4 倍，同时又使传输每比特的成本降低 30%～40%。目前实用的高速 SDH 光纤通信系统的传输速率已达 40Gbit/s（STM-256），正向 100Gbit/s 跨进，并酝酿下一代的超 100Gbit/s 光纤通信系统。目前 100Gbit/s 光传输方案一般采用的是相干接收 PM-QPSK 技术，因此系统的传输特性也将与常规系统的特性不同，据资料显示，除光纤色散、光源频率啁啾之外，光纤非线性限制、光纤极化模色散（PMD）都直接对 10Gbit/s 速率以上系统的中继距离构成影响。

4.3.1 传输通道特性

1．光信噪比

光信噪比（OSNR）是指光在链路传播过程中光信号与光噪声的功率强度之比。通常只有接收光信号的 OSNR 大于某阈值时，接收机才能有效地将承载信息与噪声区分开来，保证通信质量。需要说明的是，在采用强度调制的光纤通信系统中，OSNR 是检验光信息是否能够正常接收和检验的充要条件。而在采用相位调制的光纤通信系统中，除了要求满足 OSNR 的必要条件外，还必须考虑非线性噪声的影响。

2．色散

根据引起单模光纤的色散的不同机理，色散可以分为色度色散（CD）和偏振模色散（PMD）。

色度色散是指具有一定谱线宽度的光脉冲因介质材料的折射系数以及芯覆层结构的频率相关性所导致的传播时延差异。由于光纤制作工艺的非均匀轴对称结构以及外部应力所引起的双折射系数会引起单模光纤中的两正交光场的传播时延出现一定的差异，即差分群时延（DGD），从而导致光脉冲能量在时间上发散，这种现象被称为偏振模色散。通常随着时间、温度、波长以及外部环境的变化，PMD也会变化，因此一般所说的PMD值是指差分群时延的归一化统计平均值。而随着系统传输速率的提高，高阶偏振模色散的影响更加突出，其中二阶偏振模色散的方差与四倍的PMD成正比。

3．光纤非线性

当入射光功率大到一定程度时，光脉冲信号沿光纤传输过程中因CD、PMD以及ASE的相互作用，会产生各种非线性效应。如果不加以限制，这些非线性效应会影响系统的性能和限制再生中继距离。光纤的非线性可分为受激散射和非线性折射引起的效应两大类。受激散射包括受激布里渊散射（SBS）和受激拉曼散射（SRS）。非线性折射引起的非线性效应，主要有自相位调制（SPM）、交叉相位调制（XPM）和四波混频（FWM）。非线性效应是一种复杂过程，现阶段还没有有效的补偿方法，但通过降低信号的发送功率、改善传输介质（如采用大有效面积光纤）或者利用色散效应，都能够对非线性效应达到一定程度的抑制。采用特殊的码型调制技术，也可有效地提高光脉冲抵御非线性影响的能力，增加非线性受限传输距离。

4.3.2 高速光传输系统

与传统的光纤通信系统相比，要实现高速数据传输，光纤传输系统需要从复用、调制、编码、均衡以及线路等方面入手，提高光传输性能。

1．码型调制技术

调制是指将数字信号映射到适合光传输的载波信号上的过程。通常对载波信号的描述可以采用不同的参数维度，但从提高频谱效率和传输速率的角度来看，可采用强度、相位、偏振态，如图4-4所示。这样在一个符号上可承载多个比特的信息，从而可以有效地提高频谱利用率、减小基带带宽及与之相关的色度色散和偏振模色散，进而降低传输通道和光电器件对带宽的要求。需要指出的是，尽管采用多维度、多进制调制降低了系统的数据传输速率，提高了信道损伤容忍能力，可获得较好的光滤波容限，但多级调制会减小星座图上各星座符号之间的距离，使OSNR灵敏度和非线性容忍能力下降，因此需要根据实际需求，在频谱利用率和OSNR灵敏度以及非线性容忍能力之间寻求平衡。

在光传输链路设计过程中，传输光信号格式的选择是一项非常重要的内容。目前在高速光纤通信系统中，存在许多可供选择的编码格式，大致分为两大类：不归零码（NRZ）和归零码（RZ）。其中RZ编码主要包括RZ（常规RZ）、CRZ（啁啾RZ码）、CS-RZ（载波抑制

RZ）、D-RZ（双二进制 RZ 码）等。

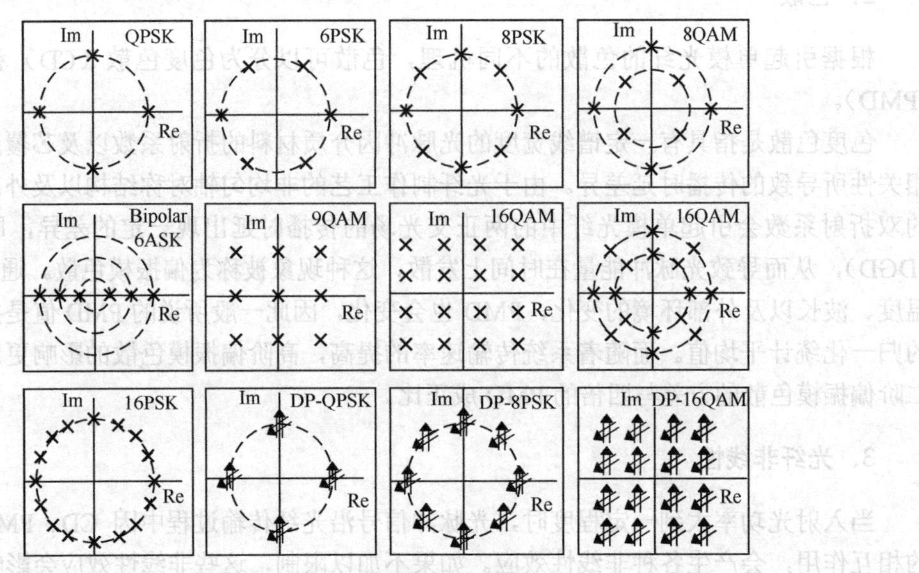

图 4-4　多维度多级调制星座图

从技术层面上分析，10Gbit/s 以下的 SDH 系统中常使用 NRZ 调制编码格式，这种码型设计简单，调制解调器的成本低。对于低速、短距离光纤通信系统而言，实现简单、技术成熟、频谱效率高，主要受衰减和色散因素的限制。但在光域使用 NRZ 码型时，光信号的平均功率电平高于 RZ 编码，这使得其更易受到非线性的影响，因此大容量，如 40Gbit/s 和超长距离的光纤通信系统中不适合使用 NRZ 编码。

在相同接收光功率条件下，RZ 误码性能更好，一般能够提供 3dB 的 OSNR 容限改善。另外，由于 RZ 码的比特图形相关效应较弱，因此对 SPM 具有更好的免疫能力；更窄的时域脉冲也能减少 PMD 效应。但其光谱分布要大于 NRZ 编码，因此采用 RZ 码传输，系统要求提供更为复杂的色散管理。为了进一步提高 RZ 的传输性能，近来研究人员提出了 CS-RZ、CRZ 等编码。

由于 CRZ 具有一定的脉冲压缩能力，能容忍更高的 PMD 值，而且能够缓解信号在光纤中的非线性交互作用，因此受到广泛的关注。相对 NRZ 而言，RZ 的脉冲宽度更窄，需要采用速度更快的、功率更大的发送和接收端机，并能够掌握和控制光脉冲幅度的细微变化，以及能利用光滤波技术获得同步的幅度和相位调制以满足信号高速传输的要求。CS-RZ 也是一种压缩频谱编码，其具有更大的色散容限，因此在大容量、超长距离的系统试验中得到应用。不同类型的 RZ 码的编码方式不同，因而其实现起来的难易程度也不同。在实际运用中需要根据传输性能的要求、实现的难易程度及性价比来选择适合的方法。

2．检测技术

根据发射端所采用的调制技术不同，接收端可采用直接检测或相干检测技术。在传统的光纤通信系统中，接收机中所采用的是光电二极管，这是一种仅对光强敏感的光器件，因此直接检波主要适用于采用强度调制的系统中。而在采用相位调制方式的系统中，需要采用相干方式将相位调制信息转化为光强调制，才能利用光电二极管进行信号检测。

相干检波可分为无需参考光源的自相干检波和需要本振参考光源的相干检波，如图 4-5 所示。前者通常采用延时线干涉仪使相邻两个光信号产生干涉，将它们的相位变化信息转换为光强调制信息。而后者则利用接收信号与本振信号所产生的干涉，将所接收的信号映射到本振光源所构建的参考坐标系中，即将光学信号的属性（偏振态、幅度、相位）映射到电域，可获得任意光调制格式的信息。

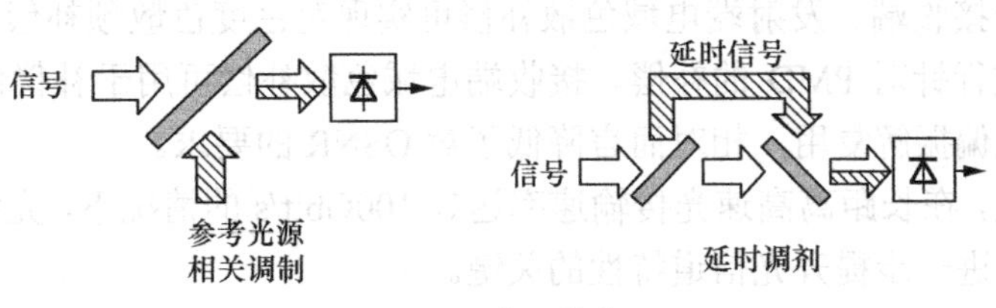

图 4-5　相干接收

3．复用技术

对于一个单模通信光纤而言，可以从偏振态和频率入手进行复用，以达到提高系统的通信容量或降低系统的传输波特率的目的。

光信号在单模光纤传输过程中，主模的两个偏振态是彼此正交的。偏振复用可将光信号的传输波特率降低为未采用偏振复用前的一半，进而提高频谱利用率和 CD、PMD 容忍度。影响偏振复用效果的因素主要包括自偏振相关损耗（PDL）、PMD 和 XPM，因此对（PDL）、PMD 和 XPM 的有效控制直接决定偏振复用系统的性能。

光正交频分复用（OFDM）技术充分利用波长通道和子载波之间的频率间隔，使中心频率间隔为 $1/T$ 整数倍的光脉冲信号在时域和频域具有正交性，可将一个宽带光载波信道分为若干个相互正交的窄带子载波信道，这样高速光信号可经过串并转换利用这些彼此正交的子载波分别进行编码调制，从而实现复用传输，有效地提高频谱资源的利用率。OFDM 根据检测方式的不同可分为相干检测（CO-OFDM）和直接检测（DDO-OFDM）两种，其中前者兼具相干检测和正交频分复用的优点，具备良好的频谱效率、接收机灵敏度和偏振模色散容忍能力，但其实现复杂度要高于 DDO-OFDM。需要说明的是，OFDM 系统对高峰均功率比（PAPR）和相位、频率噪声极其敏感。在 OFDM 系统中，光信号的 PAPR 通常是随子载波数量的增加而增大，使光信号传输过程中的非线性效应的影响更加突显，引起较大的非线性相位噪声，所以应加以关注。

4．信道均衡和色散补偿

信道均衡的目的是使光信号在光通道监测点处的信号属性符合既定的技术指标，使接收机能够正确地进行信号接收。针对光传输通道的特性，信道均衡的内容包括光功率均衡、色散补偿、PMD 补偿、非线性补偿等。就实现手段而言，信道均衡可以分别在时域和频域上实现。例如，利用光放大器对光传输通道所引入的衰减加以补偿，利用色散补偿光纤（DCF）进行的色散补偿均属于信道均衡。

从理论上讲，要求色散补偿模块具有插入损耗低、非线性效应小、频带宽、体积小、成本低等特点。但目前常用的色散补偿光纤（DCF）仅满足宽带和低功耗的要求，其纤芯所引起的非线性效应对相位调制噪声影响严重。而啁啾光纤布鲁格光栅（FBG）色散补偿器件的损耗小、体积小、非线性效应小，但其幅频曲线不够平坦，且相频曲线呈现非线性，故目前还没有实现大规模的商用。

电域色散补偿（EDC）是在光电转换后利用滤波等信号处理技术来实现信号的恢复，其成本低、体积小、自适应能力强，可有效地提高各种信道损伤容限。电域色散补偿可以置于发射端，也可置于接收端。发射端电域色散补偿可实现对色度色散预补偿和通道内非线性损伤补偿，但无法进行针对 PMD 的补偿。接收端电域色散补偿可用于补偿色度色散、PMD、非线性损伤，实现偏振解复用，相对而言降低了对 OSNR 的要求。

需要指出的是，在长距离高速光传输速率达到 100Gbit/s 的情况下，光纤非线性抑制和补偿是决定是否能够进一步提升光信道特性的关键。

4.3.3 超长距离光传输系统中的光放大技术

1. 光放大器综述

在光纤通信系统中，影响最大中继距离的两个重要传输特性是光纤线路上的损耗和色散。为了保证长途光缆干线上传输质量的可靠性，就需要在线路适当位置设立中继站。光缆干线上的中继站的形式主要有两种，其中一种是光/电/光转换形式的中继站，这种中继站将已衰减和产生畸变的光信号转变为电信号，经过放大、再生后恢复为原来信号的形状和幅度，然后再转换为光纤信号继续传输。这种形式的中继器设备结构比较复杂，系统的可靠性不高，尤其在 WDM 系统中问题更加突出，因此，这种中继站方式已不能满足现代通信传输的发展要求。因此人们经过多年的探索，直接在光路上对信号进行放大的光放大器能够使系统从上述尴尬的局面中解脱出来。使用光放大器，可以提高信号发射功率和补偿传输中的功率损失，达到延长无电中继传输距离的目的，进而大大简化系统结构，降低系统成本。另外，光放大器能同时放大多路高速 WDM 信号，实现宽带大容量的光中继。

（1）光放大器的分类

光放大器主要包括半导体光放大器和光纤放大器两大类。

半导体光放大器（SOA）是由半导体材料制成的，它能适合不同波长的光放大。半导体光放大器存在的主要问题是与光纤的耦合损耗比较大，放大器的增益受偏振影响较大，再生及串扰较大。以上缺点使其作为在线放大器使用受到了限制。

光纤放大器又包括两种。一种是非线性光纤放大器，它是利用强光源对光纤进行激发，使光纤产生非线性效应而出现拉曼散射①，这样信号在这种受激发的一段光纤的传输过程中得到放大。此类光放大器包括拉曼光纤放大器（FRA）和布里渊光纤放大器（FBA）。另一种光纤放大器是掺铒光纤放大器（EDFA），铒（Er）是一种稀土元素，将它注入纤芯中，即形成了一种特殊光纤，它在泵浦光源的作用下可直接对某一波长的光信号进行放大，因此称为掺铒光纤放大器。目前在通信中使用最为广泛的是 EDFA，由于技术成熟、性能稳定可靠，因此 EDFA 适用于各种线性放大的场合，如需要补偿信号功率损失和提高信号发射功率的场合；FRA 噪声特性好、增益带宽宽，但泵浦效率较低且成本较高，因此主要应用于长距离、

① 张熙. 光纤通信技术词典. 上海：上海交大出版社，1990

超长距离干线传输中。可见，不同的工作机理和工作介质导致光放大器的特性差别较大。

（2）超长距离光纤传输系统对放大器的要求

超长距离光纤传输系统对放大器有特殊的要求，即低噪声特性、高增益和大输出功率、平坦宽带增益特性等。

① 低噪声特性。光放大器在对某波长的光信号进行放大的同时，也为系统引入了自发辐射噪声，而且自发辐射噪声在经历光增益区时会得到进一步的放大，从而形成放大的自发辐射噪声（ASE），导致光信噪比降低。在长距离传输系统中，ASE 噪声的积累非常严重，限制了总的传输距离，因此必须减少光放大器的 ASE 噪声。

② 高增益和大输出功率。功率增益是指输出光功率与输入光功率之比。它表示光放大器的放大能力。具有高增益特性的光放大器允许较低的输入信号功率，可见有利于小信号功率接收，并能获得大的输出功率，使信号传输得更远，同时能够在大功率条件下完成如脉冲压缩等的各种信号处理操作。通常用小信号增益和输出功率来衡量光放大器的增益和输出功率特性。

小信号增益是指小信号功率条件下所对应的放大器增益，小信号功率范围通常是以放大器增益基本不随信号功率变化而变化来界定的，一般为小于-20dBm。放大器的小信号增益与放大器介质、工作机理和泵浦等条件有关，EDFA 的小信号增益可达 40dB 以上，分布式 FRA 大约 20dB，而分立式 FRA 可达 30dB 以上。

饱和输出功率是指当放大器增益随输入信号功率增加而降低到小信号增益一半时所对应的输出功率。通常 EDFA 的饱和输出功率可达 20dBm 以上，FRA 可以达到 30dBm。

③ 宽带平坦增益特性。随着传输容量需求的不断增加，在实用系统中是通过增加信道数量来达到扩展带宽的目的，这就要求放大器有足够的带宽，而且具有平坦增益特性以保证各个信道功率等参数的一致，否则增益较大的信道输出功率较大，再经过之后的多级放大后，会出现“强者更强”的积累现象，使小增益信道因信噪比的恶化而不能正常工作，而大增益信道由于增益过大，当达到一定程度时，会引起非线性损伤。可见放大器的增益平坦性是影响通信质量的重要因素之一。

2. 使用 EDFA 的 SDH 高速系统

（1）EDFA 的基本特性

掺铒光纤放大器是一种特殊光纤。它将稀土元素铒注入光纤中，这样在泵浦光源的作用下可直接对某一波长的光信号进行放大。由于掺铒光纤放大器具有一系列优点，因此得到迅速的发展，并被广泛采用。

使用掺铒光纤放大器的光通信系统的主要优点如下。

① 工作波长处于 1.53～1.56μm 范围，与光纤最小损耗窗口一致。

② 对掺铒光纤进行激励的泵浦功率低，仅需几十毫瓦，而拉曼放大器需 0.5～1W 的泵浦源进行激励。

③ 增益高、噪声低、输出功率大，它的增益可达 40dB，噪声系数可低至 3～4dB，输出功率可达 14～20dBm。

④ 连接损耗低。因为它是光纤型放大器，因此与光纤连接比较容易，连接损耗可低至 0.1dB。

⑤ 可扩展中继距离。与普通光纤通信系统相比，使用了 EDFA 的光通信系统的中继距离可达 600km 左右。

⑥ 具有透明性。由于 EDFA 具有放大作用，因而当光信号通过 EDFA 时得以放大，并且此过程与信号传输速率、信号格式和编码无关，即全透明的。

⑦ 可作中继器使用，节约成本。普通的再生中继器都经过光-电-光转换阶段。才能完成信号的整形放大作用，而一个 EDFA 就能够完成光放大作用，因而不必要场合无需进行光-电-光转换。另一方面由于 EDFA 的设备成本低，又可以作为中继器使用，从而省去了大量的中继器，使系统成本降低。

⑧ 可扩大用户数。在接入网环境中引入了 EDFA，可有效地增加功率预算值，从而可通过提高分路器的分路比来增加用户数。

（2）EDFA 在光纤通信系统中的应用

从功能应用方面，EDFA 可作为功率放大器、前置放大器和光中继器使用，如图 4-6 所示。功率放大器置于发射机的后面，起到增强发射功率的目的，这样从激光器发射的光信号经过 EDFA 放大后被耦合进光纤线路进行传输，使无中继传输距离增大，有利于降低系统投资成本。通常对其噪声系数的要求并不高，但饱和输出功率的大小直接影响系统的通信成本，因此要求光功率放大器具有输出功率大、输出稳定、增益带宽宽和易于监控的特点。前置放大器位于光接收机的前端，可放大微弱的光信号，以提高光接收机的接收灵敏度，因此它要求所使用的 EDFA 具有低噪声系数的特点。光中继器位于光发射机与光接收机之间，可以通过使用多 EDFA 级联，周期性地补偿因光信号在光纤线路中传输而带来的传输损耗。一般要求噪声系数比较小，而输出功率比较大。

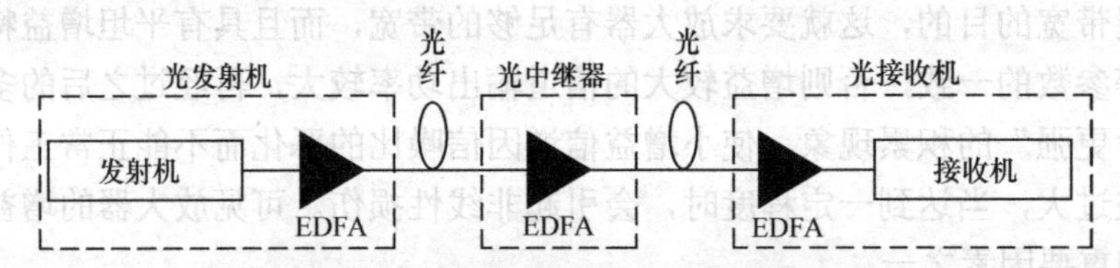

图 4-6 EDFA 在光纤通信系统中的各种应用结构

（3）EDFA 在级联中可能出现的问题及解决方法

EDFA 的引入一方面使系统的中继距离加大，节省设备成本，另一方面也产生了一些新的问题，如非线性、噪声积累、增益均衡等，这些都会对高速 SDH 线路系统构成影响。下面分别进行讨论。

① 噪声积累影响

当信号通过 EDFA 时，均会产生自发辐射噪声（ASE），此时 ASE 与放大信号一同沿光纤传输，会被后面的放大器同时放大，放大的自发辐射噪声在到达接收机之前是呈现积累关系，严重时会影响系统性能。解决这一问题的方法是在线路的适当处加入光-电-光中继器，将此噪声去除。

② 光纤的非线性限制

当入纤光功率较大时，光与光纤物质相互作用而产生非线性高阶极化，会导致受激拉曼散射（SRS）、受激布里渊散射（SBS）、四波混频（FWM）、自相位调制（SPM）和交叉相位调制（XPM），这些就是所谓的光纤非线性效应。其中 SBS 的影响与光源线谱宽度成反比。

当无调制光源的线谱宽度为 10MHz 时，SBS 的门限值仅几毫瓦。当采用 EA 外调制器时，光信号谱宽较宽，因而 SBS 门限很高，而 SRS、XPM、FWM 主要影响 WDM 系统，对于 DWDM 系统，SRS 则成为一个主要的限制因素，这里主要讨论对 10Gbit/s 信号传输系统的影响，因而这里仅讨论 SPM 的影响。

通常，在光场较弱的情况下，可以认为光纤的各种特征参数随光场的强弱做线性变化，这时，对光场来说，光纤是一种线性介质，但是若光场很强，则光纤的折射率不再是常数，而是与光波电场 E 有关的非线性量。当外加光波电场变化时，光纤的折射率就将随 E 作非线性变化。自相位调制（SPM）是指光波在光纤中传输时由于光波强度变化而产生的变化。SPM 的影响程度与输入信号的光强成正比，与光纤衰减系数及有效纤芯面积成反比。一般对于一个 10Gbit/s 光通信系统，当输出光功率超过 10dBm 后，必须考虑 SPM 的影响。由于信号沿光纤传输中会受到光纤固有损耗的影响，使信号功率逐渐下降。当信号传输 15～40km 时，光功率已经衰减较大，不足以产生非线性效应，因而 SPM 的影响主要发生在靠近发射机一侧。

特别是在采用 EDFA 的高速 WDM 光通信系统中，由于光放大器中存在被放大的自发辐射噪声（ASE），因而当光纤处于非线性工作状态时会造成信道串音，同时 ASE 也会迅速增加，从而影响系统性能。

为了减少非线性对系统性能的影响，通常在系统中建议使用低色散光纤。这样可以使色散值保持非零特性，并且具有很小数值（如 2ps/（nm·km））得以抑制四波混频和自相位调制等非线性影响。

3. 使用拉曼放大器的高速传输系统

为了增加中继传输的长度，系统中使用了 EDFA，但 EDFA 工作在 1.53～1.56nm 的 C 波段，加之 EDFA 级联带来的 ASE 噪声积累效应，使系统的 OSNR 增加，为了满足当今大容量 DWDM+SDH 系统的需求，因此需要解决 OSNR 受限和宽带放大问题。这样拉曼放大器应运而生。

（1）拉曼放大器的基本特征

拉曼放大器是利用光纤的拉曼受激散射效应，实现不同频带的光功率的转移，即将短波长光能量转移到长波长信号上。实验数据显示，效率最高的能量转移出现在波长间隔 100nm 左右（拉曼增益与波长差值关系如图 4-7 所示）。因此若以光纤作为宽带放大器的放大媒质，当一个处于 C+L 波段上的弱信号与一个强泵浦光（1420～1500nm 波段）在光纤中同时传输并使弱信号的波长处于泵浦光的拉曼增益频带内时，会使弱信号光得到放大。

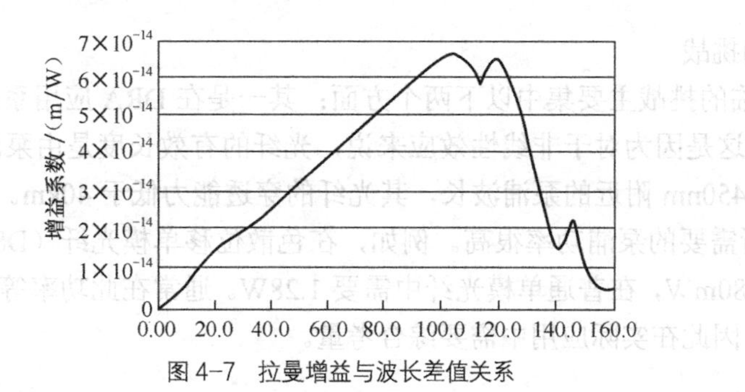

图 4-7　拉曼增益与波长差值关系

使用拉曼放大器的光通信系统的主要特点如下。

① 具有很宽的工作频带。RFA 不仅可以工作于 EDFA 所使用的 C 波段（1.53～1.56μm），使用多泵浦源，还可以得到比 EDFA 更宽的增益带宽，基本可以实现全波段光放大，即开发光纤整个低损耗区 1270～1670nm。

② 在与 EDFA 同时使用时，可有效地降低系统的噪声系数。

③ 分布式 FRA 可使传输光纤作为增益介质，FRA 的分布式放大，恰好弥补了 EDFA 的不足，有利于改进系统的性能，增加传输跨距。

④ 使用分布式拉曼放大，可以减少入射光信号功率，使光纤各处的信号光功率都比较小，从而降低光纤的非线性影响。

（2）FRA 在光纤通信系统中的应用

按照信号光与泵浦光传输的方式不同，FRA 可分为同向泵浦、反向泵浦和双向泵浦方式。由于反向泵浦可减小泵浦光与信号光相互作用长度，从而获得较低的噪声，因此通常采用反向泵浦方式。

光纤拉曼放大器又分为分立式 RFA 和分布式 FRA 两种。分立式 RFA 是采用拉曼增益系数较高的，一般为数瓦，光纤长度一般为几千米，可产生 40dB 以上的高增益，在 EDFA 无法实现的波段上进行集中式光放大。分布式拉曼放大器（DFA）是利用系统中的传输光纤作为增益物质，长度可达几十千米，可获得很宽的受激拉曼散射增益谱。

图 4-8 给出了一个典型的分布式光纤拉曼放大辅助传输系统结构图，其中后向传输的拉曼泵浦与分立式 EDFA 混合使用。拉曼泵浦光源在传输系统的末端注入光纤，并与信号传输方向相反，以传输光纤为增益介质，对信号进行分布式在线放大。需要说明的是，后向泵浦方式是在传输单元末端采用注入泵浦光的方式，此处（末端）信号光功率极弱，因此不会因拉曼放大而引起附加的非线性影响。同时还能大大地改善 OSNR 并降低非线性损耗，有利于提高码速，延长中继距离。

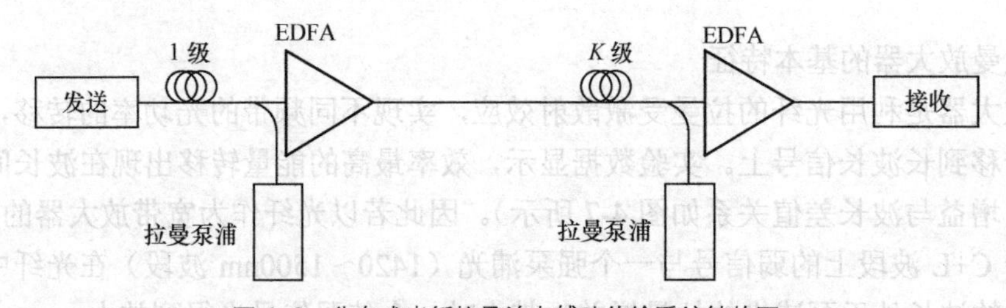

图 4-8 分布式光纤拉曼放大辅助传输系统结构图

（3）面临的挑战

DRA 所面临的挑战主要集中以下两个方面：其一是在 DRA 应用系统中，光纤的长度不能超过 40km，这是因为对于非线性效应来说，光纤的有效长度是由泵浦光波的衰减来决定的，而对处于 1450nm 附近的泵浦波长，其光纤的穿透能力低于 40km。其二是使用 DRA 后在传输光纤中所需要的泵浦功率很高。例如，在色散位移单模光纤（DSF）中要达到最优的噪声指数需要 580mW，在普通单模光纤中需要 1.28W。通常在此功率等级上，一些连接器很容易受到损伤，因此在实际应用中需要综合考量。

4.4 SDH网络性能指标

为了保证通信网中SDH系统的通信质量，在ITU-T及我国制定的SDH 同步网络技术标准中做出了一系列的规定。本节将就SDH网络与设备的主要性能指标进行介绍。

4.4.1 SDH网络性能指标

通常把两个用户间的信息传递与交流定义为通信业务，它可由电信网络提供。为了保证这两个用户间的通信质量，网络必须要能够保证这两个用户间所建立起的端到端连接的传输质量。众所周知，电信网络的结构是相当复杂的，因而对每两个用户所可能建立起的连接进行逐一的分析是不现实的，但可以针对其中通信距离最长、结构最为复杂、传输质量最差的连接来进行分析研究。这就是假设数字段（HRDS）和假设参考数字通道（HRDP）。这样如此连接的通道质量都能满足要求，那么其他连接情况也应该都能满足要求。

ITU-T 提出了“系统参考模型”的概念，并规定了系统参考模型的性质参数及指标，光纤通信系统的质量指标都应遵循此规定。

1. 假设参考数字连接

一个数字通道是指与交换机或终端设备相连接的两个数字配线架 DDF 或等效设备间的全部传输手段，通常含概了一个或几个数字段，它包括所有的复接和分接设备，这样数字信号在通过数字通道过程中，其取值和顺序均不会发生变化，因而呈现透明性。

ITU-T 规定在全球范围内任意两个用户间的最长假设数字通道的长度为27500km，其中包括国内部分，最长假设参考数字通道的长度为6900km，这部分又可分为长途网、中继网和用户网（接入网）3 部分，如图4-9所示。可见ITU-T 建议的一个标准的最长HRX包含14个假设参考数字链路和13个交换节点。

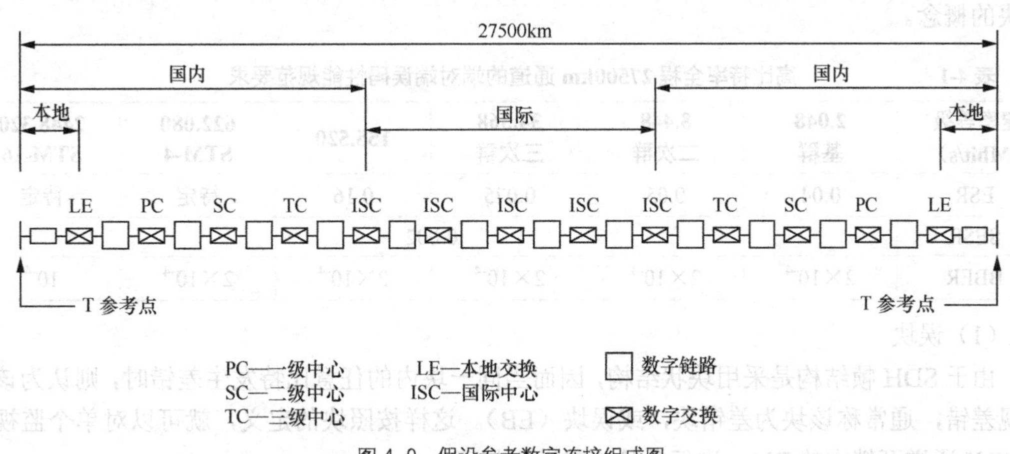

图4-9 假设参考数字连接组成图

2. 假设参考数字链路（通道）

为了简化数字传输系统的研究，把HRX中的2个相邻交换点的数字配线架间所有的传输系统、复接、分接设备等各种传输单元（不包括交换），用假设参考数字链路（HRDL）表示。ITU-T 建议 HRDL 的合适长度是 2500km，根据我国地域广阔的特点，我国长途一级干线的数字链路长为 5000km。

3．假设参考数字段

为了具体提供数字传输系统的性能指标，把 HRDL 中的两个相邻交换点的数字配线架的传输系统（不包括备用设备）用假设参考数字段表示。根据我国的特点，长途一级干线 HRDS 为 420km，长途二级干线的 HRDS 为 280km。在光纤系统中 HRDS 的两端就是光端机，中间是光缆传输线路及若干光中继器，当然，一个光纤通信系统可以由若干 HRDS 组成。

总之，HRX 的总的性能指标可以按比例分配到其中的 HRDL 中去，HRDL 上的性能指标又可以再分配到 HRDS 中去。光纤通信系统的性能指标都是在这 3 种参考模型的基础上指定的。它的重要指标有误码性能和抖动性能。

4.4.2　SDH 网络的误码性能

在 PDH 传输网中的误码特性是用平均误码率（BER）、严重误码秒、误码秒来描述的，而在 SDH 网络中的误码特性又是如何进行评定呢？下面我们就来对 SDH 光通信系统的评定方法进行讨论。

1．误码评定参数

在 SDH 网络中，由于数据传输是以块的形式进行的，其长度不等，可以是几十比特，也可能是数千比特，然而无论其长短，只要出现误码，即使仅出现 1 比特的错误，该数据块也必须进行重发，因而在高比特率通道的误码性能参数是用误块来进行说明的，这在 ITU-T 制定的相关规范中得以充分体现，如表 4-1 所示。从表中可以清楚地看出是以误块秒比（ESR）、严重误块比（SESR）及背景误块比（BBER）为参数来表示的。首先我们介绍误块的概念。

表 4-1　　高比特率全程 27500km 通道的端对端误码性能规范要求

速率等级/（Mbit/s）	2.048 基群	8.448 二次群	34.368 三次群	155.520	622.080 STM-4	2448.320 STM-16
ESR	0.04	0.05	0.075	0.16	待定	待定
SESR	0.002					
BBER	2×10^{-4}	2×10^{-4}	2×10^{-4}	2×10^{-4}	2×10^{-4}	10^{-4}

（1）误块

由于 SDH 帧结构是采用块状结构，因而当同一块内的任意比特发生差错时，则认为该块出现差错，通常称该块为差错块，或误块（EB）。这样按照块的定义，就可以对单个监视块的 SDH 通道开销中的 Bip-x 进行效验，其过程如下。

首先以 x 比特为一组将监视块中的比特构成监视码组，然后进行奇偶校验。如果所获得的奇偶校验码组中的任意一位不符合校验要求，则认为整个块为差错块。至此可根据 ITU-T 规定的 3 个高比特通道误码性能参数进行度量。

（2）误码性能参数

① 误块秒比。当某 1s 具有 1 个或多个误块时，则称该秒为误块秒，那么在规定观察时间间隔内出现的误块秒数与总的可用时间（在测试时间内扣除其间的不可用时的时间）之比，称为误块秒比（ESR），可用下式计算：

$$\text{ESR}=\frac{\text{误码秒（s）}}{\text{测试时间（s）-测试时间内的不可用时（s）}}$$

② 严重误块秒比。某 1s 内有不少于 30%的误块，则认为该秒为严重误块秒，那么在规定观察时间间隔内出现的严重误块秒数占总的可用时间之比称为严重误块秒比（SESR），可用下式计算

$$\text{SESR}=\frac{\text{严重误块秒（s）}}{\text{测试时间（s）-测试时间内的不可用时（s）}}$$

SESR 指标可以反映系统的抗干扰能力。通常与环境条件和系统自身的抗干扰能力有关，而与速率关系不大，故此不同速率的 SESR 指标相同。

③ 背景误块比。如果连续 10s 钟误码率劣于 10^{-3} 则认为是故障。那么这段时间为不可用时间，应从总统计时间中扣除，因此扣除不可用时间和严重误块秒期间出现的误块后所剩下的误块称为背景误块，背景误块数与扣除不可用时间和严重误块秒期间的所有误块数后的总块数之比称为背景误块比（BBER），可用下式计算：

$$\text{BBER}=\frac{\text{总误块数-不可用期间误块数-严重误块秒期间误块数}}{\text{测试时间期间总块数-不可用期间总块数-严重误码秒期间总块数}}$$

由于计算 BBER 时，已扣除了大突发性误码的情况，因此该参数大体反映了系统的背景误码水平。由上面的分析可知，3 个指标中，SESR 指标最严格，BBER 最松，因而只要通道满足 ESR 及指标的要求，必然 BBER 指标也得到满足。

2. 误码性能规范

（1）全程误码指标

由假设参考通道模型可知，最长的假设参考数字通道为 27500km，其全程端到端的误码特性应满足表 4-1 的要求。从上述参数定义可以看出，测量参数的准确性与测试时间有关，可见只有进行较长时间的观察才能准确地做出评估，因而 ITU-T 建议的测量时间为一个月。

值得说明的一点是系统的 ESR、SESR、BBER 3 个参数都满足要求时，才能认为该通道符合全程误码性能指标，如果有任何一项指标不满足，则认为该通道不符合全程误码性能指标的要求。

（2）指标分配

为了将图 4-10 所示的 27500km 端到端光纤通信系统的指标分配到更小的组成部分，G.826 采用了一种新的分配法，即在按区段分段的基础上结合按距离分配的方法．这种方法技术合理，同时兼顾各国的利益。从图 4-10 中可以看出，它是将全程分为国际部分和国内部分。国际部分与国内部分边界为国际接口局（IG），通常配备有交叉连接设备、高阶复用器或交换机（N-ISDN 或 B-ISDN）。具体分配如下。

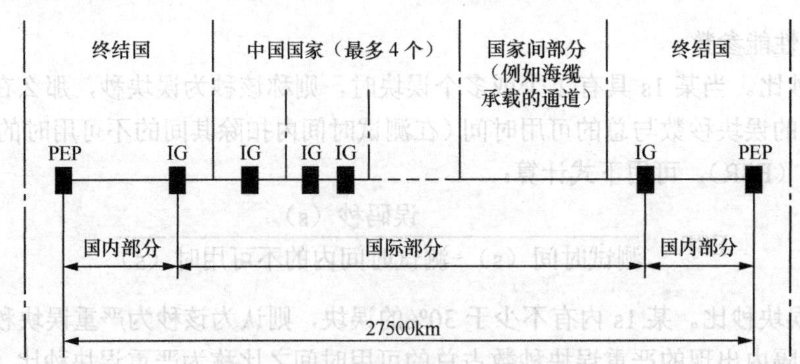

图 4-10　高比特率通道全程指标分配

① 国际部分。国际部分是指两个终端国家的 IG 之间的部分，从图 4-7 中可以看出，它包括两终结国家的 IG 到国际边界之间的部分、中间国家（最多 4 个）以及国家间部分（如海缆）。

按照国际部分分配原则，数字链路最多可经过 4 个中间国家，而两终结国家的 IG 到国家边界部分可分得 1%的端到端指标。同样按距离每 500km 可分得 1%的端到端指标。不足 500km 的按 500km 计算。这样国际部分指标为

1%+2%×中间国家数+1%+1%×（中间国距离/500km）+1%×（海缆长/500km）

② 国内部分

- 国内部分指标分配：国内部分从 IG 到通道终端点（PEP）之间的部分，如图 4-10 所示。通常 PEP 位于用户处。在指标分配中，首先要为两端的终结国家各分配一个 17.5%的固定区段容量，然后在按距离进行分配，即每 500km（不足 500km 按 500km 计算）配给 1%的端到端指标，这样国内部分指标为

  17.5%+1%×（国内距离/500km）

- 国内网络指标分配：在图 4-11 中给出了国内标准最长假设参考通道（HRP）结构，其全程 6900km，其中从国际接口局 IG 到 PEP 之间为 3450km（3450÷500=6.9，取稍大整数，即 7）。这样按上述端到端指标分配原则，我国国内部分将分得全程端到端指标的 24.5%（17.5+1%×7）。

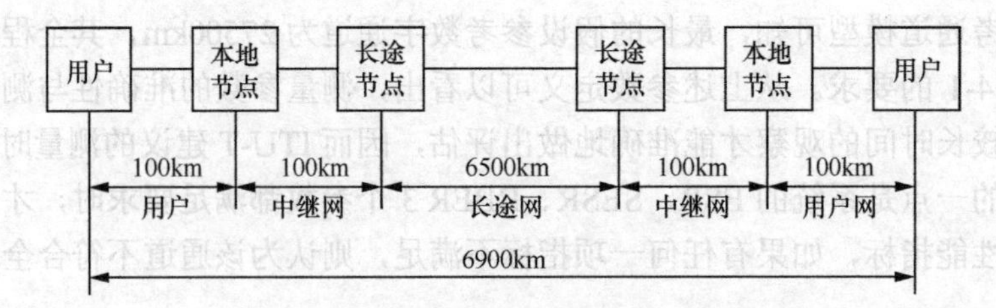

图 4-11　国内标准最长假设参考通道（HRP）

国内网又分为用户接入网和核心网（长途网+中继网）。用户接入网数量大，对成本的要求较高，因而将端到端指标的 6%分给用户网，而核心网中所使用的设备基本一致，因而按距离成比例地将指标逐一进行分配到数字段，相当于每公里可以分得 5.5×10^{-5} 的端到端指标。因而，420km 的 ESR 为 3.696×10^{-3}（$0.16\times5.5\times10^{-5}\times420$）。如果考虑到实际系统的复杂性，因此实际系统设计指标和工程验收指标应为上述理论估值的 1/10。即 3.696×10^{-4}。根

据上述思路，可以得到如表 4-2 和表 4-3 所示的 420km 和 280Km HRDS 误码性能验收指标。

表 4-2　　420km HRDS 误码性能验收指标

速率/（Mbit/s）	155.520	622.080	2488.320
ESR	3.696×10^{-4}	待定	待定
SESR	4.62×10^{-6}	4.62×10^{-6}	4.62×10^{-6}
BBER	4.62×10^{-7}	4.62×10^{-7}	4.62×10^{-7}

表 4-3　　280km HRDS 误码性能验收指标

速率/（Mbit/s）	155.520	622.080	2488.320
ESR	2.464×10^{-4}	待定	待定
SESR	3.08×10^{-6}	3.08×10^{-6}	3.08×10^{-6}
BBER	3.08×10^{-7}	3.08×10^{-7}	3.08×10^{-7}

4.4.3　SDH 网络抖动性能

抖动是数字光纤通信系统的重要指标之一，它对通信系统的质量有非常大的影响。为了满足数字网的抖动要求，因而 ITU-T 根据抖动的累积规律对抖动范围做出了两类规范，其一是数字段的抖动指标，它包括数字复用设备、光端机和光纤线路；其二是数字复接设备，它们的测试指标有：输入抖动容限、无输入抖动时的输出抖动以及抖动转移特性等。

1．SDH 网络接口与数字段的最大允许输出抖动

由于种种原因，无论复接设备，还是数字段，都会给系统引入抖动，因而人们用无输入抖动情况下的输出抖动最大值来衡量系统的质量。在表 4-4 中列出了 SDH 网络接口的最大允许抖动指标，实际测试结果应不超过表中所示数值，这样才能保证不同 SDH 设备互连时的传输质量。

表 4-4　　SDH 网络接口的最大允许抖动

速率/（Mbit/s）	网络接口限值		测量滤波器参数		
	B_1（UI_{P-P}）	B_2（UI_{P-P}）	f_1	f_3	f_4
155.520	1.5（0.75）	0.15	500Hz	65kHz	1.3kHz
622.080	1.5（0.75）	0.15	1000Hz	250kHz	5MHz
2488.320	1.5（0.75）	0.15	5000Hz	1MHz	20MHz

注：f_1 ，f_3，f_4——SDH 网络输出抖动测量配置中带通滤波器的截止频率。

2．SDH 设备抖动

（1）SDH 光缆线路系统输入口的抖动和飘移容限

ITU-T 针对网络中任意接口都提出了输入抖动容限这一个技术要求。显然在一个光通信系统的输入口，不仅要包容上游设备和数字段引入的抖动，而且还要能够容忍连接线路损耗和频率特性。图 4-12 中给出了输入口容许抖动和飘移的上限。具体参数如表 4-5 所示。

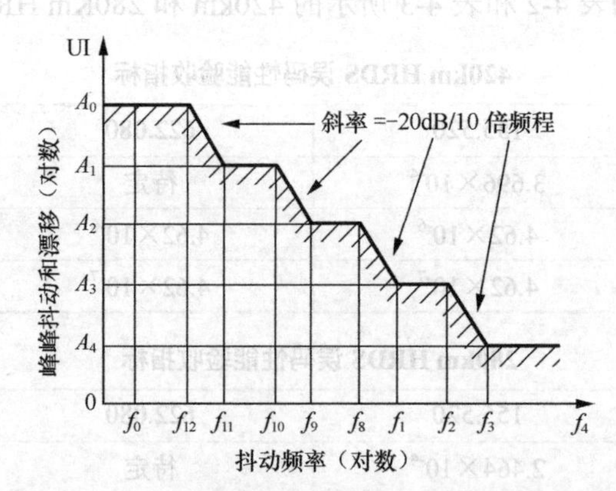

图 4-12　SDH 线路系统（或设备）输入抖动和漂移容限

表 4-5　　SDH 线路系统（或设备）输入抖动和漂移容限参数值

STM 等级	UI_{p-p}				
	A_0（18μs）	A_1（2μs）	A_2（0.25μs）	A_3	A_4
STM-1	2800	311	39	1.5	0.15
STM-4	11200	1244	156	1.5	0.15
STM-16	44790	4977	622	1.5	0.15

STM 等级	f_0	f_{12}	f_{11}	f_{10}	f_9	f_8	f_1	f_2	f_3	f_4
STM-1	1.2×10^{-5}Hz	1.78×10^{-4}Hz	1.6×10^{-3}Hz	1.56×10^{-2}Hz	0.125Hz	19.3Hz	500Hz	6.5Hz	65Hz	1.3MHz
STM-4	1.2×10^{-5}Hz	1.78×10^{-4}Hz	1.6×10^{-3}Hz	1.56×10^{-2}Hz	0.125Hz	9.65Hz	1000Hz	25Hz	250Hz	5MHz
STM-16	1.2×10^{-5}Hz	1.78×10^{-4}Hz	1.6×10^{-3}Hz	1.56×10^{-2}Hz	0.125Hz	12.1Hz	5000Hz	100kHz	1MHz	20MHz

（2）SDH 线路系统的抖动转移特性

抖动转移特性描述的是输出 STM-N 信号的抖动与所输入的 STM-*N* 信号的抖动的比值随频率的变化关系。该指标适用于 SDH 再生器，用来表示再生器对输入抖动的抑制能力。

SDH 再生器的抖动特性应在图 4-13 所示曲线的下方，参数值如表 4-6 所示。

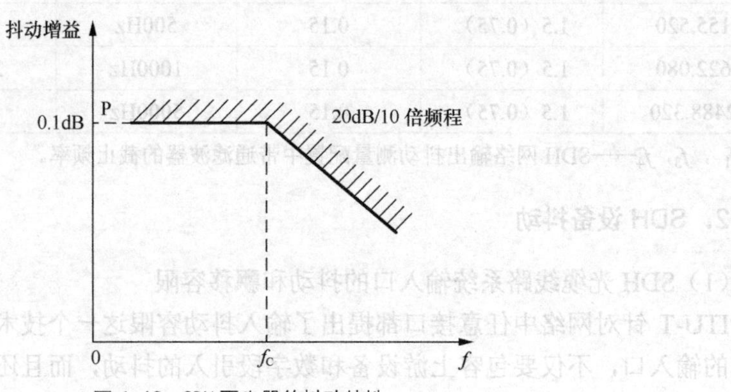

图 4-13　SDH 再生器的抖动特性

表 4-6　　SDH 再生器的抖动特性测试参数

STM 等级	STM-1		STM-4		STM-16	
再生器类型	A	B	A	B	A	B
f_c/kHz	130	30	500	30	2000	30

（3）SDH 线路系统的抖动容限

抖动容限是指施加在输入 STM-N 信号上能使光设备产生 1dB 光功率代价的正弦抖动峰-峰值。SDH 再生器和终端设备应能够容忍图 4-14 中所示的输入抖动容限模型，参数值如表 4-7 所示。

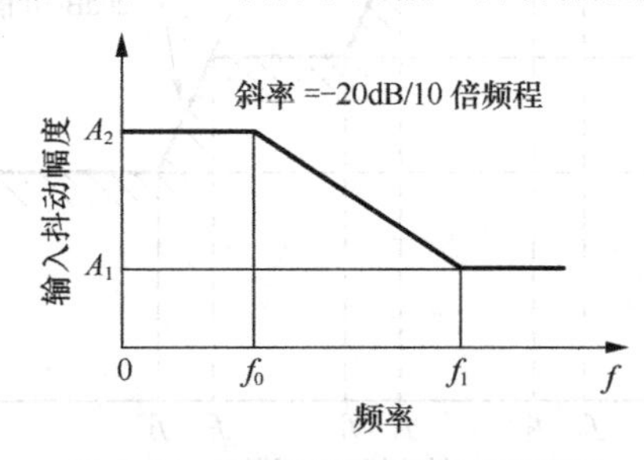

图 4-14　SDH 设备输入抖动容限模型

表 4-7　　SDH 设备抖动容限参数值

STM-N 等级	f_1（kHz）	f_0（kHz）	A_1/$UI_{p\text{-}p}$	A_2/$UI_{p\text{-}p}$
STM-1（A）	65	6.5	0.15	0.15
STM-1（B）	12	1.2	0.15	0.15
STM-4（A）	250	25	0.15	0.15
STM-4（B）	12	1.2	0.15	0.15
STM-16（A）	1000	100	0.15	0.15
STM-16（B）	12	1.2	0.15	0.15

（4）SDH 线路系统 STM-N 接口的抖动特性

SDH 设备抖动定义为无输入抖动时 SDH 设备在 STM-N 输出口的抖动量。它直接与 SDH 线路系统相连。当测量滤波器采用 12kHz 的高通滤波器时，SDH 设备抖动产生的均方根值不得大于 0.01UI。

（5）SDH 设备的 PDH 接口抖动特性

SDH 设备的 PDH 接口抖动特性主要包括输出抖动特性和输入抖动和漂移容限两方面。

① SDH 设备的 PDH 接口的输出抖动特性。当 PDH 信号通过 SDH 网络传输时，会在 SDH/PDH 边界处存在指针调整，从而引入抖动，因而必须对一个 SDH 设备的 PDH 接口输出抖动加以限制，其值应满足表 4-8 的要求。

表 4-8　　SDH 设备的 PDH 接口的最大允许输出抖动

参数值 速率/（kbit/s）	网络接口限值		测量滤波器参数		
	B_1（$UI_{p\text{-}p}$）	B_2（$UI_{p\text{-}p}$）	f_1	f_3	f_4
139264	1.5	0.075	200Hz	10kHz	3500kHz
34368	1.5	0.15	100Hz	10kHz	800kHz
2048	1.5	0.2	20Hz	18kHz	100kHz

② SDH 设备的 PDH 接口的输入抖动和漂移容限。SDH 设备的 PDH 接口的输入抖动和漂移容限应符合图 4-15 的要求，参数值列于表 4-9 中。

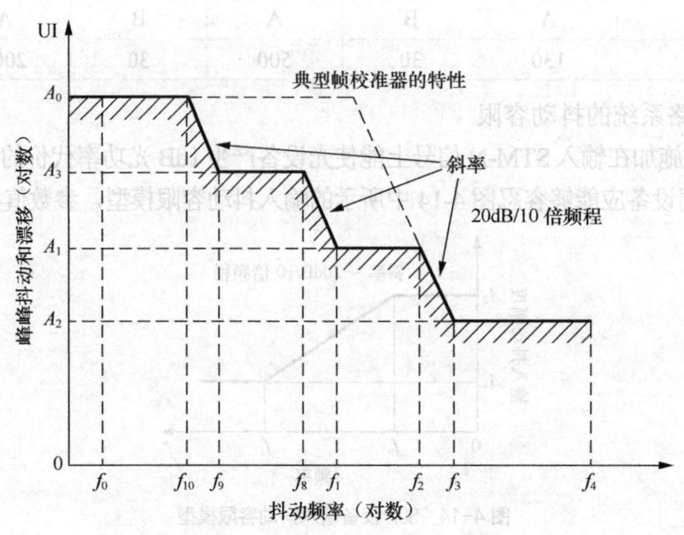

图 4-15　PDH 支路输入口抖动和漂移容限

表 4-9　　SDH 设备的 PDH 接口的输入抖动和漂移容限参数

参考值 / 速率（kbit/s）	UI_{p-p}				频　率								伪随机测试信号
	A_0	A_1	A_2	A_3	f_0	f_{10}	f_9	f_8	f_1	f_2	f_3	f_4	
2048	36.9(18μs)	1.5	0.2	18	1.2×10^{-5}Hz	4.88×10^{-3}	0.01Hz	1.667Hz	20Hz	2.4kHz	18kHz	100kHz	$2^{15}-1$
8448	152.0(18μs)	1.5	0.2	*	1.2×10^{-5}Hz	*	*	*	20Hz	400Hz	3kHz	400kHz	$2^{15}-1$
34368	618.6(18μs)	1.5	0.15	*	*	*	*	*	100Hz	1kHz	10kHz	800kHz	$2^{23}-1$
139264	2506.6(18μs)	1.5	0.075	*	*	*	*	*	200Hz	500Hz	10kHz	3500kHz	$2^{23}-1$

注：*表示具体数值待研究。

2048kbit/s 速率下 f_8，f_9 和 f_{10} 的数值指不携带同步信号的 2048kbit/s 接口特性。

4.4.4　SDH 网络延时特性

1．延时的概念

信号在光纤中传输时是以光波作为载体传播的，传播速率非常快，但从一个地方传输到另一地方仍需要一定的时间，这个时间即为延时。由于光通信信道中所传输的信号多为数字信号，含有多种频率成份，因而对于数字信号而言，延时是指数字信号传输的群时延。

2．产生延时的各环节

就端到端光通信系统而言，可能产生延时的环节很多，但主要可分为以下两种情况。

（1）光线路系统

光信号也是一种电磁波，即使如此高速传输的电磁波在光纤中传输一定距离，也必然经历一段时间，即延时。其时间的长短与光纤纤芯所使用的材料有关。对于数字光通信系统而言，通常会引入 5μm/km 的传输延时。

（2）网络节点和其他数字设备

在一个端到端的数字连接中，除传输系统（光纤）外，还需要经过若干网络节点设备（数字交换机和数字交叉连接设备），其中很可能存在缓冲器、时隙交换单元和数字处理器等，当信号经过这些设备时均会产生延时。当然 PCM 终端设备、复用设备、回波消除器和复用转换器也会产生不同程度的传输延时。表 4-10 和表 4-11 分别给出了典型设备的传输延时参数值。

表 4-10　　网络节点设备的传输延时

设备类型	设备端口	平均延时	95%概率的最大延时
数字交换机	数字——数字	≤450μs	≤750μs
	数字——模拟	≤750μs	≤1050μs
数字交叉连接设备	DXC1/0	500～700μs	
	DXC4/4	≤15μs	
	DXC4/1	20～125μs	

注：随设计不同以及交换矩阵配置和端口组合而异。

表 4-11　　传输设备的传输延时

设备类型	设备端口	延时
一对 PCM 终端	音频 4 线口间	600μs
复用转换器	模拟——数字	1500μs
回波消除器	数字	1000μs
PDH 复用器	2/8	8.28μs
	8/34	2.01μs
		0.50μs
SDH 复用器	34/134	10～60μs

注：随设计不同和支路口不同而异。

不同业务信号对延时的敏感程度不同。下面就以电话业务、数据业务和电视业务为例来进行说明。

① 电话业务：当通道传输延时过大时，会使收话方等待时间过长，从而打破一般谈话的习惯，给人一种失去接触的感觉。

② 数字业务：对于单向传输的数字业务而言，延时不会对其造成实质性影响，但对于采用自动请求重发（ARQ）纠错的数字系统而言，因使用了反向通道，这样如果延时过大会使反向通道用时过长，从而造成传输效率的下降。对于信令系统更是如此，这是因为其中使用了大量的证实信号，这样当延时过大时，则要求相应的信令系统设备保持时间也应相应加长，同样降低了传输效率。

③ 电视业务：广播电视业务属于单向业务，理论上讲延时的影响不大，但延时的变化却

会打破恒定的比特率编码电视信号流的周期性，使图像信号与伴音信号的延时不一致，出现图像与伴音相脱节的现象。

为了保证通信质量，因而在端到端的连接中，必须严格控制延时。

4.5 SDH光接口、电接口技术标准

4.5.1 SDH光接口、电接口的定界

PDH准同步数字体系仅建立了电接口的技术标准，而未制定光接口的技术标准，使各厂家开发的产品在光接口上互不兼容，限制了设备的灵活性，也同时增加了网络的复杂性和运营成本。而在SDH网络中，不仅有统一的电接口，而且有统一的光接口，这样不同厂家生产的具有标准光接口的SDH网元可以在一个数字段中混合使用，从而可实现其横向兼容性。下面我们首先对光接口、电接口的定界进行讨论。

1. 光接口、电接口的定界

一个完整的光纤通信系统的具体组成如图4-16所示。把光端机与光纤的连接点称为光接口，而把光端机与数字设备的连接点称为电接口。其中光接口共有两个：即“S”和“R”。所谓“S”点是指光发射机与光纤的连接点，经该点光发射机可向光纤发送光信号；而“R”点是指光接收机与光纤的连接点，通过该点光接收机可以接收来自光纤的光信号。电接口也有两个，即“A”和“B”。光端机可由A点接收从数字终端设备送来的STM-*N*电信号；可由B点将STM-*N*电信号送至数字终端设备。由此，光端机的技术指标也分为两大类，即光接口指标和电接口指标，在后面会分别进行介绍，这里首先介绍一下光接口的分类。

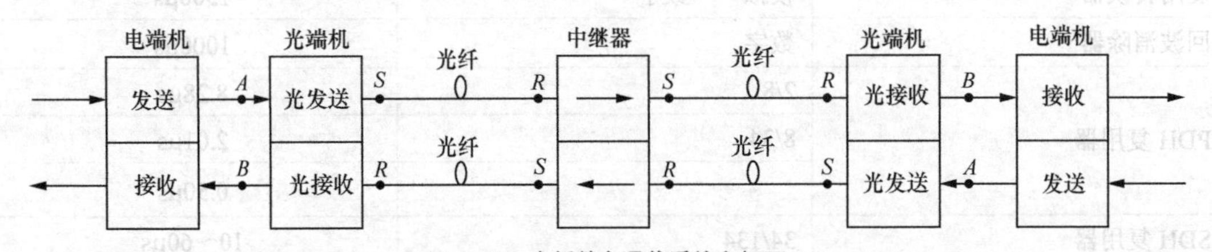

图4-16 光纤数字通信系统方框图

2. 光接口的分类

在SDH网络中所应用的光接口很多。通常人们按其应用场合的不同，将其分为以下几类。

I：局内通信。一般传输距离只有几百米，最多不超过2km。

S：短距离局间通信。一般指局间再生段距离为15km左右的场合。

L：长距离局间通信。一般指局间再生段距离为40～80km的场合。

V：甚长距离局间通信。一般指局间再生段距离为80～120km的场合。

U：超长距离局间通信。一般指局间再生段距离为160km左右的场合。

值得说明的是采用光放大器可进一步增加局间通信距离，因而此时的短距离局间通信的通信距离可达20～40km，而长距离局间通信的通信距离也加大到40～80km，这在表4-12中可

以看出。以上只是 SDH 光接口代号的第一部分，它的第二部分有 1～2 位数字，用来表示 SDH 信号的速率等级。在第一部分与第二部分之间用一个横线将其隔开。第二部分数字的含义如下。

1：STM-1。

4：STM-4。

16：STM-16。

64：STM-64。

SDH 光接口代号的第三部分，占用一位数字，用来表示该接口适用的光纤类型和工作波长，其含义如下。

1 或空白：表示适用于 G.652 光纤，其工作波长为 1310nm。

2：表示适用于 G.652、G.654、G.655 光纤，其工作波长为 1550nm。

3：表示适用于 G.653 光纤，其工作波长为 1550nm。

根据上述光接口代号含义，可从表 4-12 中看出几种不同应用场合的光接口代号及所使用的光纤类型、工作窗口波长和典型传输距离的关系。其中 G.652 光纤是目前使用最为广泛的单模光纤，它在 1310 nm 处的理论色散最小，在 1550nm 处理论衰减最小，它既可以使用在 1310nm 波长上，又可以运用于 1550nm 波长窗口。G.653 为色散位移光纤，这是通过改变光纤的折射率分布，使理论色散最小点移到 1550nm 处，这样在 1550nm 波长处，既可以获得衰减最小，也可以用于长距离、大容量的光通信系统中。G.654 光纤又称为 1550nm 最小衰减光纤，它的零色散点仍然出现在 1310nm 处，只是进一步降低了 1550nm 处的衰减，这样可以通过采用单纵模激光器来限制色散的影响，从而解决了超长中继距离的问题。G.655 光纤为非零色散单模光纤（NZDSF），其色散值在 1530～1565nm 范围内维持 1～6.0ps/（nm·km），以抑制 FWM、SPM 和 XPM 等非线性效应，同时因为色散值很小，因此可保证单通道传输速率为 10Gbit/s 且传输距离达到 250km 时无需进行色散补偿。

表 4-12　　　　SDH 光接口分类代号

应用场合	局内	短距离局间		长距离局间			甚长距离局间			超长距离局间	
工作波长/nm	1310	1310	1550	1310	1550		1310	1550		1550	
光纤类型	G.652	G.652	G.652	G.652	G.652 G.654	G.653	G.652	G.652	G.653	G.652	G.653
传输距离/km	≤2	～15	～15	～40	～80	～80	～80	～120	～120	～160	～160
STM-1	I-1	S-1.1	S-1.2	L-1.1	L-1.2	L-1.3					
STM-4	I-4	S-4.1	S-4.2	L-4.1	L-4.2	L-4.3	V-4.1	V-4.2	V-4.3	U-4.2	U-4.3
STM-16	I-16	S-16.1	S-16.2	L-16.1	L-16.2	L-16.3	V-16.1	V-16.2	V-16.3	U-16.2	U-16.3
传输距离/km	—	～20	～40	～40	～80	～80	～80	～120	～120		
STM-64	—	S-64.1	S-64.2	S-64.3	S-64.1	L-64.3	V-64.1	V-64.2	V-64.3		

4.5.2 SDH 光接口技术指标

从表 4-13～表 4-15 可以看出，SDH 光接口技术参数大致分为三部分：发射机 S 点特性、接收机 R 点特性和 SR 点间光通道特性。

1. 发射机

（1）光谱特性

为了保证高速光脉冲信号的传输质量，必须对 SDH 光接口所使用的光源的光谱特性做出规定。显然使用的光源性质不同，其所呈现的光谱特性也不同。

对于多纵模激光器（MLM）而言，由于其光谱宽度较大，能量也较为分散，因而常采用均方根（RMS）宽度来度量光脉冲能量的集中程度。对于单纵模激光器（SLM）而言，由于其光脉冲的能量多集中于主模，因而常用主模中心波长最大峰值功率的−20dB 点的最大全宽来表示其谱宽。通常称谱宽为最大−20dB 谱宽。另外在动态调制状态下，单纵模激光器的光谱特性也会呈现多个纵模，与多纵模激光器的区别在于此时单纵模激光器所产生的边模功率要比主模功率小得多，这样才能抑制 SLM 的模分配噪声。因而人们除了用谱宽以外，还用最小边模抑制比（SMSR）来衡量其能量在主模上的集中程度。SMSR 定义为最坏反射条件时全调制条件下主模的平均光功率与最显著的边模光功率之比的最小值。在 ITU-T G.957 建议中规定 SLM 的最小边模抑制比为 30dB，由此可见，要求主模功率至少要比边模功率大 1000 倍以上，如表 4-13～表 4-15 所示。

表 4-13　　STM-1 光接口参数规范

项　目		单位	数　值								
标称比特率		kbit/s	STM-1 155520								
应用分类代码			I-1	S-1.1	S-1.2		L-1.1	L-1.2	L-1.3		
工作波长范围		nm	1260～1360	1261～1360	1430～1576	1430～1580	1263～1360	1480～1580	1534～1566	1523～1577	1480～1580
发送机在 *S* 点特性	光源类型		MLM LED	MLM	MLM	SLM	MLM SLM	SLM	MLM	MLM	SLM
	最大均方根谱宽（σ）	nm	40　80	7.7	2.5	—	3　—	—	3	2.5	—
	最大−20dB 谱宽	nm	—	—	—	1	—　1	1	—	—	1
	最小边模抑制比	dB	—	—	—	30	—　30	30	—	—	30
	最大平均发送功率	dBm	−8	−8	−8	−8	−0	0	0	0	0
	最小平均发送功率	dBm	−15	−15	−15	−15	−5	−5	−5	−5	−5
	最小消光比	dB	8.2	8.2	8.2	8.2	10	10	10	10	10
SR 点光通道特性	衰减范围	dB	0～7	0～12	0～12	0～12	10～28	10～28	10～28	10～28	10～28
	最大色散	ps/nm	18　25	96	296	NA	246　NA	NA	246	296	NA
	光缆在 *S* 点的最小回波损耗（含有任何活接头）	dB	NA	NA	NA	NA	NA	20	NA	NA	NA
	SR 点间最大离散反射系数	dB	NA	NA	NA	NA	NA	−25	NA	NA	NA
接收机在 *R* 点特性	最差灵敏度	dBm	−23	−28	−28	−28	−34	−34	−34	−34	−34
	最小过载点	dBm	−8	−8	−8	−8	−10	−10	−10	−10	−10
	最大光通道代价	dB	1	1	1	1	1	1	1	1	1
	接收机在 *R* 点的最大反射系数	dB	NA	NA	NA	NA	NA	−25	NA	NA	NA

注：NA 表示不作要求。

表 4-14　　STM-4 光接口参数规范

项目		单位	数值										
标称比特率		kbit/s	STM-4 622080										
应用分类代码			1.4		S-4.1		S-4.2	L-4.1			L-4.1 (JE)	L-4.2	L-4.3
工作波长范围		nm	1260～1360		1293～1334	1274～1356	1430～1580	1300～1325	1296～1330	1280～1335	1302～1318	1480～1580	1480～1580
发送机在 *S* 点特性	光源类型		MLM	LED	MLM	MLM	SLM	MLM	MLM	SLM	MLM	SLM	SLM
	最大均方根谱宽（σ）	nm	14.5	35	4	2.5	—	2	1.7	—	<1.7	—	—
	最大−20dB 谱宽	nm	—		—	—	1	—	—	1	—	<1*	1
	最小边模抑制比	dB	—		—	—	30	—	—	30	30	30	30
	最大平均发送功率	dBm	−8		−8	−8	−8	2	2	2	2	2	2
	最小平均发送功率	dBm	−15		−15	−15	−15	−3	−3	−3	−1.5	−3	−3
	最小消光比	dB	8.2		8.2	8.2	8.2	10	10	10	10	10	10
SR 点光通道特性	衰减范围	dB	0～7		0～12	0～12	0～12	10～24	10～24	10～24	27	10～24	10～24
	最大色散	ps/nm	13	14	46	74	NA	92	109	NA	109	*	NA
	光缆在 *S* 点的最小回波损耗（含有任何活接头）	dB	NA		NA	NA	24	20	20	20	24	24	20
	SR 点间最大离散反射系数	dB	NA		NA	NA	−27	−25	−25	−25	−25	−27	−25
接收机在 *R* 点特性	最差灵敏度	dBm	−23		−28	−28	−28	−28	−28	−28	−28	−30	−28
	最小过载点	dBm	−8		−8	−8	−8	−8	−8	−8	−8	−8	−8
	最大光通道代价	dB	1		1	1	1	1	1	1	1	1	1
	接收机在 *R* 点的最大反射系数	dB	NA		NA	−27	−27	−14	−14	−14	−14	−27	−14

注：*表示待将来国际标准确定；
NA 表示不作要求。

表 4-15　　STM-16 光接口参数规范

项目		单位	数值							
标称比特率		kbit/s	STM-16. 2488320							
应用分类代码			I-16	S-16.1	S-16.2	L-16.1	L-16.1 (JE)	L-16.2	L-16.2 (JE)	L-16.3
工作波长范围		nm	1266～1360	1260～1360	1430～1580	1280～1335	1280～1335	1500～1580	1530～1560	1500～1580
发送机在 *S* 点特性	光源类型		MLM	SLM	SLM	SLM	SLM	SLM	SLM (MQW)	SLM
	最大均方根谱宽（σ）	nm	4	—	—	—	—	—	—	—
	最大−20dB 谱宽	nm	—	1	<1*	1	<1	<1*	<0.6	<1*
	最小边模抑制比	dB	—	30	30	30	30	30	30	30
	最大平均发送功率	dBm	−3	0	0	+3	+3	+3	+5	+3
	最小平均发送功率	dBm	−10	−5	−5	−2	−0.5	−2	+2	−2
	最小消光比	dB	8.2	8.2	8.2	8.2	8.2	8.2	8.2	8.2

续表

项　目		单位	数　值							
SR 点光通道特性	衰减范围	dB	0～7	0～12	0～12	0～24	26.5	10～24	28	10～24
	最大色散	ps/nm	12	NA	*	NA	216	1200～1600	1600	*
	光缆在 *S* 点的最小回波损耗（含有任何活接头）	dB	24	24	24	24	24	24	24	24
	SR 点间最大离散反射系数	dB	−27	−27	−27	−27	−27	−27	−27	−27
接收机在 *R* 点特性	最差灵敏度	dBm	−18	−18	−18	−27	−28	−28	−28	−27
	最小过载点	dBm	−3	0	0	−9	−9	−9	−9	−9
	最大光通道代价接收机	dB	1	1	1	1	1	2	2	1
	在 *R* 点的最大反射系数	dB	−27	−27	−27	−27	−27	−27	−27	−27

注：*表示待将来国际标准确定；
NA 表示不作要求。

（2）平均发送功率

平均发送功率是指在光端机发送伪随机序列时在参考点 S 所测得的平均光功率，其大小与光源类型、标称波长、传输容量和光纤类型有关。

应该指出的是，对于一个实际光通信系统而言平均发送光功率并不是越大越好。虽然从理论上讲发送功率越大，通信距离越长，但光功率过大则会使光纤工作在非线性状态，这种非线性效应会对光纤产生不良影响，所以平均光功率应取适当的数值，如表 4-13～表 4-15 所示。

（3）消光比

光源的消光比是指输入光端机的信号为全“0”码时与全“1”码时，光端机的平均发送光功率之比。SDH 光接口的消光比应满足表 4-13～表 4-15 所示的要求。

（4）码型

SDH 光接口的线路码型为加扰的 NRZ（非归零码），其扰码采用 x^7+x^6+1 为生成多项式的 7 级扰码器。

（5） 眼图模板

在高速光通信系统中，当发送光脉冲波形不理想时，便会使光接收机的灵敏度下降，从而影响系统质量，因而必须对脉冲波形进行规范。在 SDH 系统中是采用眼图模板来对光发射机的输出波形进行限制，因此要求 SDH 发射机在 S 点的输出信号应满足图 4-17 的要求。由于不同等级的速率信号所要求的相关参数不同，具体请参见表 4-16。

表 4-16　　光信号的眼图模板参数

速率等级 / 参数	STM-1	STM-4	STM-16
x_1 / x_2	0.15/0.85	0.25/0.75	—
x_2 / x_3	0.35/0.65	0.40/.060	—
y_1 / y_2	0.20/0.80	0.20/0.80	0.25/0.75
x_3 - x_2	—	—	0.2

注：—表示不使用此参数。

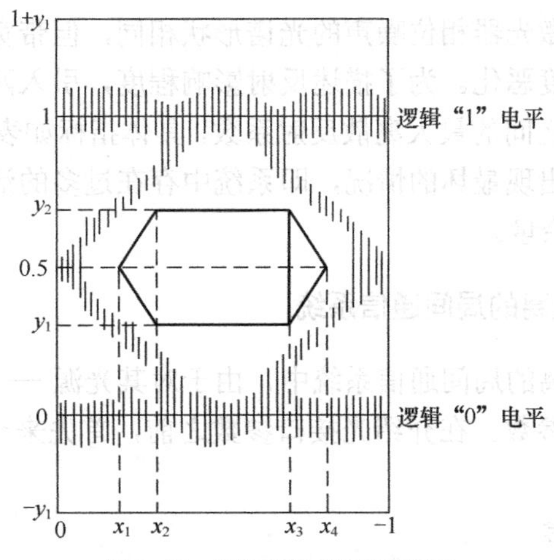

图 4-17 光发送信号的眼图模板

2．接收机

（1）接收灵敏度

接收灵敏度是指在 R 点处满足给定误码率（BER=1×10^{-10}）条件下，光端机能够接收到的最小平均光功率。接收灵敏度的功率值的电平单位是 dBm。具体指标请参见表 4-13～表 4-15。

（2）接收机过载功率

光接收机的过载功率是指在误码率 BER≤1×10^{-10}时，在 R 点所需要的最小平均接收光功率。SDH 光接收机的灵敏度应满足 4-13～表 4-15 的要求。

（3）接收机反射系数

光接收机的反射系数是指在 R 点的反射光功率与入射光功率之比。各速率等级光接口在 R 点允许的最大反射系数如表 4-13～表 4-15 所示。

（4）光通道功率代价

根据 ITU-T G.957 建议，光通道功率代价应包括码间干扰、模分配噪声、啁啾声所引起的总色散代价以及光反射功率代价。通常不得超过 1dB，而对 L-16.2 系统，则不得超过 2dB。

3．光通道

光通道的技术参数包括衰减、最大色散、SR 间的最大反射系数和 S 点的最小回波损耗，其中衰减和最大色散的概念已做了详细的阐述，这里仅就后两种参数进行介绍。

由光纤制造工艺决定，光纤本身的折射率分布存在不均匀的现象，因而会产生散射，一般 1km 光纤所产生的反射约−40dB，另外由于光纤中存在很多连接点，无论是活接头，还是熔接接头，在其连接点处均会出现折射率不连续的现象，这样当光波经过时，便会产生反射波，即使接续性良好的熔接接头，也存在−70dB 反射损耗，如果当通道中存在两个以上的反射点时，则会出现多次反射现象。多次反射波之间会发生干涉，当其进入发送机后，这些干涉信号间的相对延时会使激光器产生相位噪声，再经过光纤到达光接收机处又会转化成强度噪声，这种噪声的大小与激光器相位噪声的光谱形状相同，但带宽加倍，这样很容易会落在接收机带内，使接收灵敏度恶化。为了描述反射影响程度，引入两个不同的反射指标：S 点的最小回波损耗和 S-R 点之间的最大离散反射系数，具体指标如表 4-13～表 4-15 所示。这些指标已经考虑到系统配置出现最坏的情况，即系统中存在过多的活接头和离散反射点，因此正常情况下，应有足够的余量。

4．甚长距离和超长距离的局间通信系统

在甚长距离和超长距离的局间通信系统中，由于对其光源——单纵模激光器有更严格的要求，因而又引入了以下参数。在介绍光接口参数之前，首先来介绍主通道接口（MPI）的概念。

（1）主通道接口的概念

当系统中未使用光放大器时，主通道是一个无源通道，而当系统中含有光放大器时，则主通道还应包括光放大器之间的子通道以及终端设备内部用于任何光器件之间互连的辅助通道，如图 4-18 所示。

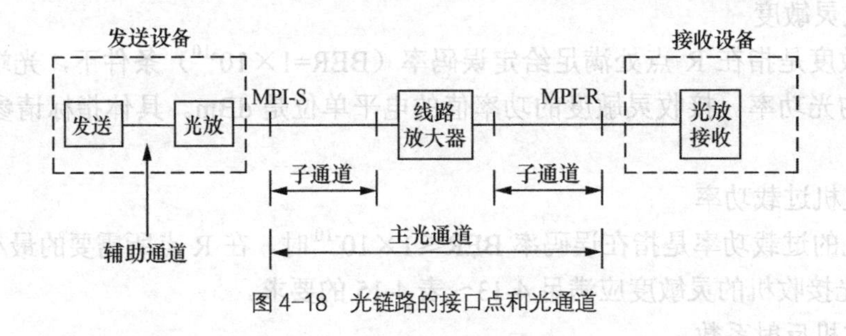

图 4-18　光链路的接口点和光通道

（2）特定光接口参数

前面已经介绍了普通光接口参数，这里将补充几个特定的参数。

① 发射机频率啁啾系数 α：由前面介绍的内容可知，当单纵模激光器直接工作于强度调制状态下时，其注入电流的变化会引起载流子密度的变化，从而使得有源区折射率指数发生变化，致使振荡波长也随之变化，这就是频率啁啾。通常不同结构的单纵模激光器，其频率啁啾特性不同，因而用频率啁啾系数来进行描述。

② 发射机最大谱功率密度：所谓发射机最大谱功率密度是指调制信号谱中任何一个 10MHz 间隔内的最高时间平均功率。利用这一参数，可对具有窄线宽、高功率的光源进行控制，使其避免进入布里渊散射区。

③ 发射机光信噪比：当在系统的发射端使用光放大器时，由于光放大器中存在 ASE，因而给系统引入了噪声，为了确保发射机侧所使用的任何光放大器不会产生过大的固有噪声，以使接收机侧所接收信号的误码率（BER）不劣于 10^{-12}，因而用 MPI-S 点处光带宽内所测得的光信号功率与光噪声功率之比，即发射机光信噪比（OSNR）来衡量。可见 OSNR 与误码率的关系不同于常规系统。

在此仅列出 ITU-T G.691 所规定的 STM-16 光接口指标，如表 4-17 所示。其他速率等级的光接口指标可参见相应标准。

表 4-17 STM-16 光接口规范

应 用 代 码	单位	V-16.1	V-16.2	V-16.3	U-16.2	U-16.3
发送机在参考点 MPI-S 的要求：						
工作波长范围	nm	1290～1330	1530～1565	1530～1565	1530～1565	1530～1565
平均发送功率						
——最大	dBm	13	13	13	15	15
——最小	dBm	10	10	10	12	12
谱特性						
——最大-20dB 带宽	nm	ff_s	ff_s	ff_s	ff_s	ff_s
——源啁啾	—	ff_s	ff_s	ff_s	ff_s	ff_s
——最大谱功率密度	mW/MHz	ff_s	ff_s	ff_s	ff_s	ff_s
——最小边模抑制比	dB	ff_s	ff_s	ff_s	ff_s	ff_s
最小消光比	dB	6	8.2	8.2	10	10
最小 SNR	dB	ff_s	ff_s	ff_s	ff_s	ff_s
主光通道 MPI-*S* 至 MPI-*R* 要求：						
衰减范围						
——最大	dB	33	33	33	44	44
——最小	dB	22	22	22	33	33
色度色散						
——最大	ps/nm	400	2400	400	3200	530
——最小	ps/nm	N/A	N/A	N/A	N/A	N/A
总的平均 PMD（一阶量）	ps	40	40	40	40	40
光缆设施在 MPI-*S* 点的最小光回损	dB	24	24	24	24	24
MPI-*S* 和 MPI-*R* 之间的最大离散反射系数	dB	−27	−27	−27	−27	−27
接收机在参考点 MPI-*R* 的要求：						
最差灵敏度	dBm	−24	−25	−24	−34	−33
最小过载点	dBm	−9	−9	−9	−18	−18
最大光通道代价	dB	1	2	1	2	1
接收机在 MPI-*R* 测得的最大反射系数	dB	−27	−27	−27	−27	−27

4.5.3 SDH 电接口指标

SDH 系统只配置了 2.048Mbit/s、34.368Mbit/s、139.264Mbit/s 和 STM-1 的电接口，其他更高等级只配置了标准的光接口。

1．STM-1 电接口参数

标准比特率：155.520Mbit/s。比特率容差：$\pm20\times10^{-6}$。

码型：为了与常规 139.264Mbit/s PDH 接口标准兼容，STM-1 等级的电接口标准码型也采用传号反转码——CMI 码。按照其编码规则，“0”为“01”，“1”为“00”或“11”，并彼此交替出现，其最大连续码数为 123 个，该码型结构简单，便于编解码操作。

输出口规范：输出口的各项电气性能指标如表 4-18 所示。并且所输出的“0”码和“1”码的波形模板如图 4-19 所示。值得指出的是电接口的输出波形既应满足表 4-18 的要求，也应该符合图 4-19 波形模板的要求，两者不可或缺。

表 4-18　　STM-1 电输出接口标准

脉 冲 形 状	标称脉冲形状为矩形
每方向线对数	1 个同轴电缆对
测量负载阻抗	75 Ω 电阻
峰-峰电压	（1±0.1）V
从稳态幅度的 10%上升至 90%的时间	≤2ns
跃变时间容差（以负跃变平均半幅度点为准）	负跃变：±0.1ns 在单位码元间隔边界上的正向跃变：±0.5ns 在单位码元间隔中心上的正向跃变±0.35ns
回波损耗	≥15dB（8～240MHz）
输出端口最大峰-峰抖动	待将来国际标准确定

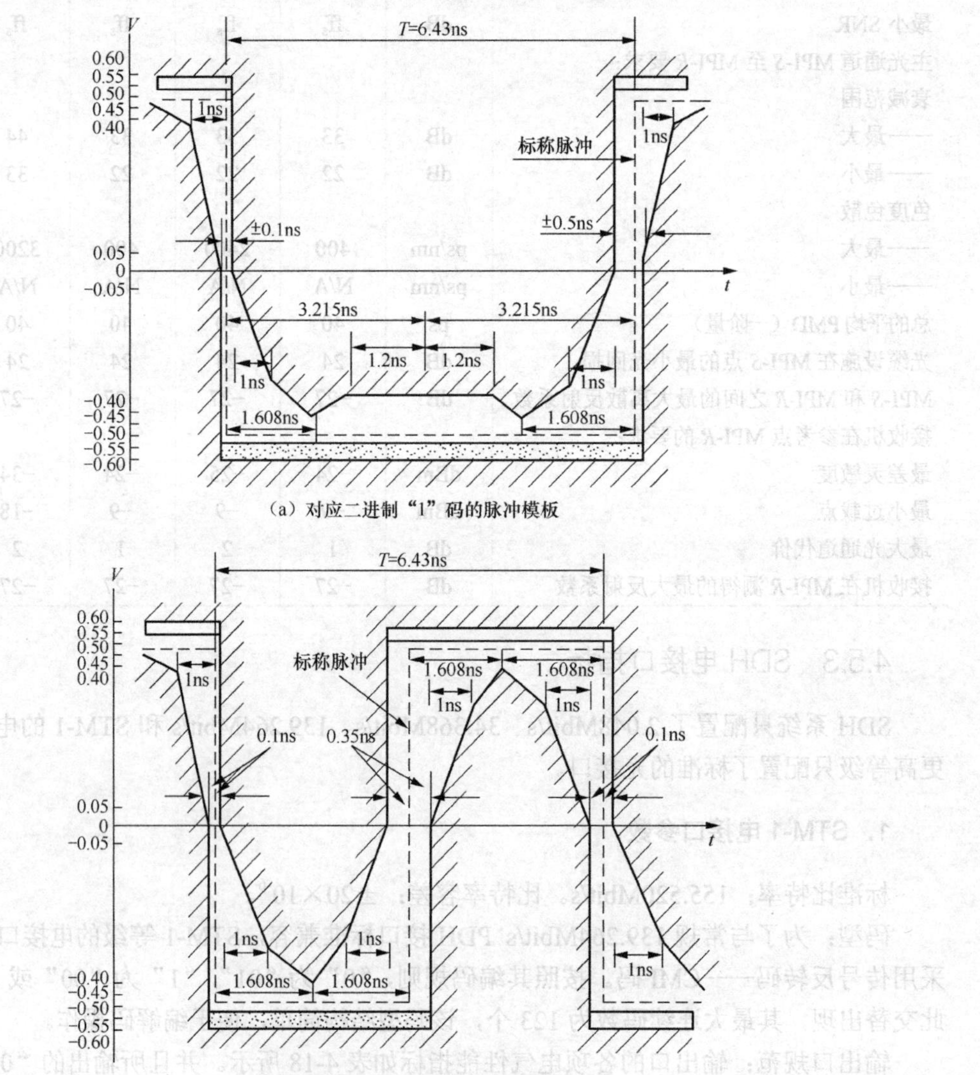

图 4-19　STM-1 电接口波形模板

输入口规范：送入STM-1电接口的信号应与经互连的同轴电缆特性校正过的输出口信号相同，因此输入信号也满足如表4-19所示的要求，需要说明的是其中同轴线衰减频率特性假设近似符合$\sqrt{f}$规律，在78MHz频率点上的插入损耗最大为12.5dB，而且其回波损耗特性也与输出口的相同。

2. PDH支路的电接口参数

（1）比特率及容差

比特率是指单位时间内（通常为1s）通过的比特数。由于信号衰减、抖动及其他影响，实际通过数字信号的比特率与标称比特率之间会有些差别。当差别在一定范围内变化时，光端机仍能正确接收传输信号，而不产生误码，这种差别的允许范围即为容差。在表4-19中给出了数字信号标称比特率及容差。光端机的输入口和输出口均应满足表中的要求。

表4-19　各级电接口的标称比特率容差

标称比特率/（kbit/s）	容　差	接口码型
2048	±50ppm（±102bit/s）	HDB_3
8448	±30ppm（±253.4bit/s）	
34368	±20ppm（±687.4bit/s）	
139264	±15ppm（±2089bit/s）	CMI

（2）反射损耗

当传输电缆与光端机相连时，若连接点处阻抗不匹配，就会产生反射损耗，即在传输电缆的特性阻抗Z_c与光端机接口处产生反射，反射信号与入射信号叠加，使光端机接口处的信号失真，以致造成误码。这里用b_p来表示反射损耗。在表4-20中列出了PDH各次群电接口对输入口提出的反射损耗要求。

（3）输入口允许衰减和抗干扰能力指标

① 输入口允许衰减。信号由电端机经过一段电缆送入光端机时，电缆对信号有一定的衰减，这就要求光端机在接收这种信号时仍不会发生误码，这种光端机输入口能承受一定传输衰减的特性，用允许衰减来表示。

表4-20　电接口反射损耗指标

标称速率f_0/（kbit/s）　反射衰减b_p/dB　测试信号频率变化范围	（2.5%～5%）f_0	（5%～100%）f_0	（100%～150%）f_0
2048	12	18	14
8448	12	18	14
34368	12	18	14
139264	15	15	15

② 输入口抗干扰能力。对于光端机而言，由于数字配线架和上游设备输出口阻抗的不均匀性，会在接口处产生信号反射，反射信号对有用信号来说是个干扰信号。通常把光端机在接收被干扰的有用信号后仍不会产生误码的能力称为输入口的抗干扰能力，因此通常用有用

信号功率与干扰信号功率之比表示抗干扰能力的大小。在表4-21中列出了输入口允许衰减和抗干扰能力指标。

表4-21　　输入口允许衰减和抗干扰能力指标

比　特　率	允 许 衰 减		抗干扰能力	
标称值/（kbit/s）	测试频率/kHz	衰减范围/dB	信号干扰/dB	干扰源（PRBS）
2048	1024	0～6	18	2^{15}-1
8448	4224	0～6	20	2^{15}-1
34368	17148	0～12	20	2^{23}-1
139264	70000	0～12		

（4）输出口波形

其分析思路与STM-1电接口脉冲波形样板相同。

（5）无输入抖动时的输出抖动

前面已经进行了详细介绍，这里不再重述。

小结

本章所介绍的主要内容如下。

1. SDH光传输系统的结构：点到点链状线路系统、环形系统（包括系统互连方式）。

2. SDH线路性能分析——衰减对中继距离的影响

一个中继段上的传输衰减内容：包括光纤本身的固有衰减和光纤的连接损耗和微弯带来的附加损耗。

形成光纤损耗的原因：主要包括两大类，即吸收损耗和散射损耗。

3. SDH线路性能分析——色散对中继距离的影响

色散的概念：信号在光纤中是由不同频率成分和不同模式成分携带的，这些不同的频率成分和模式成分有不同的传播速度，这样在接收端接收时，就会出现前后错开，这就是色散现象，使波形在时间上发生了展宽。

光纤色散的分类：包括材料色散、波导色散和模式色散。前两种色散是由信号不是单一频率而引起的，后一种色散是由信号不是单一模式而引起的。

色散的描述：是用时延差表示，即不同速率的信号，传输同样的距离时存在的时间差。色散就越严重。信号传输距离越短。

时延差的单位是ps/（km·nm）。

影响色散受限系统的因素：码间干扰、模分配噪声和啁啾声的影响。

4. 中继距离的计算

衰减受限系统
$$L_{\alpha}=\frac{P_{T}-P_{R}-A_{CT}-A_{CR}-P_{P}-M_{E}}{A_{f}+A_{S}/L_{f}+M_{C}}$$

色散受限系统——采用多纵摸激光器（MLM）作为系统光源：

$$L_{D}=\frac{\varepsilon\times10^{6}}{B\times\Delta\lambda\times D}$$

色散受限系统——采用单纵模激光器（SLM）作为系统光源：

$$L_C = \frac{71400}{\alpha \cdot D \cdot \lambda^2 \cdot B^2}$$

5. 10Gbit/s及10Gbit/s以上的SDH光线路

10Gbit/s及10Gbit/s以上的SDH光线路特点。

影响10Gbit/s及10Gbit/s以上的SDH光线路的因素（光源频率啁啾的影响；光纤的色散特性的影响；极化模色散的影响；系统功率预算的限制）

6. 掺铒光纤放大器的基本特性

掺铒光纤放大器是一种特殊光纤。它将稀土元素铒注入光纤中，并在泵浦光源的作用下可直接对某一波长的光信号进行放大。

7. 拉曼放大器的基本特征

拉曼放大器是利用光纤的拉曼受激散射效应，实现不同频带的光功率的转移，即将短波长光能量转移到长波长信号上。

8. SDH网络性能指标

系统参考模型；SDH网络性能指标（误码性能、抖动性能、延时特性）。

9. SDH光接口、电接口技术标准

光接口、电接口的定界；SDH光接口标准； SDH电接口标准。

复习题

1. 环路系统的互连方式有哪几种？它们各自的特点是什么？
2. 什么是码间干扰？它是如何产生的？其对系统的影响如何？
3. 什么叫频率啁啾？
4. 在系统中使用掺铒光纤放大器的优点是什么？
5. 简述高速光传输系统中所采用的码型调制技术的技术特点。
6. 简述光信噪比的定义。
7. 我国采用参考数字段长度有几种？具体长度是多少？并说明它们各自应用场合。
8. 什么是误块秒比？并写出其计算式。
9. 写出衡量系统抖动特性的几个技术指标。
10. 什么叫最小消光比？
11. 什么是光通道功率代价？它包括哪些内容？
12. SDH系统中设置了几种电接口？其速率等级为何？
13. 一个622Mbit/s单模光缆通信系统，系统中所采用的是InGaAs隐埋异质结构多纵摸激光器，其标称波长 λ_1=1310nm，光脉冲谱线宽度 $\Delta\lambda_{max}\leq$2nm。发送光功率 P_t=2dBm。如用高性能的PIN-FET组件，可在BER=1×10^{-10}条件下得到接收灵敏度 P_R=−28dBm。光纤固有衰减系数0.25dB/km，光纤色散系数 D=1.8ps/（km·nm），问系统中所允许的最大中继距离是多少？

注：若光纤接头损耗为0.09dB/km，活接头损耗1dB，设备富余度取3.8，光纤线路富余度取0.1dB/km. 光通道功率代价1dB。

第 5 章 SDH 传送网络结构和自愈网

在传统传输技术下，传输网是由点到点线形结构组成的。只有在 SDH 环境下，传输网络才成为真正意义上的网络。本章将就传送网的概念、SDH 的网络结构、SDH 网络的安全性措施等方面进行介绍。

5.1 SDH 传送网

目前的传输网主要是为话音业务服务的，因而它是建立在点对点的通信基础上的，不能适应不断增长的用户需求量的要求。而在 SDH 环境下，首次以网络的面貌出现，故此我们首先来介绍一下传送网的概念。

5.1.1 传送网的基本概念

1. 传送网

通常网络是指能够提供通信服务的所有实体及其逻辑配置。可见从信息传递的角度来分析，传送网是完成信息传送功能的手段，它是网络逻辑功能的集合。它与传输网的概念存在着一定的区别。所谓传输网是以信息信号通过具体物理媒质传输的物理过程来描述，它是由具体设备组成的网络。在某种意义下，传输网（或传送网）又都可泛指全部实体网和逻辑网。

2. 关于通道、复用段、再生段的说明

在 SDH 传输系统中，通道、复用段、再生段间的关系如图 5-1 所示。

图中，PT 指通道终端，它是虚容器的组合分解点，完成对净负荷的复用和解复用，并完成对通道开销的处理。

MST 指复用段终端、完成复用段的功能，其中如产生和终结复用段开销（MSOH）。相应的设备有光缆线路终端、高阶复用器、宽带交叉连接器等。

RST 指再生段终端。它的功能块在构成 SDH 帧结构过程中产生再生段开销（RSOH），在相反方向则终结再生段开销。

由图 5-1 还可以看出，通道、复用段、再生段的定义和分界。

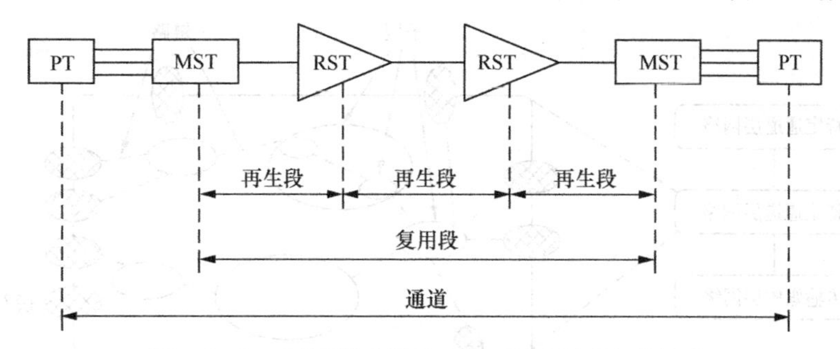

图5-1 SDH传输系统中通道、复用段、再生段间的关系

为了便于理解，将上述关于通道、复用段、再生段的划分与相应的设备联系起来，其示意如图5-2所示。

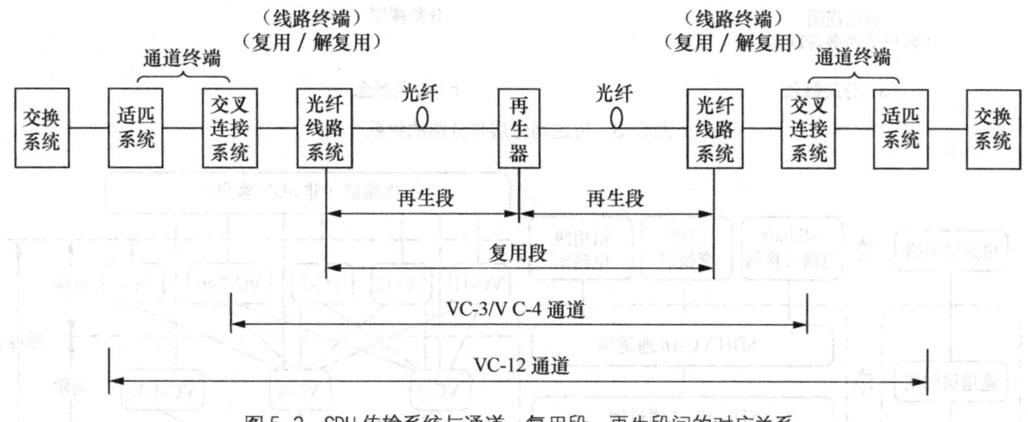

图5-2 SDH传输系统与通道、复用段、再生段间的对应关系

为了能够使由此所构成的网络具有组网灵活、简单的特性，同时又便于描述，因而在规范一个网络模型时，多采用分层和分割的概念。

5.1.2 分层与分割的概念

从垂直方向看，传送网是由两个相互独立的传送网络层（即层网络）构成，即通道层和传输媒质层。下一层为上一层提供服务。如图5-3所示，若下面一个特定通道层网络为VC-12，那么上面一个特定通道层网络便是VC-3/VC-4，VC-12通道层为VC-3/VC-4通道层提供服务。通道层又是为电路层提供服务的，而每一层网络可以在水平方向上按照其内部结构分割为若干部分，因而分层与分割的关系是相互正交的。

1. SDH传送网分层模型

SDH传送网共分为通道层和传输媒质层，网络关系如图5-4所示。由于电路层是面向业务的，因而严格地说不属于传送网。但电路层网络、通道层网络和传输媒质层网络之间彼此都是相互独立的，并符合客户与服务者的关系，即在每两层网络之间连接节点处，下层为上层提供透明服务，上层为下层提供服务内容。下面就对包括电路层在内的各层网络进行简要介绍。

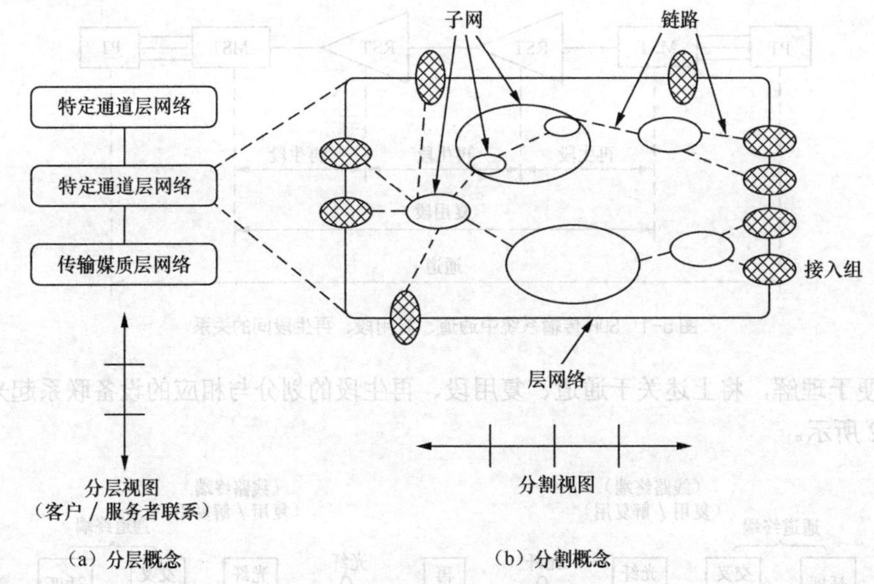

图5-3 传送网分层与分割的关系

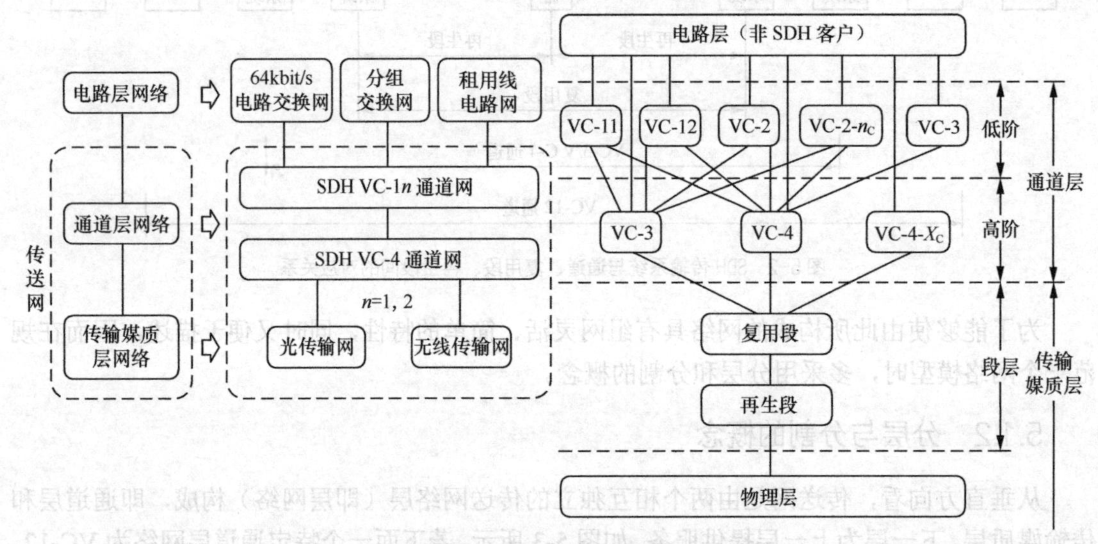

图5-4 传送网的分层模型

（1）电路层网络

电路层网络是面向公用交换业务的网络。例如，电路交换业务、分组交换、租用线业务和B-ISDN虚通路等。根据所提供的业务，又可以区别为各种不同的电路网络层。通常电路网络层是由各种交换机和用于租用线业务的交叉连接设备以及IP路由器构成。它与相邻的通道层网络保持独立。这样，SDH不单能够支持某些电路层业务，而且能够直接支持电路层网络，并且去掉了其中多余的PDH网络层，使电路层业务清晰可见，从而简化了电路层交换。

（2）通道层网络

通道层网络为电路层网络节点（如交换机）提供透明的通道（即电路群）。例如，VC-11/VC-12可以看作电路层节点间通道的基本传送容量单位，而VC-3/VC-4则可以看作局间通信的基本传送单位。通道层网络能够对一个或多个电路层网络提供不同业务的传送服务。

例如，提供2Mbit/s、34Mbit/s和140Mbit/s的PDH传输链路，提供SDH中的VC-11、VC-12、VC-2、VC-3及VC-4等传输通道以及B-ISDN中的虚通道。由于在SDH环境下通道层网络可以划分为高阶通道层网络和低阶通道层网络，因而能够灵活方便地对通道层网络的连接性进行管理控制，同时能为由交叉连接设备建立的通道提供较长的使用时间。使各种类型的电路层网络都能按要求的格式将各自电路层业务映射进复用段层，从而共享通道层资源。同时，通道层网络与其相邻的传输媒质层保持相互独立的关系。

（3）传输媒质层网络

所谓传输媒质层网络是指那些能够支持一个或多个通道层网络，并能在通道层网络节点处提供适当通道容量的网络，如STM-*N*就是传输媒质层网络的标准传输容量，该层主要面向线路系统的点到点传送。传输媒质层网络又是由段层网络和物理媒质层网络组成的，其中，段层网络主要负责通道层任意两节点之间信息传递的完整性，而物理媒质层则主要负责确定具体支持段层网络的传输媒质。

① 段层网络。段层网络又可以进一步分为复用段层网络和再生段层网络。

复用段层网络是用于传送复用段终端之间信息的网络。例如，负责向通道层提供同步信息，同时完成有关复用段开销的处理和传递等项工作。

再生段层网络是用于传递再生中继器之间以及再生中继器与复用终端之间信息的网络。例如，负责定帧扰码、再生段误码监视、再生段开销的处理和传递等项工作。

② 物理媒质层。物理媒质层网络是指那些能够为通道层网络提供服务的、能够以光电脉冲形式完成比特传送功能的网络，它与段开销无关。实际上物理媒质层是传送层的最底层，无需服务层的支持，因而网络连接可以由传输媒质支持。

③ 光通信系统中的再生段、复用段和通道。按照分层的概念，不同层的网络有不同的开销和传递功能。为了便于对上述信息进行管理控制，因而在SDH传送网中的开销和传递功能也是分层的。图5-1中给出了再生段、复用段和通道在系统组成中的定义和分界。其中，再生段终端（RST）主要完成再生段功能，即再生段开销（RSOH）的产生和终结。

复用段终端（MST）主要完成复用段功能，即复用段开销（MSOH）的产生和终结，其功能可以包含在光线路终端、宽带DXC和高阶复用器等设备中。

通道终端（PT）主要完成对净负荷的复用和解复用以及通道开销（POH）的产生和终结，其功能可以包含在低阶复用器、DXC和用户环路系统等设备中。

从图5-5中可以清楚地观察到，各层在垂直方向上存在着等级关系，不同实体的光接口可以通过对等层进行水平方向的通信，但由于对等层间无实际的传输媒质与之相连，因而是通过下一层提供的服务以及同层间的通信来实现其间通信的，故此每一层的功能都是由全部低层的服务来支持。

（4）相邻层网络间的关系

每一层网络可以为多个客户层网络提供服务。当然不同的客户层网络对服务层网络有不同的要求，因而可对每一服务层网络进行优化处理，使其满足客户层网络的特定要求。下面以VC-4层网络为例来进行说明。VC-12、VC-2、VC-3、广播电视和B-ISDN均可以作为VC-4层网络的客户层网络，这样可根据各自的要求综合为一个VC-4来进行传输，因此必须构成一个优化的VC-4层网络。

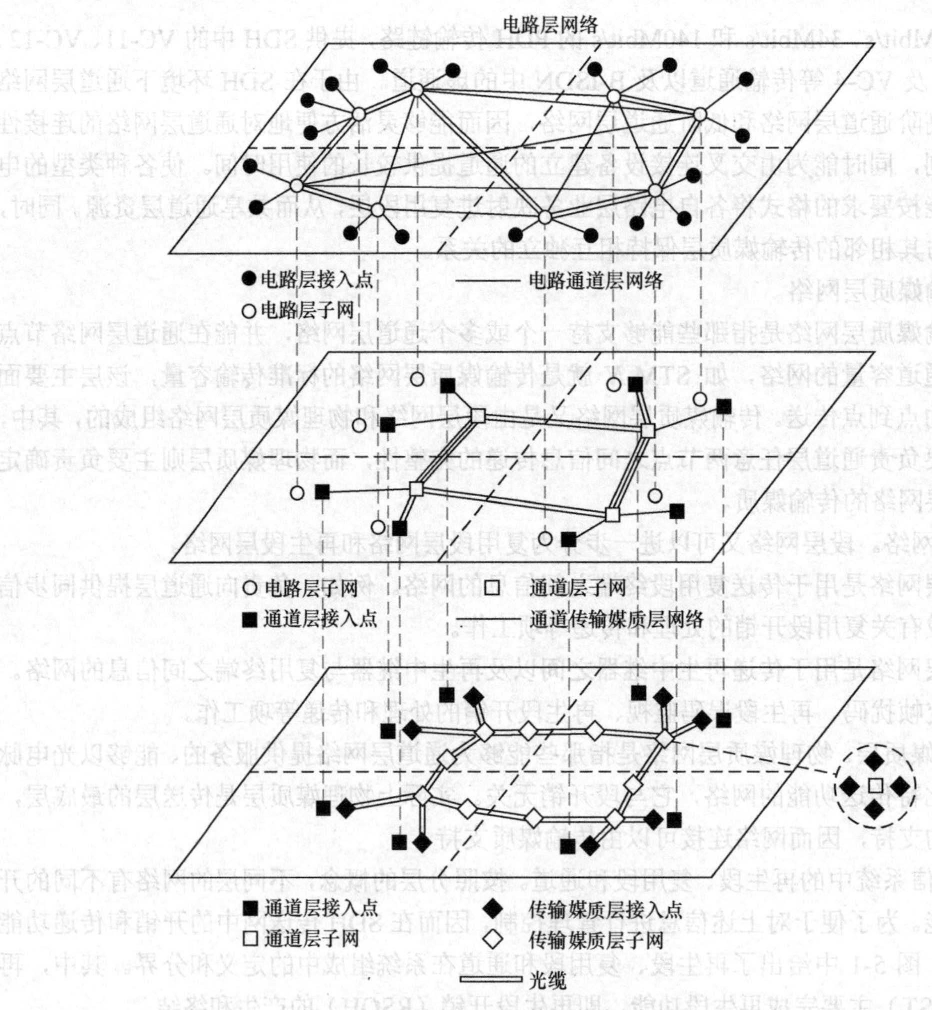

图 5-5　层网络间联系示意图

从以上分析可见，相邻层网络间的关系满足客户与服务提供者之间的关系，而客户与服务提供者进行联系的地方正是服务层网络中为客户层网络提供链路连接的地方。从图 5-5 可以清楚地看出，电路层网络中的链路连接又是由传输媒质层网络来完成的。在表 5-1 中列出了目前 ITU-T 规定的各种传送网的客户与服务提供者之间的关系。

表 5-1　　适配功能参数

客　户　层	服　务　层	适　配　参　考	客户层特征信息
1544kbit/s 异步	VC-11 低阶通道	G.707	1544kbit/s±50ppm
1544kbit/s 字节同步	VC-11 低阶通道	G.707	1544kbit/s 标称 G.704 字节结构
2048kbit/s 异步	VC-12 低阶通道	G.707	2048kbit/s±50ppm
2048kbit/s 字节同步	VC-12 低阶通道	G.707	2048kbit/s 标称 G.704 字节结构
6312kbit/s 异步	VC-2 低阶通道	G.707	6312kbit/s±30ppm
34368kbit/s 异步	VC-3 低阶或高阶通道	G.707	34368kbit/s±20ppm

续表

客户层	服务层	适配参考	客户层特征信息
44736kbit/s异步	VC-3低阶或高阶通道	G.707	44736kbit/s±20ppm
139264kbit/s异步	VC-4通道	G.707	139264kbit/s±15ppm
B-ISDN ATM虚通道	任何VC	G.707	53字节信元
VC-11通道	VC-3高阶通道或VC-4通道	G.707	VC-11+帧偏移
VC-12通道	VC-3高阶通道或VC-4通道	G.707	VC-12+帧偏移
VC-2通道	VC-3高阶通道或VC-4通道	G.707	VC-2+帧偏移
VC-3低阶通道	VC-4通道	G.707	VC-3+帧偏移
VC-3高阶通道	STM-*N*复用段	G.707	VC-3+帧偏移
VC-4通道	STM-*N*复用段	G.707	VC-4+帧偏移
STM-*N*复用段	STM-*N*再生段	G.707	STM-*N*速率

2. 层网络的分割

当分层概念引入传送网之后，可将传送网划分为若干网络层，这样使传送网的结构更加清晰，但每一网络层的结构仍很复杂，为了便于管理，在分层结构的基础上，再从水平方向将每一层网络分为若干部分，每一部分具有特定功能，这就是分割。通常的分割可以划分为两个相关的领域，即子网的分割和网络连接的分割。

（1）子网的分割

任何子网都可以进行进一步分割，分割成为由链路相互连接的较小的子网，因而这些较小的子网和与之相连接的链路便构成子网的拓扑。从另一角度来看，也可以认为正是在层网络中引入了分割概念，从而可将任何层网络进行逐级分解直至观察到所需的细节为止。通常，所观察到的最末端细节就是实现交叉连接功能的设备。

如果从地域上来进行分割，一个层网络又可划分为国际部分子网和国内部分子网。国内部分子网又可以进一步细分为转接部分和接入部分（即本地网部分），如此逐级进行分解，最后便能够观察到所需的细节。

（2）网络连接和子网连接的分割

与子网分割方式相同，也可对网络连接进行逐级分割。通常，网络连接可划分为若干个子网连接和链路连接的组合体，而每个子网连接又可进一步分割成若干个子网连接和链路连接的组合体。以此下去，正常情况下逐级分解的极限将出现在基本连接矩阵的单个连接点上，因此，也可以认为网络连接和子网连接实际上是由许多子网连接和链路连接按特定次序组合成的传送实体。

3. 引入分层与分割概念的好处

由上面的分析可以看出，这种功能分层与分割的概念彻底地摒弃了传统的面向传输的网络概念。此时人们不仅会问，为什么将分层与分割的概念引入传送网？其优势在哪里？下面我们就来回答这个问题。

（1）采用分层概念的好处

① 简化设计。采用分层概念之后，只需考虑每一层网络的设计和运行方案。这比将整个网络作为一个单个实体来进行设计时的情况要简单得多。

② 易于TMN（电信管理网）的实现。每一层网络均可以用一组功能来加以描述，这样可以简化TMN管理目标规定，便于TMN的实现。

③ 便于拓展新技术和采用新的拓扑网络。随着技术的不断进步，人们对新业务的需求会不断增加。由于在网络中采用了分层结构，人们能够仅通过对某一层网络进行增加或修改，便可以实现新技术的拓展以及网络结构的变化，而不会对其他网络构成影响。

④ 网络生存性优势。在传统的以点到点方式构成的光纤传输网中，如果物理层传输链路或节点出现故障，则会使电路层业务遭到破坏，从而直接影响正常通信。由于在SDH网络中引入了分层结构，当物理层出现故障时，则由物理层内部进行处理，其上层的通道层和电路层可与其隔离，因而使网络运行者可以按用户的不同需求，为其提供不同等级的业务生存性。

综上所述，建立在此分层模型基础之上的传输网络概念完全符合以业务为基础的现代网络概念。因为这样的网络中可以容纳多种传输技术，使传送网成为独立于业务和应用的一个动态的、可靠的、具有优质低价的基础网，从而在此基础网络平台上可支持各种各样的业务平台以满足不同用户的业务需求。

（2）采用分割概念的好处

尽管在传送网中引入分层的概念，但每一网络层的结构仍很复杂，地域范围又大，为了便于管理，在分层结构的基础上，再从水平方向将每一层网络分为若干部分，由此构成网络管理的基本骨架。其优势如下。

① 规定管理界限。通常每一层网络被分为若干个子网和链路连接。若从地域上来划分可将其细分为国际网、国内网和地区网，每一网络部分均独立行使其管理权。显然在同一层网络中，可由不同的网络运营者共同提供端到端的通道，而每个网络运营者负责管理本区段中的网络和链路。之所以能够如此，正是因为在每一层网络中采用了分割的概念，从而可对管理界限进行规定。

② 规定独立的选路区域边界。由于在每一层网络中引入了分割的概念，因而可对处于第三方控制的层网络或子网的部分区域做出规定，这样便于进行路由选择。同时有利于网络元素的出租，从而促进网络运营商及其业务供应商之间的全面竞争。

由以上分析可知，由于引入了分割的概念，可将层网络中的各部分视为彼此独立的实体。因而可隐去层网络的内部结构，从而大大降低了层网络管理控制的复杂程度，这样网络运营商可根据客户需要自主地改动其子网结构或进行优化处理，而不会对层网络上的其他部分构成影响。

5.1.3 SDH网络拓扑结构

网络的拓扑结构是指网络的形状，即网络节点设备与传输线路的几何排列，因而根据不同的用户需求，同时考虑到社会经济的发展状况，可以确定不同的网络拓扑结构。

1．SDH网络的基本拓扑结构

在SDH网络中，通常采用点对点线形、星形、树形、环形等网络结构，下面分别进行介绍。

（1）点到点线形网络结构

线形网络结构，它将各网络节点串联起来，同时保持首尾两个网络节点呈开放状态的网络结构。图 5-6（a）所示为典型的点到点链状 SDH 网络，其中，在链状网络的两端节点上配备有终端复用器，而在中间节点上配备有分插复用器。因而它是由具有复用和光接口功能的线路终端、中继器和光缆传输线构成的。

这种网络结构简单，便于采用线路保护方式进行业务保护，但当光缆完全中断时，此种保护功能失效。另外，这种网络的一次性投资小，容量大，具有良好的经济效益，因此很多地区采用此种结构来建立 SDH 网络。

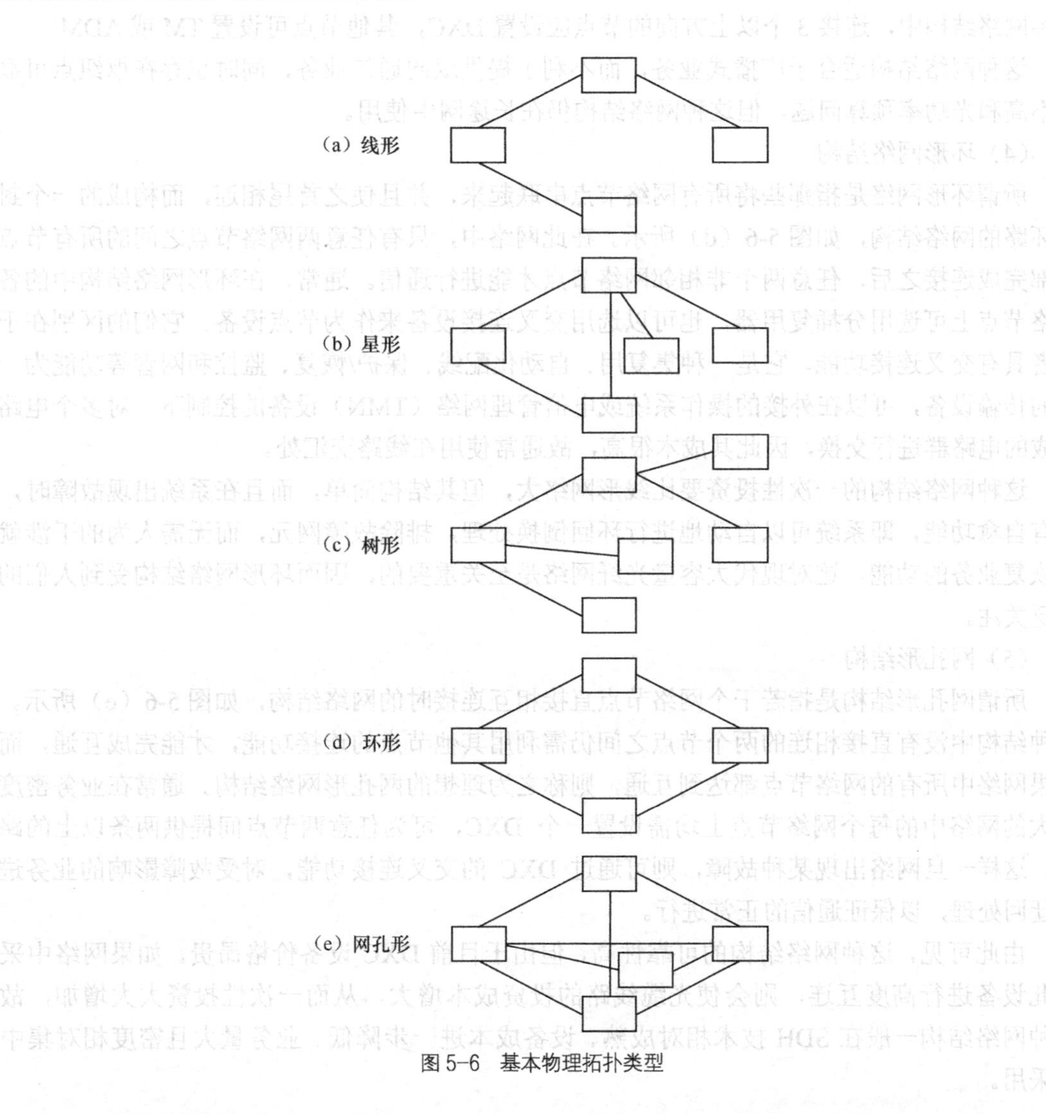

图 5-6 基本物理拓扑类型

（2）星形网络结构

所谓星形网络拓扑结构是指如图 5-6（b）所示的网络结构，即其中一个特殊网络节点（即枢纽点）与其他的互不相连的网络节点直接相连，这样除枢纽点之外的任意两个网络节点之间的通信，都必须通过此枢纽点才能完成连接，因而一般在特殊点配置交叉连接器（DXC）

以提供多方向的互连，而在其他节点上配置终端复用器（TM）。

这种网络结构简单，它可以将多个光纤终端统一成一个终端，从而提高带宽的利用率，同时又可以节约成本，但在枢纽节点上业务过分集中，并且只允许采用线路保护方式，因此系统的可靠性能不高，故仅在初期的SDH网络建设中出现。目前，多使用在业务集中的接入网中。

（3）树形网络结构

一般树形网络是由星形结构和线形结构组合而成的网络结构，因而所谓树形网络结构是指将点到点拓扑单元的末端点连接到几个枢纽点时的网络结构，如图5-6（c）所示。通常在这种网络结构中，连接3个以上方向的节点应设置DXC，其他节点可设置TM或ADM。

这种网络结构适合于广播式业务，而不利于提供双向通信业务，同时也存在枢纽点可靠性不高和光功率预算问题，但这种网络结构仍在长途网中使用。

（4）环形网络结构

所谓环形网络是指那些将所有网络节点串联起来，并且使之首尾相连，而构成的一个封闭环路的网络结构，如图5-6（d）所示。在此网络中，只有任意两网络节点之间的所有节点全部完成连接之后，任意两个非相邻网络节点才能进行通信。通常，在环形网络结构中的各网络节点上可选用分插复用器，也可以选用交叉连接设备来作为节点设备。它们的区别在于后者具有交叉连接功能，它是一种集复用、自动化配线、保护/恢复、监控和网管等功能为一体的传输设备，可以在外接的操作系统或电信管理网络（TMN）设备的控制下，对多个电路组成的电路群进行交换，因此其成本很高，故通常使用在线路交汇处。

这种网络结构的一次性投资要比线形网络大，但其结构简单，而且在系统出现故障时，具有自愈功能，即系统可以自动地进行环回倒换处理，排除故障网元，而无需人为的干涉就可恢复业务的功能。这对现代大容量光纤网络是至关重要的，因而环形网络结构受到人们的广泛关注。

（5）网孔形结构

所谓网孔形结构是指若干个网络节点直接相互连接时的网络结构，如图5-6（e）所示。这种结构中没有直接相连的两个节点之间仍需利用其他节点的连接功能，才能完成互通，而如果网络中所有的网络节点都达到互通，则称之为理想的网孔形网络结构。通常在业务密度较大的网络中的每个网络节点上均需设置一个 DXC，可为任意两节点间提供两条以上的路由。这样一旦网络出现某种故障，则可通过 DXC 的交叉连接功能，对受故障影响的业务进行迂回处理，以保证通信的正常进行。

由此可见，这种网络结构的可靠性高，但由于目前DXC设备价格昂贵，如果网络中采用此设备进行高度互连，则会使光缆线路的投资成本增大，从而一次性投资大大增加，故这种网络结构一般在SDH技术相对成熟、设备成本进一步降低、业务量大且密度相对集中时采用。

2. SDH网络规划原则

如何合理地规划SDH网络，使其满足经济上的合理性、技术上的先进性、网络结构的完整性，并且可以高效、可靠地运行，这是SDH技术应用的一个重要方面。下面就从SDH的组网原则开始讨论。

（1）SDH的组网原则

在进行SDH网络规划时，应该参照原邮电部1994年制定的《光同步传输技术体制》的相关标准和有关规定，并结合具体情况，确定网络拓扑结构、设备选型等项内容。在此过程中还应注意以下问题。

① SDH传输网络的建设应有计划地分步骤实施。由前面的分析可知，一个实用SDH网络结构相当复杂，它与经济、环境以及当前业务量发展状况有关，因而必须进行统一规划。在国家一级干线中，一般可先建立线形网络，然后再逐步过渡到网孔形网络。这样在保证网络的生存性的同时，可利用SDH技术实现大容量地、机动灵活地话路业务的上下，而在省、市二级干线一般可先建立线形和环形混合结构。当资金、业务量和技术等条件均成熟之后，再逐步向更为完善的网络结构过渡。

② 目前，由于在全国范围内都在不断的扩大各自本地电话网的范围，因而SDH网络规划应与之协调，省内传输网络建设一般应覆盖所有长途传输中心所在的城市。

③ 我国的长途传输网目前是由省际网（一级干线网）和省内网（二级干线网）两个层面组成的，SDH网络规划应考虑两个层的合理衔接。

④ 由于应用业务种类很多，因此在建立SDH干线传输网时，除考虑电话业务之外，还应兼顾如数据、图文、视频、多媒体、租用线路等业务的传输要求。另外，还应从网络功能划分方面考虑到支撑网（如信令网、电信管理网和同步网）对传输的要求，同时还要充分考虑网络安全性问题，以此根据网络拓扑和设备配置情况，确定网络冗余度、网络保护和通道调度方式。

⑤ 我国采用的是30/32 PDH体制，共存在4种速率系统，但我国SDH映射结构中，仅对PDH 2Mbit/s、34Mbit/s和140Mbit/s 三种支路信号提供了映射路径。又由于34Mbit/s信号的频率利用率最低，故而建议使用2Mbit/s和140Mbit/s接口，如果需要可经主管部门批准后，为34Mbit/s支路信号提供接口。

（2）网络拓扑的选择

在选择SDH传输网的拓扑结构时，应考虑到以下几个方面的因素。

① 在进行SDH网络规划时，应从经济角度衡量其合理性，同时还要考虑到不同地区、不同时期的业务增长率的不平衡性。

② 应考虑网络现状、网络覆盖区域、网络保护及通道调度方式以及节点传输容量，最大限度地利用现有的网络设备。

③ 省内干线一般宜选用网孔形或环形这种拓扑结构为主，辅之以线形等其他类型的网络结构，但应根据具体情况逐步形成，而不要求一次到位。

④ 环形网具有自愈功能，并且相对网孔网结构而言，其投资不大，但由于环上的接入节点数受环中的传输容量限制，因而环网适于运用在传输容量不大、节点数较少的地区。通常当环的节点设备速率为STM-4时，一般接入节点在3～5个为宜，而当ADM的速率为STM-16时，接入节点数则不宜超过10个。

⑤ 对于边远、业务量需求较小的节点，可采用线形结构，将其与主干网进行连接。

⑥ 根据具体业务分布情况和经济条件，选择适当的保护方式（具体内容将在下面介绍）。

3．我国 SDH 网络结构

我国 SDH 网络结构上采用四级制，如图 5-7 所示。

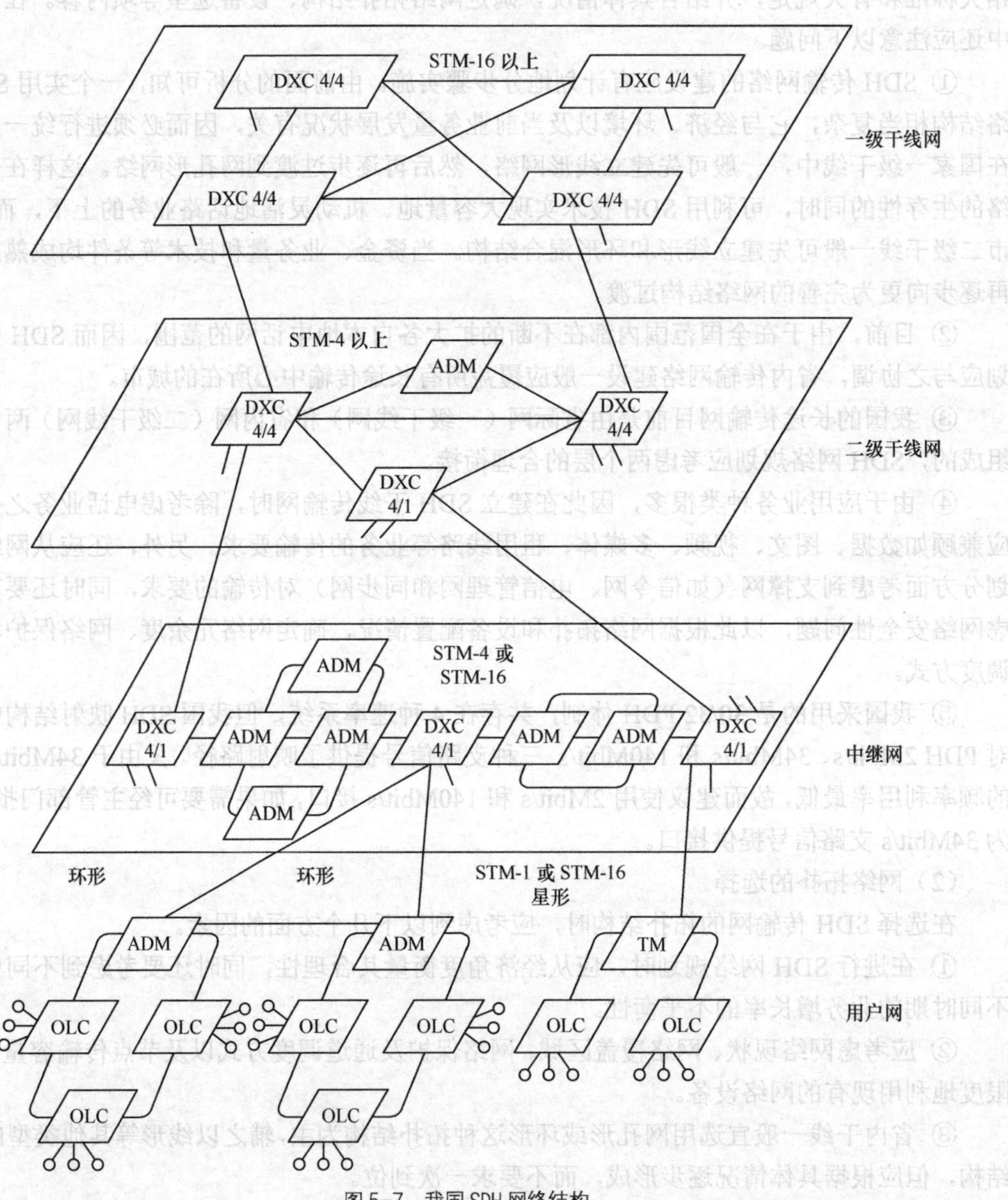

图 5-7　我国 SDH 网络结构

第一级干线：它是最上一层网络，主要用于省会、城市间的长途通信，由于其间业务量较大，因而一般在各城市的汇接节点之间采用 STM-64、STM-16 高速光链路，而在各汇接节点城市装备 DXC 设备，如 DXC4/4，从而形成一个以网孔形结构为主，其他结构为辅的大容量、高可靠性的骨干网。由于使用了 DXC4/4 设备，这样可以直接通过 DXC4/4 中的 PDH 140Mbit/s 接口，将原有的 140Mbit/s 系统纳入到长途一级干线之中。

第二级干线：这是第二层网络，主要用于省内的长途通信。考虑其具体业务量的需求，通常采用网孔形或环形骨干网结构，有时也辅以少量线形网络，因而在主要城市装备 DXC 设备，其间用 STM-4 或 STM-16 高速光纤链路相连接，形成省内 SDH 网络结构。同样由于在其中的汇接点采用 DXC4/4 或 DXC4/1 设备，因而通过 DXC4/1 上的 2Mbit/s，34Mbit/s 和 140Mbit/s 接口，从而实现 PPH 业务的有效传输。

第三级干线：这是第三层网络，主要由用于长途端局与市话之间以及市话局之间通信的中继网构成。根据区域划分法，可分为若干个由 ADM 组成的 STM-4 或 STM-16 高速环路，也可以是用路由备用方式组成的两节点环，而这些环是通过 DXC4/1 设备来沟通，既具有很高的可靠性，又具有业务量的疏导功能。

第四级是网络的最低层面，既称为用户网，也可称为接入网。由于业务量较低，而且大部分业务量汇聚于一个节点（交换局）上，因而可以采用环形网络结构，也可以采用星形网络结构，其中是以高速光纤线路作为主干链路来实现光纤用户环路系统（OLC）的互通，或者经由 ADM 或 TM 来实现与中继网的互通。速率为 STM-1 或 STM-4，接口可以为 STM-1 光/电接口，PDH 体系的 2Mbit/s、34Mbit/s 和 140Mbit/s 接口，普通电话用户接口，小交换机接口，2B+D 或 30B+D 接口以及城域网接口等。

由于用户接入网是 SDH 网中最为复杂、最为庞大的部分，它占通信网投资的大部分，但为了实现信息传递的宽带化、多样化和智能化，因而用户网必须逐步向光纤化方向发展。这样才有光纤到路边（FTTC）和光纤到户（FTTH）的不同阶段。

综上所述，我国的 SDH 网络结构具有以下特点。

（1）具有四个相当独立而又综合一体化的层面。

（2）简化了网络规划设计。

（3）适应现行行政管理体制。

（4）各个层面可独立实现最优化。

（5）具有体制和规划的统一性、完整性和先进性。

另外需要说明的是：随着技术的不断进步，人们对业务量的要求逐步提高，我们的 SDH 网络结构有可能将四个层面逐渐简化为两个层面，即将一级和二级干线网融为一体，组成长途网；而将中继网与接入网融合成为本地网。

5.2 自愈网

随着技术的不断进步，信息的传输容量以及速率越来越高，因而对通信网络传递信息的及时性、准确性的要求也越来越高。如果一旦通信网络出现线路故障，将会导致局部甚至整个网络瘫痪，因此，网络生存性问题是通信网络设计中必须加以考虑的重要问题。因而人们提出一种新的概念——自愈网。

5.2.1 自愈网的概念

所谓自愈网就是无需人为干预网络就能在极短时间内从失效状态中自动恢复所携带的业务，使用户感觉不到网络已出现了故障。其基本原理就是使网络具有备用路由，并重新确立通信能力。自愈的概念只涉及到重新确立通信，而不管具体失效元部件的修复与更新，而后者仍需人为干预才能完成。而在SDH网络中，根据业务量的需求，可以采用各种各样拓扑结构的网络。不同的网络结构所采取的保护方式不同，因而在SDH网络中的自愈保护可以分为自动线路保护倒换、环形网保护、网孔形DXC网络恢复及混合保护方式。

5.2.2 自动线路保护倒换

自动线路保护倒换是最简单的自愈形式，其结构有两种；即1+1和1∶*n*结构方式。

1．1+1结构

图5-8所示为1+1线路保护倒换结构，从图中可以看出，由于发送端是永久地与主用、备用信道相连接，因而STM-*N*信号可以同时在主用信道和备用信道中传输，在接收端其MSP（复用段保护功能）同时对所接收到的来自主、备用信道的STM-*N*信号进行监视，正常工作情况下，选择来自主用信道的信号作为输出信号。一旦主用信道出现故障，则MSP会自动从备用信道中选取信号作为接收信号。

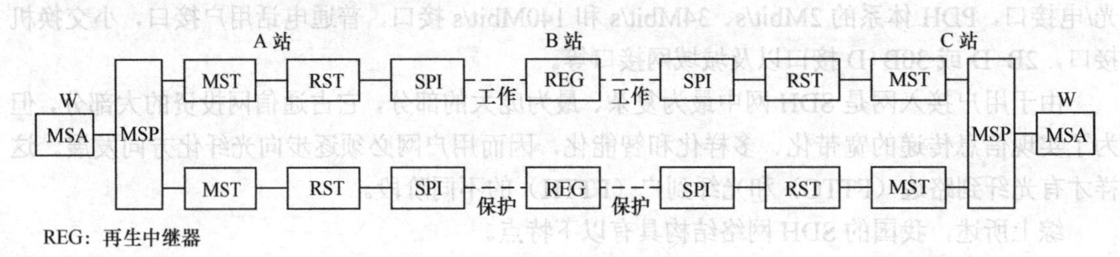

图5-8 1+1线路保护倒换结构

2．1∶*n*结构

图5-9所示为1∶*n*线路保护倒换结构。从图中可以看出，在1∶*n*结构中，备用信道由多个主用信道共享，一般*n*值范围为1～14。

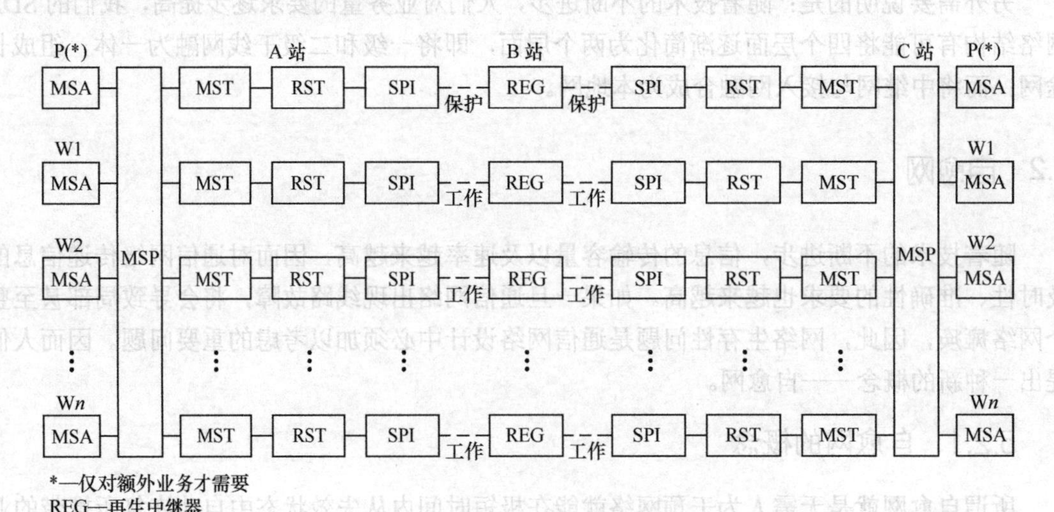

图5-9 1∶*n*线路保护倒换结构

3．保护倒换的实现

在SDH中，是通过帧结构中的两个自动保护倒换字节K1和K2来完成收发两端站间及时、准确、无误的倒换保护操作，为了说明其具体操作过程，下面先介绍一下K1和K2字节的内容。

（1）K1和K2字节

K1是用于指示请求倒换的信号字节，它标示出请求倒换的信道号；K2是用于证实信号的字节，通过该字节可确认桥接到保护信道的信道号。

K1字节格式是：

1	2	3	4	5	6	7	8

其中，K1的1～4位表明了请求的类型，如表5-2所示。

表5-2　K1的1～4位请求类型

1-4	条件、状态或外部请求	级　别
1111	锁定保护	最高
1110	强迫倒换	
1101	信号失效（高级）	
1100	信号失效（低级）	
1011	信号劣化（高级）	
1010	信号劣化（低级）	
1001	未使用	
1000	人工倒换	
0111	未使用	
0110	等待恢复	
0101	未使用	
0100	练习	
0011	未使用	
0010	返回请求	
0001	不返回	
0000	未请求	最低

K1的5～8位指示请求桥接到保护通道的主信道号，具体内容如下。

0000：空信道（保护信道）。

0001～1110：请求倒换工作信道编号。

1111：额外业务信道请求。

K2字节格式是：

1	2	3	4	5	6	7	8

K2的1～4位指示桥接到保护信道的工作信道号；第5位取0时表示1+1 APS；取1时

表示1：*n* APS（系统中包括*n*个主用通道和1个备用通道）；6～8位预留，具体内容如下。

111：线路AIS。

110：线路RDI（远端接收失效）。

101：双向倒换。

100：单向倒换。

可见，所针对的系统中只拥有一个备用信道。

（2）操作过程

如果上一站出现信号丢失、或者与下游站进行连接的线路出现故障和远端接收失效，那么在下游接收端都可检查出故障，该下游接收端必须向上游站发送保护命令，同时向下一站发送倒换请求，具体过程如下。

① 当下游站发现（或检查出）故障或收到来自上游站的倒换请求命令时，首先启动保护逻辑电路，将出现新情况的通道的优先级与正在使用保护通道的主用系统的优先级、上游站发来的桥接命令中所指示的信道优先级进行比较。

② 如果新情况通道的优先级高，则在此（下游站）形成一个K1字节，并通过保护通道向上游站传递。所传递的K1字节包括请求使用保护通道的主信道号和请求类型。

③ 当上游站连续3次收到K1字节，那么被桥接的主信道得以确认，然后再将K1字节通过保护通道的下行通道传回下游站，以此确认下游站桥接命令，即确认请求使用保护通道的通道请求。

④ 上游站首先进行倒换操作，并准备进行桥接，同时又通过保护通道将含被保护通道号的K2字节传送给下游站。

⑤ 下游站收到K2字节后，便将其接收到K2字节所指示的被保护通道号与K1字节中所指示的请求保护主用信道号进行复核。

⑥ 当K1与K2中所指示的被保护的主信道号一致时，便再次将K2字节通过保护通道的上行通道回送给上游站，与此同时启动切换开关进行桥接。

⑦ 当上游站再次收到来自下游站的K2字节时，桥接命令最后得到证实，此时才进行桥接，从而完成主、备用通道的倒换。

从上面的分析，我们可以归纳出线路保护倒换的主要特点如下。

- 业务恢复时间很快，可短于50ms。
- 若工作段和保护段属同缆备用（主用和备用光纤在同一缆芯内），则有可能导致工作段（主用）和保护（备用）同时因意外故障而被切断，此时这种保护方式就失去作用了。解决的办法是采用地理上的路由备用方式。这样当主用光缆被切断时，备用路由上的光缆不受影响，仍能将信号安全地传输到对端。通常采用空闲通路作为备用路由，这样既保证了通信的顺畅，同时也不必准备备份光缆和设备，不会造成投资成本的增加。

5.2.3 环路保护

SDH传输网中所采用的网络结构有多种，其中环形结构才具有真正意义上的自愈功能，故而也称为自愈环，即无需人为干预，网络就能在极短的时间内从失效故障中自动恢复所携带的业务，使用户感觉不到网络已出了故障，因而环形网络具备发现替代传输路由，并重新确立通信的能力，可见它特别适应大容量的光纤通信发展的要求，故得到了广泛的重视。

1．自愈环结构方式的划分

（1）按照自愈环结构来划分，可分为通道倒换环和复用段倒换环。前者是指业务量的保护，它是以通道为基础的保护，它是利用通道AIS信号决定是否应进行倒换；后者是指业务量的保护，它是以复用段为基础的保护，当复用段出故障时，复用段的业务信号都转向保护环。

（2）按照进入环的支路信号和由分路节点返回的支路信号方向是否相同来划分，可分为单向环和双向环两种。所谓单向环是指所有的业务信号在环中按同一方向传输；而双向环是指进入环的支路信号和由此支路信号分路节点返回的支路信号的传输方向相反。

（3）按照一对节点之间所用光纤的最小数量来划分，可分为二纤环和四纤环。显而易见，前者是指节点间是由两根光纤实现，而后者则是4根光纤。

2．几种典型的自愈结构

综上所述，尽管可组合成多种环形网络结构，但目前多采用下述5种结构的环形网络。

（1）二纤单向复用段倒换环

图5-10（a）所示为二纤单向复用段倒换环的工作原理图，从图中可见，其中每两个具有支路信号分插功能的节点间高速传输线路都具有一备用线路可供保护倒换使用。这样在正常情况下，信号仅在主用光纤S1中传输，而备用光纤P1空闲。下面以节点A和C之间的信息传递为例，说明其工作原理。

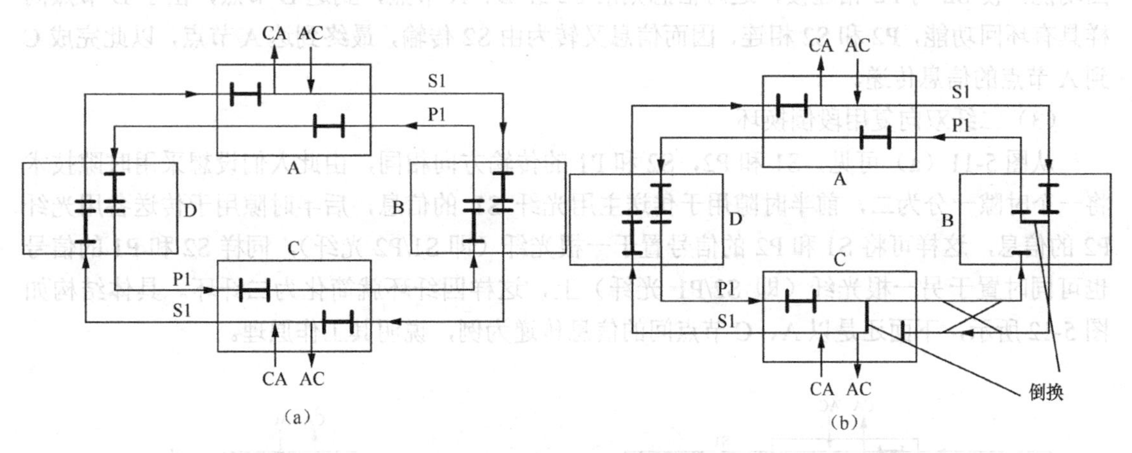

图5-10 二纤单向复用段倒换环

① 正常工作情况下。信息在A节点插入，并由主用光纤S1传输，透明通过B节点，到达C节点，在C节点就可以从主用光纤S1中分离出所要接收的信息；而从C到A的信息，由C节点插入，同样经主用光纤S1传输，经D节点到达A节点，从而在A节点处由主用光纤S1中分离出所需接收信息。

② 当BC节点间的光缆出现断线故障时。如图5-10（b）所示，与光缆断线故障点相连的两个节点B、C，自动执行环回功能，因而在节点A插入的信息，首先经主用光纤S1传输到B节点，由于B节点具有环回功能，这样信息在此转换到备用信道P1，经A、D节点到达C节点，同样利用C节点的环回功能，将备用光纤P1中传输的信息转回到主用光纤S1

中，并通过分离处理，可得到由A节点插入的信息，从而完成A节点到C节点间的信息传递，而C节点到A节点的信息仍是通过主用光纤S1经D节点传输来完成的。由此可见，这种环回倒换功能可以做到在出现故障情况下，不中断信息的传输，而当故障排除后，又可以启动倒换开关，恢复正常工作状态。

（2）四纤双向复用段倒换环

四纤双向复用段倒换环的工作原理如图5-11（a）所示，它是以两根光纤S1和S2共同作为主用光纤，而P1和P2两根光纤为备用光纤，其中各信号传输方向如图所示。正常情况下，信息通过主用光纤传输，备用光纤空闲。下面同样以A、C节点间的信息传输为例，说明其工作原理。

① 正常工作情况下。信息由A节点插入，沿主用光纤S1传输，经B节点，到达C节点，在C节点完成信息的分离。当信息由C节点插入后，则沿主用光纤S2传送，同样经B节点，到达A节点，从而完成由C节点到A节点的信息传送。

② 当B、C节点之间4根光纤同时出现断纤故障时。如图5-11（b）所示，与光纤断线故障相连的节点B、C中各有两个执行环回功能电路，从而在节点B、C，主用光纤S1和S2分别通过倒换开关，与备用光纤P 1和P2相连，这样当信息由A节点插入时，信息首先由主用光纤S1携带，到达B节点，通过环回功能电路S1和P1相连，因而此时信息又转为P1所携带，经过节点A、D到达C点，通过C节点的环回功能，实现P1和S1的连接，从而完成A到C节点的信息传递。而由C节点插入的信息，首先被送到主用光纤S2经C节点的环回功能，使S2与P2相连接，这时信息则沿P2经D、A节点，到达B节点，由于B节点同样具有环回功能，P2和S2相连，因而信息又转为由S2传输，最终到达A节点，以此完成C到A节点的信息传递。

（3）二纤双向复用段倒换环

从图5-11（a）可见，S1和P2，S2和P1的传输方向相同，由此人们设想采用时隙技术将一个时隙一分为二，前半时隙用于传送主用光纤S1的信息，后半时隙用于传送备用光纤P2的信息，这样可将S1和P2的信号置于一根光纤（即S1/P2光纤），同样S2和P1的信号也可同时置于另一根光纤（即S2/P1光纤）上，这样四纤环就简化为二纤环。具体结构如图5-12所示，下面还是以A、C节点间的信息传递为例，说明其工作原理。

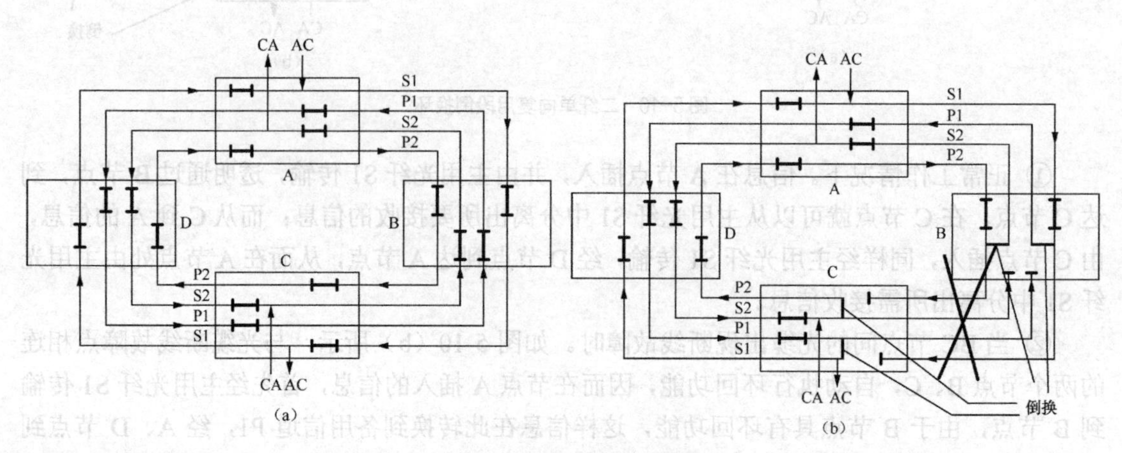

图5-11　四纤双向复用段倒换环

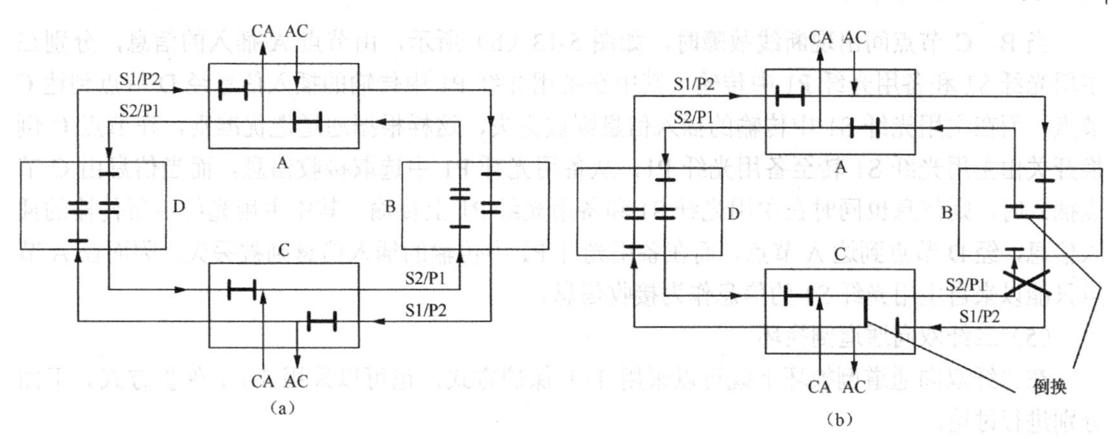

图5-12 二纤双向复用段倒换环

① 正常工作情况下。当信息由A节点插入时，首先是由S1/P2光纤的前半时隙所携带，经B节点到C节点，完成由A到C节点的信息传送，而当信息由C节点插入时，则是由S2/P1光纤的前半时隙来携带，经B节点到达A节点，从而完成C到A节点信息传递。

② 当B、C节点间出现断纤故障时。如图5-12（b）所示，由于与光纤断线故障点相连的节点B、C都具有环回功能，这样，当信息由A节点插入时，信息首先由S1/P2光纤的前半时隙携带，到达B节点，通过回路功能电路，将S1/P2光纤前半时隙所携带的信息装入S2/P1光纤的后半时隙，并经A、D节点传输到达C节点，在C节点利用其环回功能电路，又将S2/P1光纤中后半时隙所携带的信息置于S1/P2光纤的前半时隙之中，从而实现A到C节点的信息传递，而由C节点插入的信息则首先被送到S2/P1光纤的前半时隙之中，经C节点的环回功能转入S1/P2光纤的后半时隙，沿线经D、A节点到达B节点，又同时由B节点的环回功能处理，将S1/P2光纤后半时隙中携带的信息转入S2/P1光纤的前半时隙传输，最后到达A节点，以此完成由C到A节点的信息传递。

（4）二纤单向通道倒换环

二纤单向通道倒换环的结构如图5-13（a）所示，可见它采用1+1保护方式。当信息由A节点插入时，一路由主用光纤S1携带，经B节点到达C节点，另一路由备用光纤P1携带，经D节点到达C节点，这样在C节点同时从主用光纤S 1和备用光纤P1中分离出所传送的信息，再按分路通道信号的优劣决定选哪一路信号作为接收信号。同样，当信息由C节点插入后，分别由主用光纤S1和备用光纤P1所携带，前者经B节点，后者经D节点，到达A节点，这样根据接收的两路信号的优劣，优者作为接收信号。

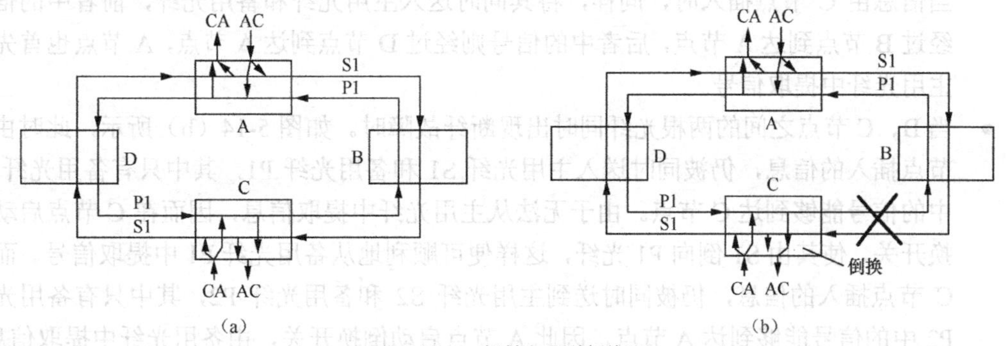

图5-13 二纤单向通道倒换环

当B、C节点间出现断线故障时，如图5-13（b）所示，由节点A插入的信息，分别在主用光纤S1和备用光纤P1中传输，其中在备用光纤P1中传输的插入信息经D节点到达C节点，而在主用光纤S1中传输的插入信息则被丢失，这样根据通道选优准则，在节点C倒换开关由主用光纤S1转至备用光纤P1，从备用光纤P1中选取接收信息。而当信息由C节点插入时，则信息也同时在主用光纤S1和备用光纤P1上传输，其中主用光纤中所传输的插入信息，经D节点到达A节点，而在备用光纤P1中传输的插入信息则被丢失，因而在A节点只能以来自主用光纤S1的信息作为接收信息。

（5）二纤双向通道倒换环

在二纤双向通道倒换环上既可以采用1+1保护方式，也可以采用1∶1保护方式。下面分别进行讨论。

① 1+1方式的二纤双向通道倒换环。在图5-14（a）中给出了采用1+1方式的二纤双向通道倒换环的结构示意图。从图中可以清楚地看出，在实现保护功能的两根光纤中，一根是用于传输业务信号，即为主用光纤S1，而另一根是用于传输保护信号的，即为备用光纤P1，其中各信号的传输方向如图所示。正常情况下，信息同时通过主用光纤和备用光纤进行传输，下面仍用A、C节点间的信息传输为例，说明其工作原理。

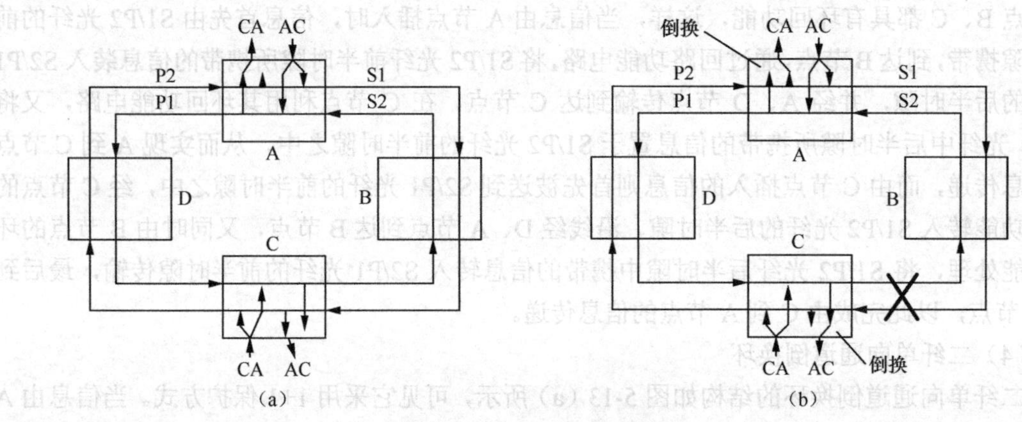

图5-14 二纤双向通道倒换环

- 正常工作情况下。当信息由A节点插入时，将被同时送入主用光纤S1和备用光纤P1，其中主用光纤中的信号经过D节点到达C节点，而备用光纤中的信号则经过B节点，最后也到达C节点。正常工作条件下，C节点从主用光纤S1中提取接收信息。当信息由C节点插入时，同样，将其同时送入主用光纤和备用光纤，前者中的信号经过B节点到达A节点，后者中的信号则经过D节点到达A节点，A节点也首先从主用光纤中提取信号。
- 当B、C节点之间的两根光纤同时出现断纤故障时。如图5-14（b）所示，此时由A节点插入的信息，仍被同时送入主用光纤S1和备用光纤P1，其中只有备用光纤P1中的信号能够到达C节点。由于无法从主用光纤中提取信息，因而在C节点启动倒换开关，使其由S1倒向P1光纤，这样便可顺利地从备用光纤P1中提取信号。而由C节点插入的信息，仍被同时送到主用光纤S2和备用光纤P2，其中只有备用光纤P2中的信号能够到达A节点，因此A节点启动倒换开关，由备用光纤中提取信息。

与二纤单向通道倒换环相比，这种 1+1 方式的双向通道倒换环主要优势体现在可以利用相关设备在无保护环或线性应用场合下具有通道再利用的功能，这样使总的分插业务量得以增加。

② 1∶1 方式的二纤双向通道倒换环。1∶1 方式的二纤双向通道倒换环的结构与图 5-14（a）相似，只是插入的信息仅在主用光纤中传输。正常工作情况下，可利用保护通道传输一些额外的保护级别较低的业务量，从而提高了系统利用率。但在出现故障时，则启动倒换开关从主用通道转向保护通道，这样信号可以通过保护通道进行传输。

在这种结构的倒换环中虽然需要采用 APS 协议，但可传输额外业务量，并具有可选择较短路由和易于查找故障等特点。尤其重要的是可由 1∶1 方式进一步演变成 M∶N 方式，这样可由用户决定只对哪些业务实施保护，无需保护的通道仍可传输额外业务量，从而大大提高了可用业务容量。缺点是需由网管系统进行管理，而且保护恢复时间要比 1+1 保护方式长。

3．保护功能的实现

在前面介绍了当用于点对点通信时，自动保护倒换字节 K1、K2 的操作过程，从中可知此时是用于两终端设备之间的通信，其中 K1、K2 字节是透明地通过再生器，再生器对它们并不做任何处理。而对于点对点的 1∶n 保护方式而言，则必须通过 K1 和 K2 字节在两终端设备之间进行通信，来明确指出在这两端的同一个工作信道被倒换保护到保护信道上去。

然而就环形网来说，其区别在于 ADM 必须在所发出 K1 和 K2 字节中，明确指示该字节是由环上的哪一个 ADM 来接收，这样 K1、K2 字节便会透明地通过其他 ADM。另外，由于在自愈环中实施的是 1∶1 保护方式，因此，在 K1 和 K2 字节中无需标识出哪个工作信道将被倒换到保护信道上去，具体区别如图 5-15 所示。

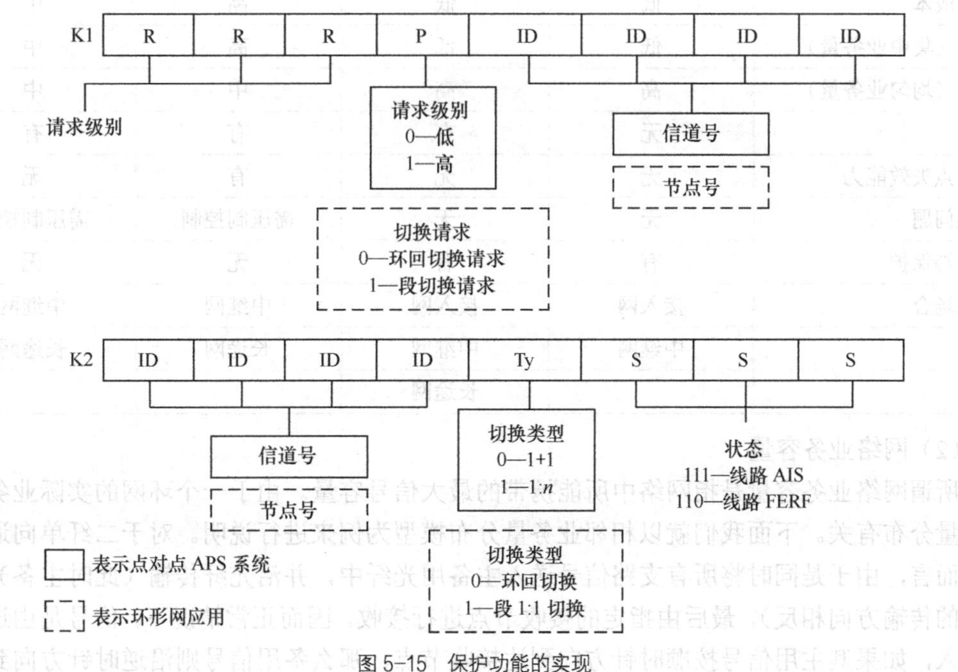

图 5-15 保护功能的实现

4．几种环网的比较

由上面的分析可知，当环形网络所采用的物理结构不同时，其保护原理也不同。表 5-3 中列出了几种具有自愈功能的环形网络的特性比较结果。

下面就对表中的一些问题加以说明。

（1）容量与业务量的分布关系

在环网中存在 3 种典型的业务量分布，具体如下。

① 相邻业务量——业务量主要分布在相邻节点之间。

② 均匀业务量——业务量均匀地分布于各节点之间。

③ 集中业务量——业务量集中分布于某些节点。

在表 5-3 中可以看出，环网中的业务量分布模型不同，环网的工作特性也不同。

表 5-3　几种自愈环特性的比较

项　目	二纤单向通道倒换环（1+1）	二纤双向通道倒换环（1：1）	四纤双向复用段倒换环	二纤双向复用段倒换环
节点数	K	K	K	K
额外业务量	无	有	有	有
保护容量（相邻业务量）	1	1	K	0.5K
保护容量（均匀业务量）	1	1	3～3.8	1.5～1.9
保护容量（集中业务量）	1	1	1	1
基本容量单位	VC-12/3/4	VC-12/3/4	AU-4	AU-4
保护时间（ms）	30	50	50	50～200
初始成本	低	低	高	中
成本（集中业务量）	低	低	高	中
成本（均匀业务量）	高	高	中	中
APS	无	有	有	有
抗多点失效能力	无	无	有	无
错连问题	无	无	需压制控制	需压制控制
端到端保护	有	有	无	无
应用场合	接入网	接入网	中继网	中继网
	中继网	中继网	长途网	长途网
		长途网		

（2）网络业务容量

所谓网络业务容量是指网络中所能携带的最大信号容量。由于一个环网的实际业务量与业务量分布有关。下面我们就以相邻业务量分布模型为例来进行说明。对于二纤单向通道倒换环而言，由于是同时将所有支路信号送入主备用光纤中，并沿光纤传输（此时主备光纤中信号的传输方向相反），最后由指定的接收节点进行接收。因而正常情况下，信号是由送入节点接入，如果其主用信号按顺时针方向到达接收节点，那么备用信号则沿逆时针方向到达接收节点，相当于通过一个完整的环。这样环的业务容量应为进入环的所有业务量之和，即等于节点处ADM的系统容量STM-*N*。而对于二纤单向复用段倒换环来说，虽然正常情况下备用通道是空闲的，但可用保护时隙传输其他信息（不被保护的信息），因而其结论与二纤单向通道倒换环相同。

在四纤双向复用段倒换环中，正常时送入的支路信号仅经一段环路的传输，便可到达接收节点，因而业务通道是可以同时使用的，即允许更多的节点进行支路信号的分插。极限情况下，每个节点都可以按全部系统容量进行分插。如果环路中共有K个节点，那么整个环的业务容量为单个节点系统容量的K倍，即$K\times$STM-*N*。

二纤双向复用段倒换环是四纤双向复用段倒换环的简化结构。由于它只利用了一半的时隙，因而环的最大业务容量也只为其一半，即$\frac{K}{2}\times$STM-*N*。

以上分析是建立在相邻业务分布模型基础之上的。对于比较均匀的分布型业务量来说，四纤环和二纤环的业务容量仅能分别增加3～3.8倍和1.5～1.9倍。对于集中型业务量分布，则无任何增加。

（3）成本与容量的关系

当四纤环与二纤环进行比较时，可以清楚地发现，四纤环中所需光纤数量是二纤环的两倍。因而在相同速率下，其成本也应是二纤环的两倍，但其所能提供的业务容量较高。这样在进行系统设计时，应考虑业务容量、业务量需求模型和节点数等因素。

当业务量分布呈集中型时，单向环比双向环经济；当业务量分布呈较均匀的分布型时，其成本则与环上所存在的节点数有关。当存在的节点数较少时，单向环较双向环经济，但节点数相对较多时，双向复用段保护方式更经济。而当业务量不大时，二纤环既经济又实惠，反之四纤环更经济。此外，四纤环可以抗多点失效，同时也能采用波分复用技术，使之更适于大业务量的场合。

（4）保护等级

就保护倒换方式来说，环形网可分为通道倒换和复用段倒换环。复用段保护是以链路为基础的在复用段级别上的保护，其保护功能是由复用段开销完成的，因而无法做到端到端的连接保护。而通道倒换是以支路为基础的在通道级别上的保护，它与系统的速率、格式和特性无关，它能够保护某些主要通道，并且能够做到端到端连接（包括线路级和支路级的）保护，从而进一步扩展了保护范围。

（5）错链问题

错链问题指的是在保护倒换时业务信号的走向出现错误，从而导致错连。实际中可采用压制功能，即丢掉错连的业务量，从而克服此差错。

5.2.4 DXC保护

DXC保护主要是指利用DXC设备在网孔形网络中进行保护的方式。在业务量集中的长途网中，一个节点有很多大容量的光纤支路，它们彼此之间构成互连的网孔形拓扑。若是在节点处采用DXC4/4设备，则一旦某处光缆被切断时，利用DXC4/4的快速交叉连接特性，可以很快地找出替代路由，并且恢复通信。于是产生了DXC保护方式，如图5-16所示。

DXC保护方式是这样进行保护的：假设从A到D节点，本有12个单位的业务量（假设为12×140/155Mbit/s），当AD间的光缆被切断后，DXC可以从网络中发现图中所示的3条替代路由来共同承担这几个单位的业务量。从A经E到D分担6个单位，从A经B和E到D为2个单位，从A经B、C和F到D为4个单位。由此可见，网络越复杂，可供选择的代替路由越多，DXC恢复效率也越高。这样看来适当增加DXC节点数量可进一步提高网络恢复能力，但这样做又同时增加了DXC设备间的端口容量及线路数量，从而增加成本，因此DXC节点数也不易过多。

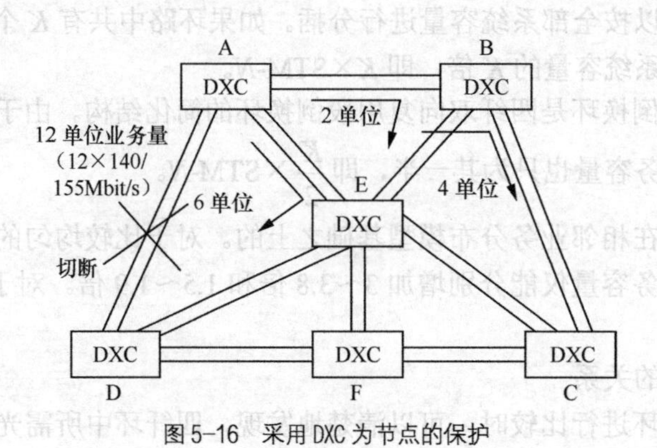

图5-16 采用DXC为节点的保护

5.2.5 混合保护

所谓混合保护是采用环形网保护和DXC保护相结合的方式，这样可以取长补短，大大增加网络的保护能力。混合保护结构如图5-17所示。

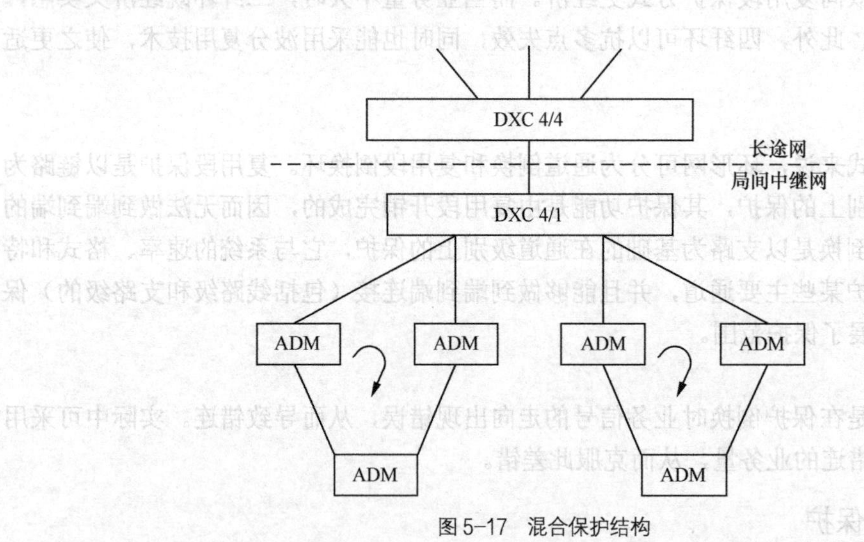

图5-17 混合保护结构

5.2.6 各种自愈网的比较

线路保护倒换方式（采用路由备用线路）配备容易，网络管理简单，而且恢复时间很短（50ms以内），主要适用于两点间有稳定的大业务量的点到点应用场合。

环形网结构具有很高的生存性，在出现故障后网络的恢复时间很短（小于50ms），具有良好的业务量疏导能力，在简单网络拓扑条件下，环形网的网络成本要比DXC低很多，环形网主要适用于用户接入网和局间中继网。其主要缺点是网络规划较困难，开始时很难准确预计将来的发展，因此在开始时需要规划较大的容量。

DXC保护同样具有很高的生存性，但在同样的网络生存性条件下所需附加的空闲容量远小于网孔形网络。通常，对于能容纳15%～50%增长率的网络，其附加的空闲容量足以支持采用DXC保护的自愈网。DXC保护最适于高度互连的网孔形拓扑，例如用于长途网中更显出DXC保护的经济性和灵活性，DXC也适用于作为多个环形网的汇接点。DXC保护的一个主要缺点是网络恢复时间长，通常需要数十秒到数分钟。

混合保护网的可靠性和灵活性较高，而且可以减少对DXC的容量要求，降低DXC失效的影响，改善了网络的生存性，另外，环的总容量由所有的交换局共享。

小结

本章从分层和分割的概念开始，就传送网的概念、SDH的网络结构和SDH网络的安全性措施等方面进行了详细分析。其中的要点如下。

1. 传送网的基本概念

传输网是以信息信号通过具体物理媒质传输的物理过程来描述。它是由具体设备组成的网络。

2. 分层与分割的概念

SDH传送网的分层模型（电路层网络、通道层网络、传输媒质层网络）。

层网络分割：子网分割、网络连接与子网连接分割。

引入分层与分割概念的好处。

3. SDH网络拓扑结构

点对点线形、星形、树形、环形结构等网络结构。

4. SDH网络规划原则

5. 我国SDH网络结构

6. 自愈网的概念

所谓自愈网就是无需人为干预网络就能在极短时间内从失效状态中自动恢复所携带的业务，使用户感觉不到网络已出现了故障。

基本原理就是使网络具有备用路由，并重新确立通信能力。

7. 线路保护倒换

线路保护自愈形式：1∶n保护方式;1+1保护方式。

线路保护的实现。

8. 环路保护

环路保护自愈形式：二纤单向复用段倒换环；四纤双向复用段倒换环；二纤双向复用段、通道倒换环；二纤单向通道倒换环。

环路保护的实现。

9. DXC保护

DXC保护形式是指利用DXC设备在网孔形网络中进行保护的方式。

10. 混合保护

混合保护形式是指采用环形网保护和DXC保护相结合的方式。

复习题

1. 什么是传送网？什么是传输网？
2. 简述SDH传送网的分层模型。
3. 什么是星形网络结构？该网的特点是什么？
4. 画出网孔形网络结构图。
5. 简述我国所采用的SDH网络结构的特点。
6. 写出自愈网的概念，并举例进行说明。
7. 画出二纤双向复用段倒换的结构图，并说明其工作原理。
8. 简述DXC保护的原理。

第6章 基于SDH的多业务传送平台

随着IP业务的迅猛发展，ADSL宽带接入业务的广泛应用以及3G、4G业务的部署，对多业务的需求越来越高，都对城域网的容量和功能提出了更高的要求。基于SDH的多业务传送平台（MSTP）技术的优势主要体现在对数据业务的支持上。在此我们主要介绍MSTP的概念、技术框架及多业务实现过程。

6.1 MSTP的基本概念及特点

MSTP是指能够同时实现TDM、ATM、以太网等业务的接入、处理和传送功能，并能提供统一网管的、基于SDH的平台。由此可见，MSTP设备应具有SDH处理功能、ATM处理功能和以太网处理功能。在图6-1中给出了基于SDH的多业务传送平台的功能模型。

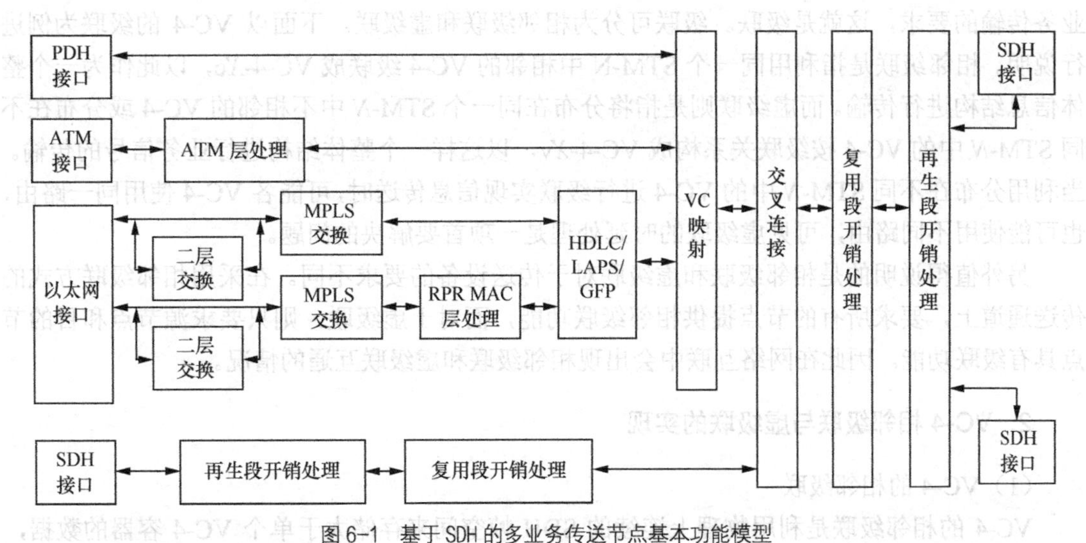

图6-1 基于SDH的多业务传送节点基本功能模型

MSTP的技术特点如下。

（1）保持SDH技术的一系列优点，如具有良好的网络保护机制和TDM业务处理能力。

（2）提供集成的数字交叉连接功能。在网络边缘使用具有数字交叉功能的MSTP设备，可节约系统传输带宽和省去核心层中昂贵的大容量的数字交叉连接系统端口。

（3）具有动态带宽分配和链路高效建立能力。在MSTP中可根据业务和用户的即时带宽需求，利用级联技术进行带宽分配和链路配置、维护与管理。通常带宽可分配粒度为2Mb/s。

（4）支持多种以太网业务类型。以太网业务有多种，目前MSTP设备能够支持点到点、点到多点、多点到多点的业务类型。

（5）支持WDM扩展。城域网中采用了分层的概念，即核心层、汇聚层和接入层。对位于核心层的MSTP设备来说，其信号类型最低为OC-48（STM-16），并可扩展到OC-192（STM-64）和密集波分复用（DWDM）；对位于汇聚层和接入层的MSTP设备来说，其信号类型可从OC-3/OC-12（STM-1/STM-4）开始可扩展到支持DWDM的OC-48。

（6）提供综合的网络管理能力。由于MSTP管理是面向整个网络的，因此其业务配置、性能告警监控也都是基于向用户提供的网络业务。为了管理和维护的方便，城域网要求其网络系统能够根据所指示的网络业务的源、宿和相应的要求，提供网络业务的自动生成功能，避免传统的SDH系统需逐个进行网元业务设置和操作，从而能够快速地提供业务，同时还能提供基于端到端的业务性能、告警监控及故障辅助定位功能。

6.2 MSTP中的关键技术

6.2.1 级联与虚级联

1．级联与虚级联的概念

级联是一种组合过程，通过将几个C-*n*的容器组合起来，构成一个大的容器来满足数据业务传输的要求，这就是级联。级联可分为相邻级联和虚级联。下面以VC-4的级联为例进行说明。相邻级联是指利用同一个STM-N中相邻的VC-4级联成VC-4-*X*c，以此作为一个整体信息结构进行传输。而虚级联则是指将分布在同一个STM-*N*中不相邻的VC-4或分布在不同STM-*N*中的VC-4按级联关系构成VC-4-*X*v，以这样一个整体结构进行业务信号的传输。当利用分布在不同STM-*N*中的VC-4进行级联实现信息传送时，可能各VC-4使用同一路由，也可能使用不同路由，可见虚级联的时延处理是一项首要解决的问题。

另外值得说明的是相邻级联和虚级联对于传送设备的要求不同。在采用相邻级联方式的传送通道上，要求所有的节点提供相邻级联功能，而对于虚级联，则只要求源节点和目的节点具有级联功能。因此在网络互联中会出现相邻级联和虚级联互通的情况。

2．VC-4相邻级联与虚级联的实现

（1）VC-4的相邻级联

VC-4的相邻级联是利用物理上连续的SDH帧空间来存储大于单个VC-4容器的数据，并通过AU-4指针内的级联指示字节来加以标识。一个VC-4-*X*c的结构如图6-2所示。

由图6-2可以看出，VC-4-*X*c的第2～*X*列规定为固定填充比特，第1列分配给POH。其中的BIP-8校验范围覆盖VC-4-*X*c的261*X*列。VC-4-*X*c加上各自的指针便构成AU-4-*X*c，其中第1个AU-4应具有正常范围的指针值。而AU-4-*X*c中的其他的AU-4指针将其指针置

为级联指示，即1～4比特设置为“1001”，5～6比特未作规定，7～16比特设置为10个“1”。

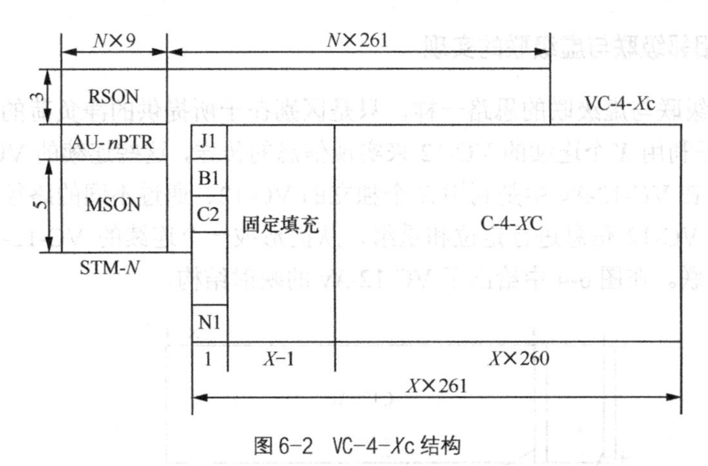

图6-2 VC-4-Xc结构

值得说明的是：对于点到点无任何约束的连接，可采用高速率的VC-4-Xc传输。要想构成复用段保护倒换环，需要留出50%的带宽作为备份。

（2）VC-4的虚级联

虚级联VC-4-Xv利用几个不同的STM-N信号帧中的VC-4传送X个149.760bit/s的净荷容量的C-4，如图6-3所示。

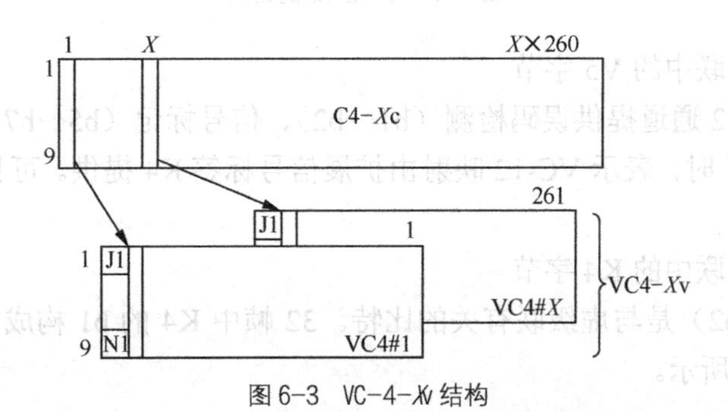

图6-3 VC-4-Xv结构

由图6-3可见，每个VC-4均具有各自的POH，其定义与一般的POH开销规定相同，但这里的H4字节是作为虚级联标识用的。H4由序列号（SQ）和复帧指示符（MFI）两部分组成。复帧指示字节占据H4（b5～b8），可见复帧指示序号范围0～15。换句话说，16个VC-4帧构成一个复帧（2ms）。并且MFI存在于VC-4-Xv的所有VC-4中。每当出现一个新的基本帧时，MFI便自动加1。利用MFI值终端可以判断出所接收到的信息是否来自同一个信源。若来自同一个信源，则可以依据序列号进行数据重组。

VC-4-Xv虚级联中的每一个VC-4都有一个序列号，其编号范围0～X-1（X=256），可见需占用8bit。通常用复帧中的第14帧的H4字节（b1～b4）来传送序列号的高4位，用复帧中的第15帧的H4字节(b1～b4)来传送序列号的低4位。而复帧中的其他帧的H4字节(b1～b4）均未使用，并全置为“0”。

由于VC-4-Xv中的每一个VC-4在网络中传输时其传播路径不同，使得各VC-4之间存在时延差，因此在终端必须进行重新排序以组成连续的容量C-4-Xc。通常重新排序的处理能力至少能够容忍 125μs 的时延差。因此希望 VC-4-*X*v 中各 VC-4 的时延差尽量小。

3．VC-12 相邻级联与虚级联的实现

与 VC-4 的级联与虚级联的思路一样，只是区别在于所提供的净负荷的容量大小不同。在 VC-12-*X*c 中是利用 *X* 个连续的 VC-12 来实现信息的传送，这些连续的 VC-12 共用第一个 VC-12 的 POH。在 VC-12-*X*v 中是利用 *X* 个独立的 VC-12、通过不同的路径来传送信息，在接收点再对这些 VC-12 信息进行定位和重组，从而形成一个连续的 VC-12-*X*c。下面着重介绍 VC-12 的虚级联。在图 6-4 中给出了 VC-12-*X*v 的映射结构。

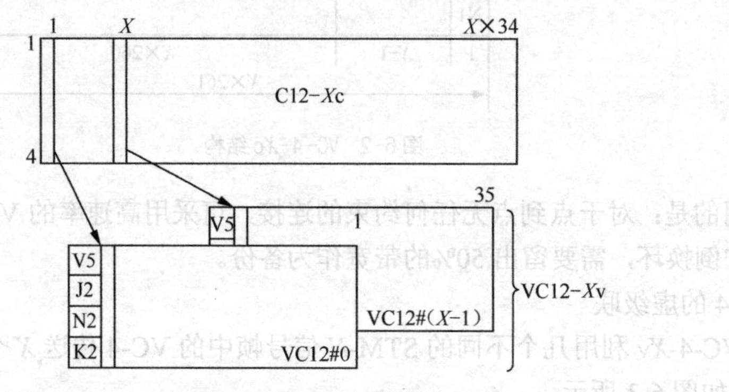

图 6-4　VC-12-*X*v 的结构

（1）VC-12 虚级联中的 V5 字节

V5 字节为 VC-12 通道提供误码检测（b1～b2）、信号标记（b5～b7）和通道状态功能。当信号标记为“101”时，表示 VC-12 映射由扩展信号标签 K4 提供。可见虚级联时该信号标记一定是“101”。

（2）VC-12 虚级联中的 K4 字节

K4 字节（b1～b2）是与虚级联有关的比特。32 帧中 K4 的 b1 构成一个复帧，K4 的 b2 也是如此，如图 6-5 所示。

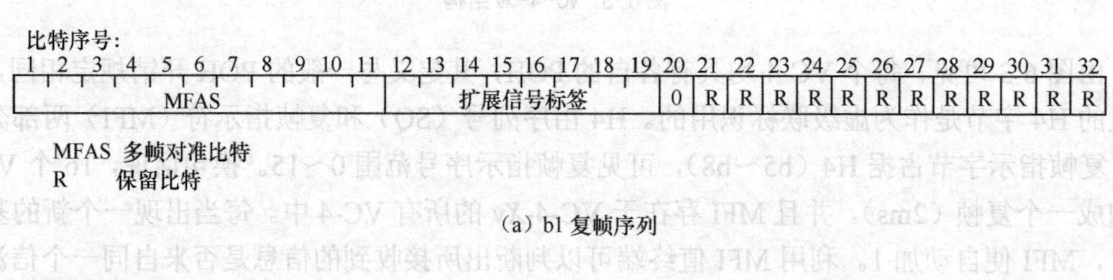

（a）b1 复帧序列

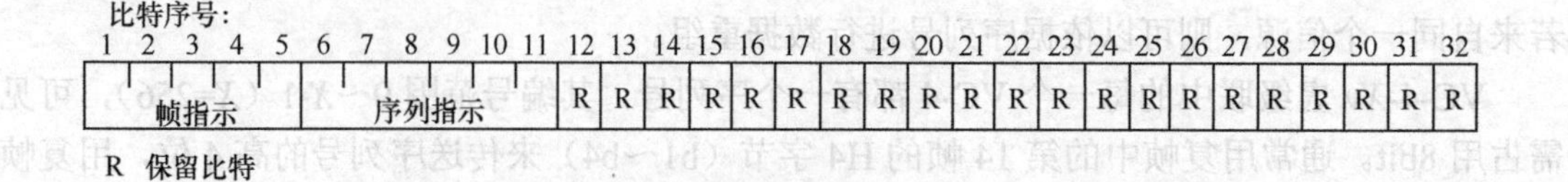

（b）b2 复帧序列

图 6-5　K4 的 b1 和 b2 的帧序列

由图 6-5 可见，K4 的 b1 的复帧序列的前 11 个比特用作复帧同步信号（MFAS），用“01111110”表示。第 12～19 比特为扩展信号标签，第 20 比特固定填充“0”，其余的 12 比

特为保留比特。而K4的b2的复帧序列的第1～5比特为低阶虚级联复帧指示符（MFI）；第6～12比特为低阶虚级联序列指示符（SQ）；剩余的为保留比特。

利用MFI可测定VC传送时的时延差。一般系统所能容忍的时延差不能大于复帧的时长。具体数值范围为16～512ms（以16ms为单位步进）。

4．虚级联应用中的几个问题

（1）时延处理能力

利用虚级联技术来实现数据业务的传送，大大提高了网络的频带利用率，但由于这些数据是通过不同路径的VC来实现传输的，因此到达的VC彼此之间存在时间差。当时间差过大时，终端便无法进行信息的重组。通常工程上要求时间差不得大于125μs。

（2）相邻级联与虚级联的互通

在实际的网络中经常会出现相邻级联与虚级联的互通问题。这就要求系统能够提供相邻级联与虚级联之间净荷的相互映射功能，即将VC-*n*-*X*c中的净荷映射到VC-*n*-*X*v中时，VC-*n*-*X*c中的净荷按字节间插的方式逐个映射到VC-*n*-*X*v各个VC-*n*中。反之也是如此。

（3）业务的安全性

由于虚级联中分别采用不同的路径来传送各个独立的VC，一旦网络中出现线路故障或拥塞现象，则会造成某个VC失效，从而导致整个虚容器组的失效。在实际MSTP系统中是采用链路容量调整方案（LCAS）来解决这一问题的。

6.2.2　链路容量调整方案（LCAS）

1．LCAS帧结构

低阶虚级联时LCAS的帧结构如图6-6所示。与图6-5（b）相比，低阶虚级联时LCAS的帧结构仍然采用了K4的b2的复帧结构，但增加了以下新的字段。

1 … 5	6 … 11	12 … 15	16	17			20	21	22 … 29	30 … 32
帧计数	序列指示器	CTRL 控制字	GID	R	R	R	R	ACK	MST成员状态	CRC-3

图6-6　低阶虚级联时LCAS的帧结构

控制字段CTRL（b12～b15）：控制字段定义6种控制状态，如表6-1所示。

表6-1　CTRL控制字段

值	命　令	解　释
0000	FIXED固定	表示系统采用固定带宽（非LACS模式）
0001	ADD增加	该成员将增加到VCG上
0010	NORM正常	正常传输
0011	EOS结束	序列指示的结束并正常传输
0101	IDLE空闲	不是VCG成员或者从VCG中删除
1111	DNU不可用	不可用（净荷），Sk宿端报告失效状态

组标识字段GID（b16）：用以区分不同的VCG （VC Group）。可见同一个VCG中的所有VC使用相同的GID。

再排序确认比特RS-Ack（b21）：当容量调整后，接收端向发送端发送该信号已确认调整过程的结束。通常采用0/1翻转操作。

成员状态字段 MST（b22～29）：一般是由接收端向发送端发送该信息以指示同一VCG中的各成员的状态。OK=0，FAIL=1。

循环冗余校验字段CRC（b30～b32）：对整个LCAS控制分组进行校验。

2．链路容量调整过程

引起链路容量调整的原因各种各样。例如，由于业务带宽的需求发生了变化，要求调整链路容量等。LCAS是一种双向协议，因此在进行链路容量调整之前，收发双方需要交换控制信息，然后才能传送净荷。下面以增加一个成员和接收端检测到某个成员失效为例，介绍链路容量的调整过程。

（1）链路容量的增加过程

链路容量增加过程如图6-7所示。假设在进行链路容量调整之前，VCG中所容纳的成员数为 n 个，那么其中最后一个成员 men_{n-1} 的CTRL字段为EOS。因为某种原因需要在VCG中增加一个新成员，具体调整过程如下。

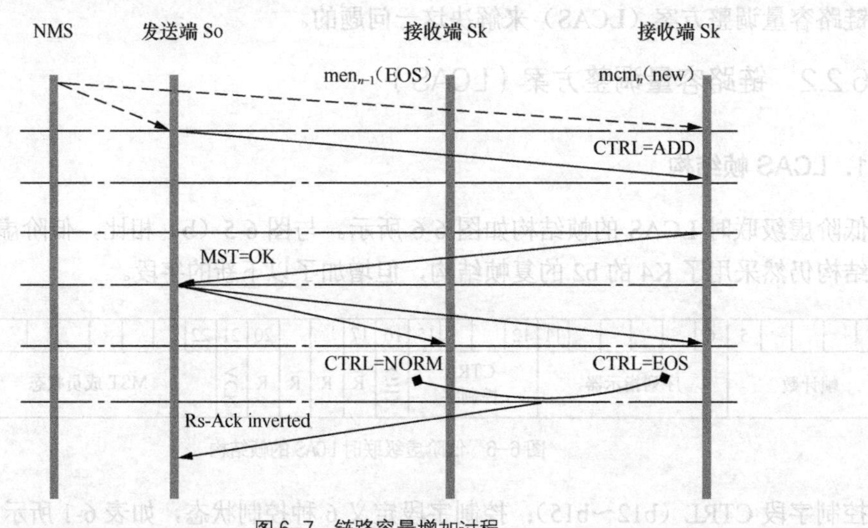

图6-7 链路容量增加过程

- 网络管理系统首先向收发双方发出链路调整请求。
- 发送端利用一个空闲成员 men_n（其CTRL=IDLE），并将其CTRL字段修改为ADD发送至接收端。
- 接收端在收到该信息后，将 men_n 成员的MST置为0，表示同意该成员加入VCG。
- 发送端在收到MST（OK）消息后，同时做如下操作。

将原VCG中的最后一个成员 men_{n-1} 的CTRL置为NORM。

将新加入的成员 men_n 的CTRL置为EOS，并为之赋SQ值，该值应为 men_{n-1} 的SQ值加1。

- 当链路容量调整结束后，接收端对RS-Ack进行取反操作，并发往发送端。

- 当发送端收到 RS-Ack 信号时，则确认链路容量调整成功。否则仍将等待不会接收任何其他新的改变链路容量的请求。

（2）VC 失效处理

当接收端发现 VCG 中的某个成员出现错误需将其从 VCG 中去除时，将进行如下操作，如图 6-8 所示。假设出错的成员为 VCG 中最后一个成员 men_n。

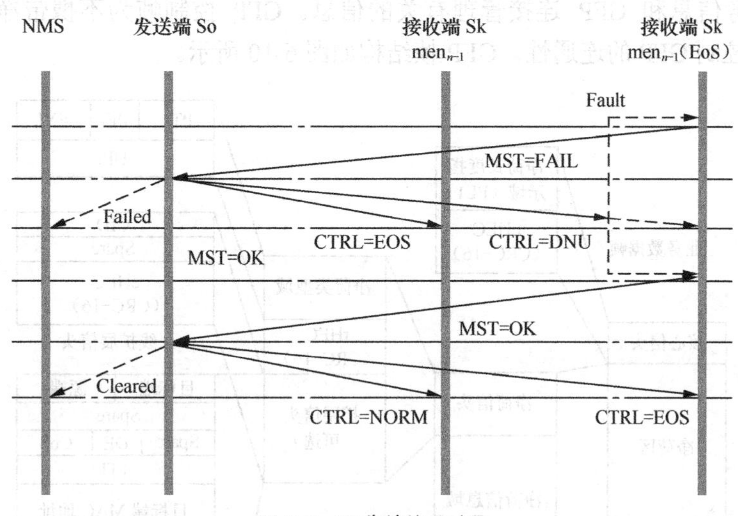

图 6-8　VC 失效处理过程

- 接收端发现成员 men_n 出现错误，便将其 MST 置为 FAIL，发往发送端。
- 发送端在收到该信息后，立即向网管报告，同时将出错的成员的 CTRL 置为 DNU，前一个成员的 CTRL 置为 EOS。
- 若故障恢复后，接收端会检测到 men_n 的错误消失，然后就将 men_n 的 MST 置为 OK，并发送至发送端，请求加入这个成员。
- 发送端收到此消息后，则立即向网管报告。同时将 men_{n-1} 和 men_n 的 CTRL 分别置为 NORM 和 EOS。

6.2.3　通用成帧协议

通用成帧协议（GFP）是一种先进的数据信号适配、映射技术，可以透明地将上层的各种数据信号封装为可以在 SDH/OTN 传输网络中有效传输的信号。GFP 吸收了 ATM 信元定界技术，数据承载效率不受流量模式的影响，同时具有更高的数据封装效率，另外它还支持灵活的头信息扩展机制以满足多业务传输的要求，因此 GFP 协议是具有简单、效率高、可靠性高等优势，适用于高速传输链路。GFP 协议及其他协议数据包映射过程如图 6-9 所示。SAN 代表存储区域网络。可利用光纤直连、ESCON（Enterprise Systems CONnector）企业系统连接接口、FICON（Fiber

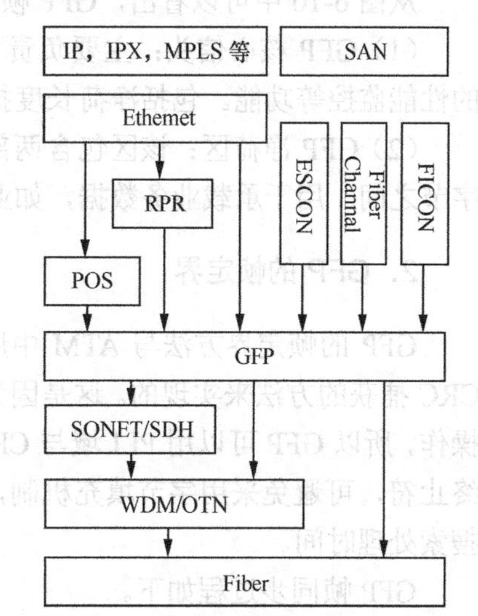

图 6-9　GFP 协议及其他协议数据包映射过程

CONnector）光纤连接器将 SAN 信息转换成 GFP，适配、映射进 SDH 网络。

1．GFP 帧结构

从功能上划分，GFP 帧可分为 GFP 业务帧和 GFP 控制帧。GFP 业务帧又可分为业务数据帧（CDFs）和业务管理帧（CMFs），GFP 业务数据帧用来承载业务数据，GFP 业务管理帧用来传送与业务信息和 GFP 连接管理有关的信息。GFP 控制帧为不携带净荷区的空白帧（IDLE），用于控制 GFP 的连通性。GFP 帧结构如图 6-10 所示。

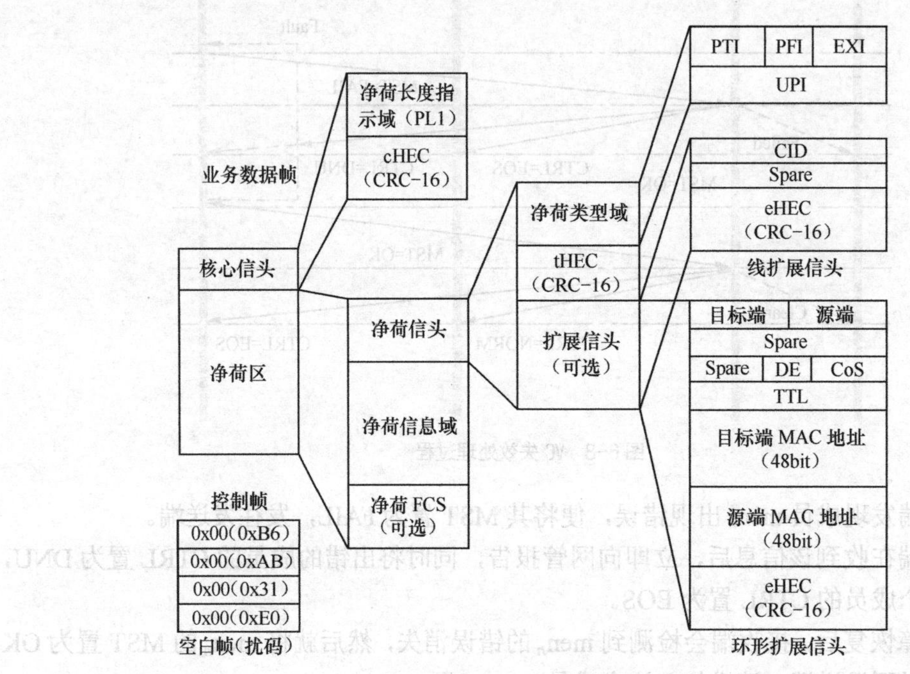

图 6-10　GFP 帧结构

从图 6-10 中可以看出，GFP 帧结构主要由两部分组成：GFP 核心信头和净荷区。

（1）GFP 核心信头：主要负责 PDU 定界、数据链路同步、扰码、PDU 复用、业务独立的性能监控等功能。包括净荷长度指示（PLI）域和核心 HEC（cHEC）域 4 个字节。

（2）GFP 净荷区：该区包含两部分，即净荷信头和净荷信息域，其长度范围在 0～65535 字节之间。用于承载业务数据，如业务 PDU、链路层代码或 GFP 业务管理信息。

2．GFP 的帧定界

GFP 的帧定界方法与 ATM 中所使用的方法一致，是基于帧头中的帧长度指示符和采用 CRC 捕获的方法来实现的。这是因为 GFP 核心信头中的 CHEC 是对 PLI 做 16 比特的多项式操作，所以 GFP 可以用 PLI 域与 CHEC 域的特定关系来作为帧头的定界。并不需要起始符和终止符，可避免采用字节填充机制，同时也不需要对客户信息流进行预处理，从而减少边界搜索处理时间。

GFP 帧同步过程如下。

当系统进入初始化阶段或出现 GFP 失步情况时，则首先进入搜索状态。

① 搜索状态：接收机对输入的码流逐字节地寻找帧头部，并进行CRC计算。当出现正确的CRC校验码后，便转入预同步状态。

② 预同步状态：根据帧头指示的位置搜寻下一个GFP帧的位置，然后进行CRC校验。如果连续*N*帧CRC校验正确，则进入同步状态，否则返回状态①。

③ 同步状态：网络节点时钟和相位与网络时钟保持一致关系。

3. GPF的映射方法

在GFP协议中定义了两种映射模式，一种是适用于分组数据类型的帧映射GFP（GFP-F），另一种是适用于8B/10B编码的块数据透明映射GFP（GFP-T）。具体映射结构如图6-11所示。

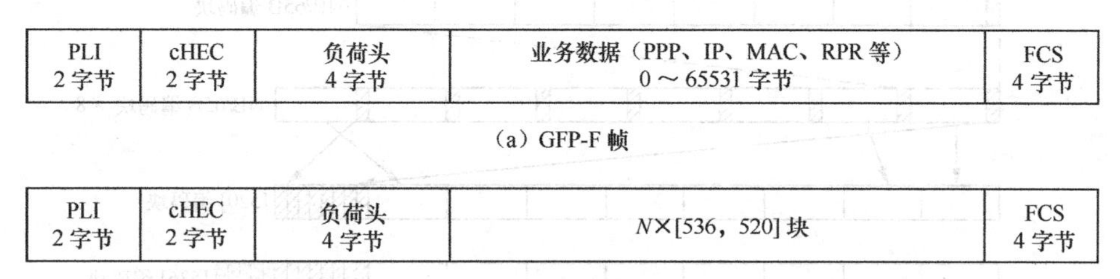

图6-11 两种GFP映射模式

（1）PPP、IP、RPR、Ethernet等分组数据的映射

GFP-F映射模式适用于高效、灵活性要求高的连接，通常当成帧器接收到一个完整的一帧后才进行封装处理，适用于封装长度可变的IP/PPP、RPR、Ethernet帧。在这种模式下，需要对整个帧进行缓冲来确定帧长度，因而会致使延时时间增加，但这种方式实现简单。如图6-12所示。可见整个分组数据是被封装到GFP净荷区，并未对封装数据进行任何改动。下面以以太帧封装到GFP-F为例进行说明，具体步骤如下。

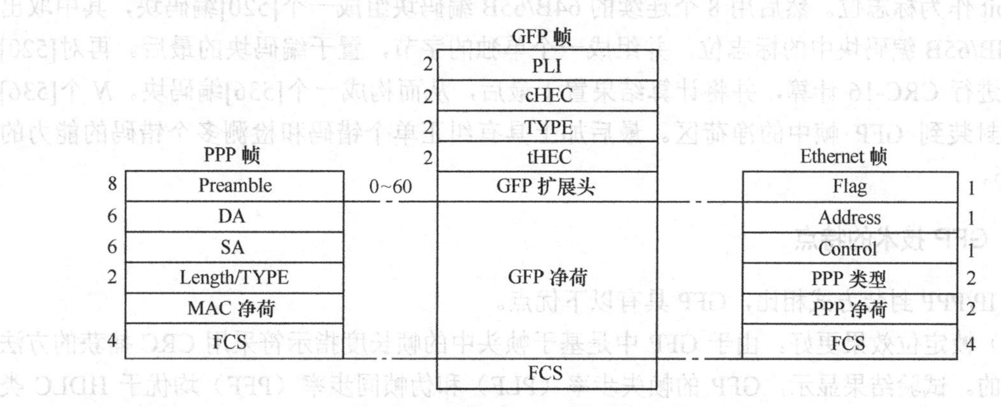

图6-12 PPP帧和Ethernet帧的GFP封装过程

在接收到以太网MAC帧后，对其进行长度计算，从而确定GFP帧头中的PLI域数值，并生成相应的HEC字节（eHEC）。随后根据业务类型，确定类型域值，并写入相应的区域，同时计算出相应的HEC字节，填充到（eHEC）中，并确定扩展信头中的各项内容。然后将以太网MAC帧中各比特全部、顺序地装入GFP的净荷区。最后对净荷域进行扰码处理。

当前一个GFP帧传送结束，而下一个GFP帧还未准备就绪，则可通过发送空白帧来填充帧间隔字节。接收过程为发送过程的逆过程。

（2）基于 8B/10B 编码的特定净荷的的映射

在 GFP-T 模式中，首先直接从所接收的数据块中提取单个字符，将其映射到固定长度的 GFP 帧中，如图 6-13 所示。因其过程中不论所映射的字符的内容是客户数据，还是控制数据，故它是一种物理层数据处理方式，具有透明特性。数据映射过程如下。

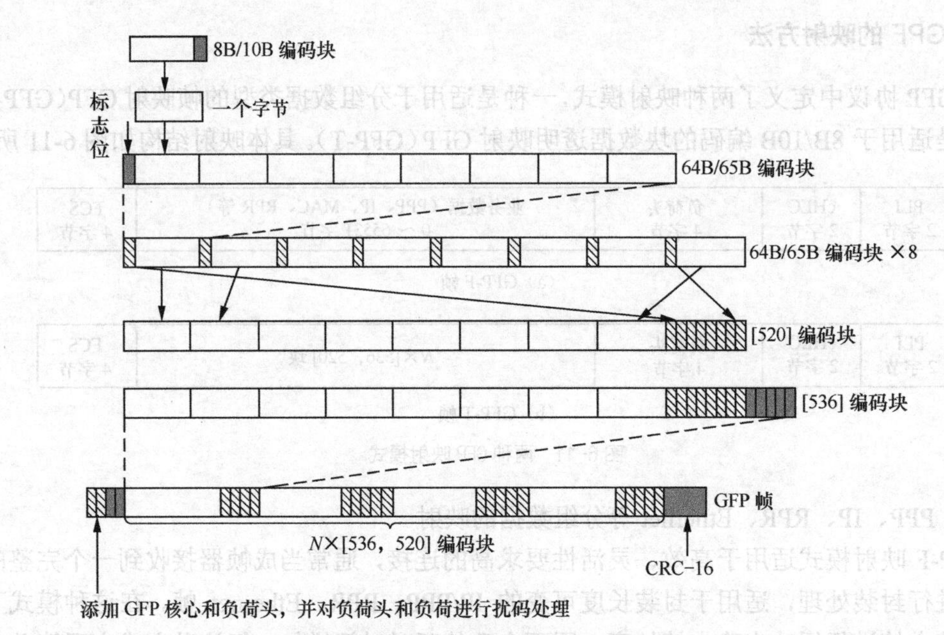

图 6-13　8B/10B 编码块的 GFP 封装过程

对所接收的 8B/10B 码进行解码，恢复出原 8bit 字符。然后再进行 64B/65B 编码，增加的 1bit 作为标志位。然后用 8 个连续的 64B/65B 编码块组成一个[520]编码块，其中取出每个 64B/65B 编码块中的标志位，并组成一个单独的字节，置于编码块的最后。再对[520]编码块进行 CRC-16 计算，并将计算结果置于最后，从而构成一个[536]编码块。*N* 个[536]编码块封装到 GFP 帧中的净荷区。最后加上具有纠正单个错码和检测多个错码的能力的 CRC-16。

4．GFP 技术的特点

与 IP/PPP 封装方式相比，GFP 具有以下优点。

（1）帧定位效果更好。由于 GFP 中是基于帧头中的帧长度指示符采用 CRC 捕获的方法来实现的。试验结果显示，GFP 的帧失步率（PLF）和伪帧同步率（PFF）均优于 HDLC 类协议，但平均帧同步时间（MTTF）稍差一点。因此这种方法要比用专门的定界符定界效果更好。

（2）适用于不同结构的网络。由于净荷头中可以提供与客户信息和网络拓扑结构相关的各种信息，使 GFP 协议能够运用于各种应用网络环境之中，如 PPP 网络、环形网络、RPR 网络和光传送网 OTN 等。

（3）功能强、使用灵活、可靠性高。GFP 支持来自多客户信号或多客户类型的帧的统计复用和流量汇聚功能，并允许不同业务类型共享相同的信道。通过扩展帧头可以提供净荷类型信息，因而无需真正打开净荷，只要通过查看净荷类型便可获得净荷类型信息。GFP中具有FCS域以保证信息传送的完整性。

（4）传输性能与传输内容无关。GFP协议对用户数据信号是全透明的，上层用户信号可以是PDU类型的，如IP over Ethernet，也可以是块状码，如FICON或ESCON信号。

6.2.4　智能适配层

在以太网和SDH间引入一个中间的智能适配层来处理以太网业务的QoS要求，实用的智能适配层技术包括多协议标签交换（MPLS）和弹性分组环（RPR）。EoMPLS将以太网帧封装到MPLS标记交换路径（LSP）中，通过LSP标签栈很好地解决了VLAN的可扩展性问题，从整体上提高了MSTP系统的流量均衡能力。RPR是一种采用环形结构的环形网技术。环上各节点共享链路，即环中各节点采用全分布式接入方式，并地位均等；环路带宽按权重公平地在各节点间进行分配，支持不同的业务类别，实现高的带宽利用率；针对数据业务提供小于50ms的快速分组环保护，可以避免由于节点失效或链路失效产生的故障，支持空间重用和额外业务。

基于SDH的MSTP技术非常适合使用在城域光传送网的汇聚和接入层，作为本地业务枢纽节点的汇聚和疏导设备。内嵌RPR功能的MSTP技术主要应用于城域传送网的汇聚层，通过RPR来实现带宽分配和拥塞控制，并且可为多种业务提供不同层次的环网保护能力，可以实现电路的自动路由配置、网络拓扑发现、自动邻居发现、电路租赁、带宽按需分配等智能化的城域业务分配方式。

6.3　多业务传送平台

基于SDH的多业务传送平台充分利用现有的SDH技术，特别是其保护恢复能力，并具有较小的延时特性，通过对网络的传送层加以改造，使之适应多种业务应用，并且支持第二层或第三层数据传输。其基本思路是通过VC级联等方式使多种不同的业务都能通过不同的SDH时隙进行传输，同时将SDH设备与第二层和第三层甚至第四层分组设备在物理上集成起来构成一个实体。这就是人们所希望的MSTP设备。下面分别介绍MSTP的多业务接入过程。

6.3.1　以太网业务在MSTP中的实现

以太网业务接入过程图6-1所示。从图6-1中可以看出，一般以太网信号首先经过以太网处理模块实现流控制、VLAN处理、二层交换、性能统计等功能。然后再利用GFP（通用成帧规程）、LAPS或PPP等协议封装映射到SDH相应的虚容器之中。根据所采用的实用技术来划分，MSTP上所实现的以太网功能如下。

1．透传功能

对于用户端设备所输出的以太网信号，直接将其封装到SDH的VC容器中，而不作任何二层处理，这种工作方式称为透传。它是一种最简单的方式。它只要求SDH系统提供一条

VC 通道来实现以太网数据的点到点透明传送。其中所涉及的实现以太网透传功能的技术有以太网数据成帧方法、将成帧后的信号映射到 SDH 的 VC 中的映射方法、VC 通道的级联方法和传输带宽的管理方法等。

不同终端、不同时刻所要求的以太网业务的带宽不同，可通过 VC 级联的方式实现传输带宽的调整。VC 的级联可分为相邻级联和虚级联两种。级联的最大优点就是提高了传输系统的频带利用率。为了能够对承载带宽实现更为灵活的动态管理，需要使用链路容量调整方案（LCAS），这样才能实时地检测传输链路的带宽，并能根据网络当前的负荷状况，在不中断数据流的情况下动态地调整虚容器的虚级联个数，以达到调整链路带宽的目的。

2．以太网二层交换功能

以太网二层交换功能是指在将以太网业务映射进 VC 虚容器之前，先进行以太网二层交换处理，这样可以把多个以太网业务流复用到同一以太网传输链路中，从而节约了局端端口和网络带宽资源。人们不禁会问系统中是如何实现以太网二层交换处理呢？所谓的以太网二层交换处理是指能够根据数据包的 MAC 地址，实现以太网接口侧不同以太网接口与系统侧不同 VC 虚容器之间的包交换，同样也可以根据 IEEE 802.1Q 的 VLAN 标签进行数据包交换。由于平台中具有以太网的二层交换功能，因而可以利用生成树协议（STP）对以太网的二层业务实现保护。

基于 SDH 的、具有以太网二层交换功能的多业务传送节点应具备以下功能。

① 传输链路带宽的可配置。

② 以太网的数据封装方式可采用 PPP 协议、LAPS 协议和 GFP 协议。

③ 能够保证包括以太网 MAC 帧、VLAN 标记等在内的以太网业务的透明传送。

④ 可利用 VC 相邻级联和虚级联技术来保证数据帧传输过程中的完整性。

⑤ 具有转发/过滤以太网数据帧的功能和用于转发/过滤以太网数据帧的信息维护功能。

⑥ 能够识别符合 IEEE 802.1Q 规定的数据帧，并根据 VLAN 信息进行数据帧的转发/过滤操作。

⑦ 支持 IEEE 802.1D 生成树协议 STP、多链路的聚合和以太网端口的流量控制。

⑧ 提供自学习和静态配置两种可选方式以维护 MAC 地址表。

3．以太环网功能

以太环网方式是以太网二层交换的一种特殊应用形式。它是利用以太网二层交换技术构成物理上的环形网络，但在 MAC 层通过生成树协议组成总线形/树形拓扑，从而使以太环网上的所有节点能够实现带宽的动态分配和共享，提高了链路的频带利用率。但由于只是在物理层上成环，而未能使 MAC 层成环，环路流量未能做到双向传输。另外由于缺乏有效的环网带宽分配公平算法，因此当环网上各节点出现竞争环路带宽时，无法保证环上各节点的公平接入性。可见无法提供基于端到端的环网业务的 QoS 保证。目前普遍认为 RPR 技术是解决这一问题的有效方法之一。

RPR 使用 VDQ 等算法来实现环路带宽分配的公平性，同时利用流分类、业务优先级等技术以满足以太网业务的 QoS 保障要求。详细内容在后面介绍。

6.3.2 ATM 业务在 MSTP 中的实现

1. ATM 基本原理

信息的传递方式（也叫转移模式）包括传输、复用和交换三个部分。传递方式可分为同步传递方式（STM）和异步传递方式（ATM）两种。STM 的主要特征是采用时分复用，各路信号都是按一定时间间隔周期性地出现，所以可以根据时间来识别每路信号。而 ATM 也是一种转移模式（即传递方式），在这一模式中信息被组织成固定长度信元，来自某用户一段信息的各个信元并不需要周期性地出现，从这个意义上说，这种转移模式是异步的。

ATM 网络是一种面向连接的分组交换网络。所谓面向连接是指在两个终端之间存在的是逻辑信道而不是物理信道，所以是虚连接。在 ATM 网络中虚连接又有两种连接方式：虚通道（VC）和虚通路（VP）。

虚通道 VC 是 ATM 网络链路端点之间的一种逻辑联系，这是在两个终端之间传送 ATM 信元的通信通路，可通过 ATM 的虚通道 VC 连接实现用户到用户、用户到网络、网络到网络的信息传递，可见任意两个终端通过 ATM 的虚通道相互连接。虚通路 VP 是指两个终端之间存在的一组虚通道，这些虚通道 VC 聚合在一起，就像一条虚拟的管道。虚通道 VC 和虚通路 VP 的关系如图 6-14 所示。不同的 VC 通过 VCI（虚通道标识符）来标识，不同的 VP 通过 VPI（虚通路标识符）来标识。VCI 和 VPI 位于信元头中。由图可见，ATM 的一个链接中可以有多个逻辑通道。

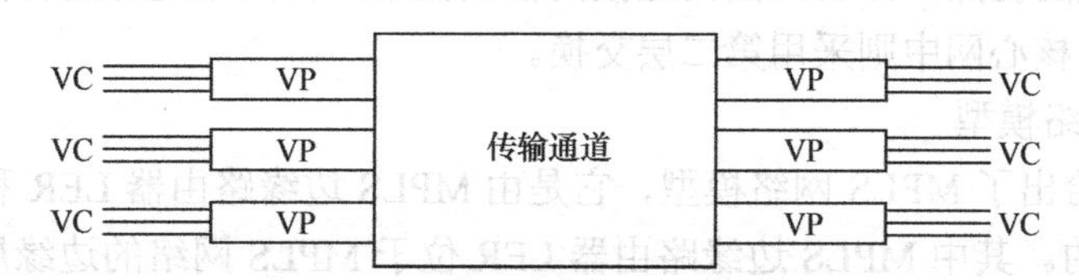

图 6-14 虚通道 VC 和虚路径 VP 的关系

值得说明的是，ATM 交换可以以 VP 为基础进行交换，也可以以 VC 为基础进行交换。

2. ATM 业务在 MSTP 中的实现

在 SDH 协议制定之初就已经考虑到 ATM 业务的映射问题，因而到目前为止，利用 SDH 通道来传送 ATM 业务已经是相当成熟的技术。但由于数据业务具有突发性的特点，因此业务流量是不确定的，如果为其固定分配一定的带宽，势必会造成网络带宽的巨大浪费。为了有效的解决这一问题，因此在 MSTP 设备中增加了 ATM 层处理模块（见图 6-1），用于对接入业务进行汇聚和收敛。这样汇聚和收敛后的业务，再利用 SDH 网络进行传送。尽管采用汇聚和收敛方案后大大提高了传输频带的利用率，但仍未达到最佳化的情况。这是因为由 ATM 模块接入的业务在 SDH 网络中所占据的带宽是固定的，因此当与之相连的 ATM 终端无业务信息需要传送时，这部分时隙处于空闲状态，从而造成另一类的带宽浪费。在 MSTP 设备中，由于增加了 ATM 层处理功能模块，可以利用 ATM 业务共享带宽（如 155Mb/s）特性，通过 SDH 交叉模块，将共享 ATM 业务的带宽调度到 ATM 模块进行处理，将本地的 ATM 信元与

SDH 交叉模块送来的来自其他站点的 ATM 信元进行汇聚，共享的 155Mb/s 的带宽，其输出送往下一个站点。

6.3.3 TDM 业务在 MSTP 中的实现

SDH 系统和 PDH 系统都具有支持 TDM 业务的能力，因而基于 SDH 的多业务传送节点应能够满足 SDH 节点的基本功能，可实现 SDH 与 PDH 信息的映射、复用，同时又能够满足级联、虚级联的业务要求，即能够提供低阶通道 VC-12、VC-3 级别的虚级联功能或相邻级联和提供高阶通道 VC-4 级别的虚级联或相邻级联功能，并提供级联条件下的 VC 通道的交叉处理能力。

6.4 MPLS 技术在 MSTP 中的应用

6.4.1 MPLS 技术基础

1. MPLS 的基本概念及特点

MPLS（多协议标签交换）技术是将第二层交换技术和第三层路由技术结合起来的一种 L2/L3 集成数据传输技术。在 MPLS 中之所以提及“多协议”是因为 MPLS 不仅能够支持多种网络层层面上的协议，如 IPv4、IPv6、IPX 等，而且还可以兼容多种链路层技术。它吸收了 ATM 高速交换的优点，并引入面向连接的控制技术，在网络边缘处首先实现第三层路由功能，而在 MPLS 核心网中则采用第二层交换。

（1）MPLS 网络模型

在图 6-15 中给出了 MPLS 网络模型，它是由 MPLS 边缘路由器 LER 和 MPLS 标签交换路由器 LSR 组成的。其中 MPLS 边缘路由器 LER 位于 MPLS 网络的边缘层，是特定业务的接入节点。MPLS 的工作原理如下。

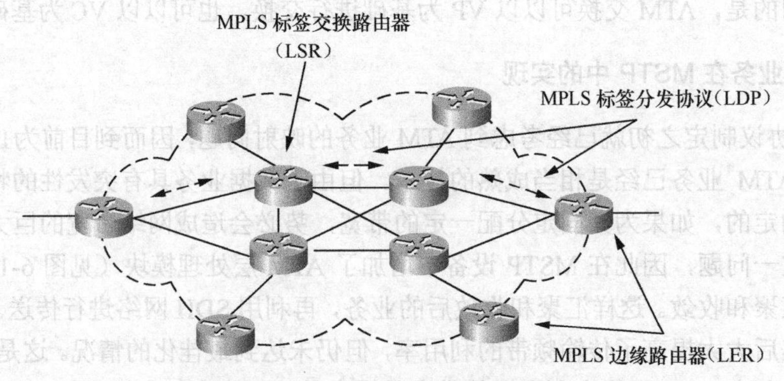

图 6-15　MPLS 网络体系结构

某种业务终端设备所输出的业务信息首先被送往 MPLS 网络的边缘路由器 LER，LER 根据特定的映射规则将数据流分组头和固定长度的标签对应起来，然后在数据流的分组头中插入标签信息，此后MPLS网络中的MPLS标签交换路由器LSR就仅根据数据流中所携带的标签进行数据交换或转发操作。当数据流从MPLS网络中输出时，同样在与接收设备相邻的LER中去除标签，恢复原数据包。其中通过标签分发协议（LDP），在LER和LSR、LSR和LSR之间完成标签分发，而网络路由则将根据第三层路由协议、用户需求和网络状态由MPLS设备来确定。

这里值得说明的是：在按照特定映射规则在数据流分组头中加标签的过程中，不仅加有数据流的目的地址，而且还考虑到有关QoS信息，因此MPLS能够支持QoS路由。

（2）标签与标签封装

标签是一个有固定长度的、具有本地意义的短标识符，用于标识一个转发等价类（FEC）。具体地说就是MPLS中的标签与ATM中的VPI/VCI一样，采用本地意义来限制标签的使用范围，即只在本地才有意义。这样使用标签可以将业务映射到特定的FEC上去。FEC是指一系列使用相同路径转发而通过网络的数据流的集合。所以标签所对应的并不是一个数据流，而是转发特性相同的FEC。需要指出的是，在某种情况下，如负荷分担时，对应一个FEC，可能有多个标签，然而一个标签只能代表一个FEC。这样网络无需为每个数据包建立标签交换路径，而是对具有相同转发特征的“转发等价类”建立一条端到端的标签交换路径（LSP），将信息传递至MPLS网络的边缘节点，然后再通过传统的转发方式将数据包送至终端设备。

一般来说，在MPLS网络中使用专用的封装技术，即在数据链路层与网络层之间使用一种“Shim”的封装，该封装位于数据链路层头标志之后，位于网络层头标志之前，独立于网络层和数据链层协议。这种封装编码方式如图6-16所示。

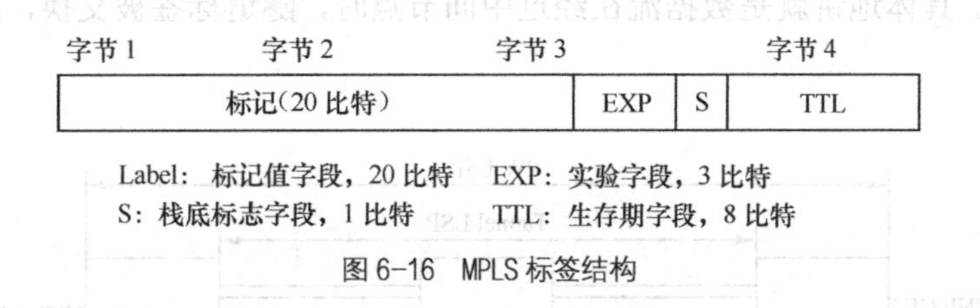

图6-16 MPLS标签结构

2. MPLS技术特点

MPLS技术具有以下特点。

（1）简化了分组转发机制，提高了网络传送速率。由于是在原有路由策略基础上加以改进，并采纳了ATM的高效传输交换方式，摒弃了复杂的ATM信令，无缝地将IP技术的优势与ATM高效硬件融合到转发操作中；又因为MPLS网络中分组转发是基于定长标签的，由此进一步简化了转发机制，使得转发路由器的流量可达太比特数量级。

（2）提供有效的QoS保证。由于MPLS网络中的数据传输与路由计算分离，并且提供一种面向连接的传输技术，这样使得MPLS网络能够支持有效的QoS保证。

（3）提供多种网络的互联互通。MPLS是一种与链路层无关技术，它可以同时支持X.25、帧中继、ATM、PPP、SDH、DWDM等多种网络，能够使各种网络传输技术在同一个MPLS平台上实现统一。

（4）MPLS支持流量工程、CoS、QoS和虚拟专网。

6.4.2 MPLS 技术在 MSTP 中的应用

1. 内嵌 MPLS 功能的 MSTP 功能模型

基于 SDH 的、内嵌 MPLS 功能的 MSTP 是指基于 SDH 平台、内部使用 MPLS 技术，可使以太网业务直接或经过以太网二层交换后适配到 MPLS 层，然后再通过 PPP/HDLC/LAPS 封装、映射到 SDH 通道中；同样也可以使以太网业务适配到 MPLS 层后，然后映射到 RPR 层，再映射到 SDH 通道中进行传送。其功能模型如图 6-1 所示。

通常送入以太网接口的信息是以太网业务或 VLAN 业务。在以太网接口中首先需加上内层 MPLS 标签（VC Lable），从而形成伪线 PW（或虚电路 VC），然后对具有相同源地址和目的地址的多个 PW 加封外层 MPLS 标签（Tunnel Lable）进行复用操作，建立一条基于外层 MPLS 标签的标签交换路径 LSP。以太网业务或 VLAN 业务沿着这条已建立的 LSP 按外层 MPLS 标签进行转发，最后使数据流到达 MPLS 网络的输出节点，此后信息便以传统的传输方式送往终端设备。

从以上分析可以看出，外层 MPLS 标签指示 MPLS 数据包从源节点传送到目的节点的路径。而内层 MPLS 标签则指示从入口 UNI 到出口 UNI 之间的路径。通常从一个入口 UNI 到其出口 UNI 之间需经过多个节点，一般任意两个节点之间所使用的外层 MPLS 标签不同，因此在标签交换路径中的标签交换路由器 LSR 仅仅处理 MPLS 数据流中的外层 MPLS 标签，只有当数据流到达 MPLS 网络的出口 LER 时，才取出其内层 MLPS 标签进行相应的处理，如图 6-17 所示。具体地讲就是数据流在经过中间节点时，隧道标签被交换，而 VC 标签并未发生变化。

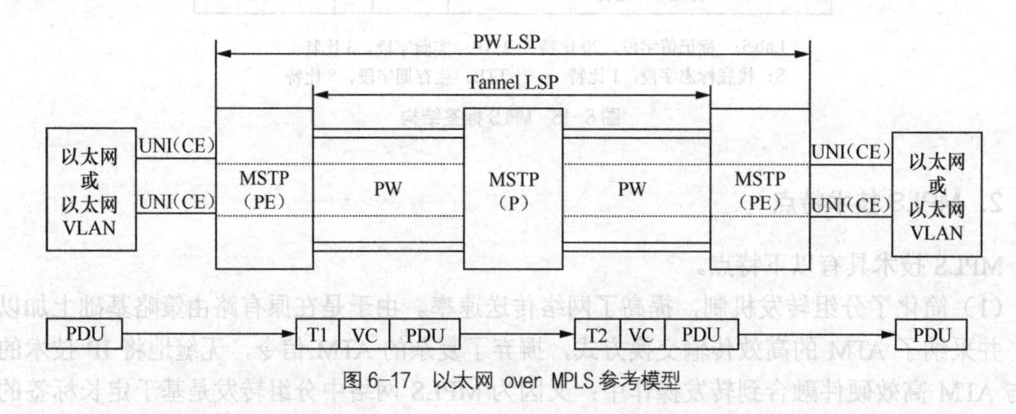

图 6-17　以太网 over MPLS 参考模型

对于以太网业务适配到 MPLS 帧的过程，要求能够分别支持 UNI 和 NNI 接口的适配方式。

在图 6-18 中给出了 UNI 以太网到 MPLS 帧的适配模型，从图 6-18 中可以看出整个以太帧被完整地装入 MPLS PDU 之中。

图 6-19 给出的是 NNI MAC 接口 MPLS 帧提取和适配模型，从图 6-19 中可见在 NNI 接口处，对所接收的以太帧，去掉其二层帧头，即以太网帧中的目的 MAC 地址、源 MAC 地址、类型域和帧校验序域（以太帧的 FCS），这样便可获得 MPLS 帧。

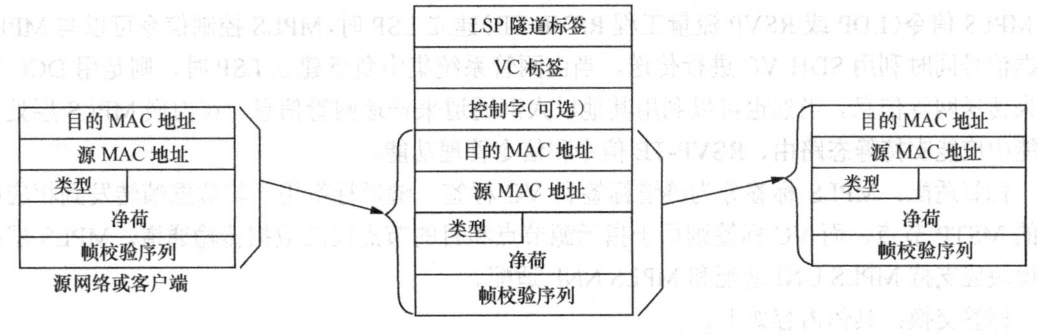

图 6-18 UNI 以太网到 MPLS 帧的适配模型

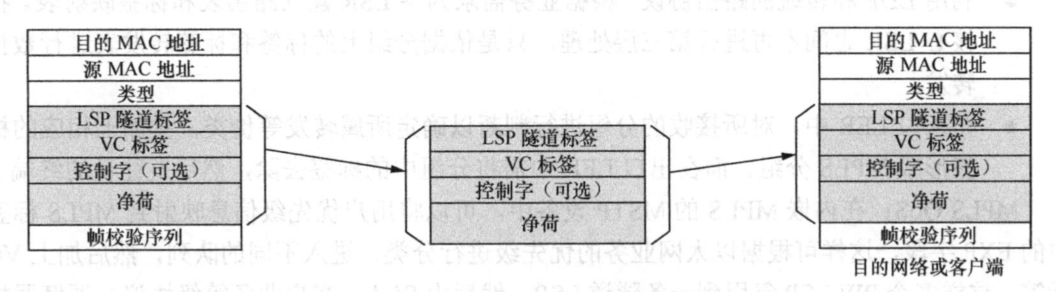

图 6-19 NNI MAC 接口 MPLS 包提取和适配模型

2. MPLS 处理模块功能

图 6-20 给出了内嵌 MPLS 功能的 MSTP 设备中 MPLS 层处理模块功能图，从图 6-20 中可以看出，MPLS 层处理模块是由数据接收、数据发送、标签适配、标签交换、操作维护管理（OAM）、LSP 保护、MPLS 信令、L2VPN、流量工程和 QOS 功能块组成的。下面介绍其中主要的几个功能块。

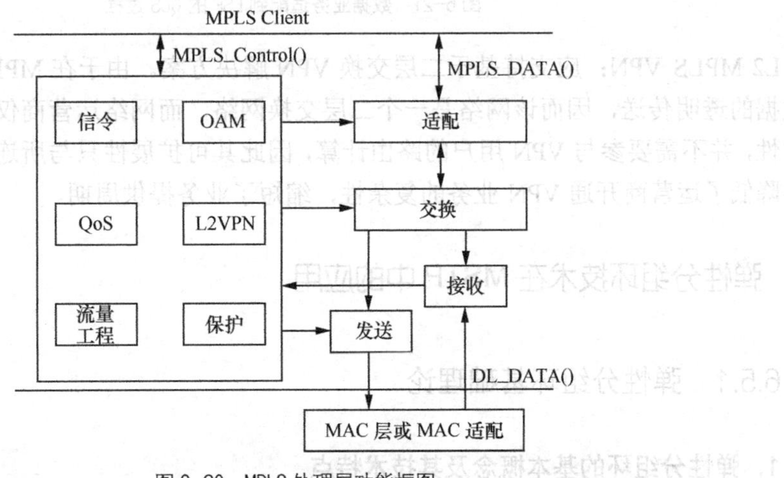

图 6-20 MPLS 处理层功能框图

MLPS 信令：MPLS 信令包括隧道信令和 PW 信令。MPLS LSP 建立过程中，可以采用信令协议分布建立，也可以由网管建立。MPLS 信令协议包括 LDP 和 CR-LDP。MPLS 层在支持基于信令的 LSP 建立时，需要物理信令通道来承载和传送 MPLS 信令协议。实际中当利用MPLS信令(LDP或RSVP流量工程RSVP-TE)建立LSP时,MPLS控制信令可以与MPLS数据信号同时利用SDH VC进行传送。当由网管系统集中负责建立LSP时，则是用DCC通道来传送网管信息。当然也可以利用其他以太网通道来传递网管信息。在内嵌MPLS层处理功能中应能支持静态路由、RSVP-TE信令和信令管理功能。

标签适配：MPLS标签分为隧道标签和VC标签。隧道标签用于将数据帧转发到相应的目的MSTP节点。而VC标签则用于指示源节点和目的节点间的数据传输通道。MPLS层处理模块应支持MPLS UNI适配和MPLS NNI 适配。

标签交换：具体内容如下。

- 利用LDP和传统的路由协议，根据业务需求为各LSR建立路由表和标签映射表。在核心LSR之间不再进行第三层处理，只是依据分组上的标签和标签转发表进行数据转发。
- 在入口LER中，对所接收的分组进行判断以确定所属转发等价类，并加上相应的标签形成MPLS分组。而在出口LER中需将分组中的标签去除，然后发往目的终端。

MPLS QoS：在内嵌MPLS的MSTP设备中，可以将用户优先级信息映射到MPLS标签中的EXP字段，这样可根据以太网业务的优先级进行分类，进入不同的队列，然后加上VC标签，这样多个PW LSP复用到一条隧道LSP，然后由SLA（客户业务等级协议）调度器根据与客户所签订的业务合同（应提供的带宽等等内容），对隧道LSP进行不同的业务等级处理，再适配进SDH VC中利用SDH实现信息传输。具体过程如图6-21所示。

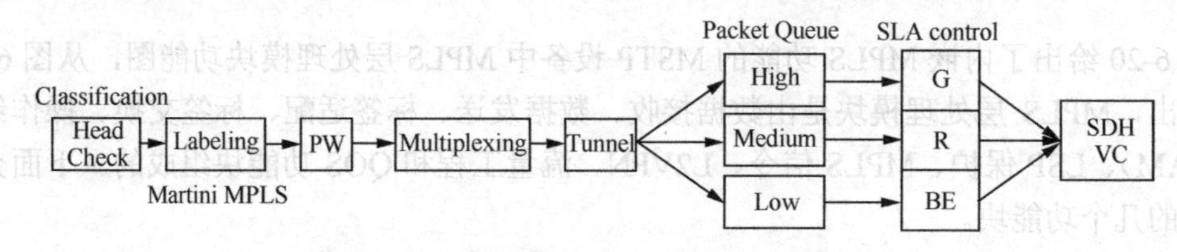

图6-21 数据业务适配到LSP的QoS过程

L2 MPLS VPN：应支持基于二层交换VPN解决方案。由于在MPLS网络上能够实现二层数据的透明传送，因而该网络是一个二层交换网络，而网络运营商仅负责向用户提供二层连通性，并不需要参与VPN用户的路由计算，因此其可扩展性只与所连接的VPN用户有关。这样降低了运营商开通VPN业务的复杂性，缩短了业务提供周期。

6.5 弹性分组环技术在MSTP中的应用

6.5.1 弹性分组环基础理论

1. 弹性分组环的基本概念及其技术特点

弹性分组环（RPR）技术是一种基于分组交换的光纤传输技术，它采用环形组网方式，能够传送数据、语音、图像等多媒体业务，并能提供QoS分类、环保护等功能。由于它采用类似以太网的帧结构，可实现基于MAC地址的高速交换，因此使其具有以太网比较经济的特点，而且帧封装也比POS更为简化和灵活。既可以支持传统的专线业务和具有突发性的IP业务，还可以支持TDM业务。

图6-22所示的RPR协议参考模型包括物理层和数据链路层。从图6-22中可以看出，RPR技术是基于一种新型的MAC层协议，为能够优化数据包而设计的一种技术方案。RPR属于数据链路层的MAC子层，包括MAC服务接口和物理层业务接口。

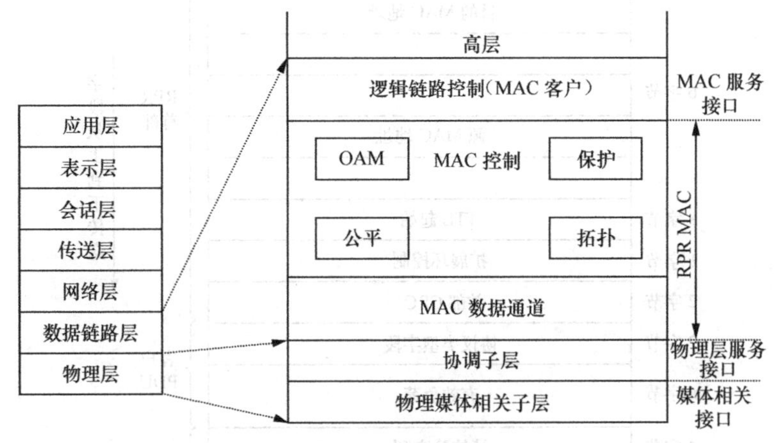

图6-22 RPR协议参考模型

物理层是由协调子层和物理媒体相关子层组成。协调子层的作用是实现物理层服务接口与物理层相关接口之间的映射。协调子层包括以太网物理层和SDH物理层两种。换句话说就是物理层可以使用以太网的物理层传输技术，也可以采用SDH传输技术。对上层而言是透明的，但增加了拓扑自动发现功能和保护倒换功能。

数据链路层包括MAC控制子层、MAC数据通道子层和逻辑链路控制（MAC客户）子层。逻辑链路控制（MAC客户）子层负责逻辑链路的建立、保持和拆除控制功能。MAC控制层的功能主要包括流量控制、业务等级支持（SLA）、拓扑自动识别、启动保护倒换指令等。MAC数据通道子层则提供数据传输的接入控制功能。MAC控制子层与MAC数据链路层之间传送的是RPR MAC帧。

RPR技术的主要特点如下。

- RPR是一种支持单播、多播和广播的城域网光纤传输技术。
- 提供50ms的快速业务恢复、有保障的服务和可管理能力。
- 可支持多达255个节点，最长距离可达2000km。
- RPR环能够根据不同的业务需求提供不同种类和不同的等级的服务，可提供QoS保障，支持协议数据的传输。所支持的业务类型有承诺信息速率（CIR）业务、对抖动及延时要求不高的CIR业务、尽力传送业务，协议中分别定义为类型A、B、C。
- 支持空间复用和统计复用技术，使网络带宽利用率大大提高。
- 支持流量控制和业务的权重公平接入。

2. RPR帧结构

IEEE 802.17标准中所定义的RPR MAC帧结构有四种，分别是数据帧、控制帧、公平帧和空闲帧。下面以数据帧为例进行介绍。

RPR 数据帧类似于以太帧，其具体格式如图 6-23 所示。主要字段的含义如下。

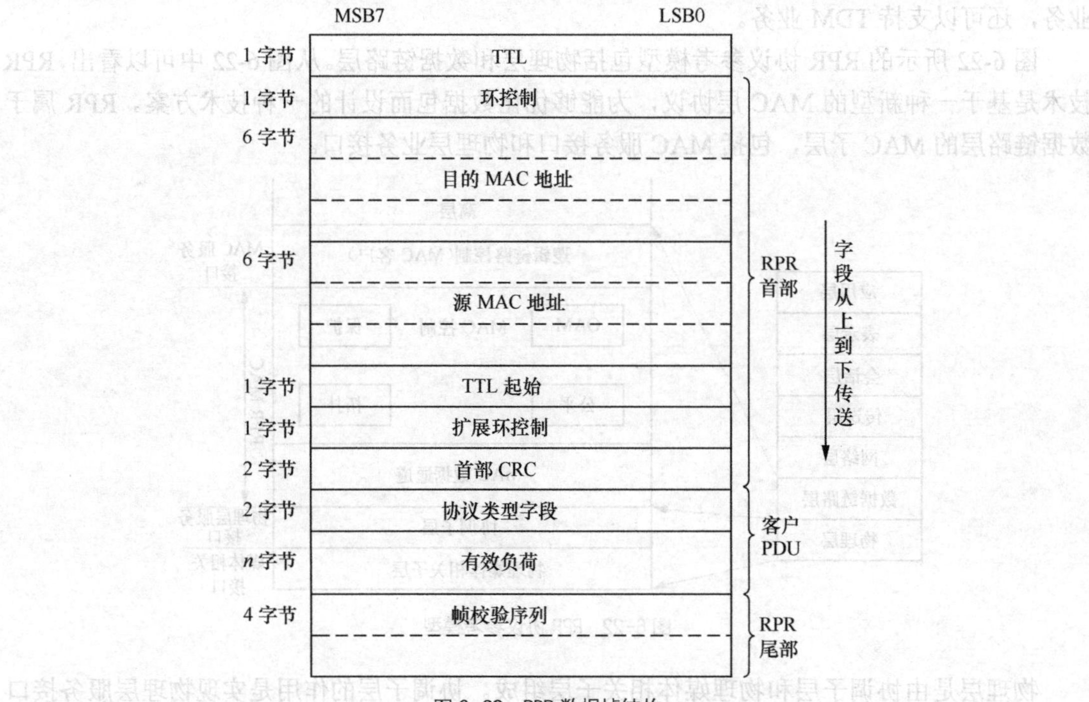

图 6-23 RPR 数据帧结构

- 生存时间 TTL 字段：它指定了在到达目的地之前希望经过的最大跳数。通常每经过一个节点作 TTL-1 操作，以防止某帧始终在环中循环。
- 环控制字段：环控制字段包括环标识（RI）、公平指示（FE）、帧类型（FT）、业务等级（SC）、环回指示（WE）和奇偶校验（P）字段，如表 6-2 所示。

表 6-2　环控制字段

b7	b6	b5～b4	b3～b2	b1	b0
RI	FE	FT	SC	WE	P

环标识（RI）：表明该帧最初在哪个环上传送。RI=0，表示最初在外环上传送；RI=1 则表示在内环上传送。

公平指示(FE)：用于标识帧是否运用 RPR 公平算法。FE=0，表示未采用公平算法；FE=1 则表示采用公平算法。

帧类型（FT）：表示帧的类型，如表 6-3 所示。

业务等级（SC）：用于标识帧的业务等级。如表 6-4 所示。

表 6-3　帧类型

FT	帧　类　型
00	空闲帧
01	控制帧
10	公平帧
11	数据帧

表6-4 业务等级

SC	业务类型
00	C类业务
01	B类业务
10	A类业务，子类A1
11	A类业务，子类A0

- 环回指示（WE）：指明在环回条件下可作环回处理的帧。
- 协议类型字段：用于指定数据帧的类型。

3. RPR数据通路

RPR MAC子层包括MAC控制和数据通道两部分，其中MAC数据通道提供数据传输的接入控制功能，如图6-24所示。从图6-24中可见是通过环中相邻节点的物理层服务接口来实现对等体之间的数据传输的，因此每个RPR节点都使用了两个此类接口：即东向接口和西向接口。MAC 数据通道除了提供物理层服务接口外，还应提供了环选择、从环接收帧并向客户层提交数据转发功能、本节点向环发送流量的调节功能和通过物理服务接口实现与物理层的数据交换功能。

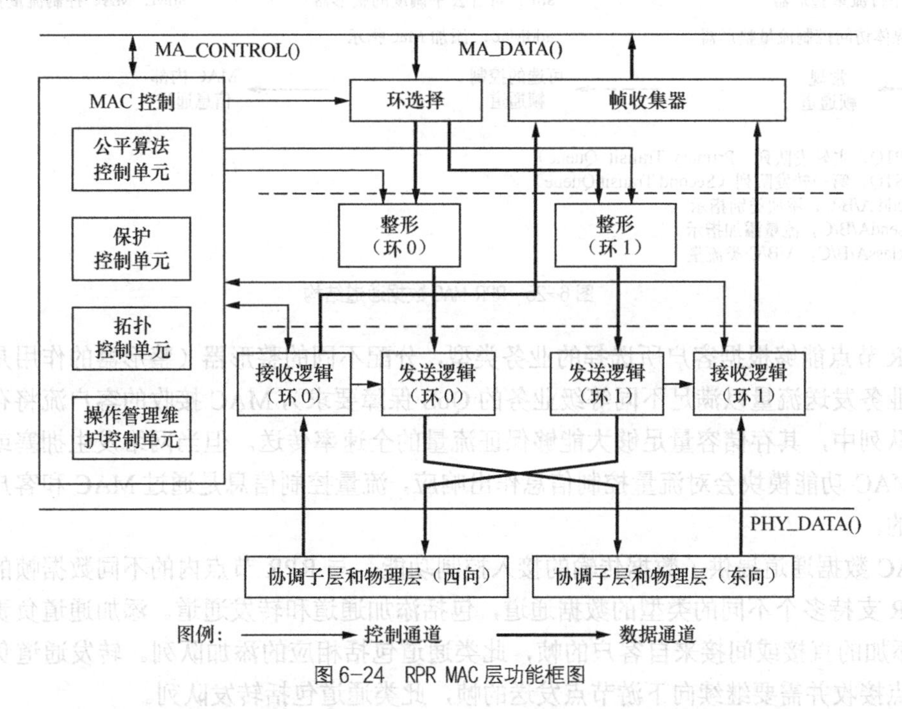

图6-24 RPR MAC层功能框图

通常一个RPR节点有一个或者两个传送队列，用来存放该节点欲向环网发送数据时所到来的来自上游节点的直通数据流量（上游节点发出的，仅经过本节点向下游节点传输的数据流量）。若节点使用单队列设计，这样所有来自上游节点的直通流量将被缓存在一个主队列（PTQ）中。若使用双队列设计，则节点可将A类业务流存放在优先级高的队列中，而其他类的业务则被存放在优先级较低的第二队列（STQ）中，如图6-25所示。

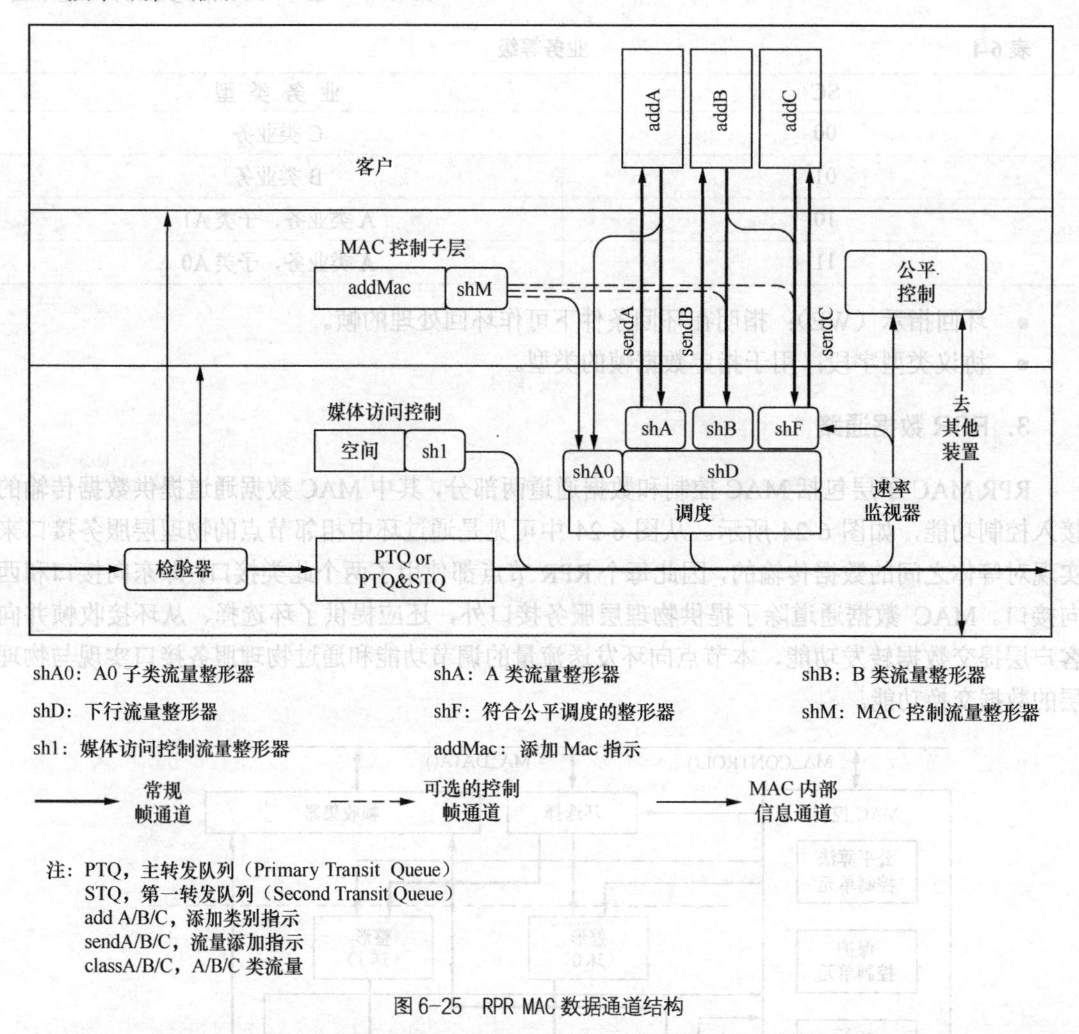

图 6-25 RPR MAC 数据通道结构

RPR 节点能够根据客户所选择的业务类型，分配不同的整形器（整形器的作用是调节各节点的业务发送流量以满足不同等级业务的 QoS 保障要求），MAC 接收的客户流将存放在一个阶段队列中，其存储容量足够大能够保证流量的全速率传送。但当网络发生拥塞或负荷过大时，MAC 功能模块会对流量控制信息作出响应，流量控制信息是通过 MAC 和客户间的接口收发的。

MAC 数据通道提供了数据传输的接入控制功能。与 RPR 节点内的不同数据帧的传递相比，RPR 支持多个不同的类型的数据通道，包括添加通道和转发通道。添加通道负责传送由 MAC 添加的直接或间接来自客户的帧，此类通道包括相应的添加队列。转发通道负责传送由本节点接收并需要继续向下游节点发送的帧，此类通道包括转发队列。

（1）添加通道

客户首先将需 RPR 环所要承载的业务根据其优先级别标注业务类型。A 类流量将由整形器 shA0 或 shA 进行流量整形，B 类流量则是由整形器 shB 或 shF 进行流量整形（被 MAC 标记超出约定速率的 B 类流量使用 shF 整形器），C 类流量由 shF 整形器进行流量整形。

MAC 子层添加的帧首先由 MAC 控制整形器 shM 整形，然后再由 shA0 进行流量整形。

值得说明的是此类流量也可以被标记为B类或C类流量，由shB或shF来处理。

MAC接收的客户流量将被存储于一个阶段队列中。其存储容量足够大能够保证流量的全速率传送。但当网络发生拥塞或负荷过大时，MAC功能模块会对流量控制信息做出响应，流量控制信息是通过MAC和客户间的接口收发的。

需要说明的是，除下行整形器shD外，其他整形器仅用于添加流量。

（2）转发通道

转发通道是用于应付转发流量的。转发流量是指非由本节点的，仅流经本节点并向下游节点转发的流量。为了保证正常的通信，在每个具有转发通道的节点上，均需采用转发队列来缓存在本节点向环网发送业务流量的时间段内到达的转发流量。转发队列的设计可采用单队列和双队列两种类型。

（3）直通模式

当某一节点监测出其MAC子层无法提供可靠服务时，该节点则进入直通模式。此时节点可以仅提供转发服务。此时该节点只起一个转发器的功能，不具备RPR环节点的基本功，因而不能作为RPR环上的节点。

由于弹性分组环所构成的MAC网络是一种共享媒体的网络。每个MAC传输有效帧均有明确的源地址和目的地址，可以通过首要或次要传输路径进行信息的传播。

① 主传输路径：对于A类业务，MAC使用主传输路径。通常最坏情况下，每个站所引入的传输时延大约为两个帧的时间。这样可限制高优先级业务类型网络的最大时延。

② 第二传输路径：MAC提供可选的低优先级路径。该路径可支持中优先级和低优先级业务类型。如果选择该功能，则环网上所有B类和C类业务以及标明中优先级和低优先级的OAM&P分组都将使用这条第二传输路径。

无论主传输路径，还是第二传输路径均不支持抢占功能。一旦某帧进入主传输路径或第二传输路径开始传输，将不会出现因其他帧的传输而中断传输的现象。

4. RPR中的关键技术

尽管RPR的网络拓扑结构与SDH相同，均采用双光纤配置，但环中节点是采用共享媒介的分组交换节点，而且在任何时间均可向双环同时传送分组。特别值得说明的是，RPR环能够根据不同的业务需求提供不同种类和不同的等级的服务，可提供QoS保障，支持协议数据的传输，具有可管理能力。所有这些性能都与其所使用的新技术有关，下面着重介绍空间重用技术、拓扑自动发现技术和带宽公平策略。

（1）双环结构和空间重用技术

RPR的网络拓扑结构如图6-26所示。从图6-26中可见RPR采用双环结构，但与SDH环形网不同，RPR中的两个单向环共享相同的环路径，而且彼此传输方向相反，其中环0沿顺时针方向传送分组，而环1则沿逆时针方向传送分组。一个RPR节点包括带有两个邻居的物理层实体和MAC子层。因其可以在任何时间向双环同时传送分组，故将在环0发送而在环1接收的传送方式称为东向。在环1发送而在环0接收的传送方式称为西向。节点地址为48位的MAC地址。

在RPR上所传输的帧中包含了源地址和目的地址，目的地址可以是单个地址，也可以是一组 MAC 地址。当带有单个目的地址的分组沿其中一个单向环传送，并达到目的节点时，该帧被取出，并被复制到目的节点的本地MAC客户层或MAC控制实体。如果此帧未被删除，此帧信息仍会在网络节点间传递，但每经过一个节点，其TTL作减1操作，直至TTL值为0时被删除。当带有一组目的地址的分组沿其中一个或两个单向环传送时，该帧会被每一个组播成员所复制，当它沿环环绕一周再次回到原节点时被删除，或者在TTL值耗尽时删除。

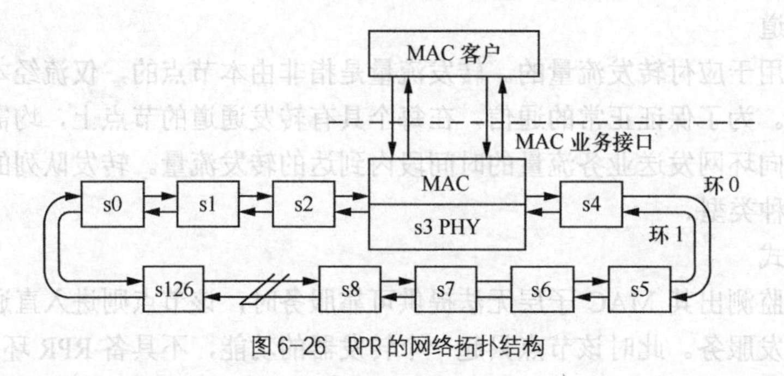

图6-26 RPR的网络拓扑结构

空间复用是指网络中允许共享信道的不同部分，即同时传输不同的业务。在SDH环形网中虽然也使用了双环结构，但备用信道是主用信道的备份，存在 50%的信道冗余。而 RPR中允许使用所有的环路，无带宽冗余，从而使有效带宽的总量增加。

（2）拓扑自动发现技术

RPR拓扑发现是一种具有周期性特征的活动过程。通常在环初始化、新节点加入、节点删除、环保护倒换时，由环中需要了解拓扑结构的某个节点来启动RPR自动识别模式，即由其发送一个拓扑发现分组，此时节点触发器便向环中的所有具有逻辑地址的节点传送该消息。拓扑发现分组是采用控制帧来传送，在其头部信息中有明确的指示。该分组所经过的节点首先将该分组取出，然后再重新产生一个新的分组，在这个新产生的分组中应将该节点的标识符加入标识符队列的首位，同时去掉标识符队列末尾的冗余条目。这样连续消息的积累便提供了环上每个节点的编号以及与其他节点的关系。各节点就能够根据这个消息来判断发生状态变化的节点以及当前的链路状态。从前面的分析可知，环拓扑发现是按需要或周期性地进行初始化，拓扑结构中的任何节点均没有主节点之分。下面以初始化和接入节点为例来具体说明拓扑发现过程。

网络初始化时，由于本地拓扑图中仅有本地节点的信息，而无链路连接信息和所有邻居节点的地址信息，因此首先需向网络中的所有其他节点广播一个拓扑发现消息，该消息所经过的节点会取出该分组消息，并将本节点标识符加入到标识符对列的首位，从而产生一个新的分组，然后继续沿网络传输，通过这样的连续积累环上每个节点将获得当前的网络拓扑和链路连接状态报告。

当环上插入一个新的节点时，则将启动RPR自动识别模式，并由新加入的节点开始发送拓扑发现分组。与其相邻的邻居将会接收到这个分组，由此探测到这个新的节点。该分组信息的TTL值被设为最大节点数，并且原节点的源地址值被设置为一个新值。这样环上所有的节点都能收到拓扑发现分组，从而检测到新的节点，随后所有环上的邻居们都将立即回送一个拓扑发现分组为新节点提供拓扑信息。

从上面的分析可以看出，RPR环随时工作于一种公开的状态之下，网络不仅能够提供即插即用功能，而且当网络出现故障时，故障的两侧节点会像其他节点发布故障消息，使网络中的各节点迅速得知这一情况和当前链路现状。这样大大地提高了数据传输效率和质量，这是弹性分组环提供QoS保障的基础，后面所要陈述的保护倒换机制也是基于这种工作状态，与SDH的环保护不同，RPR节点可以根据业务的服务等级要求进行快速保护倒换。

（3）基于不同业务等级的自动保护倒换机制

与传统的SDH中的保护倒换不同，RPR不需要额外的备份带宽。当一个节点或某段线路发生故障时，它的两侧的邻居节点会迅速将其内环和外环进行连接（环回）操作，并根据业务流的等级，首先将被保护的数据流由内环倒换到外环进行数据传送，然后再倒换级别低的业务和无保护的业务。同时向环上其他节点广播故障消息，当其他节点收到该故障消息后，立即将原需通过故障点传输的被保护的信息倒换到相反的方向进行传输，从而避开故障点，然后网络进入拓扑自动发现模式。因在拓扑自动发现模式下，环中所有节点都能及时地更新网络拓扑图和线路质量状态信息表，并根据最新的网络状态信息重新进行路由选择。这样整个网络的故障恢复能力得到了极大的提高，不但能够根据业务等级重点保护和恢复那些被保护的数据，而且也能快速地恢复保护级别低的和无保护的业务数据。

（4）带宽公平调度策略

由于RPR网络是一种基于争用方式共享网络资源的网络，即允许多节点随时利用网络来传送消息。这样可能出现环中某条链路的上游业务持续流经某个节点，造成该节点的本地业务长时间无法访问网络资源的现象，这种现象被称为带宽“饿死”现象。因此必须使用接入控制功能来确保各节点的公平性。

弹性分组环的带宽公平调度是它的一大特点。其调度算法的主要思路是，当某个节点的环流量超过了规定的阈值，该节点就认为上游节点发送的数据量过大，需要动态地调节上游节点的带宽，于是便沿反向环传送一个公平算法控制帧，告知上游节点本节点的公平速率，上游节点则根据此信息，并利用公平函数计算出一个合理的带宽量，此后则按此数值向下游节点发送业务，同时将此信息通知其上游节点。

由以上分析可以看出，带宽公平性的实现依仗于公平算法和控制信息的协调工作。具体算法的选择是RPR标准化组织的一项重要工作内容。例如，“SRP-fa”算法，它是由CISCO公司提出的一种典型算法。

6.5.2 RPR技术在MSTP中的应用

内嵌RPR功能的MSTP设备既能在基于SDH的平台上保证目前大量的TDM业务对传输特性的实时性要求，同时由于采用了RPR技术，又能对以太网数据业务提供高效、动态的处理功能，因此是目前较适合应用于城域网的设备。而且可将RPR功能集成在一个单板上，并插入SDH设备相应的槽位而获得灵活的使用性。

内嵌RPR功能的MSTP节点的功能图如图6-1所示。可见具有RPR功能的MSTP节点是由业务输入、输出接口、二层交换、MPLS处理、封装、虚级联、LCAS及传统的SDH功能处理等模块组成。

业务输入、输出接口主要完成业务接收、汇聚和对数据包进行差错控制等处理功能。从图6-1中可以看出，RPR处理层主要是对以太网业务和纯粹的RPR业务进行高效的处理，因此以太网业务或VLAN信息通过以太网接口接入，然后经过二层交换功能块，可在MAC层的基础上实现业务优先级和一定的带宽控制功能以均衡网络负荷。由二层交换功能块输出的信号则进入 RPR 处理层功能，提供包括公平带宽处理、RPR 业务保护、严格的用户隔离和基于业务等级 CoS 的 QoS 保障等功能。其后进入 GFP/PPP/LAPS 处理功能块，实现数据包的封装，然后再通过虚级联和 LCAS 技术映射到 VC 容器中利用 SDH 通道进行信息的传输。由于采用了虚级联和 LCAS 技术，相对于传统 SDH 技术，大大提高网络带宽的有效利用率。

RPR 处理模块功能所提供的功能概括如下。

（1）提供基于 RPR MAC 层的业务等级分类服务、统计复用功能，实现网络资源共享。

（2）提供接入控制功能。RPR 带宽公平算法是解决争用方式共享网络资源的有效方法。

（3）具有拓扑发现、快速保护倒换（小于 50ms）功能。

（4）具有按服务等级的调度能力。

6.6 MSTP 的性能指标

MSTP 平台能够提供各种业务，包括以太网业务、ATM 业务，同时还可以利用其统计特性来实现 TDM 业务的宽带共享传送，因此基于 SDH 的多业务传送平台的性能指标将涉及 SDH 性能指标、ATM 性能指标和以太网性能指标。基于 SDH 多业务传送节点的 SDH 性能指标应能够满足 STM-64/16 传输设备的性能要求，如 4.3 节所述。下面重点介绍 MSTP 对 ATM 业务和以太网业务的性能指标要求。

1．ATM 性能指标

ATM 信元传送性能参数包括信元差错率（CER）、信元丢失率（CLR）、信元误插率（CMR）、信元传送时延（CTD）、信元传送时延变化（CDV）、信元严重误差率。由此定义了三个 QoS 性能指标级，即 QoS 级 1、QoS 级 3 和 QoS 级 4（注：QoS 级 2 没有定义），这样由发送单元到 STM-1 或 STM-4 接口的 ATM 连接需经过 ATM 处理功能模块，其中的 ATM 交换功能部分的性能指标，如表 6-5 所示。

表 6-5　　ATM 性能指标

性 能 参 数	CLP	QoS 级 1 连接	QoS 级 3 连接	QoS 级 4 连接
CLR	0	$\leqslant 2\times10^{-10}$	$\leqslant 10^{-7}$	$\leqslant 10^{-7}$
CLR	1	不规定	不规定	不规定
CLR	1/10	$\leqslant 2\times10^{-12}$	$\leqslant 10^{-12}$	$\leqslant 10^{-12}$
CTD（99%概率）	1/0	150μs	150μs	150μs
CDV（10^{-10} 量级）	1/0	250μs	不规定	不规定
CDV（10^{-7} 量级）	1/0	不规定	250μs	250μs

需要说明的是 QoS 级 1、3、4 的性能指标是按照 ATM 连接所通过的接口处于 80%负荷的条件下确定的，而且表 6-5 不包括 ATM 层以上的处理所引起的性能损伤。目前 MSTP 仅要求其 ATM 交换部分支持单个 QoS 级，将来要求能够支持多个 QoS 级。对于点到点 ATM VP 或 VC 连接，要求 ATM 交换部分能够支持所有 QoS 级。

2. 以太网性能指标

（1）以太网透传性能指标

以太网透传性能指标参数包括丢包率、突发间隔、转发速率、拥塞控制、时延、时延抖动和误码率。

丢包率是指设备在稳定的持续负荷下，由于资源缺少在应该转发的数据包中不能转发的数据包所占的比例。在SDH链路的带宽不大于用户端口带宽的情况下，要求丢包率为0。

突发间隔是指突发业务之间的时间间隔。通常建议其大小等于最小帧间隔。

转发速率是指在一定的负荷下，被测设备可以观察到用户链路与SDH设备之间正确转发帧的速率。根据工程经验，建议选取用户端口速率和SDH链路速率之间较小的速率值为设备转发速率。

拥塞控制是指任何为避免帧丢失而请求外部数据源降低发送速度的端口控制机制。

时延是指测试设备发出带有时间戳的测试帧到收到该帧的时间间隔。对存储设备而言，时延是指被测设备收到最后一比特到发出第一比特之间的时间间隔。对于按比特转发的设备，时延为被测设备收到第一比特到发出第一比特的时间间隔。通常建议时延不超过2ms。

时延抖动是指时延的变化量。误码率建议小于10^{-9}。

（2）二层交换功能的性能指标

二层交换功能的性能指标包括丢包率、突发间隔、转发速率、拥塞控制、允许接入速率（CAR）的范围和粒度、对头堵塞、地址缓存能力、支持VLAN（IEEE 802.1Q）的数量、时延、时延抖动和误码率。其中突发间隔、转发速率、延时、误码率指标要求与透传性能指标相同。但这里并没有对拥塞控制、时延抖动、允许接入速率（CAR）的范围和粒度做出规范，是由生产厂家任选的。通常在轻负荷下（端口吞吐量为10%），要求丢包率小于0.05%；在重负荷下（端口吞吐量为80%），要求丢包率小于0.1%（高速路由器）。

对头堵塞是指由于输入端口试图向某一拥塞端口发送数据帧而导致该输入端口上目的地为不拥塞端口帧的丢失或附加延时。一般不强制实现避免对头拥塞功能，但建议厂家实现该功能。

地址缓存能力是指每个端口/模块/设备上能够缓存MAC地址的能力。通常建议每个端口MAC地址的缓存能力不低于4096个，同时能支持0～4095个VLAN。

小结

1. MSTP的基本概念

MSTP是指能够同时实现TDM、ATM、以太网等业务的接入、处理和传送功能，并能提供统一网管的、基于SDH的平台。

2. 基于SDH的多业务传送节点基本功能模型。

3. MSTP的技术特点

4. 级联与虚级联的概念

级联是一种组合过程，通过将几个C-n的容量组合起来，构成一个大的容量来满足数据业务传输的要求，这就是级联。

相邻级联则是指将分布在同一个STM-N中相邻的VC-4按级联关系构成VC-4-Xc，以这样一个整体结构进行业务信号的传输。

虚级联则是指将分布在同一个STM-N中不相邻的VC-4或分布在不同STM-N中的VC-4按级联关系构成VC-4-Xv，以这样一个整体结构进行业务信号的传输。

5. 链路容量调整过程

LCAS是一种双向协议，因此在进行链路容量调整之前，收发双方需要交换控制信息，然后才能传送净荷。

6. 通用成帧（GFP）协议

GFP是一种先进的数据信号适配、映射技术，可以透明地将上层的各种数据信号封装为可以在SDH/OTN传输网络中有效传输的信号。

7. GFP帧结构

8. GFP的帧定界方法与ATM中所使用的方法一致，是基于帧头中的帧长度指示符和采用CRC捕获的方法来实现的。

9. 基于SDH的多业务传送平台

- 以太网业务在MSTP中的实现
- ATM业务在MSTP中的实现
- TDM业务在MSTP中的实现

10. MPLS基础理论

MPLS（多协议标签交换）技术是将第二层交换技术和第三层路由技术结合起来的一种L2/L3集成数据传输技术。

- MPLS网络模型
- 标签与标签封装
- 标签的分发
- 数据的转发过程

11. MPLS处理模块功能

12. RPR基础理论

弹性分组环技术是一种基于分组交换的光纤传输技术，它采用环形组网方式，能够传送数据、语音、图像等多媒体业务，并能提供QoS分类、环保护等功能。

- RPR帧结构
- RPR数据通路

13. RPR中的关键技术

- 空间重用技术
- 拓扑自动发现技术
- 基于不同业务等级的自动保护倒换机制
- 带宽公平调度策略

14. MSTP网元配置类型

MSTP设备可以配置成不同的节点类型，如网络集线节点（Hub）、终端复用器、分插复用设备、数字交叉连接设备、再生中继器、以太网业务汇聚设备、以太网二层交换机、以太网静态路由器、ATM业务接入设备和ATM多业务交换机等。

复习题

1. 简述MSTP的基本概念。
2. 论述级联与虚级联的概念。
3. 请说明LCAS协议的链路容量调整思路。
4. 简述MPLS技术中的数据的转发过程。
5. 论述空间重用技术原理。
6. 阐述拓扑自动发现技术原理。
7. 简述RPR中带宽公平调度思路。
8. 简述RPR中基于不同业务等级的自动保护倒换机制原理。

第7章 SDH支撑网

支撑网是指支撑电信网正常运行的、并能增强网络功能以提高全网服务质量的网络，传统的电信支撑网包括信令网、同步网和电信管理网。

本章介绍SDH支撑网，主要包括SDH同步网和管理网的内容。首先在介绍网同步基本概念的基础上，详细讨论SDH的网同步所涉及的一些问题；然后分析电信管理网与SDH管理网的相关内容，最后论述MSTP管理网的管理功能。

7.1 SDH同步网

7.1.1 网同步的基本概念

1．网同步的概念

所有数字网都要实现网同步。所谓网同步是使网中所有交换节点的时钟频率和相位保持一致（或者说所有交换节点的时钟频率和相位都控制在预先确定的容差范围内），以便使网内各交换节点的全部数字流实现正确有效的交换。

2．网同步的必要性

为了说明网同步的必要性，可引用图7-1所示的数字网示意图。

图7-1中各交换局都装有数字交换机，该图是将其中一个加以放大来说明其内部简要结构的。每个数字交换机都以等间隔数字比特流将信号送入传输系统，通过传输链路传入另一个数字交换机（经转接后再送给被叫用户）。

以交换局C为例，其输入数字流的速率与上一节点（假设为A局）的时钟频率一致，输入数字流在写入脉冲（从输入数字流中提取的）的控制下逐比特写入（即输入）到缓冲存储器中，而在读出脉冲（本局时钟）控制下从缓冲存储器中读出（即输出）。显然，缓冲存储器的写入速率（等于上一节点的时钟频率）与读出速率（等于本节点的时钟频率）必须相同，否则，将会发生以下两种信息差错的情况。

（1）若写入速率大于读出速率——将会造成存储器溢出，致使输入信息比特丢失（即漏读）。可以这样理解，由于写得快读得慢，到一定时刻，某个码元还没得及读出，下一个码元又已经写入，而在读出脉冲的控制下从缓冲存储器中读出最接近的码元，所以会出现漏读现象。如图 7-2（a）所示。

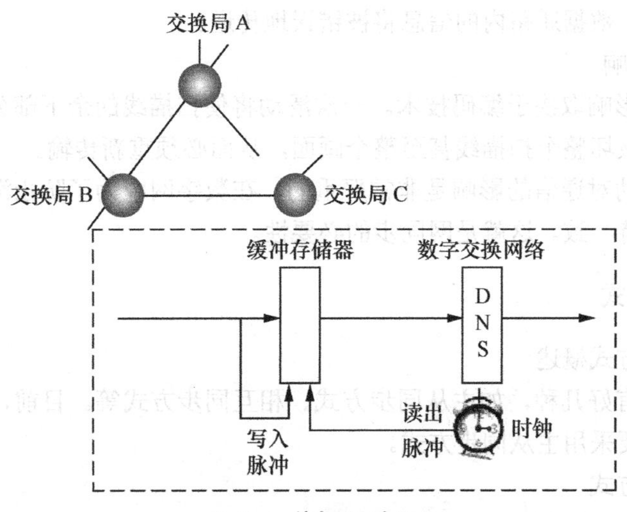

图 7-1　数字网示意图

（2）写入速率小于读出速率——可能会造成某些比特被读出两次，即重复读出（重读）。由于写得慢读得快，到一定时刻，某个码元刚被读出后，下一个码元还没来得及写入，而在读出脉冲的控制下又要从缓冲存储器中读出，刚被读出码元又被重读一次，所以会出现重读现象。如图 7-2（b）所示。

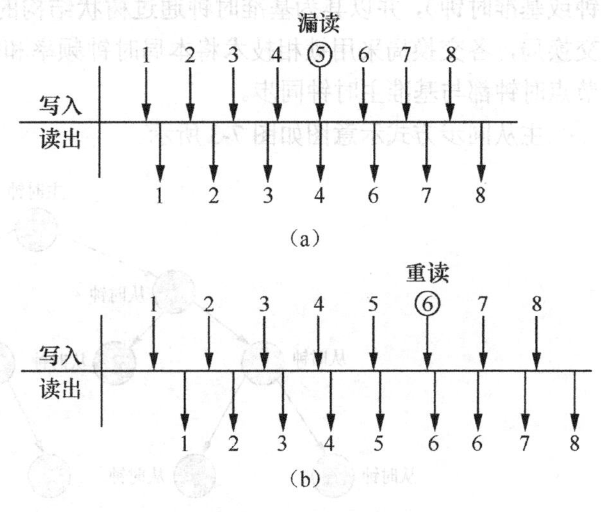

图 7-2　漏读、重读现象示意图

产生以上两种情况都会造成帧错位，这种帧错位的产生就会使接收的信息流出现滑动。滑动将使所传输的信号受到损伤，影响通信质量，若速率相差过大，还可能使信号产生严重误码，直至通信中断。滑动对不同业务的影响简单说明如下。

① 对PCM编码的电话信号的影响

由于电话信号的编码冗余较高，因此对滑动的灵敏度很低。一次滑动将会在解码后的电话信号中产生一次喀哒声，每分钟一次滑动率不会产生很大的影响。

② 对信令的影响

对于随路信令，滑动将导致 5ms 的短时中断，在重新实现复帧定位后，才能沟通正确的随路信令通路；对于公共信道信令，5ms 的信令中断时间不会使信令传输中断，因为检错重发，滑动的发生只能使电话信号产生微小的时延，而对网络的信令功能一般没有太大的影响。

③ 对于数据业务的影响

对于数据传输，在滑动发生时可用纠错码检出受到影响的数据块，一经检出就重新发送这些数据块，最终表现为产生了时延。将几条低速数据通路复接成 64kbit/s 的数据流，滑动引起数据帧定位信号的丢失。若没有采取特殊的保护措施，则从滑动发生到发现帧定位信号丢失的这段时间内，数据通路内的信息将被错误地传送。

④ 对传真的影响

滑动对传真的影响取决于编码技术。一次滑动将使扫描线的余下部分稍有移位，这就是说，一次滑动就能破坏整个扫描线甚至整个画面，从而必须重新传输。

由此可见，滑动对通信的影响是非常严重的，在数字网中为了防止滑动，必须使全网各节点的时钟频率保持一致。这就是网同步的必要性。

3．网同步的方式

（1）网同步的方式概述

网同步的方式有好几种，如主从同步方式、相互同步方式等。目前，各国公用网中交换节点时钟的同步主要采用主从同步方式。

（2）主从同步方式

① 主从同步方式的概念

所谓主从同步方式是在网内某一主交换局设置高精度高稳定度的时钟源（称为基准主时钟或基准时钟），并以其为基准时钟通过树状结构的时钟分配网传送到（分配给）网内其他各交换局，各交换局采用锁相技术将本局时钟频率和相位锁定在基准主时钟上，使全网各交换节点时钟都与基准主时钟同步。

主从同步方式示意图如图 7-3 所示。

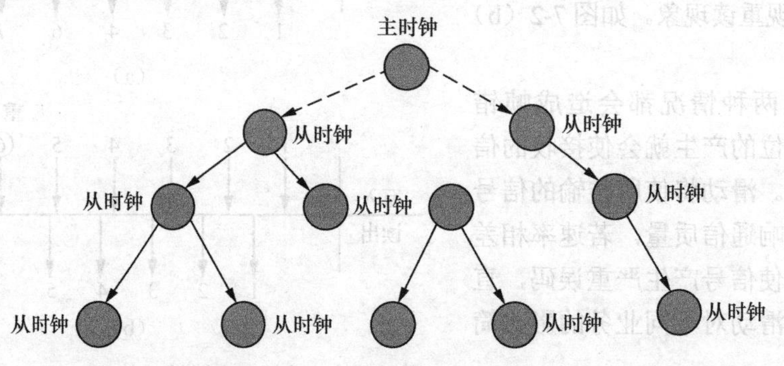

图 7-3　主从同步方式

主从同步方式一般采用等级制，目前 ITU-T 将时钟划分为以下四级。

- 一级时钟——基准主时钟，由 G.811 建议规范；
- 二级时钟——转接局从时钟，由 G.812 建议规范；
- 三级时钟——端局从时钟，也由 G.812 建议规范；
- 四级时钟——数字小交换机（PBX）、远端模块或 SDH 网络单元从时钟，由 G.813 建议规范。

② 主从同步方式工作原理

上面提到主从同步方式各级从时钟都要采用锁相技术将本局时钟频率和相位锁定在基准主时钟上，锁相环路（又称锁相震荡器）的基本构成如图 7-4 所示。

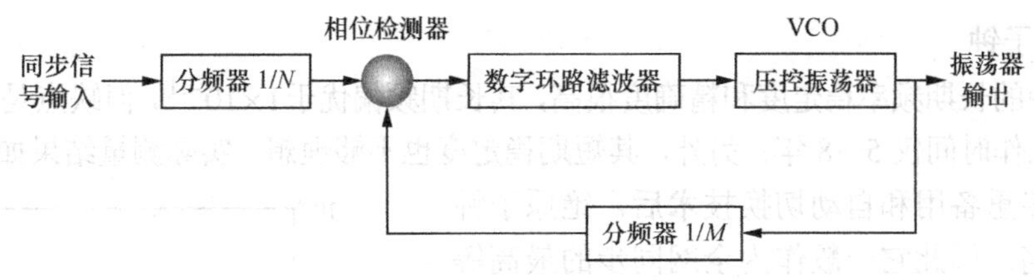

图 7-4　锁相震荡器基本构成框图

锁相震荡器主要由相位检测器、环路滤波器以及压控震荡器组成。另外为了配合外同步频率和压控震荡器的频率变换，使输入相位检测器的两个信号频率相等，还需要设置分频器，如图 7-4 中的 1/*N*、1/*M* 分频器。

锁相震荡器各部分的作用如下。

- 相位检测器——用于检测或比较输入基准信号与本地压控振荡器（VCO）输出信号之间的相位差，并将其相位差的变化转换为电压的变化，而后经环路滤波器滤除其高频分量使其输出平滑，用以控制 VCO 的输出频率和相位。
- 环路滤波器——是具有低通特性的积分器，其主要参数是环路时间常数，它决定了对相位检测器输出信号高频分量的滤除及低频抖动的平滑程度。环路时间常数与低频抖动平滑截止频率 f_c 的关系为

$$f_c = \frac{1}{2\pi\tau_{loop}} \tag{7-1}$$

式中，τ_{loop} 是环路时间常数。

从式（7-1）可以看出，τ_{loop} 越长，截止频率越低。

由锁相环路工作原理可知，τ_{loop} 的大小影响着环路的“捕捉”及“跟踪”。快速捕捉需要较小的时间常数，可以较快地达到锁定状态；正常跟踪需要较大的时间常数，以便更好地滤除输入信号的相位波动。目前厂家已做出可变环路时间常数的数字锁相环，τ_{loop} 的变化范围可在 100～10000s 之间。

- 压控振荡器——VCO 在一定范围内输入电压控制可以改变其输出信号的频率和相位。当外加基准时钟信号与 VCO 输出信号的相位差稳定在一个很小的数值，即接近于零时，则环路进入锁定状态，即 VCO 输出频率锁定在输入基准频率值上。

VCO 应具有较高的稳定度，通常用晶体振荡器来实现。根据时钟应用重要性的要求，应设有备用装置，故障时可自动倒换，根据需要也可以人工倒换。

③ 主从同步方式的优缺点

主从同步方式的主要优点是网络稳定性较好，组网灵活，适于树形结构和星形结构，对从节点时钟的频率精度要求较低，控制简单，网络的滑动性能也较好（理论上没有滑动）。

主从同步方式的主要缺点是对基准主时钟和同步分配链路的故障很敏感，一旦基准主时钟发生故障会造成全网的问题。为此，基准主时钟应采用多重备份以提高可靠性，同步分配链路也尽可能有备用。

4. 时钟类型和工作模式

（1）时钟类型

目前公用网中实际使用的时钟类型主要分为下面三类。

① 铯原子钟

铯原子钟的长期频率稳定度和精确度很高，其长期频偏优于1×10^{-11}，但缺点是可靠性较差，平均无故障工作时间仅5～8年；另外，其短期稳定度也不够理想，实际测量结果如图7-5所示。

当采用多重备用和自动切换技术后，铯原子钟的可靠性较高。因此它一般作为全网同步的最高等级的基准主时钟。

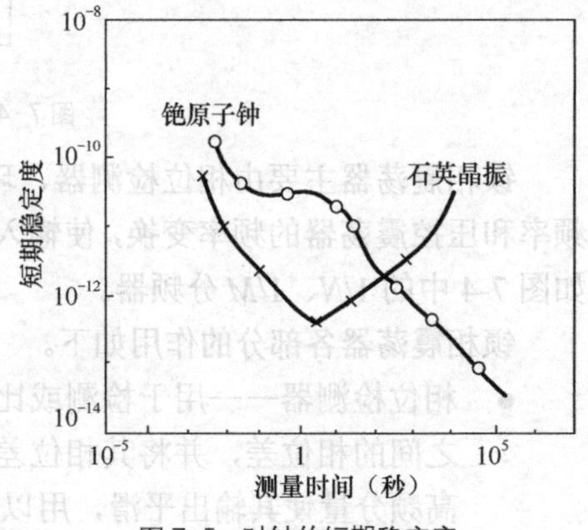

图7-5 时钟的短期稳定度

② 石英晶体振荡器

石英晶体振荡器是应用范围十分广泛的廉价频率源，优点是可靠性高，价格低，频率稳定度范围很宽，采用高质量恒温箱的石英晶振的老化率可达10^{-11}/天。其缺点是长期频率稳定度不好，实际测量结果如图7-5所示，与铯原子钟特性恰好互补。

一般，高稳定度石英晶振可以作为长途交换局和端局的从时钟，此时石英晶振采用窄带锁相环，并具有频率记忆功能。低稳定度石英晶振可以作为远端模块或数字终端设备的时钟。

③ 铷原子钟

铷原子钟过去用的很少，随着技术的进步，正在逐步采用这种时钟源。它的特点是：其性能（稳定度和精确度）和成本介于上述两种时钟之间。具有出色的短期稳定度，且成本较低，其寿命大约10年。频率可调范围大于铯原子钟，长期稳定度低一个量级左右。铷原子钟适于作同步区的基准时钟。

（2）从时钟工作模式

在主从同步方式中，节点从时钟有以下三种工作模式。

① 正常工作模式。正常工作模式指在实际业务条件下的工作，此时，时钟同步于输入的基准时钟信号。影响时钟精度的主要因素有基准时钟信号的固有相位噪声和从时钟锁相环的相位噪声。

② 保持模式。当所有定时基准丢失后，从时钟可以进入保持模式。此时，从时钟利用定时基准信号丢失之前所存储的频率信息（定时基准记忆）作为其定时基准而工作。这种方式可以应付长达数天的外定时中断故障。

③ 自由运行模式。当从时钟不仅丢失所有外部定时基准，而且也失去了定时基准记忆或者根本没有保持模式时，从时钟内部振荡器工作于自由振荡方式，这种方式称为自由运行模式。

7.1.2 SDH同步网

1. SDH的引入对网同步的影响

SDH有很多优点，然而，SDH的引入会对网同步产生重要影响，主要体现在以下几点。

（1）指针调整产生相位跃变

数字信号在经过SDH/PDH网边界时，因为要经过复用或解复用，所以需要进行指针调整。而SDH特有的指针调整会在SDH/PDH网边界产生很大的相位跃变。每当用来传送网络定时基准的2Mbit/s信号通过SDH网时，都会遭受到8UI的指针调整影响，使定时基准信号产生相位变化，对网同步的影响非常大。嵌入在高次群（如140Mbit/s等）信号内的2Mbit/s信号通过SDH网时，由于承载速率很高，尽管也遭受8UI（34Mbit/s或8Mbit/s）甚至24UI（140Mbit/s）的指针调整影响，但对应的输出相位变化要小得多（因为1个UI为一个比特的持续时间，数字信号的速率越高，1个比特的持续时间就越短，即1个UI代表的时间也就越短），对网同步造成的影响也小得多。虽然，目前可以采取一些技术措施使这些相位变化减小，但其影响还是不可能完全消除。

（2）SDH不同规格的净负荷的混合传输给网同步规划带来不利

SDH允许不同规格的净负荷实现混合传输，十分方便灵活，但却不利于网同步的规划。在SDH网中，网元收到的2Mbit/s一次群信号既可能是单独传来的，也可能是嵌入在高次群信号内一起传来的，虽然两者的定时性能有很大的不同，但由于SDH网中的DXC和ADM都有分插和重选路由的能力，因而在网中很难区分具有不同经历的2Mbit/s信号，也就难以确定最适于作网络定时的2Mbit/s信号。显然这些给网同步规划带来困难。

（3）SDH自愈环、路由备用和DXC的自动配置功能造成网同步定时选择的复杂性

SDH自愈环、路由备用和DXC的自动配置功能带来了网络应用的灵活性和高生存性，但却增加了网同步定时选择的复杂性。在SDH网中，网络定时的路由随时都有可能变化，因而其定时性能也随时可能变化，即网元的外定时（在SDH网中网元时钟也应保持同步）质量无法确定。

总而言之，SDH的引入将会对网同步的规划和管理产生重要影响，所以我们在规划和设计SDH时应注意到这一点。

2. SDH网同步结构

（1）SDH网同步的特点

如果数字网交换节点之间采用SDH作为传输手段，此时不仅是各交换节点的时钟要同基准主时钟保持同步，而且SDH网内各网元（如终端复用器、分插复用器、数字交叉连接设备及再生中继器）也应与基准主时钟保持同步。

在SDH网中，各网元如终端复用器、分插复用器及数字交叉连接设备之间的频率差是靠调节指针值来修正的。也就是使用指针调整技术来解决节点之间的时钟差异带来的问题。由于在SDH网中是以字节为单位进行复接的，所以指针调整也是以字节为单位进行的（TU-12和TU-3的调整单位为1个字节；AU-4的调整单位为3个字节）。指针调整会引起相位抖动，一次指针调整所引起的抖动可能不会超出网络接口所规定的指标，但当指针的调整速率不能受到控制而使抖动频繁地出现和积累并超过网络接口抖动的规定指标时，将引起信息净负荷出现差错。因此，在SDH网中网元内时钟也应保持同步。

（2）SDH网同步结构

SDH网同步通常采用主从同步方式，包括局间同步和局内同步。

① 局间同步

局间同步时钟分配采用树形结构，使SDH网内所有节点都能同步，各级时钟间关系如图7-6所示。

需要注意以下几点。

- 低等级的时钟只能接收更高等级或同一等级时钟的定时，这样做的目的是防止形成

定时环路（所谓定时环路是指传送时钟的路径——包括主用和备用路径形成一个首尾相连的环路，其后果是使环中各节点的时钟一个个互相控制以脱离基准时钟，而且容易产生自激），造成同步不稳定。

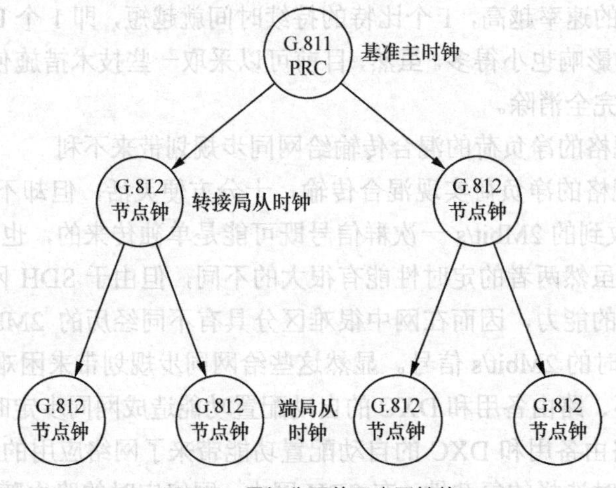

图7–6 局间分配的同步网结构

- 由于 TU 指针调整引起的相位变化会影响时钟的定时性能，因而通常不提倡采用在 SDH TU 内传送的一次群信号（2.048Mbit/s）作为局间同步分配，而直接采用高比特率的 STM-*N* 信号传送同步信息。即不宜采用从 STM-*N* 信号中分解（解复用）出 2.048Mbit/s 信号作为基准定时信号，因为在分解的过程中要进行指针调整，而指针调整会引起相位抖动，继而影响时钟的定时性能。所以一般采用频率综合的办法直接从 STM-*N* 信号中提取 2.048Mbit/s 信号作为基准定时信号。
- 为了能够自动进行捕捉并锁定于输入基准定时信号，设计较低等级时钟时还应有足够宽的捕捉范围。

② 局内同步

局内同步分配一般采用逻辑上的星形拓扑。所有网元时钟都直接从本局内最高质量的时钟——综合定时供给系统（BITS）获取。

综合定时供给系统（BITS）也称通信楼综合定时供给系统，是属于受控时钟源。在重要的同步节点或通信设备较多以及通信网的重要枢纽都需要设置综合定时供给系统，以起到承上启下、沟通整个同步网的作用。BITS 是整个通信楼内或通信区域内的专用定时钟供给系统，它从来自别的交换节点的同步分配链路中提取定时，并能一直跟踪至全网的基准时钟，并向楼内或区域内所有被同步的数字设备提供各种定时时钟信号。BITS 是专设置的定时时钟供给系统，从而能在各通信楼或通信区域内用一个时钟统一控制各种网的定时时钟，如数字交换设备、分组交换网、数字数据网、N.7 信令网、SDH 设备以及宽带网等。故而解决了各种专业业务网和传输网的网同步的问题，同时也有利于同步网的监测、维护和管理。

SDH 网中采用 BITS 可以减少外部定时链路的数量，允许局内不同业务的通信共享定时设备，局间不同业务的通信使用单一的局间同步链路，还能支持 64kbit/s 速率的互连，因而是局内同步的理想结构。这里有以下几点需要说明。

- 带有 BITS 的节点时钟一般至少为三级或二级时钟。

- 局内通过 BITS 分配定时时，应采用 2Mbit/s 或 2MHz 专线。由于 2Mbit/s 信号具有传输距离长等优点，因而应优选 2Mbit/s 信号。
- 定时信号再由该局内的 SDH 网元经 SDH 传输链路送往其他局的 SDH 网元。

局内时钟间关系如图 7-7 所示。

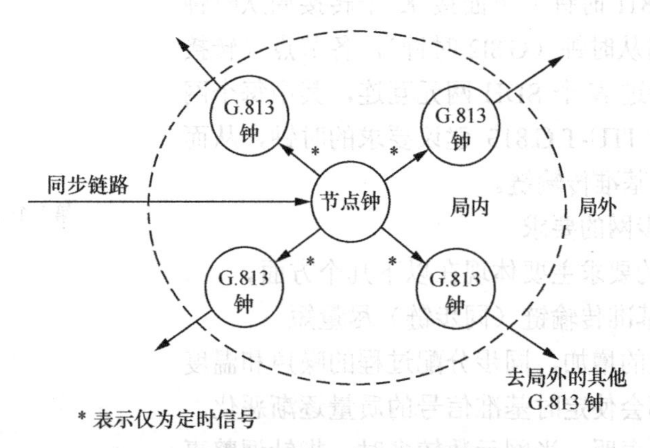

图 7-7　局内分配的同步网结构

3. SDH 网同步的工作方式

SDH 网同步有以下四种工作方式。

（1）同步方式

同步方式指在网中的所有时钟都能最终跟踪到同一个网络的基准主时钟。在同步分配过程中，如果由于噪声使得同步信号间产生相位差，则由指针调整进行相位校准。同步方式是单一网络范围内的正常工作方式。

（2）伪同步方式

伪同步方式是在网中有几个都遵守 G.811 建议要求的基准主时钟，它们具有相同的标称频率，但实际频率仍略有差别。这样，网中的从时钟可能跟踪于不同的基准主时钟，形成几个不同的同步网。因为各个基准主时钟的频率之间有微小的差异，所以在不同的同步网边界的网元中会出现频率或相位差异，这种差异仍由指针调整来校准。伪同步方式是在不同网络边界以及国际网接口处的正常工作方式。

（3）准同步方式

准同步方式是同步网中有一个或多个时钟的同步路径或替代路径出现故障时，失去所有外同步链路的节点时钟，进入保持模式或自由运行模式工作。该节点时钟频率和相位与基准主时钟的差异由指针调整校准。但指针调整会引起定时抖动，一次指针调整引起的抖动可能不会超出规定的指标。可当准同步方式时，持续的指针调整可能会使抖动累积到超过规定的指标，而恶化同步性能，同时将引起信息净负荷出现差错。

（4）异步方式

异步方式是网络中出现很大的频率偏差（即异步的含义），当时钟精度达不到 ITU-T G.813 所规定的数值时，SDH 网不再维持业务而将发送 AIS 告警信号。异步方式工作时，指针调整用于频率跟踪校准。

4. 对 SDH 同步网的要求

（1）同步网定时基准传输链（同步链）

SDH 同步网定时基准传输链如图 7-8 所示。

基准主时钟（G.811 时钟）下面接 *K* 个转接局从时钟（G.812 时钟）或端局从时钟（G.812 时钟），各节点（转接局或端局）时钟要经过 *N* 个 SDH 网元互连，其中每个网元都配备有一个符合 ITU-T G.813 建议要求的时钟，从而形成一个同步网定时基准传输链。

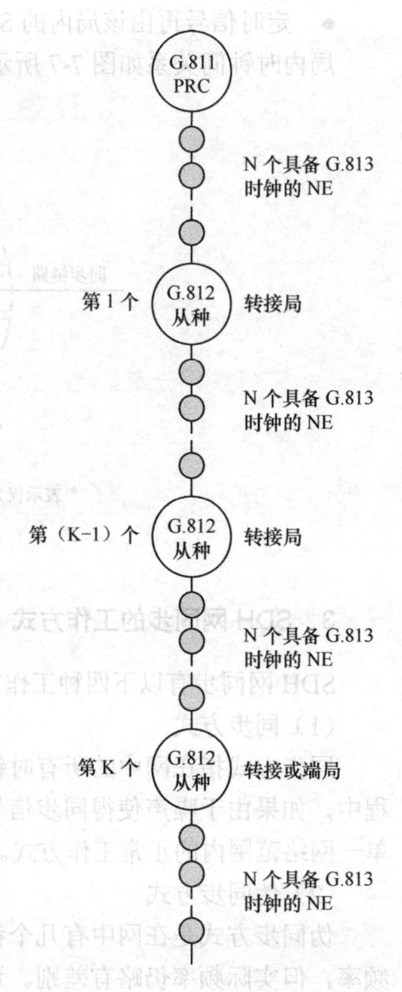

图 7-8 同步网定时基准传输链

（2）对 SDH 同步网的要求

对 SDH 同步网的要求主要体现在以下几个方面。

① 同步网定时基准传输链（同步链）尽量短

随着同步链路数的增加，同步分配过程的噪声和温度变化所引起的漂移都会使定时基准信号的质量逐渐恶化。实际系统测试结果也表明，当网元数较多时，指针调整事件的数目会迅速上升。因此同步网定时基准传输链的长度要受限。节点间允许的 SDH 网元数最终受限于定时基准传输链最后一个网元的定时质量。

一般规定，最长的基准传输链所包含的 G.812 从时钟数不超过 *K* 个。通常可大致认为最大值为 $K=10$，$N=20$，G.813 时钟的数目最多不超过 60 个。

SDH 网中采用分布式定时，可使同步链尽量短。所谓分布式定时是在网内主要节点上均安装具有一级时钟质量（如受控铷钟）的本地基准主时钟源（LPR），就近为网元提供高质量的定时源。这就避免了经过长距离同步链路提供定时的问题。

② 所有节点时钟的 NE 时钟都至少可以从两条同步路径获取定时（即应配置传送时钟的备用路径）。这样，原有路径出现故障时，从时钟可重新配置从备用路径获取定时。

③ 不同的同步路径最好由不同的路由提供。

④ 一定要避免形成定时环路。

5. SDH 网元时钟的工作模式

SDH 网元时钟有以下三种工作模式。

（1）正常工作模式

即锁定模式，是网元内部时钟锁定工作于某外部参考时钟源（基准时钟信号）。

（2）保持模式

网元在外部参考定时基准失效时，内部时钟利用失效前存储的最后的频率信号为基准进行工作，若外部同步参考定时信号长时间未被修复，网元将一直工作在保持模式下。但由于网元内部时钟的精度不高，一般的SDH设备只能保证24h内频率准确度在误差允许的范围内。

（3）自由运行模式

当从时钟不仅丢失所有外部定时基准，而且也失去了定时基准记忆或者根本没有保持模式时，从时钟内部振荡器工作于自由振荡方式，这种方式称为自由运行模式。

SDH网元时钟的三种工作模式之间的关系如图7-9所示。

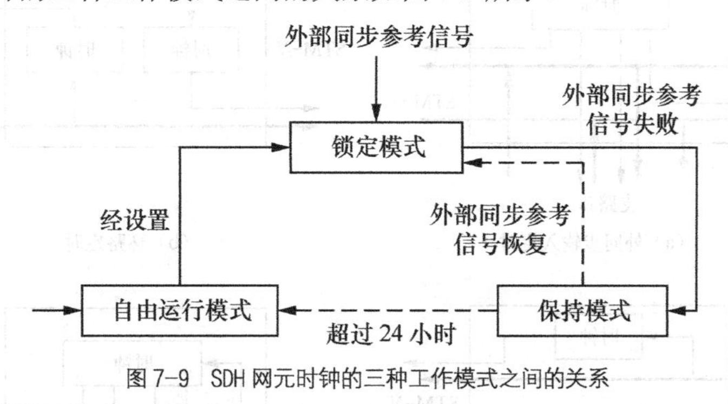

图7-9 SDH网元时钟的三种工作模式之间的关系

6．SDH网元时钟的定时方法

我们已知SDH网元包括终端复用器（TM）、分插复用器（ADM）、同步数字交叉连接设备（SDXC）和再生中继器（REG），其中TM和REG比较简单，而SDXC和ADM比较复杂。这些不同的网元在SDH网中的地位、数量和应用有很大差别，因而其同步配置和时钟要求也不尽相同。

（1）SDH网元的定时方法

SDH网元的定时方法有以下三种。

① 外同步定时源

外同步定时源是网元的同步由外部定时源供给，如图7-10（a）所示。早期常用的是PDH网同步中的2048kHz和2048kbit/s同步定时源，以后随着SDH网的发展，逐渐增多STM-*N*定时源的使用。

② 从接收信号中提取的定时

从接收信号中提取定时信号是应用非常广泛的一种同步定时方式。该方式又可分为环路定时、通过定时和线路定时三种。

- 环路定时。环路定时如图7-10（b）所示。网元的每个发送STM-*N*信号都由从相应的输入STM-*N*信号中所提取的定时来同步。
- 通过定时。通过定时如图7-10（c）所示。网元从同方向终结的输入STM-*N*信号中提取定时信号，并由此再对网元的发送信号以及同方向来的分路信号进行同步。
- 线路定时。线路定时如图7-10（d）所示。像ADM这样的网元中，所有发送STM-*N*/*M*信号的定时信号都是从某一特定的输入STM-*N*信号中提取的。

③ 内部定时源

内部定时源如图7-10（e）所示。网元都具备内部定时源，以便在外同步源丢失时可以使用内部自身的定时源。随着网元的不同，其内部定时源的要求也不同。再生中继器这样的网元只要求内部定时源的频率准确度为$\pm20\times10^{-6}$即可；终端复用器、分插复用器这样的网元要求内部定时源的频率准确度为$\pm4.6\times10^{-6}$；而像SDXC这样的复杂网元随应用不同，其时钟既可以是2级或3级时钟，也可以是频率准确度为$\pm4.6\times10^{-6}$的时钟。

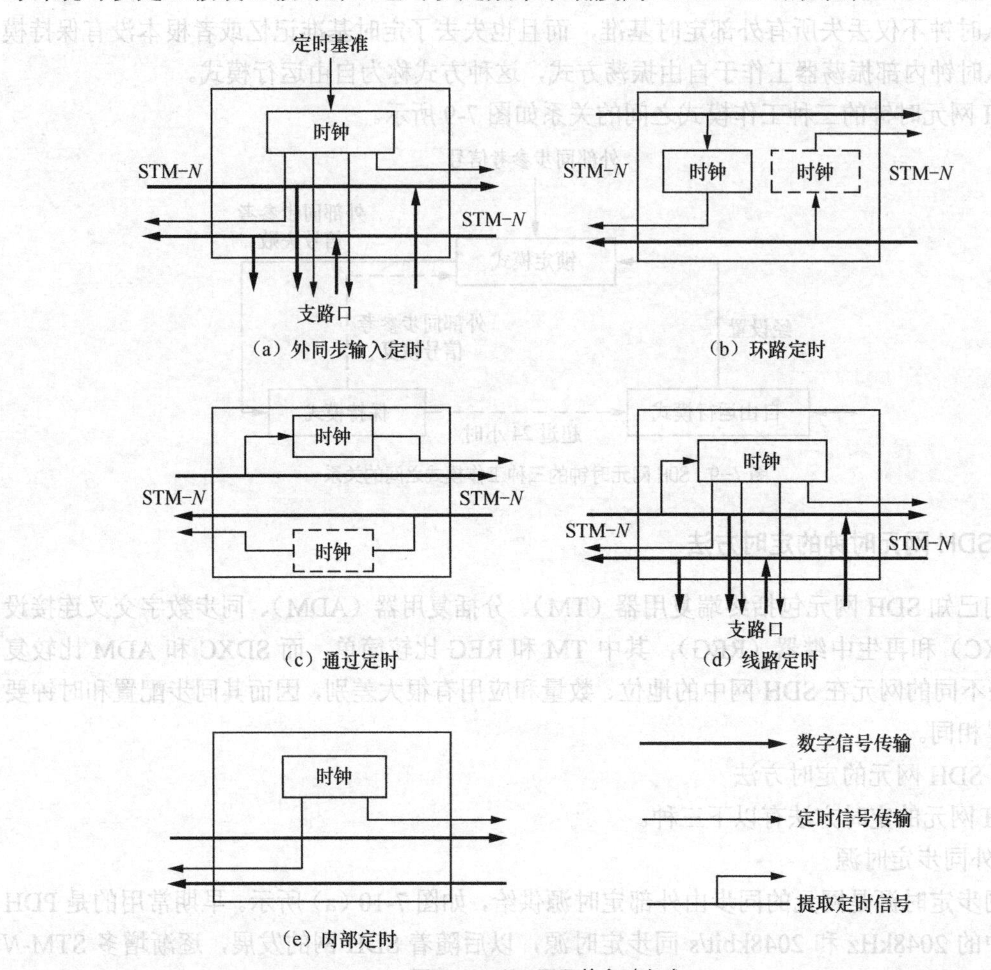

图7-10　SDH网元的定时方式

（2）SDH网元时钟定时方法的具体应用

终端复用器通常不具备外同步接口，一般采用环路定时；但在某些网络应用场合，TM可能会遇到没有任何外部数字连接的情况，此时必须提供自己的内部时钟并处于自由运行模式。

分插复用器为了使性能最好，尽量选用外同步方式，当丢失定时基准时进入保持模式维持系统定时。ADM根据需要也可选用通过定时和线路定时方式。

再生中继器采用通过定时方式，因为其正常工作时，只能从同方向终结的STM-*N*信号中获取定时。当基准定时丢失后，可以转向内部精度较低的时钟，处于自由震荡状态。

同步数字交叉连接设备（SDXC）一般像其他网元一样同步于局内BITS，有些情况下也可采用SDXC时钟作局内同步分配网的主时钟，或者即使跟踪于局内的BITS但仍用其作进一步同步分配的安排，此时SDXC必须配置足够的同步输出口才行。

7．MSTP的网同步

MSTP网络是基于SDH技术的，其网同步的实现与SDH网相同，即MSTP网同步的性能与SDH网基本相同。

MSTP网同步采用主从同步方式，使用一系列分级的时钟。MSTP设备可以配置成SDH的任何一种网元，在MSTP设备中要求集成SDH网元时钟（SEC），由ITU-T G.813建议规范。

MSTP设备时钟有三种工作模式：正常工作模式、保持模式和自由运行模式。

MSTP设备的定时方法有三种：外同步定时源，从接收信号中提取的定时（该方式又可分为通过定时、环路定时和线路定时），内部定时源。

7.2 电信管理网与SDH管理网

7.2.1 电信管理网基础

1．电信管理网的基本概念

（1）传统的电信网络管理

网络管理是实时或近实时地监视电信网络的运行，必要时采取措施，以达到在任何情况下最大限度地使用网络中一切可以利用的设备，使尽可能多的通信得以实现。

电信网络管理的目标是最大限度地利用电信网络资源，提高网络的运行质量和效率，向用户提供良好的服务。

网络管理包括业务管理、网络控制和设备监控，通常统称之为网管系统。

传统的电信网络管理是将整个电信网络分成不同的“专业网”，进行管理，如分成用户接入网、信令网、交换网、传输网等分别进行管理。即对不同的“专业网”设置不同的监控管理中心，这些监控管理中心只对本专业网络中的设备及运行情况进行监控和管理。传统的电信网络管理存在着如下弊端。

① 由于这些监控管理中心往往属于不同部门，缺乏统一的管理目标。

② 不同的专业网络一般使用仅用于本专业网内的专用管理系统，所以这些系统之间很难互通。

③ 在一个专业网中出现的故障或降质可能会影响到其他专业网的性能。

④ 采用这种专业网络管理方式会增加对整个网络故障分析和处理的难度，将导致故障排除缓慢和效率低下。

为解决传统的网络管理方法的缺陷，适应电信网络及业务当前和未来发展的需要，电信管理网（TMN）应运而生。

（2）电信管理网的概念

ITU-T在M.3010建议中指出：电信管理网（TMN）是提供一个有组织的网络结构，以取得各种类型的操作系统之间、操作系统与电信设备之间的互连，其目的是通过一致的具有标准协议和信息的接口来交换管理信息，如图7-11所示。

TMN由操作系统（OS）、工作站（WS）、数据通信网（DCN）和网元（NE）组成。其中，操作系统和工作站构成网络管理中心；数据通信网提供传输网络管理数据的通道，如我国通过DDN实现电信管理网的DCN；网元则是TMN要管理的网络中的各种通信设备。

TMN的应用可以涉及电信网及电信业务管理的许多方面，从业务预测到网络规划；从电信工程、系统安装到运行维护、网络组织；从业务控制和质量保证到电信企业的事务管理等，都是其应用范围。

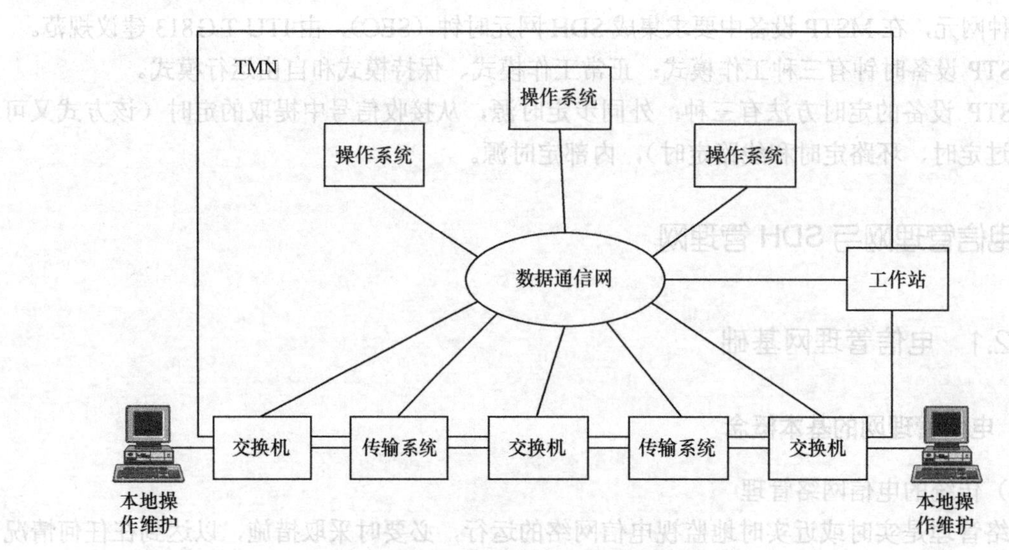

图 7-11 TMN 和电信网的一般关系

TMN 可进行管理的比较典型的电信业务和电信设备如下。

- 公用网和专用网（包括固定电话网、移动电话网、ISDN、数字数据网、分组交换数据网、虚拟专用网以及智能网等）；
- TMN 本身；
- 各种传输终端设备（复用器、交叉连接设备、ADM 等）；
- 数字和模拟传输系统（电缆、光纤、无线、卫星等）；
- 各种交换设备（程控交换机、分组交换机、ATM 交换机等）；
- 承载业务及电信业务；
- PBX 接入及用户终端；
- ISDN 用户终端；
- 相关的电信支撑网（No.7 信令网、数字同步网）；
- 相关的支持系统（测试模块、动力系统、空调、大楼告警系统等）。

TMN 通过监测、测试和控制这些实体还可用于管理下一级的分散实体和业务，如电路和由网元组提供的业务。

（3）TMN 与电信网的关系

TMN 在概念上是一个独立的网络，它与电信网有若干不同的接口，可以接收来自电信网的信息并控制电信网的运行。但是 TMN 也常常利用电信网的部分设施来提供通信联络，因而两者可以有部分重叠。

2. TMN 的逻辑模型

TMN 主要从三个方面界定电信网络的管理：管理层次、管理功能和管理业务。这一界定方式也称为 TMN 的逻辑分层体系结构，如图 7-12 所示。

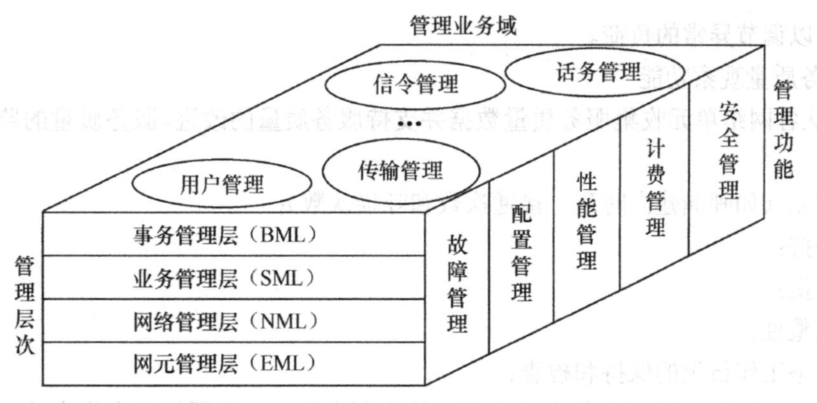

图7-12 TMN的逻辑分层体系结构

（1）TMN的管理层次

TMN采用分层管理的概念，将电信网络的管理应用功能划分为四个管理层次：事物（商务）管理层、业务（服务）管理层、网络管理层、网元管理层。

TMN的四个管理层次的主要功能如下。

① 事物（商务）管理

事物（商务）管理由支持整个企业决策的管理功能组成。如产生经济分析报告、质量分析报告、任务和目标的决定等。

② 业务（服务）管理

业务（服务）管理包括业务提供、业务控制与监测以及与业务相关的计费处理，如电话交换业务、数据通信业务、移动通信业务等。

③ 网络管理

网络管理提供网上的管理功能，如网络话务监视与控制，网络保护路由的调度，中继路由质量的监测，对多个网元故障的综合分析、协调等。

④ 网元管理

网元管理包括操作一个或多个网元的功能，由交换机、复用器等进行远端操作维护，设备软件、硬件的管理等。另外，在网元管理层之后又分出一个网元层，网元层由众多的网元构成，其功能是负责网元本身的基本管理。

（2）TMN的管理功能

TMN同时采用OSI系统管理功能定义，提出电信网络管理的基本功能：性能管理、故障管理、配置管理、计费管理和安全管理。

① 性能管理

性能管理是对电信设备的性能和网络或网络单元的有效性进行评价，并提出评价报告的一组功能，网络单元由电信设备和支持网络单元功能的支持设备组成，并有标准接口。典型的网络单元是交换设备、传输设备、复用器、信令终端等。

TTU-T对性能管理有定义的功能包括以下三个方面。

- 性能监测功能

性能监测是指连续收集有关网络单元性能的数据。

- 负荷管理和网络管理功能

TMN从各网络单元收集负荷数据，并在需要时发送命令到各网络单元重新组合电信网或修改操作，以调节异常的负荷。

- 服务质量观察功能

TMN从各网络单元收集服务质量数据并支持服务质量的改进。服务质量的监测内容包括下述参数。

连接建立（如呼叫建立时延、接通次数和呼损次数）；

连接保持；

连接质量；

记账完整性；

系统状态工作日记的保持和检查；

与故障（或维护）管理合作来建立可能的资源失效，与配置管理合作来改变链路的路由选择和负荷控制参数和限值等；

启动测试呼叫来监测服务质量参数。

② 故障（或维护）管理

故障管理是对电信网的运行情况异常和设备安装环境异常进行监测、隔离和校正的一组功能。ITU-T对故障（或维护）管理已经有了定义的功能包括以下三个方面。

- 告警监视功能

TMN以近实时的方式监测网络单元的失效情况。当这种失效发生时，网络单元给出指示，TMN确定故障性质和严重的程度。

- 故障定位功能

当初始失效信息对故障定位不够用时，就必须扩大信息内容，由失效定位例行程序利用测试系统获得需要的信息。

- 测试功能

这项功能是在需要时或提出要求时或作为例行测试时进行。

③ 配置管理功能

配置管理功能包括提供状态和控制及安装功能。对网络单元的配置、业务的投入、开/停业务等进行管理，对网络的状态进行管理。

配置管理功能包括以下三个方面。

- 保障功能

保障功能包括设备投入业务所必须的程序，但是它不包括设备安装。一旦设备准备好，投入业务，TMN中就应该有它的信息。保障功能可以控制设备的状态，如开放业务、停开业务、处于备用状态或者恢复等。

- 状况和控制功能

TMN能够在需要时立即监测网络单元的状况并实行控制。例如，校核网络单元的服务状态，改变网络单元的服务状况，启动网络单元内的诊断测试等。

- 安装功能

这项功能对电信网中设备的安装起支持作用。例如，增加或减少各种电信设备时，TMN内的数据库要及时把设备信息装入或更新。

④ 计费管理

计费管理可以测量网络中各种业务的使用情况和使用的费用，并对电信业务的收费过程提供支持。计费管理功能是 TMN 内的操作系统能从网络单元收集用户的资费数据，以便形成用户帐单。这项功能要求数据传送非常有效，而且要有冗余数据传送能力，以便保持记账信息的准确。对大多数用户而言，必须经常地以近实时方式进行处理。

⑤ 安全管理

安全管理主要提供对网络及网络设备进行安全保护的能力，主要有接入及用户权限的管理、安全审查及安全告警处理。

（3）TMN 的管理业务

从网络经营和管理角度出发，为支持电信网络的操作维护和业务管理，TMN 定义了多种管理业务，包括以下内容。

- 用户管理；
- 用户接入管理；
- 交换网管理；
- 传输网管理；
- 信令网管理等。

3. 电信管理网的体系结构

TMN 的体系结构包括三个方面，即 TMN 的功能体系结构、TMN 的信息结构和 TMN 的物理结构。

（1）TMN 的功能体系结构

TMN 功能体系结构是从逻辑上描述 TMN 内部的功能分布，使得任意复杂的 TMN 通过各种功能块的有机组合实现其管理目标。在 TMN 功能体系结构中，引入了一组标准的功能块和有可能发生信息交换的参考点。这种功能块与参考点的连接就构成了 TMN 的功能体系结构，如图 7-13 所示。

TMN 功能体系结构中包括操作系统功能（OSF）、网络单元功能（NEF）、适配功能（QAF）、中介功能（MF）以及工作站功能（WSF）等功能模块。

TMN 中的参考点是功能块的分界点，通过这些参考点来识别在这些功能块之间交换信息的类型。在 TMN 中，为了描述各功能块之间的关系，引入了参考点 q、f、x 以及与外界相关的参考点 g、m。各参考点的位置如图 7-13 所示。

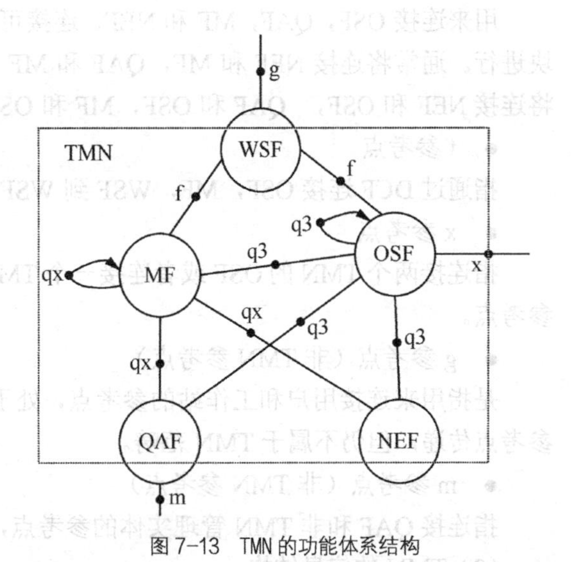

图 7-13 TMN 的功能体系结构

① 各功能模块的基本功能

- 操作系统功能（OSF）

处理与电信网管理相关的信息，支持和控制电信网管理功能的实现。对应 TMN 的管理分层又可分为事务管理 OSF、业务管理 OSF、网络管理 OSF 和网元管理 0SF。

- 网络单元功能（NEF）

在网元中为了被管理而向TMN描述其通信功能是NEF的一部分功能，这部分功能是属于TMN的，而NEF的其他功能则是在TMN之外，如通信功能。

NEF与TMN进行通信以便受其监视和控制。NEF主要提供通信和支持功能，大致可分为两类。第一类是维护实体功能，如交换、传输和交叉连接等；第二类是支持实体功能，如故障定位、计费和保护倒换等。

● 适配功能（QAF）

QAF实现TMN与非TMN网元和OSF之间的连接，进行TMN接口与非TMN接口（即专用接口）间的转换。

● 中介功能（MF）

在OSF和NEF（或QAF）之间进行信息的传送，以保证各功能块对信息模式的需求，并使网络单元（NE）到OSF的结构更加灵活。具体他说，MF的功能是按OSF的要求对来自NEF（有时为QAF）的信息进行存储、适配、门限设置、滤波和压缩处理，以避免OSF的过载。

● 工作站功能（WSF）

提供TMN与用户之间的交互能力。WSF为管理信息的用户提供一种解释TMN信息的手段，其功能包括终端的安全接入和登录、识别和确认输入、格式化和确认输出、支持菜单、窗口和分页、接入TMN、屏幕开发工具、维护屏幕数据库、用户输入编辑等。

② 参考点的作用

参考点是功能块的分界点，它是表示两个功能块之间进行信息交换的概念上的点。TMN有三类不同的参考点，即q参考点、f参考点和x参考点，另外还有两个处于TMN之外的参考点（非TMN参考点）g参考点和m参考点。

● q参考点

用来连接OSF，QAF，MF和NEF。连接可以直接进行，也可以经DCF（数据通信功能）块进行。通常将连接NEF和MF，QAF和MF以及MF和MF的参考点称为qx参考点，而将连接NEF和OSF， QAF和OSF，MF和OSF以及OSF和OSF的参考点称为q3参考点。

● f参考点

指通过DCF连接OSF，MF，WSF到WSF的参考点。

● x参考点

指连接两个TMN的OSF或者连接一个TMN的OSF与另一个网络等效的类OSF功能的参考点。

● g参考点（非TMN参考点）

是指用来连接用户和工作站的参考点，处于TMN之外。此时尽管TMN信息可以经过g参考点传递，但仍不属于TMN范畴。

● m参考点（非TMN参考点）

指连接QAF和非TMN管理实体的参考点，也处于TMN之外。

（2）TMN的信息结构

TMN信息结构是以面向目标的方法为基础的，主要是用来描述功能块之间交换的管理信息的特性。TMN的信息结构引入了管理者和代理者（manager/agent）的概念，强调在面向事物处理的信息交换中采用面向目标的方法。TMN的信息结构主要包括管理信息模型及管理信息交换两个方面。

管理信息模型是对网络资源及其所支持的管理活动的抽象表示。在信息模型中，网络资源被抽象为被管理的目标或对象。例如，终端复用器（TM）、分插复用器（ADM）、数字交叉连接设备（DXC）、ATM交换机及通信软件等这些被管理的资源都称为被管理的目标或对象。在模型中决定了以标准方式进行信息交换的范围，在模型中信息交换和控制就实现了TMN的各种管理操作，如信息的存储、提取与处理。

管理信息交换涉及TMN的DCF，MCF，其主要的是接口规范及协议栈。

电信管理是一种信息处理的应用过程。按照CCITT X.701建议中系统管理模型的定义，每一种特定的管理应用都具有管理者和代理者两方面的作用。在管理者和代理者面前，网络资源可以用被管理目标信息库（Management Information Base，MIB）的形式表示。代理者直接操纵被管理目标，管理者通过公共管理信息服务器（Common Management Infonmation Service，CMISE）实施管理操作。管理者、代理者与被管理目标之间的关系如图7-14所示。

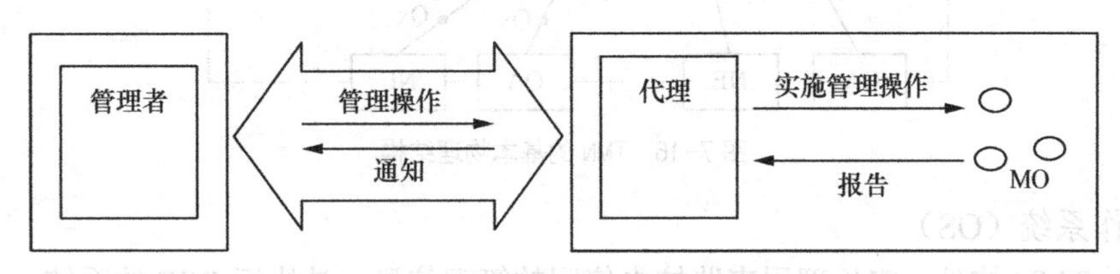

图7-14 管理者、代理者与被管理目标之间的关系

对于TMN而言，这种管理者、代理者与被管理目标的对应关系如图7-15所示。

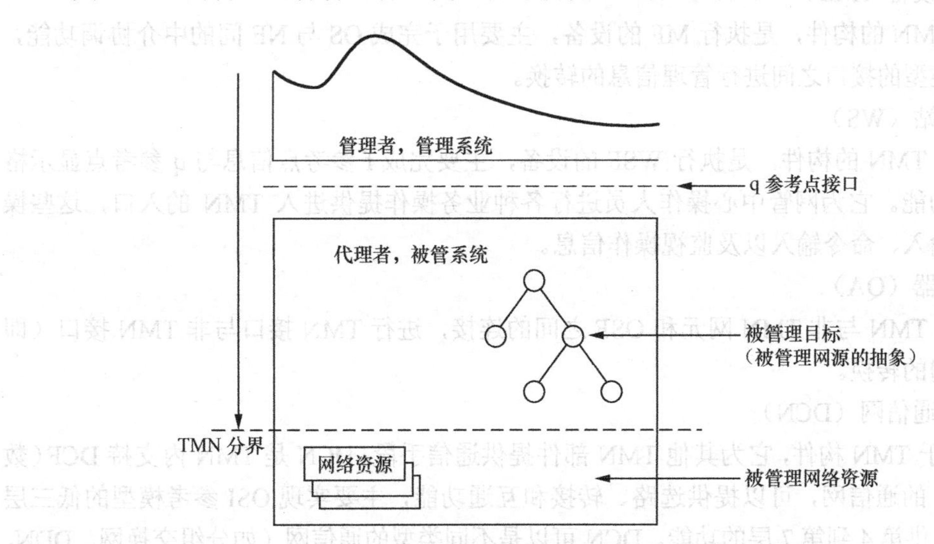

图7-15 TMN的管理者、代理者与被管理目标的对应关系

（3）TMN的物理结构

TMN的物理结构确定为实现TMN的功能所需要的各种物理配置的结构。根据ITU-T的M.3010建议书，TMN的基本物理结构如图7-16所示。

① TMN的功能单元及其基本功能

● 网络单元（NE）

NE是由执行NEF的电信设备（或者是其一部分）和支持设备组成。它为电信网用户提供相应的网络服务功能，如多路复用、交叉连接、交换等。

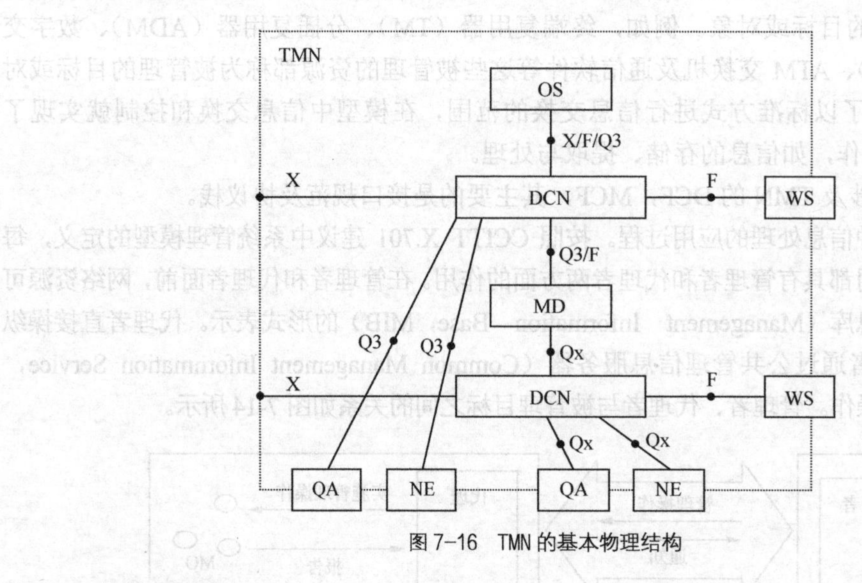

图7-16　TMN的基本物理结构

● 操作系统（OS）

OS属于TMN构件，它处理用来监控电信网的管理信息，是执行OSF的系统，一般可采用小型机或工作站实现。用于性能监测、故障检测、配置管理的管理功能模块可以驻留在该系统上。

● 中介设备（MD）

MD是TMN的构件，是执行MF的设备，主要用于完成OS与NE间的中介协调功能，用于在不同类型的接口之间进行管理信息的转换。

● 工作站（WS）

WS属于TMN的构件，是执行WSF的设备，主要完成f参考点信息与q参考点显示格式间的转换功能。它为网管中心操作人员进行各种业务操作提供进入TMN的入口，这些操作包括数据输入、命令输入以及监视操作信息。

● 适配器（QA）

QA实现TMN与非TMN网元和OSF之间的连接，进行TMN接口与非TMN接口（即专用接口）间的转换。

● 数据通信网（DCN）

DCN属于TMN构件，它为其他TMN部件提供通信手段。DCN是TMN内支持DCF（数据通信功能）的通信网，可以提供选路、转接和互通功能，主要实现OSI参考模型的低三层功能，而不提供第4到第7层的功能。DCN可以是不同类型的通信网（如分组交换网、DDN、城域网、局域网等）或是各种子网（如分组交换网或DDN等）互连而成。目前TMN所用的DCN主要是DDN。另外，DCF也可由SDH的嵌入控制通路ECC（后述）来支持。

② TMN的接口

尽管TMN的体系结构讨论了节点、功能块、接口和参考点，但大量的标准还是与接口有关。因为管理系统之间、管理系统与网络单元之间的交互方式受接口的制约。只要有标准化的接口和协议，就能使各节点的互联互通具有可能性，管理应用就可以进行相互操作。

为了简化众多厂家设备互通的问题需要规定标准的TMN接口，这是实现TMN的关键之一。图7-16所示的TMN基本物理结构中已显示了各种标准接口与功能模块之间的关系。TMN中共有四种接口，即Q3、Qx、F和X接口。

- Q3接口（完全的Q3接口）

Q3接口对应q参考点，将MD、QA、NE和OS经DCN与OS相连。Q3接口具备OSI全部7层功能。从第1层到第3层Q3接口协议标准是Q.811，称之为低层协议；从第4层到第7层的Q3接口协议标准是Q.812，称之为高层协议。Q3接口主要适用于像交换机和DXC这样复杂的设备以及上层网管的接口。

- Qx接口（简化的Q3接口）

Qx接口对应q参考点。Qx接口的作用是MD和MD的互连、NE和MD的互连、QA和MD的互连以及NE和NE的互连（其中至少有一个NE含MF功能）。Qx接口是不完善的Q3接口（简化的Q3接口），在管理系统的实施中，很多产品采用Qx接口作为向Q3接口的过渡。

- F接口

F接口对应f参考点，它处于工作站（WS）与具有OSF，MF功能的物理构件之间。它提供了与TMN五大管理功能领域相关的人-机接口的支持能力，通过这一接口可实现用户与系统之间的交换信息。

- X接口

X接口对应x参考点，提供TMN与TMN之间或TMN与具有TMN接口的其他管理网络之间的连接。

7.2.2 SDH管理网

1. SDH管理网的基本概念

（1）SDH管理网的概念

SDH管理网（SMN）实际就是管理SDH网元的TMN的子集。它可以细分为一系列的SDH管理子网（SMS），这些SMS由一系列分离的嵌入控制通路（ECC）及有关站内数据通信链路组成，并构成整个TMN的有机部分。

这里解释一下嵌入控制通路（ECC）。ECC指的是SDH帧结构中属于段开销（SOH）字节的数据通信通路（DCC）D1～D12。SOH中的DCC用来构成SDH管理网（SMN）的传送链路。其中D1～D3字节称为再生段DCC，用于再生段终端之间交流OAM信息，速率为192kbit/s（3×64kbit/s）；D4～D12字节称为复用段DCC，用于复用段终端之间交流OAM信息，速率为576kbit/s（9×64kbit/s）。这总共768kbit/s的数据通路为SDH网的管理和控制提供了强大的通信基础结构。

（2）SDH管理网的特点

具有智能的网元和采用嵌入的ECC是SMN的重要特点，这两者的结合使TMN信息的传送和响应时间大大缩短，而且可以将网管功能经ECC下载给网元，从而实现分布式管理。

（3）SDH管理网的操作运行接口

SDH管理网的操作运行接口有Q接口、F接口和X接口。

① Q接口

Q接口包括完全的Q3接口和简化的Q3接口（过去称为Qx接口）。

SMS 通过 Q 接口与 TMN 通信，所用 Q 接口应符合 ITU-T Q.811 和 Q.812 建议中相关协议栈的规定。

② F 接口

F 接口是与工作站或局域终端连接的接口。工作站或局域终端是管理一个局部区域内的 SDH 网元或一个 SDH 管理子网的设备，能向维护人员提供各种维护操作工具，帮助维护人员寻障和对系统配置进行测试。

F 接口还可把远端工作站经数据通信网（DCN）连至操作系统（OS）或协调装置（MD）。目前 ITU-T 尚未对 F 接口完成标准化工作，物理层通用 V.10/V.11、V.28/V.24 建议接口。

③ X 接口

在低层协议框架中，X 接口与 Q3 接口是完全相同的。在高层协议中，X 接口涉及不同电信运营者 TMN 之间的互通，所以安全问题非常重要，需要比一般 Q3 接口更加周全的安全支持功能。除此之外，其他方面也是完全相同的。

（4）SMN、SMS 和 TMN 的关系

SMN、SMS 和 TMN 的关系可以用图 7-17 来表示。

TMN 是最一般的管理网范畴；SMN 是其子集，专门负责管理 SDH NE；SMN 又由多个 SMS 组成。

图 7-17　SMN、SMS 和 TMU 的关系

图 7-18 所示为一个具体应用示例，可以有助于理解三者之间的相互关系。图中 NNE 表示非 SDH NE，而 GNE 表示网间接口单元，又称网关，经 Q3 接口与 OS 相连。SMN 内部各个 NE 经 ECC 互连，局站内也可用本地通信网（LCN）互连。OS 可以有多层，直接与 NE 打交道的低层 OS 往往具有 MF 功能和使用简化的 Q3 接口与普通简单 NE 相连。这类简化 OS 过去称为 OS/MD。

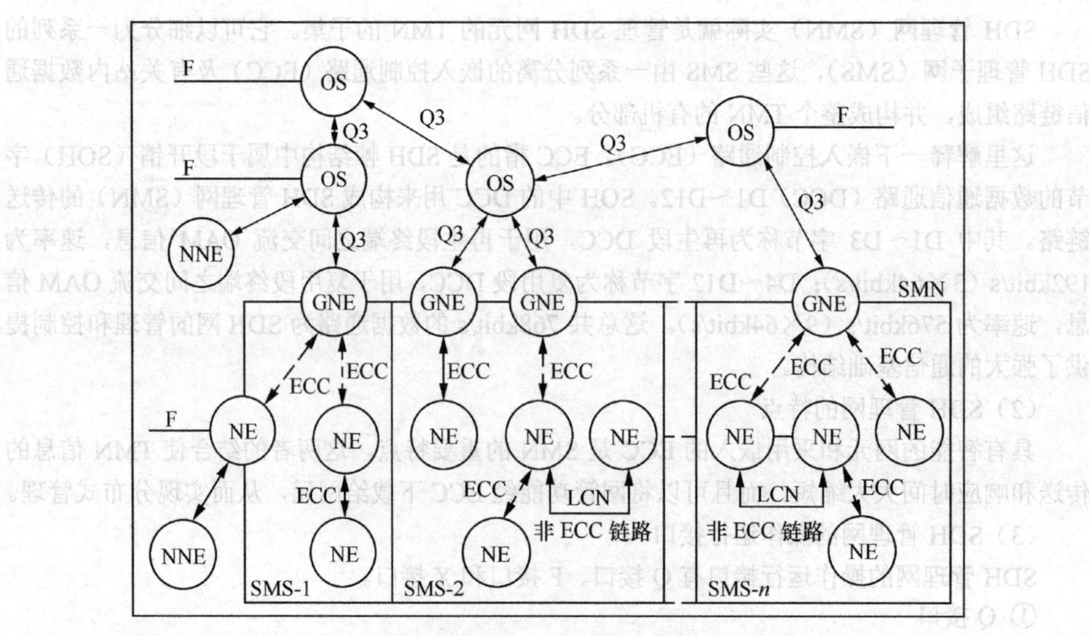

图 7-18　SMN、SMS 和 TMN 关系示例

2．SDH管理子网（SMS）

（1）接入SMS

接入SMS总是利用SDH NE功能块完成的。SDH NE与TMN的其他部分的连接可以通过一系列标准接口，例如，与WS的连接可以通过F口，与OS的连接通过Q接口，至于Q接口的类型则取决于需要SDH NE支持的功能。两种最常用的SDH NE是具有OSF/MF功能的SDH NE和普通的SDH NE，前者如图7-19所示，采用标准Q3接口与OS相连；后者如图7-20所示，可利用简化的Q3接口与OS相连。图中站内设备可能既有SDH NE，又有非SDN NE。

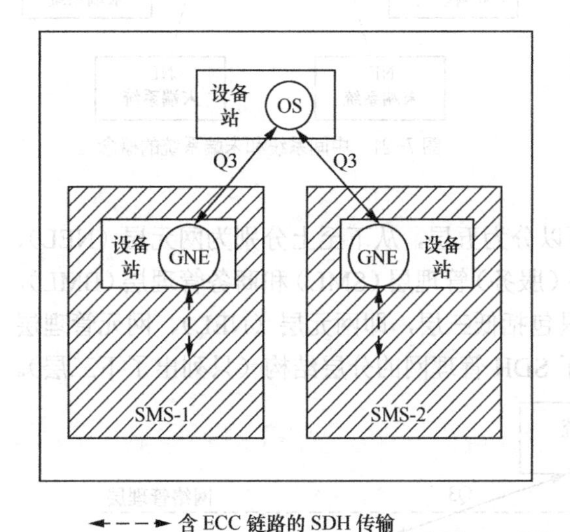

图7-19 具有OSF/MF功能的SDH NE局站的ECC拓扑

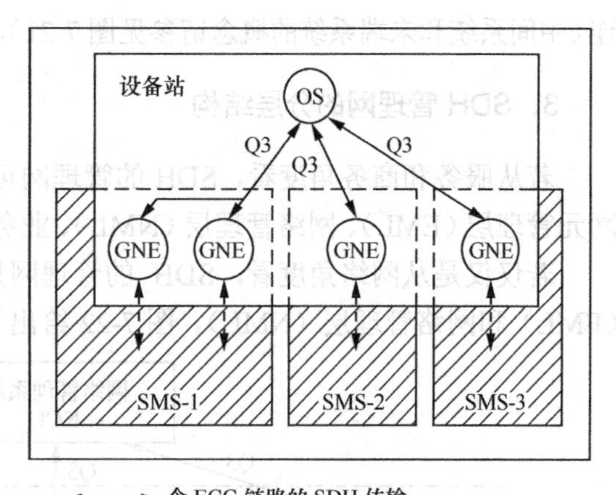

图7-20 具有普通SDH NE局站的ECC拓扑

（2）SMS的结构特点

由图7-18可以看出SMS结构具有如下特点。

① 在同一设备站内可能出现多个可寻址的SDH NE。

② SDH NE的MCF（消息通信功能）为ECC上的消息完成终结（在低层协议的含义上）、选路由或处理功能，或通过Q3接口与OS相通。

③ 属于不同局站的SDH NE之间的通信链路通常由SDH ECC构成。

④ 在同一局站内，SDH NE可以通过站内ECC或LCN进行通信，图7-19中已经示出这两种情况。趋势是采用LCN作为通用的站内通信网，既为SDH NE服务，又可以为非SDH NE服务。

（3）SMS的ECC拓扑

由于实际的网络配置情况是千变万化的，因而ITU-T不打算对ECC的物理传送拓扑进行限制；作为ECC物理层的DCC可以通过多种拓扑形式实现互连，如线形（总线形）、星形、环形和网孔形等。

通常，一个SMS内至少应该有一个NE可以与OS相连，以便与TMN相通。这类能与OS相连的NE称为网关（GNE），如图7-18～图7-20所示。GNE主要有如下功能。

- 为送往 SMS 内任何未端系统的 ECC 消息执行中间系统网络层选路功能；
- 支持统计复用功能；
- 执行协议转换、地址映射和消息转换等。

通常，OS 与未端系统之间的消息通信可以通过其他中间系统，也可以经由 GNE，如图 7-21 所示。所谓中间系统通常为汇接的业务执行选路由任务。与 GNE 不同，它不能直接与 DCN 或 OS 相连，但具有 GNE 的某些功能。未端系统则仅仅处理本地业务，因而不具备统计复用功能或选路由功能，但它们可以直接与 DCN 和 OS 相连（中间系统和未端系统的概念请参见图 7-21）。

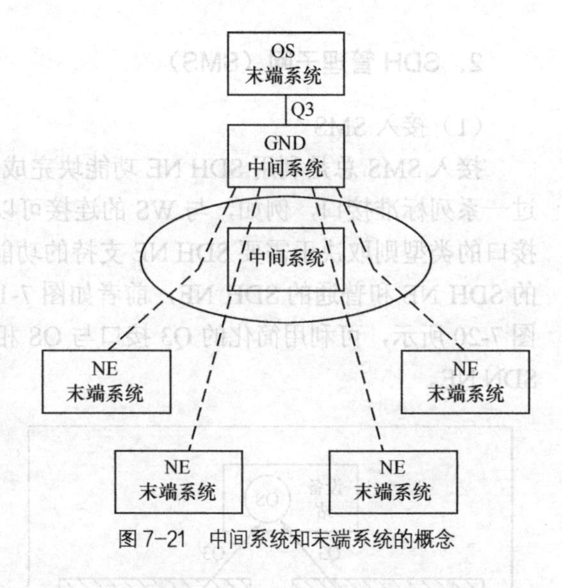

图 7-21　中间系统和末端系统的概念

3. SDH 管理网的分层结构

若从服务和商务角度看，SDH 的管理网可以分为五层，从下至上分别为网元层（NEL）、网元管理层（EML）、网络管理层（NML）、业务（服务）管理层（SML）和商务管理层（BML）。

若仅仅是从网络角度看，SDH 的管理网只包括低三层，即网元层（NEL）、网元管理层（EML）和网络管理层（NML）。图 7-22 给出了 SDH 管理网的分层结构（只列出了下三层）。

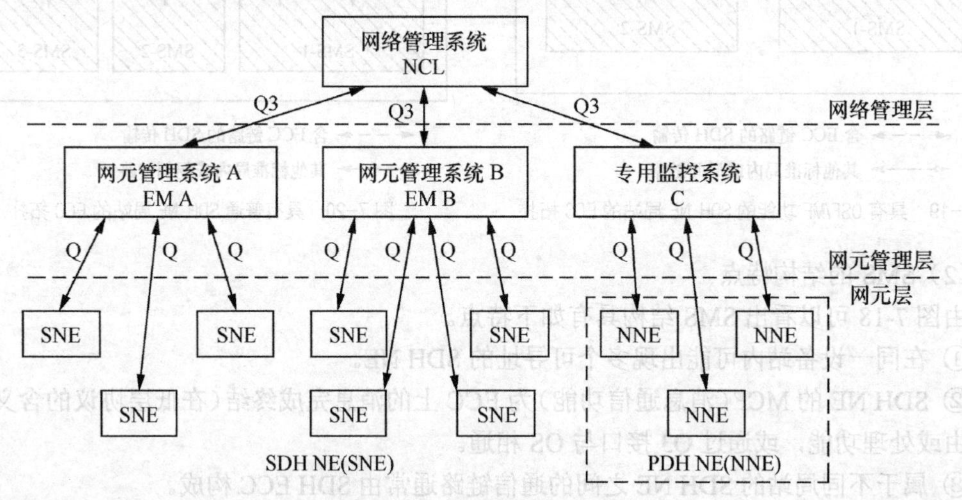

图 7-22　SDH 管理网的分层结构

（1）网元层

网元本身一般也具备一些管理功能，如单个的配置、故障、性能等。所以网元层是最基本的管理层。此时有两种情况：在分布式管理系统中，单个网元具有很强的管理功能，从而对网络响应各种事件的速度极为有利，尤其是为了达到保护目的而进行的通路恢复情况更是如此。另一种情况是网元只具有极其有限的功能，而将大部分管理功能集中在网元管理层上。

（2）网元管理层

网元管理层提供配置管理、性能管理、安全管理和记费管理等功能，另外，还应提供一些附加的管理软件包以支持进行财政、资源及维护分析功能。

（3）网络管理层

网络管理层负责对所辖管理区域进行监视和控制，应具备 TMN 所要求的主要管理应用功能，并能对多数不同厂家的单元管理器进行协调和通信。

（4）业务管理层

业务管理层负责处理合同事项，在提供和终止服务、计费、业务质量、故障报告方面提供与用户基本的联系点，并与网络管理层、商务管理层和业务提供者进行交互式联络。另外，还应保持所统计的数据。

（5）商务管理层

商务管理层负责总的计划和运营者之间达成的协议。

4. SDH 管理功能

为了支持不同厂家设备之间或不同网络运营者之间的通信，也为了能支持同一 SMS 内或跨越网络接口的不同 NE 之间的单端维护能力，ITU-T G.784 建议的附件 A 规定了 SDH 管理网需要具有的一套最起码的管理功能。

（1）一般性管理功能

① 嵌入控制通路的管理

为了有效地管理构成 SDH 网元间逻辑通信链路的 ECC，应保证 ECC 的横向兼容性，因而必须对涉及兼容的网络参数，如分组规格、超时、服务质量和窗口规格等进行检索；为建立以 DCC 为物理层的 ECC，还需对网络地址进行管理，能在某节点处对 DCC 的运行状态进行检索，并具有按需接入或不接入 DCC 的能力。

② 时间标记

需要时间标记的事件和性能报告应标以分辨力为 1s 的时间标记，时间应由 NE 的本地实时时钟来显示。

③ 其他一般管理功能

其他一般管理功能主要包括安全、软件下载和远端注册等。

（2）故障管理

故障管理主要如下。

① 故障原因持续性过滤

故障原因持续性过滤指的是对故障原因进行持续性检查。如果故障原因连续持续（2.5±0.5）s，就宣布为传输失效；如果故障原因连续（10±0.5）s 都不出现，就宣布失效清除。

② 告警监视

告警监视涉及网络中发生的有关事件/条件的检出和报告。告警指的是作为一定事件和条件的结果由 NE 自动产生的一种指示。操作系统应能规定什么样的事件和条件将产生自动告警报告，其余的将按请求才报告。在网络中，除了设备内和输入信号中检出的事件和条件应该可以报告给网管系统外（内告警监视），很多设备外的事件也应该可以报告。

③ 告警历史管理

告警历史管理涉及告警记录的处理。通常，告警历史数据都存在 NE 的寄存器内，并能周期性地读出或按请求读出。所有寄存器都填满后，操作系统应能决定是停止记录，还是删去最早的记录（称上卷），或者干脆将寄存器置零（称清洗）或停止记录。

（3）性能管理

性能管理包括以下内容。

- 利用与SDH结构有关的性能基元采集误码性能、缺陷和各监视项目数据；
- 15min和24h性能监视历史数据寄存和记录；
- 门限设置和门限通知；
- 性能数据分析和性能数据突破门限事件报告；
- 不可用时间的起止记录和其间的性能监视等功能。

（4）配置管理

配置管理包括指配功能以及NE的状态控制两项基本功能，主要实施对网元的控制、识别和数据交换。

配置管理主要涉及保护倒换的指配、保护倒换的状态和控制、安装功能、踪迹识别符处理的指配和报告、净负荷结构的指配和报告、交叉矩阵连接的指配、EXC/DEG门限的指配、CRC4方式的指配、端口方式和终端点方式的指配，以及缺陷和失效相关的指配等。

（5）安全管理

安全管理涉及注册、口令和安全等级等。关键是要防止未经许可的与SDH网元的通信和接入SDH网元的数据库，确保可靠地授权接入。

5．ECC协议栈

SDH网的操作和管理广泛地采用开放系统互连（OSI）的协议和管理原理，ECC协议栈的规定也不例外。为了在SDH DCC上传送OAM消息，SDH网络选择了一套类似的七层协议栈来满足应用要求。图7-23所示为SDH DCC的协议栈。

由图7-23可见，SDH DCC的协议栈（即ECC协议栈）包括七层协议：物理层、数据链路层、网络层、传送层、会话层、表示层和应用层。各层功能及协议简单描述如下。

（1）物理层

物理层的功能是实现在物理链路上数据码流的传输。就OAM消息传送而言，SDH段开销中由12个字节组成的DCC就构成了ECC的物理层。其中段开销中的D1~D3字节作为再生段DCC，速率为192kbit/s；D4～D12字节作为复用段DCC，速率为576kbit/s。

（2）数据链路层

数据链路层的功能是通过相邻网络节点间的逻辑通路，在DCC上提供点到点的网络服务数据单元（NSDU）的传递。

ITU-T G.784建议规定LAPD作为该层协议。LAPD是高级数据链路控制规程（HDLC）的一个子集，它以分组交换通信协议X.25的链路层即平衡型链路接入规程（LAPB）为基础，补充增加了一些新功能。LAPD为网络节点间提供点到点连接，它不仅可以支持确认式信息传递服务（AITS），而且能支持无确认式信息传递服务（UITS）。

（3）网络层

网络层的主要功能是为传送层提供无连接模式网络层的服务。利用每个中间系统的路由控制信息，可以使网络协议数据单元（NPDU）通过中间系统传送到末端系统（所有网元应具备中间系统功能，或末端系统功能，或兼有两者）。与面向连接的网络（如分组交换网等）相比，无连接网的通信既没有连接建立阶段，也没有连接拆除阶段，网络层也无需确认流量控制和纠错一类服务。

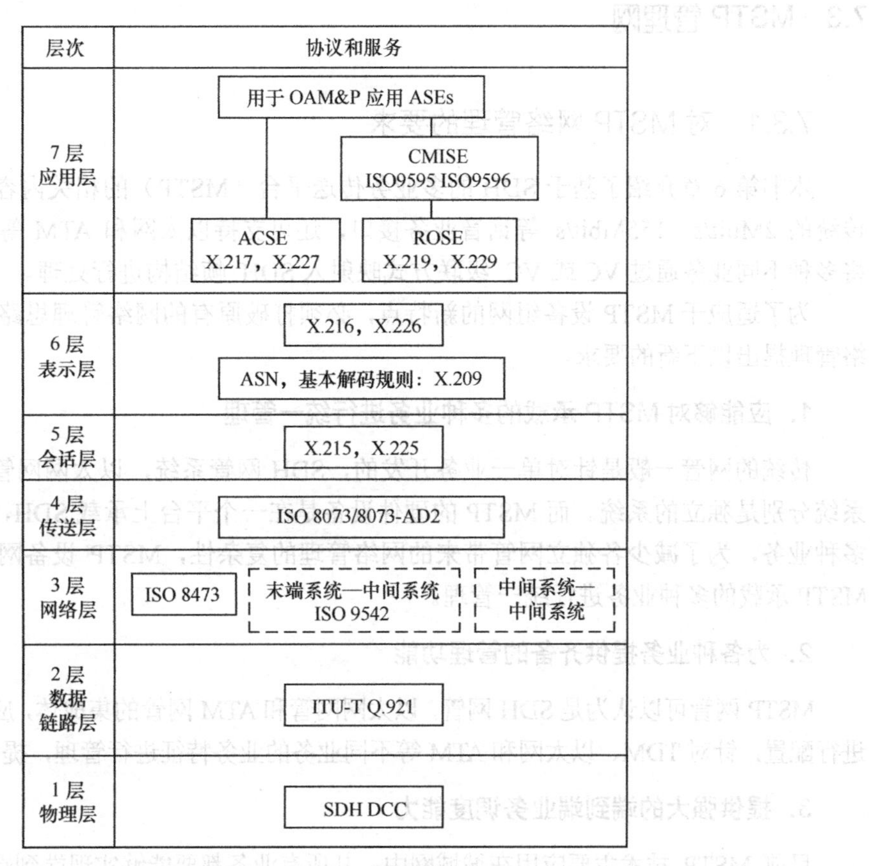

图7-23 SDH DCC的协议栈

ITU-T G.784建议选择ISO 8473无连接模式网络层协议（CLNP）作为该层协议，目的是简化消息的寻址和选路由，以及简化与LAN和DCN互通。

（4）传送层

传送层的主要功能是提供端到端的可靠的信息传递，并能从下面的无连接网络服务形成一个传送连接，且在该连接上提供流量控制和纠错功能。

ITU-T G.784建议规定ISO 8073/AD2作为该层协议。

（5）会话层

会话层的主要功能是保证通信系统能与管理者（代表表示层和应用层）和通信系统之间正在进行的对话实现同步。

G.784建议规定X.215和X.225为该层的协议。

（6）表示层

表示层的主要功能是导出应用协议数据单元（APDU）的转移语法。

ITU-T G.784建议规定采用X.216、X.226和X.209中的ASN.1等建议为该层的协议。

（7）应用层

应用层直接为OSI环境中的用户提供服务，并为其访问OSI环境提供手段。

应用层协议采用X.209中ASN.1、X.217、X.227及ISO 9595、ISO 9596等。

7.3 MSTP 管理网

7.3.1 对 MSTP 网络管理的要求

本书第 6 章介绍了基于 SDH 的多业务传送平台（MSTP）的相关内容，MSTP 不仅支持传统的 2Mbit/s、155Mbit/s 等话音业务接口，还可支持以太网和 ATM 等多业务接口，它可将多种不同业务通过 VC 或 VC 级联方式映射入 SDH 帧结构进行处理。

为了适应于 MSTP 设备组网的新特点，必须打破原有的网络管理思路，因而对 MSTP 网络管理提出以下新的要求。

1．应能够对 MSTP 承载的多种业务进行统一管理

传统的网管一般是针对单一业务开发的，SDH 网管系统，以太网网管系统和 ATM 网管系统分别是独立的系统。而 MSTP 的硬件设备是在一个平台上承载 SDH，以太网和 ATM 等多种业务，为了减少各独立网管带来的网络管理的复杂性，MSTP 设备网管系统应该能够对 MSTP 承载的多种业务进行统一管理。

2．为各种业务提供齐备的管理功能

MSTP 网管可以认为是 SDH 网管，以太网网管和 ATM 网管的集成体，应能够对相应的接口进行配置，针对 TDM、以太网和 ATM 等不同业务的业务特征进行管理，提供齐备的管理功能。

3．提供强大的端到端业务调度能力

目前 MSTP 技术主要应用在城域网中，其所有业务都要能够实现端到端调度，以真正保证业务的快速提供，满足客户需求。由于 MSTP 可提供多种不同业务，所以在端到端业务的调度方面，不仅要考虑传统的各种速率的 SDH 业务，还需要考虑以太网、ATM 业务的端到端调度。

MSTP 设备网管系统应能直接提供端到端电路和端到端数据业务的自动配置功能（是指通过简单地选择源宿端口和业务类型，在很短的时间内即建立起路径连接的过程），可以简化配置流程，提高响应速度。

4．提供各种业务的端到端维护模式

业务的端到端维护主要是指业务级别的告警监视和性能监测，也就是实现端口上监视到的告警性能与端口上承载的业务实现相关联。

为了提高业务管理能力，要求 MSTP 设备网管系统能够提供 SDH、以太网、ATM 等各种业务的端到端维护模式。

7.3.2 基于 SDH 的 MSTP 网络管理体系结构

图 7-24 所示为 MSTP 网络管理体系结构。

图 7-24 中 MSTP NMS（Network Management System）是基于 SDH 的 MSTP 网络管理系统，即为了管理 MSTP 网络所使用的软硬件系统，能够管理 MSTP 网络内由不同设备供应商提供的 SDH 网元或 SDH 子网。由于 MSTP 的设备在一个平台上可以承载 SDH，以太网和

ATM等多种业务，所以MSTP网络管理系统应涵盖SDH网络管理和基于SDH的数据业务管理两方面的管理功能。

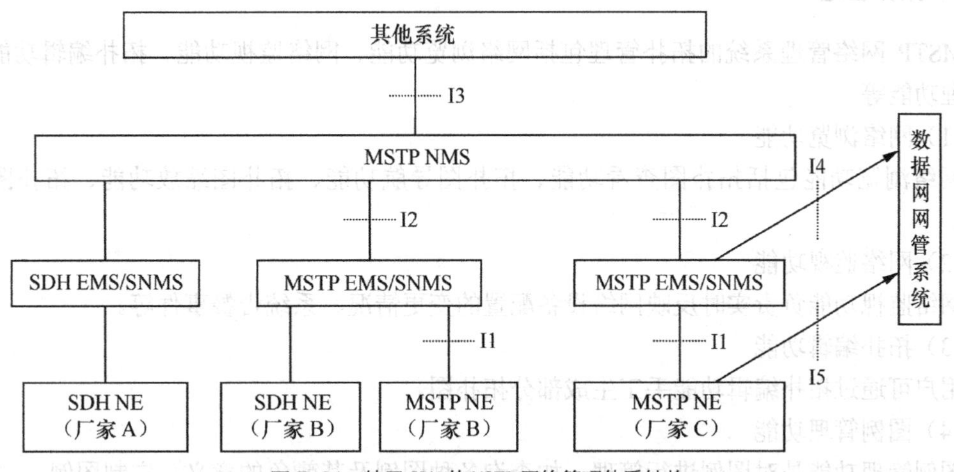

图7-24 基于SDH的MSTP网络管理体系结构

MSTP EMS（Elment Management System）是SDH网元管理系统，即为了管理一个或多个SDH网元所使用的软硬件系统，管理由单一设备供应商提供的SDH网元或SDH子网（此处的网元管理系统是传统意义上的网元管理系统和子网管理系统SNMS的统称）。

SDH网元（SDH NE）与MSTP EMS之间的接口是I1，它是设备内部接口；I2为各厂商的MSTP EMS与MSTP NMS之间的接口，I3为MSTP NMS与其他系统（综合网络管理系统、资源网络管理系统等）之间的接口；I4为各厂商的MSTP EMS与数据网管系统之间的接口，I5为各厂商的MSTP NE与数据网管系统之间的接口，I4和I5接口标准具体内容待研究。

7.3.3 MSTP网络管理功能

MSTP网络管理功能示意图如图7-25所示。

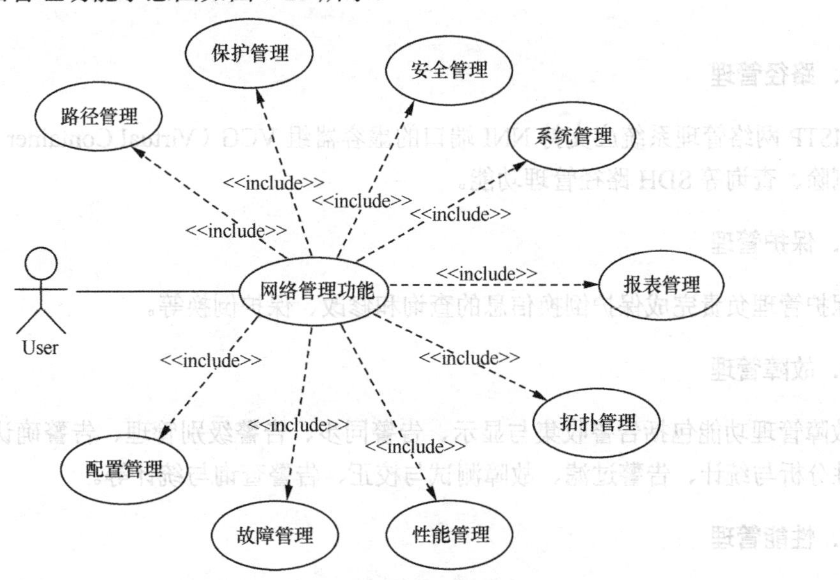

图7-25 MSTP网络管理功能示意图

MSTP网络管理系统的功能如下。

1．拓扑管理

MSTP网络管理系统的拓扑管理包括网络浏览功能、网络监视功能、拓扑编辑功能和图例管理功能等。

（1）网络浏览功能

网络浏览功能包括拓扑图查看功能、拓扑图导航功能、拓扑图缩放功能、拓扑图定位功能。

（2）网络监视功能

网络监视功能负责实时反映网络设备配置的变更情况、系统告警事件等。

（3）拓扑编辑功能

用户可通过拓扑编辑功能手工生成部分拓扑图。

（4）图例管理功能

图例管理功能是对图例进行管理，如查询各种图例及其颜色的意义、定制图例。

2．配置管理

MSTP网络管理系统的配置管理功能包括基本配置管理、网络资源的配置和业务配置。

（1）基本配置管理功能

基本配置管理功能包括配置数据查询与修改、配置数据同步、配置数据统计分析、配置数据打印。

（2）网络资源配置管理功能

MSTP NMS支持对EMS/SNMS配置信息、网元配置信息、端口配置信息等进行查询/修改。

（3）业务配置管理功能

业务配置管理功能主要包括ATM、以太网等业务的创建、删除功能以及业务信息的查询功能。

3．路径管理

MSTP网络管理系统应支持NNI端口的虚容器组VCG（Virtual Container Group）路径创建、删除、查询等SDH路径管理功能。

4．保护管理

保护管理负责完成保护倒换信息的查询和修改、保护倒换等。

5．故障管理

故障管理功能包括告警收集与显示、告警同步、告警级别管理、告警确认与清除、告警相关性分析与统计、告警过滤、故障测试与校正、告警查询与统计等。

6．性能管理

性能管理是对所管理的网络设备性能指标进行监测，并对所采集到的指标值进行必要的处理和分析。性能管理功能具体包括历史性能数据管理、性能数据查询与统计分析、性能监测任务管理、性能数据上报管理、性能门限管理。

7．报表管理

报表管理功能包括定制报表、生成报表、取消报表生成、查询报表生成状态、设置/修改报表格式和打印/输出报表。

8．安全管理

安全管理功能包括以下内容。

（1）用户管理

MSTP 网络管理系统对其用户进行管理控制，包括增加、注销、锁定、解锁用户及查询用户信息和修改用户密码等。

（2）权限控制

为了使用户更安全地使用网管系统，NMS 对用户进行严格的权限控制。

（3）操作日志管理

操作日志记录用户在系统中所执行的各种操作。

（4）登录日志管理

登录日志记录用户登录系统的情况，据此可以了解哪些用户在什么时候进入了系统。

9．系统管理

系统管理功能包括以下内容。

（1）系统自身管理

系统自身管理指系统启动、初始化、关闭和备份等。

（2）软件管理

软件管理功能包括软件安装管理、软件升级、软件版本管理和软件进程管理功能等。

（3）数据管理

NMS 应能提供数据库备份、恢复和拷贝功能，另外 NMS 还应提供配置数据、告警数据和性能数据的导出功能。

（4）仿真终端功能

NMS 可以提供向 EMS 的仿真终端功能。

以上介绍了 MSTP NMS 的各项管理功能，其中配置管理、故障管理、性能管理和安全管理等是 MSTP NMS 最主要的管理功能。

7.3.4 网元管理系统与网络管理系统接口功能

基于 SDH 的 MSTP 网元管理系统（EMS）与网络管理系统（NMS）之间的接口功能包括公共管理功能、配置管理功能、性能管理功能、故障管理功能和安全管理功能，如图 7-26 所示。

图 7-26 中 <<include>>表示 EMS 与 NMS 间接口功能可进一步分解为配置管理功能集、性能管理功能集、故障管理功能集和安全管理功能集；<<extend>>表示配置管理功能、性能

管理功能、故障管理功能和安全管理功能，可能需要公共管理功能集中的功能作为支持。

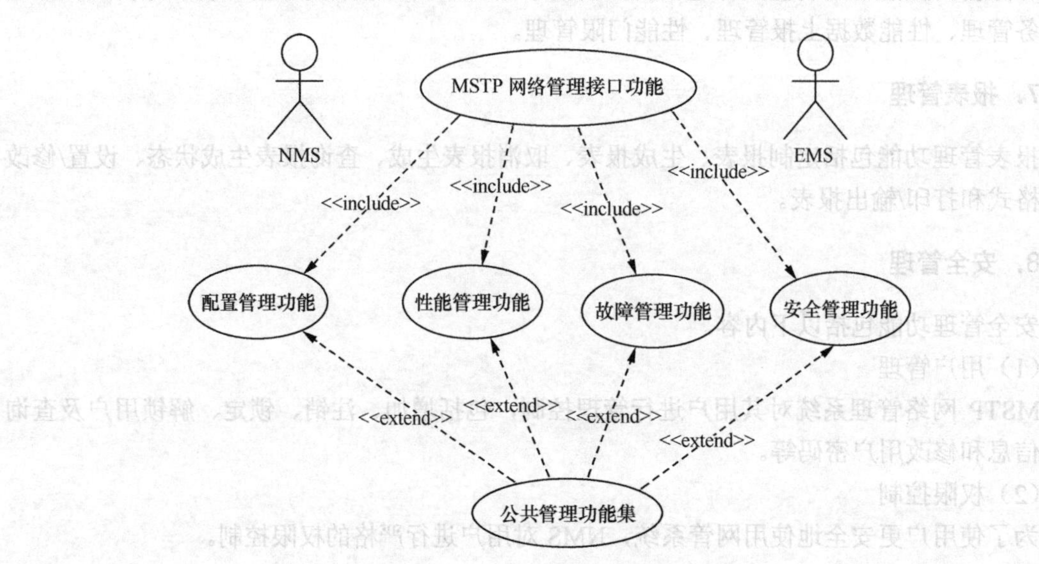

图 7-26　网元管理系统（EMS）与网络管理系统（NMS）接口功能

1．公共管理功能

公共管理功能是指配置管理、性能管理、故障管理和安全管理都要用到的公共功能，包括通知管理功能、日志管理功能、大数据量传送功能等。

（1）通知管理功能

通知管理功能包括通知定购功能、通知上报功能和事件同步功能，其中通知定购功能又包括定购通知、撤销定购、挂起/恢复定购、查询/修改定购。通知管理功能示意图如图 7-27所示。

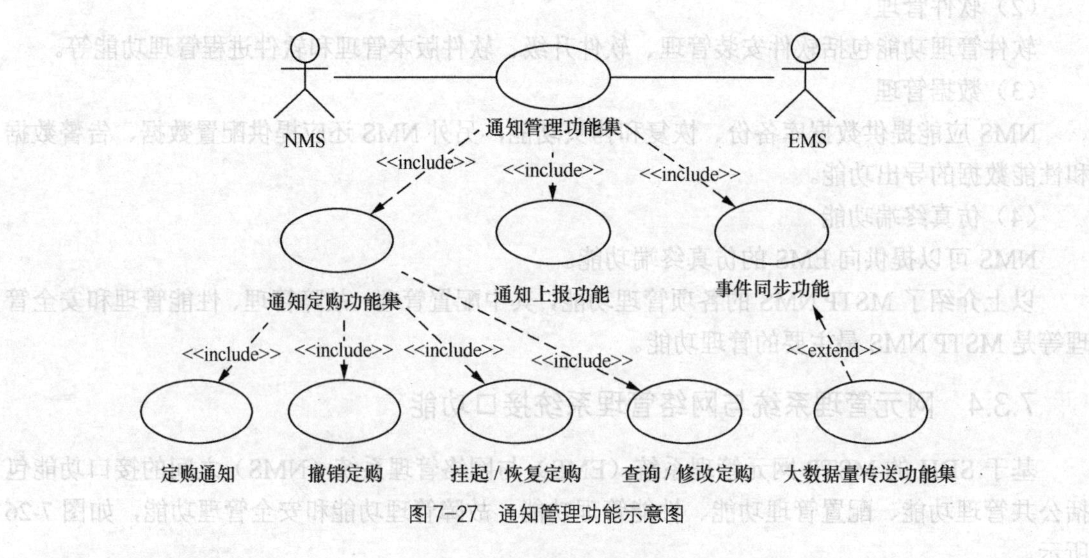

图 7-27　通知管理功能示意图

（2）日志管理功能

日志管理功能包括查询日志记录功能。日志记录中存放的是被记录下来的各种事件信息，

EMS 应支持 NMS 查询全部或指定条件的日志记录。

（3）大数据量传送功能

大数据量传送功能包括文件准备功能、文件获取功能和文件获取确认功能。

2．网元级 EMS 与 NMS 接口管理功能

（1）配置管理功能

配置管理功能主要包括终端点配置管理、交叉连接配置管理、以太网端口管理、以太网二层交换管理、链路容量调整策略管理、以太网服务质量管理、弹性分组环 RPR 管理、异步转移模式 ATM 管理等。

（2）性能管理功能

网元级 EMS 应支持的性能管理功能与 SDH 网的性能管理功能基本相同，包括性能采集管理和历史性能数据管理功能。

性能采集是指从 NMS 的角度来看，EMS 从物理设备或逻辑功能中定期获取性能数据并上报给 NMS。性能采集管理是指 NMS 对性能采集的相应参数进行管理，具体包括开启采集、结束采集、挂起/恢复采集、查询/修改采集参数和性能数据上报。

MSTP 新增的性能数据应符合相关标准，具体为：对于 ATM 业务应能进行 ATM 物理端口接收信元总数、发送信元总数的统计（统计项目为可选）；对于以太网业务应能支持不同长度的包的统计、总体性能统计、碰撞和错误监测。

（3）故障管理功能

网元级 EMS 应支持的故障管理功能与 SDH 网的故障管理功能基本相同，包括告警上报功能、告警同步功能和告警级别表管理（可选）。

告警上报功能使用了公共管理功能中的“通知管理功能”，包括通知定购功能和通知上报功能等。

告警同步功能是指 NMS 一次性获取 EMS 中当前所有的或指定条件的活跃告警。

告警级别表管理包括设置告警级别表、查询/修改告警级别表等。

MSTP 新增的故障告警有以太网告警和 ATM 告警。以太网告警包括的可选告警类型参见标准 YD/T1238-2002 《基于 SDH 的多业务传送节点技术要求》第 10.1.1.2 节；ATM 告警包括的可选告警类型参见标准 YD/T1238-2002 《基于 SDH 的多业务传送节点技术要求》第 10.1.1.3 节。

（4）保护管理（安全管理）功能

网元级 EMS 应支持 SDH 保护功能、RPR 保护功能和 ATM 保护功能，保护管理功能包括查询/修改保护信息和保护倒换。

3．子网级 EMS 与 NMS 接口管理功能

（1）配置管理功能

配置管理功能主要包括终端点配置管理、拓扑链路配置管理、子网配置管理、子网连接配置管理、以太网配置管理等。

（2）性能管理功能

子网级 EMS 与 NMS 接口应支持的故障管理功能与网元级 EMS 与 NMS 接口应支持的性

能管理功能相同。

（3）故障管理功能

子网级EMS与NMS接口应支持的故障管理功能也与网元级EMS与NMS接口应支持的性能管理功能相同。

（4）保护管理（安全管理）功能

子网级EMS的保护管理包括SDH保护、RPR保护和ATM保护，保护管理功能包括查询/修改保护组信息和保护倒换。

小结

1. 网同步是使网中所有交换节点的时钟频率和相位保持一致，以便使网内各交换节点的全部数字流实现正确有效的交换。网同步的必要性是为了防止滑动。

网同步的方式主要采用主从同步方式。所谓主从同步方式是在网内某一主交换局设置高精度高稳定度的时钟源，并以其为基准时钟通过树状结构的时钟分配网传送到（分配给）网内其他各交换局，各交换局采用锁相技术将本局时钟频率和相位锁定在基准主时钟上，使全网各交换节点时钟都与基准主时钟同步。

主从同步方式一般采用等级制，目前ITU-T将时钟划分为四级：一级时钟——基准主时钟，由G.811建议规范；二级时钟——转接局从时钟，由G.812建议规范；三级时钟——端局从时钟，也由G.812建议规范；四级时钟——数字小交换机（PBX）、远端模块或SDH网络单元从时钟，由G.813建议规范。

2. 目前公用网中实际使用的时钟类型主要分为：铯原子钟、石英晶体振荡器及铷原子钟。在主从同步方式中，节点从时钟有三种工作模式：正常工作模式、保持模式和自由运行模式。

3. SDH网同步通常采用主从同步方式。SDH网内各网元（如终端复用器、分插复用器、数字交叉连接设备及再生中继器等）均应与基准主时钟保持同步。

局间同步时钟分配采用树形结构，使SDH网内所有节点都能同步。局内同步分配一般采用逻辑上的星形拓扑。所有网元时钟都直接从本局内最高质量的时钟——综合定时供给系统（BITS）获取。

4. SDH网同步有四种工作方式：同步方式、伪同步方式、准同步方式和异步方式。

对SDH网同步的要求主要体现在以下两个方面：①同步网定时基准传输链——同步链的长度越短越好。②同步网的可靠性必须很高，避免形成定时环路。

5. SDH网元时钟的定时方法有三种：①外同步定时源。②从接收信号中提取的定时。该方式又可分为通过定时、环路定时和线路定时三种。③内部定时源。

终端复用器一般采用环路定时；但在某些网络应用场合，TM可能会遇到没有任何外部数字连接的情况，此时必须提供自己的内部时钟并处于自由运行模式。

分插复用器尽量选用外同步方式，当丢失定时基准时进入保持模式维持系统定时。ADM根据需要也可选用通过定时和线路定时方式。

再生中继器采用通过定时方式。当基准定时丢失后，可以转向内部精度较低的时钟，处于自由震荡状态。

同步数字交叉连接设备（SDXC）一般像其他网元一样同步于局内BITS，有些情况下也可采用SDXC时钟作局内同步分配网的主时钟，或者即使跟踪于局内的BITS但仍用其作进一步同步分配的安排。

6. MSTP网络是基于SDH技术的，其网同步的实现与SDH网相同，即MSTP网同步的性能与SDH网基本相同。MSTP网同步采用主从同步方式，使用一系列分级的时钟。MSTP设备可以配置成SDH的任何一种网元，在MSTP设备中要求集成SDH网元时钟（SEC），由ITU-T G.813建议规范。

7. 电信管理网（TMN）是提供一个有组织的网络结构，以取得各种类型的操作系统之间、操作系统与电信设备之间的互连，其目的是通过一致的具有标准协议和信息的接口来交换管理信息。

TMN与电信网的关系为：TMN在概念上是一个独立的网络，它与电信网有若干不同的接口，可以接收来自电信网的信息并控制电信网的运行。但是TMN也常常利用电信网的部分设施来提供通信联络，因而两者可以有部分重叠。

8. TMN的管理层次分为事物（商务）管理层、业务（服务）管理层、网络管理层、网元管理层。另外，在网元管理层之后又分出一个网元层。

TMN的基本管理功能有：性能管理、故障管理、配置管理、计费管理和安全管理。

TMN定义了多种管理业务，包括：用户管理、用户接入管理、交换网管理、传输网管理及信令网管理等。

9. TMN的体系结构包括三个方面，即TMN的功能体系结构、TMN的信息结构和TMN的物理结构。

TMN功能体系结构中包括操作系统功能（OSF）、网络单元功能（NEF）、适配功能（QAF）、中介功能（MF）以及工作站功能（WSF）等功能模块。在TMN中，为了描述各功能块之间的关系，引入了参考点q、f、x以及与外界相关的参考点g、m。

TMN信息结构是以面向目标的方法为基础的，主要是用来描述功能块之间交换的管理信息的特性。

TMN的物理结构确定为实现TMN的功能所需要的各种物理配置的结构。TMN的功能单元包括网络单元（NE）、操作系统（OS）、中介设备（MD）、工作站（WS）及数据通信网（DCN）。TMN中共有四种接口，即Q3、Qx、F和X接口。

10. SDH管理网（SMN）实际就是管理SDH网元的TMN的子集。它可以细分为一系列的SDH管理子网（SMS），这些SMS由一系列分离的嵌入控制通路（ECC）及有关站内数据通信链路组成，并构成整个TMN的有机部分。

SDH管理网的操作运行接口有Q接口、F接口和X接口。

11. 若从服务和商务角度看，SDH的管理网可以分为五层，从下至上分别为网元层（NEL）、网元管理层（EML）、网络管理层（NML）、业务（服务）管理层（SML）和商务管理层（BML）。若仅仅是从网络角度看，SDH的管理网只包括低三层，即网元层（NEL）、网元管理层（EML）和网络管理层（NML）。

SDH管理功能主要有一般性管理功能、故障管理、性能管理、配置管理及安全管理。

ECC协议栈包括七层协议：物理层、数据链路层、网络层、传送层、会话层、表示层和应用层。

12. 为了适应于MSTP设备组网的新特点，对MSTP网络管理提出的要求是：①应能够对MSTP承载的多种业务进行统一管理；②为各种业务提供齐备的管理功能；③提供强大的端到端业务调度能力；④提供各种业务的端到端维护模式。

基于SDH的MSTP网络管理系统MSTP NMS是管理MSTP网络所使用的软硬件系统，能够管理MSTP网络内由不同设备供应商提供的SDH网元或SDH子网。SDH网元管理系统MSTP EMS是管理一个或多个SDH网元所使用的软硬件系统，管理由单一设备供应商提供的SDH网元或SDH子网（网元管理系统和子网管理系统SNMS的统称）。

13. MSTP网络管理系统的功能主要包括：拓扑管理、配置管理、路径管理、保护管理、故障管理、性能管理、报表管理、安全管理和系统管理。

网元管理系统（EMS）与网络管理系统（NMS）接口功能包括：公共管理功能、配置管理功能、性能管理功能、故障管理功能和安全管理功能。

复习题

1. 网同步的概念是什么？为什么要网同步？
2. 什么叫主从同步方式？
3. 节点从时钟有哪几种工作模式？请详细加以解释。
4. SDH的引入对网同步的影响体现在哪几方面？
5. SDH网同步的工作方式有哪几种？
6. SDH网元的定时方法有哪几种？什么叫通过定时？
7. MSTP网同步是如何实现的？
8. 电信管理网（TMN）的概念是什么？
9. TMN的管理层次分为哪几层？
10. TMN的基本管理功能有哪些？
11. SDH管理网的特点是什么？
12. SDH管理网的操作运行接口有哪些？各自的作用是什么？
13. ECC协议栈包括哪几层？
14. 对MSTP网络管理提出的要求有哪些？
15. MSTP网络管理系统的功能主要包括什么？

第8章 SDH和MSTP的应用

传统的SDH网络是一种针对语音通信而设计的网络。随着不断增长的IP数据、话音、图像等多种业务传送需求，使得用户接入及驻地网的宽带化技术得到了迅速普及，同时也促进了传输骨干网的大规模建设。由于业务的传送环境发生了巨大变化，原先以承载话音为主要目标的传送网在容量以及接口能力上都已经无法满足业务传输与汇聚的要求。于是，MSTP（多业务传送平台）技术应运而生，为网络和业务的发展提供了一条实用的解决方案，下面我们就分别进行讨论。

8.1 SDH在互联网中的应用

8.1.1 Internet网络

Internet是全球性的计算机网络系统，它是一种借助于计算机技术和现代通信技术而实现全球信息传递的快捷、有效、方便的手段。由于它是建立在现行电信网络基础之上的，而传统电信网是以电话业务作为其主要业务的，随着因特网用户数量的急剧增加，多媒体业务的不断普及，必然出现信息流量的持续高速增长，这种利用PSTN网络的传统接入方式，会产生网络拥塞、时延和服务质量问题，给用户网络造成巨大的压力。另外，由于其所提供的带宽有限，进而限制多媒体应用的进一步发展，降低了其竞争力，因此，Internet骨干网需要重新设计以具备高速、可扩展的、安全的、适应多类型业务的能力，这样可为用户提供宽带接入方式。

8.1.2 实现宽带IP网络的主要技术

在宽带IP网络建设过程中需要考虑网络分层、技术体制和接入技术等问题。

1. 网络分层

宽带IP城域网是在互联网业务迅速发展和市场竞争的条件下，建立起的城市范围内的宽带多媒体通信网络，它是宽带IP骨干网在城市范围内的延伸，并作为本地公共信息服务网络的重要组成部分，负责承载各种多媒体业务以满足用户的需求。由此可见所建立的宽带IP城域网必须具备可管理和可扩展的电信运营的性质。由于可管理和可扩展的电信运营网络均采用分层结构，因而宽带 IP 城域网也采用分层结构，共分三层，即核心层、汇接层和接入层，如图 8-1 所示。

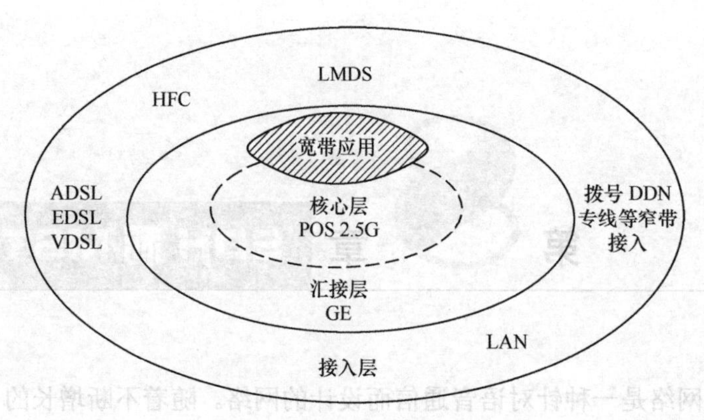

图 8-1　宽带 IP 网络示意图

（1）核心层

核心层主要完成城域网内部信息的高速传送与交换，实现与其它网络的互联互通。下面以一个具体的宽带 IP 网络为例来进行说明，如图 8-2 所示。

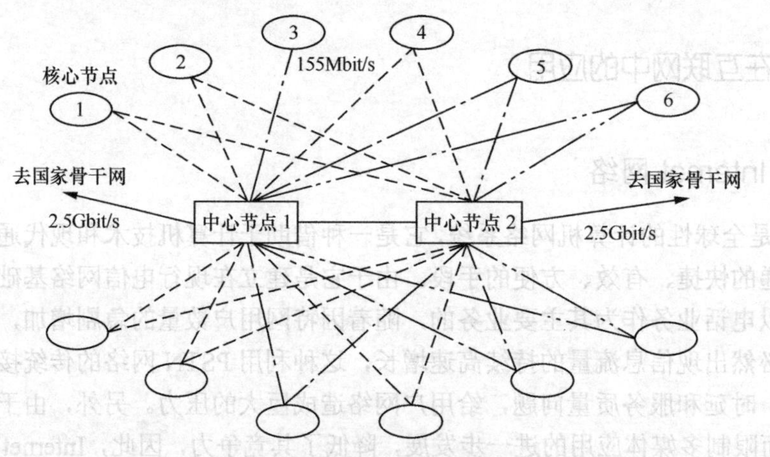

图 8-2　宽带 IP 网核心拓扑图

由图 8-2 所示的宽带 IP 网络的核心层拓扑图可见，其网络结构采用双星形结构，除核心节点以 155Mbit/s 单路由接入中心节点 1 外，其他核心节点分别以双 2.5Gbit/s 路由接入中心节点 1 和中心节点 2。而中心节点 1 和中心节点 2 是地区网到国家骨干网的出口，分别采用 2.5Gbit/s 系统与之相连。

（2）汇接层

汇接层主要完成信息的汇聚和分发任务，实现用户网络管理。具体地说就是提供到小区、到大楼的百兆比特、千兆比特中继端口，也可以通过光缆线路（10～120km）延伸至有业务需求的县城或乡镇。在图 8-3 所示的 IP 网络中，共设置了 96 个节点，并且每个节点分别通过两条千兆路由与本地的两个核心节点相连。

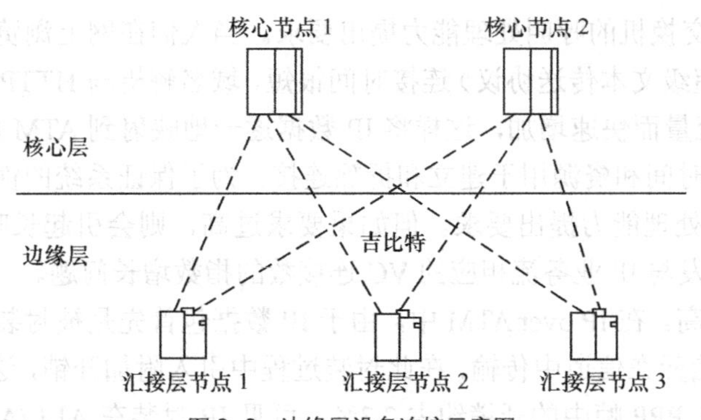

图8-3　边缘层设备连接示意图

（3）接入层

接入层主要是用来为用户提供具体的接入手段的。可以采用无线接入方式，也可以采用有线接入方式，既可以采用双绞线接入，也可以采用同轴线接入，或局域网、专线接入方式，以此满足不同用户对各种业务的需求。

目前一般的城域网均规划为核心层、汇接层和接入层三层结构，但对于规模不大的城域网，可视具体情况将核心层与汇接层合并以简化网络体系。

2. 传送技术

宽带IP网络是在现有的网络技术基础之上建立起来的，可采用当前最先进的网络传输技术——IP over ATM（POA），IP over SDH（POS）和IP over WDM（POW）等。

（1）IP over ATM

IP是Internet网络层协议。IP与ATM技术相融合，将能充分发挥出ATM支持多业务，提供服务质量保证（QoS）的技术优势，解决了传输速率问题，提高了网络性能，降低设备成本，增加了可管理性，提高了可扩展性。其基本原理如下。

① IP over ATM的基本原理

首先在ATM层将IP数据包全部封装为ATM信元，并以ATM信元形式在信道中传输。当网络中的交换机接收到一个IP数据包时，便根据IP数据包的IP地址进行路由地址处理，然后按路由进行转发操作，这样便在ATM网中建立起一个虚电路（VC），此后的IP数据包则可以在此虚电路VC上按直通方式传输。IP over ATM的分层结构如图8-4所示。

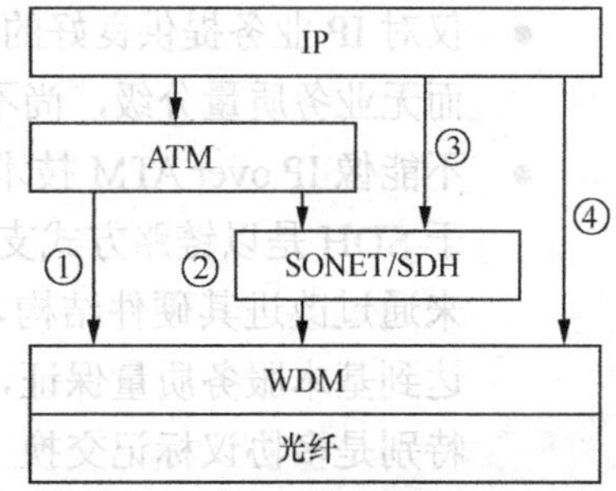

图8-4　POA，POS，POW的层次结构

② IP over ATM的特点

- ATM技术本身能提供QoS保证，具有寻路、流量控制、带宽管理、拥塞控制功能以及故障恢复能力，这些是IP所缺乏的，因而IP与ATM技术的融合，也使IP具有了上述功能。这样既提高了IP业务的服务质量，同时又能够保障网络的高可靠性。
- 适应于多业务，具有良好的网络可扩展能力，并能对其他几种网络协议如IPX等提供支持。

- 需对 ATM 交换机的呼叫处理能力提出要求。当人们在网上浏览时，基于 Web 访问的 HTTP（超级文本传送协议）连接时间很短，域名解析与 HTTP 传送的数据量很大，并且随 IP 流量而快速增加，这样将 IP 数据逐一地映射到 ATM 虚电路 VC 上时，需耗费大量的时间和资源用于建立和拆除连接。为了保证系统的性能，必须对 ATM 交换机的呼叫处理能力提出要求。但如果要求过高，则会引起长呼叫建立时延问题，同时也会引发与 IP 业务流相应的 VC 连接数的指数增长问题。
- 封装开销较高。在 IP over ATM 中，由于 IP 数据包首先是被封装在 ATM 信元中，然后以 ATM 信元在信道中传输，在此封装过程中引入附加开销，这部分大约占 24.4%，而 IP 封装在 PPP 帧中的开销约占 2.3%，可见 IP 封装在 ALL/ATM 里的开销高，信息传输效率相对低一些。

（2）IP over SDH

IP over SDH，也称为 Packet over SDH（POS），即直接以 SDH 网络作为 IP 数据网络的物理传输网络，可见是一种 IP 与 SDH 技术的结合，其工作原理如下。

① IP over SDH 的基本原理

首先使用点到点（PPP）协议，按照 RFC1662 规范将 IP 分组插入 PPP 帧中的信息段，从而完成 IP 数据包的封装，然后利用 PPP 帧进行定界，再由 SDH 通道层的业务适配器将封装的 PPP 帧映射到 SDH 的净负荷中，最后经过 SDH 传输层、复用段和再生段层，并插入各种所需的管理开销，从而形成一个完整的 SDH 帧结构，这样才到达光层，可在光纤中传输。它保留了 IP 无面向连接的特性，其分层模型如图 8-4 所示。

② IP over SDH 的特点

- IP 与 SDH 技术的结合是将 IP 分组通过点到点协议直接映射到 SDH 帧，其中省掉了中间的 ATM 层，从而保留 Internet 的无连接特性，简化了网络体系结构，提高了传输效率，降低了成本，易于兼容不同技术体系和实现网间互联。
- 符合 Internet 业务的特点，如有利于实施多路广播方式。
- 能利用 SDH 技术本身的环路自愈功能进行链路保护以防止链路故障而造成的网络停顿，提高网络的稳定性。
- 仅对 IP 业务提供良好的支持，不适于多业务平台，可扩展性不理想，只有业务分级，而无业务质量分级，尚不支持 VPN 和电路仿真。
- 不能像 IP over ATM 技术那样提供较好的服务质量保障（QoS），在 IP over SDH 中由于 SDH 是以链路方式支持 IP 网络的，因而无法从根本上提高 IP 网络的性能，但后来通过改进其硬件结构，使高性能的线速路由器的吞吐量有了很大的突破，并可以达到基本服务质量保证，同时转发分组延时也已降到几十微秒，可以满足系统要求。特别是多协议标记交换（MPLS）的出现，使其性能又得到了很大的提升，这样使其应用更为广泛。

总之，随着吉比特和太比特路由器技术的不断完善，MPLS 的采用以及 IP 业务的不断发展，IP over SDH 正得到越来越多的应用。

（3）IP over WDM

随着 DWDM 光传输技术和宽带 IP 技术的不断完善，特别是太比特路由交换机和 DWDM

系统已初步进入商用阶段，从而大幅度地提高了骨干传输网络的传输容量，再加上各种宽带接入技术取得重大的发展，这样原有的利用SDH、PSTN等传统电信网构建城域数据通信网和接入Internet的方式已不能满足人们对高速、低价网络服务的要求，这主要体现在以下几方面：进一步可扩展带宽能力受到限制；严格的定时要求导致设备的复杂性和高成本；无论SDH，还是PSTN原来都是为话音业务设计的，不适应数据业务的突发性和不对称性，由此导致效率降低；主要结构为环形网络结构，节点数有限不适用于网状网结构；所需业务准备时间长（数周以上），不适应数据业务传输多变的要求；自愈恢复备用环路浪费资源。由于上述原因，因而提出IP over WDM方案。

① IP over WDM的基本原理

IP over WDM是IP与WDM技术相结合的标志。首先在发送端对不同波长的光信号进行复用，然后将复用信号送入一根光纤中传输，在接收端再利用解复用器将各不同波长的光信号分开，送入相应的终端，从而实现IP数据包在多波长光路上的传输。由此可见，IP over WDM将是一个真正意义上的链路层数据网，在IP层和物理层之间省去了ATM层和SDH层，将IP数据直接放到光路上进行传播。此时高性能的路由器可通过光ADM或WDM耦合器与WDM光纤相连，完成波长接入控制功能以及交换、路由选择和保护功能。其分层结构如图8-4所示。

② IP over WDM的特点

- 简化了层次，减少了网络设备和功能重叠，从而减轻了网管复杂程度。
- 充分利用光纤的带宽资源，极大地提高了带宽和相对的传输速率。
- 对传输码率、数据格式及调制方式透明。可以传送不同码率的ATM、SDH/SONET和千兆以太网格式的业务。

由以上分析可见，IP over WDM能够极大地拓展现有的网络带宽，最大限度地提高线路利用率，这样当千兆以太网成为接入主流时，IP over WDM将会真正成为无缝接入。尽管目前DWDM已经运用于长途通信之中，但只提供终端复用功能，还不能动态地完成上、下复用功能，光信号的损耗与监控以及光通路的保护倒换与网络管理配置还停留在电层阶段，技术还很不成熟。因此就目前而言，发展高性能的IP业务，IP over SDH是可供选择方式之一，后面我们将会对IP over SDH进行详细介绍。

3. 接入技术

采用宽带IP网络作为IP骨干网之后，可以支持宽带接入服务，为用户提供各种宽带的多媒体业务，因而各运营商将根据自身的特点提出相应的解决方案，一般有FTTx+xDSL、FTTx+HFC、FTTx+LAN、无线接入等方式，其中FTTx+LAN最为看好。这是因为以太网技术已经非常成熟，应用极为广泛，价格又便宜。另外随着通信网络的普及，各信息化住宅小区的不断出现，商业大楼、学校、大中型企业单位、政府机关都开展了高速网络建设，这些用户相对集中，因而可以用较少的投资，最低的资费通过LAN交换机为用户提供10Mbit/100Mbit/s甚至1000Mbit/s的宽带接入方案，使用户真正享受到各种各样的网络服务。

8.1.3 IP over SDH技术

IP over SONET/SDH也称为POS，它是通过SONET/SDH提供的高速传输通道来直接传送IP分组，因而由此所构成的数据骨干网是由高速光纤传输通道相连接的大容量高端路由器构成，实际上它是在传统IP网络概念基础上的一种扩展，它不但兼容了传输的IP协议，而且借助于SDH所提供的点到点物理连接，在物理通道上使其速率提升到Gbit/s数量级，其中主要涉及数据的封装和高速路由器两个问题。下面便分别进行讨论。

1．数据的封装

参照OSI七层网络模型在图2-15中给出IP over SDH的分层结构可见，SONET/SDH协议是物理层协议，主要负责物理层上数据流的传送任务。IP协议是属于网络层的无连接协议，主要负责数据包由源到宿的寻址和路由选择，两者之间是数据链路层，主要负责进行帧定位和纠错。由于SONET/SDH是采用点到点的传输方式，因而IETF（国际互联网工程任务联合会），建议采用PPP（点到点协议）作为链路层协议来对IP数据包进行数据封装，在同步传输链路上对PPP封装的IP数据帧进行定界。从而将PPP帧映射到SDH的虚容器之中，具体过程可参见图2-17。

2．高速路由器

传统的路由器通常是采用总线和集中处理器的结构，其处理能力一般是几十万个包/秒，最大的吞吐能力约1个Gbit/s，而SDH的接口速率通常为STM-4（622Mbit/s）、STM-16（2.5Gbit/s）、STM-64（10 Gbit/s）。由此可见，传统的路由器显然不能适用于IP over SDH系统之中。而因为IP over SDH的路由器只是针对点到点的SDH链路的，中间无需任何SDH的ADM或DXC设备，便可以灵活地进行组网工作，这样当链路速率提高到Gbit/s量级以后，就要求能够采用更高级别的路由器（千兆位）来胜任高速数据转发任务，以满足因特网对核心路由器的处理能力、容量的要求，因而新型的千兆（位）路由器是否能够达到使用标准便成为IP over SDH技术的关键。为此许多厂商开发出了多种千兆级的路由器，如Cisco的7500、12000系列路由器，Ascend的GRF系列，Lucent的PacketStar 6400系列，其中Cisco GSR-12000路由器的吞吐量达60Gbit/s，转发速度达27500kbit/s；PACKETE ENGNES公司生产的PowerRail 5200吉位线速路由器的中继包转发速度可达37000kbit/s，该种路由器即能提供Cos（业务分级），而且还能提供基本服务质量（Qos）保证。

这些千兆级路由器放弃了传统的总线/背板加集中处理器的结构，而采用了高性能的专线或通用的交换矩阵，或者ATM交换矩阵，并同时将原有的集中在中央处理器的功能分散到各接口处理模块以此通过高速缓存技术和其他路由预处理技术来加速数据包的转换，从而大大提高路由器的吞吐量。但此类型的路由器仍停留在原传统意义基础上，必须依据路由表进行数据转发，随着因特网规模的不断扩大，业务流量急剧增加，从而使网络中的路由器的路由表也越来越庞大，即使采用无类域间路由（CIDR）、甚大规模网络（VLSN）等技术进一步加大路由的集中程度，但路由表仍然达到几十万行的规模，尽管通过使用高缓存手段，可加快访问速度，但完成如此庞大的路由表查询任务仍需耗费巨大的用时。为解决这一瓶颈限制，必须依靠IETF提出的MPLS协议。

多协议标记交换（Muti-Protocal Label Switching，MPLS）是在标记（label）的索引下进行高速交换。基于此概念设计的路由器就是标记交换路由器（Label Switching Router，LSR），该路由器是基于现有的ATM交换机，并附以相关的路由协议（如开放最短路径优先路由协议——OSPF，边缘网络协议——BGP）和标记分配协议，同时采用索引查表方式，这样可直接将内容本身作为地址索引，一步就能从表的对应位置找到表项，这使其能具有比当前千兆路由器更高的吞吐量。目前许多厂家都推出了他们的 MPLS 兼容路由器，如 Lucent 的 PacketStar 6400 系列。

总之，随着缓存技术、硬件（芯片）处理技术的不断进步，再加之多标记交换技术以及以信元交换作为路由器作为内部体系架构的路由交换等技术的出现，进一步加速了路由器技术的发展。

3. IP over SDH 应用方案

IP over SDH 组网的核心是新型吉比特路由器。随着吉比特路由器的商用化，IP over SDH 也显示出了其强大的发展趋势。早在 1997 年 9 月美国 Cisco 公司便推出了其 12000 系列吉比特交换路由器（GSR），该路由器可在吉比特位速率上实现 Internet 业务的选路功能，还具有 60Gbit/s 的带宽交换能力，同时还能提供灵活的拥塞管理、组播和 QoS 功能，可使骨干网速率达到 2.5Gbit/s，与此同时多家公司都在这方面做着巨大的努力，其中 AT&T 和 KDD 用一条横跨太平洋的海底光缆专用线路连接旧金山和东京，而用另一条横跨大西洋的海底光缆连接纽约和斯德哥尔摩，并在其上开展 IP over SDH 业务。图 8-5 给出了 IP over SDH 的应用方案。

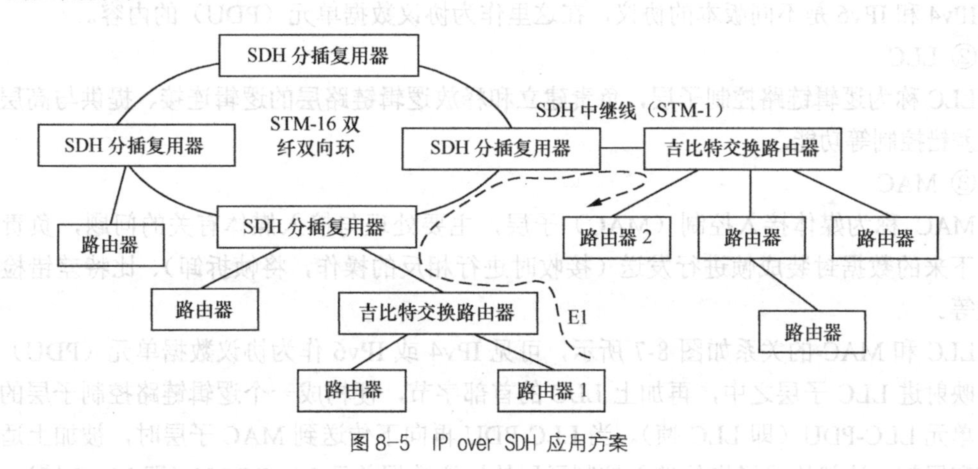

图 8-5 IP over SDH 应用方案

从图 8-5 中可以看出，该网络是由一个 STM-16 双纤双向环和若干路由器组成，路由器与 SDH 分插复用器以及路由器与路由器之间均采用 STM-1 中继线，由于路由器在网络中所处的位置不同又可以分成不同的等级，不同等级的路由器与各自的 IP 子网相连。例如，图 8-5 中路由器 1 欲与路由器 2 进行通信，则可由 SDH 网管系统在 STM-1 中继线及 STM-16 光纤环路中分别给定一条 E1 速率的信号用以支持路由器 1 和路由器 2 之间的固定连接。这种连接类似于 ATM 网中设置的永久虚电路（图中以虚线表示）。

8.1.4 基于 SDH 的千兆以太网（GEOS-Gbit Ethernet over SDH）技术

随着国际互联网的规模的不断扩大，IP 业务量也随之急剧增加，因此如何在现有传输速率上最大限度地有效利用光带宽的问题便倍受关注。一个最有潜力的解决方案就是用一个构

建在光网络上的二层交换平台来完成 IP 路由器的连接。可见这是通过直接在光网络单元上集成以太网接口及功能来实现的。下面我们从数据封装开始介绍。

1. 数据封装

在图 8-6 中给出 GEOS 系统的协议栈结构。

IPv4/IPv6	网络层
LLC	链路层
MAC	
LAPS	
SDH	物理层

图 8-6　GEOS 系统的协议栈结构

从图 8-6 中可以看出，GEOS 系统的协议栈可分为三层：网络层采用 IPv4 或 IPv6 协议，链路层包括三部分协议，LLC/MAC/LAPS，而物理层则为 SDH 传送网。

（1）协议内容

① IPv4 或 IPv6

IPv4 和 IPv6 是不同版本的协议，在这里作为协议数据单元（PDU）的内容。

② LLC

LLC 称为逻辑链路控制子层，负责建立和释放逻辑链路层的逻辑连接、提供与高层的接口、差错控制等功能。

③ MAC

MAC 称为媒体接入控制（MAC）子层，主要处理与接入媒体有关的问题，负责将上层交下来的数据封装成帧进行发送（接收时进行相反的操作，将帧拆卸）、比特差错检测和寻址等。

LLC 和 MAC 的关系如图 8-7 所示，可见 IPv4 或 IPv6 作为协议数据单元（PDU）的内容，映射进 LLC 子层之中，再加上 LLC 的首部字节，便构成一个逻辑链路控制子层的协议数据单元 LLC-PDU（即 LLC 帧）。当 LLC-PDU 再向下传送到 MAC 子层时，被加上适当的首部和尾部，这就构成了媒体接入控制子层的协议数据单元 MAC PDU（即 MAC 帧），其结构如图 8-8 所示。

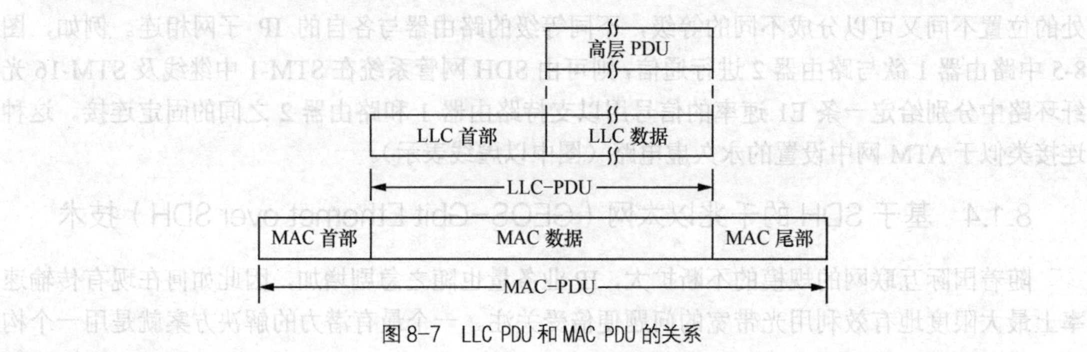

图 8-7　LLC PDU 和 MAC PDU 的关系

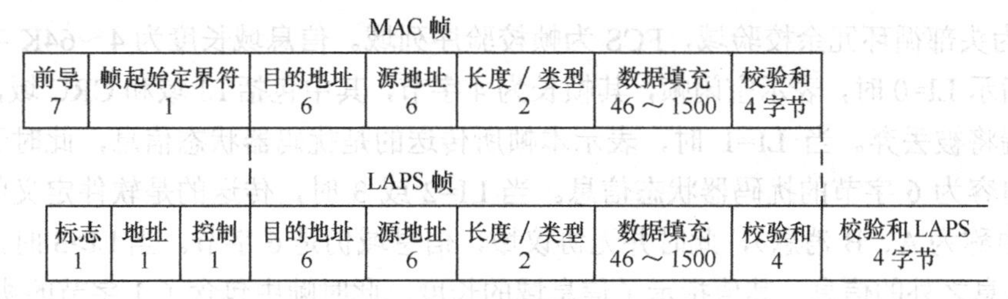

图8-8　MAC帧封装成LAPS帧

④ LAPS

LAPS帧规定了三种地址：全局地址为0xff，个别地址分别为0x04（IPv4）和0x06（IPv6）。可见LAPS帧采用SAPIs（服务接入点指示）来进行多协议的封装。因此LAPS帧不需要进行填充。LAPS帧的校验域为32bits.

（2）映射过程

LAPS协议的帧映射过程可分为如下两步进行。

① 将以太网的MAC帧封装成LAPS协议帧的过程如图8-8所示。MAC帧通过协议子层（RS）和媒质无关接口（MII）封装进LAPS协议帧，在此过程中无需地址过滤功能。图中LAPS帧和MAC帧的FCS（校验域）的计算分别遵循ITU-T x.85建议和IEEE802.3标准。这样Ethernet over SDH（采用LAPS）系统的功能单元将所有要发送的LAPS帧的信息域发送到对等的链路层，并且可以在传送前对LAPS帧进行缓冲。

② 将LAPS协议帧映射到SDH帧中。与图2-17类似，只是此时将PPP帧换成LAPS帧。在此操作过程中，发送端和接收端都需要对每一个输出/输入字节进行监控，而且当用户数据字节的编码与标志字节相同时，还要在两端分别进行填充和去填充操作。这种映射过程增加了设备操作的复杂性。为此朗讯公司提出了一种SDL（Simplified Data Link-简化数据链路）协议，并且使其链路速率可达到2.5Gbit/s（STM-16），甚至更高。

（3）采用SDL协议来实现GEOS的帧映射过程

① 简化的数据链路协议（SDL）

SDL协议是IETF于2000年1月提出的一种新的数据链路层协议，用于对同步或异步传送的可变长度的IP数据包进行高速定界，相对于2000年10月发布的LPAS帧格式，其定帧速率更快、纠错检错能力更好、网络安全可靠性能更高，可以在STM-16以上速率的SDH链路上传送不同的PDU（协议数据单元）信息。其帧结构如图8-9所示。

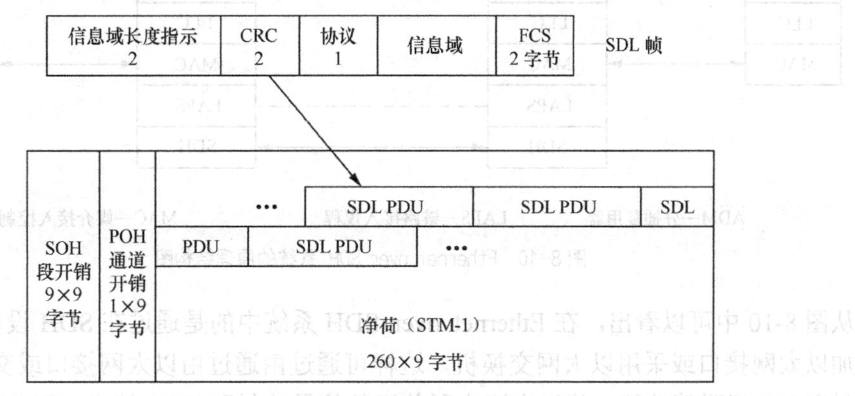

图8-9　采用SDL的映射过程

CRC 为头部循环冗余校验域，FCS 为帧校验序列域。信息域长度为 4～64K 字节。当信息域长度指示 LI=0 时，表示空闲帧，其帧长为 4 字节，其中包括 LI 域和 CRC 域，这种空闲帧在接收端将被丢弃。当 LI=1 时，表示本帧所传送的是扰码器状态信息，此时无协议域，信息域的内容为 6 字节的扰码器状态信息。当 LI=2 或 3 时，传送的是软件定义的消息（在 SDL 草案中称为 A、B 消息），此时并无协议域，信息域仍是 6 字节。当 LI>3 时，则表示传送 A、B 消息之外的信息，其值指示了信息域的长度，此时帧中包含了 1 字节的协议域。

② SDL 帧映射到 SDH 帧中

在 IP/PPP /SDH 中是采用基于 PPP 的帧定界协议来完成 SDH 同步传输的。这样当用户使用 PPP 时，网管就需要对每一个输入、输出字节进行监视。当用户数据字节的编码与标志字节相同时，网管便进行填充或去填充操作。为此 Lucent 提出了简化数据协议 SDL，从而可实现对同步或异步传送的可变长的 IP 数据包进行高速定界，其映射过程如图 8-9 所示。这样当系统开始启动时，系统便能够按照 CRC 捕捉方法或通过 SDH 通道开销中的 H4 字节所指示的位置来确定 SDL 的帧界。

2. GEOS 应用方案

下面我们仅以 MAC/LAPS/SDH 系统为例来进行说明。

（1）系统结构

GEOS 是一种采用 IP 分组交换方式的光广域网。它将以太网的二层交换灵活性和资源优化能力与现有 SDH 光网络的大容量、高带宽效率和低协议开销相结合，从而得到一种高速、经济的数据接入方案，在此方案中实质上是采用了分布式通信的无连接网络机制，如图 8-10 所示。

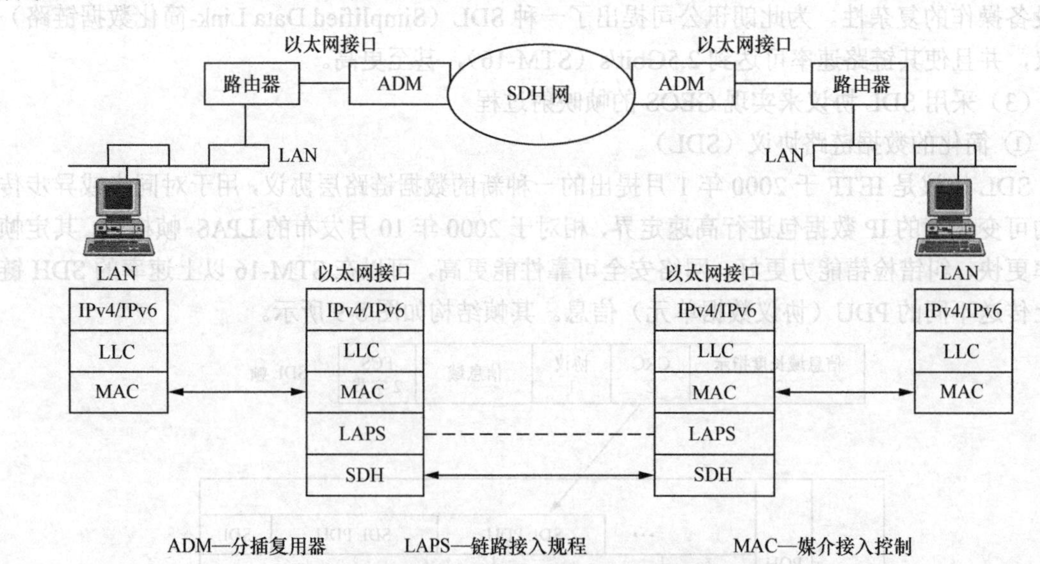

图 8-10　Ethernet over SDH 系统的原理结构图

从图 8-10 中可以看出，在 Ethernet over SDH 系统中的是通过在 SDH 设备（如 ADM）上增加以太网接口或采用以太网交换机，这样可通过由通过由以太网接口或交换机所提供的帧映射和 VC 级联等功能。将以太网中所传送的信号映射到 SDH 帧中，经 SDH 网传送到与接收终端相连的具有以太网接口或以太网交换机的SDH设备，并经过去映射，将恢复出的适于以太网传送的信号送往接收终端。

（2）GEOS的速率适配问题

由于以太网技术相当成熟，因而可以采用10Mbit/s、100Mbit/s和1000Mbit/s等不同速率，而SDH所提供的接口速率分别为2Mbit/s、34Mbit/s、140Mbit/s和155Mbit/s，显然以太网的信号速率与SDH净负荷速率不匹配，因而不能充分发挥SDH的高效传输性能。特别是当以太网帧所需带宽大于C-4时，SDH设备必须提供*X*个VC-4用于建立点到点链路间的通信。例如，某以太网帧传送所需的速率为400Mbit/s，那么以在SDH设备中对3个VC-4（需3个155Mbit/s接口）分别建立点到点链路来完成通信。虽然能够满足了信号带宽的要求，但由于以太网帧信号是通过3个不同的155Mbit/s接口进行的，如果在SDH网络中所引入的时延不同的话，那么会给以太网帧信号的恢复带来困难。为了克服这一不利的影响，因此要求SDH网络能够提供带宽动态分配功能，即将几条SDH电路捆绑在一起以获得与以太网速率相匹配的带宽，这就是级联技术。它是通过在SDH设备中增加的千兆以太网接口提供的VC-4级联功能来完成。

（3）GEOS系统的优点

与IP over SDH相比，Ethernet over SDH的优点如下。

① 提高了网络的带宽利用率

例如，300Mbit/s带宽的IP数据报业务在IP over SDH系统中，需要通过路由器的STM-4（622Mbit/s）接口映射到SDH，在SDH光网络上传输时需要占用622Mbit/s的通道；而在Ethernet over SDH中，通过分配数个STM-1（155Mbit/s）来满足不同用户的带宽要求。300Mbit/s的以太网MAC帧数据报业务只需分配两个STM-1，这样通过SDH光网络传输时只需占用310Mbit/s的通道，从而提高了网络的带宽利用率。

② 具有带宽优化特性

在GEOS中，业务数据流是同时承载于多条链路之中，因而承载业务流的资源具有共享特性。而其传输网络是用光通信网络实现的，故而可以认为光带宽可由多个IP数据流所共享。当与端口汇集特性（一个千兆以太网端口实际上可视为一个1.25Gbit/s信道接口）相结合，可最大利用信道带宽，这就是带宽优化特性。这种带宽优化特性在网状配置下更为经济有效。

8.2 SDH在接入网中的应用

随着电信技术的不断进步，整个通信网络也得到了不断发展。目前主干网基本上已实现了光纤化、数字化和宽带化。但作为电信“最后一公里”的用户环路部分由于受到技术条件的限制，使之成为全网宽带化的瓶颈。针对这一问题，各国相继开发了基于铜缆的数字用户环路，即DSL技术；基于光缆的光接入网；基于现有的有线电视网的HFC系统以及无线接入技术等宽带接入手段。

光纤接入是宽带接入的最佳方案，但就目前的实际情况来说，完全抛弃现有的用户网络，重新铺设光缆，这是很不现实的，因而如何选择理想的解决方案，高效、经济地构建满足各种用户要求的接入网络是人们关注的一个焦点。宽带接入网建设应根据社会的发展、用户的需要、设备的成熟程度和经济实力分阶段实施。接入设备必须具备组网灵活和能够支持新业务的特性。

基于 SDH 的集成接入系统是将 SDH 技术上的优势应用于接入网领域，使 SDH 的功能和接口尽可能靠近用户，从而提升了接入网的技术水平。

8.2.1 在接入网中应用 SDH 的主要优势

1．具有标准的速率接口

在 SDH 体系中，对各种速率等级的光接口都有详细的规范。这样使 SDH 网络具有统一的网络节点接口（NNI），从而简化了信号互通以及信号传输、复用、交叉连接过程，使各厂家的设备都可以实现互连。

2．极大地增加了网络运行、维护、管理（OAM）功能

在 SDH 帧结构中定义了丰富的开销字节，其中包括网管通道、公务电话通道、通道跟踪字节及丰富的误码监视、告警指示、远端告警指示等。这些开销能够为维护与管理提供了巨大的便利条件，这样当出现故障时，就能够利用丰富的误码率计算等开销来进行在线监视，及时地判断出故障性质和位置，从而降低了维护成本。

3．完善的自愈功能可增加网络的可靠性

SDH 体系具有指针调整机制和环路管理功能，可以组成完备的自愈保护环。这样当某处光缆出现断线故障时具有高度智能化的网元（TM、ADM、DXC）能够迅速地找到代替路由，并恢复业务。

4．具有网络扩展与升级能力

目前一般接入网最多采用 155Mbit/s 的传输速率，相信随着人们对电话、数据、图像各种业务需求的不断增加，由此对接入速率的要求也将随之提高。由于采用 SDH 标准体系结构，因而可以很方便地实现从 155Mbit/s 到 622Mbit/s，乃至 2.5Gbit/s 的升级。

为了能够更好地利用 SDH 的优势，同时也需要将 SDH 进一步延伸至窄带用户，这就要求其能够灵活地提供综合新老业务的 64kbit/s 级传输平台。

8.2.2 SDH 在接入网中的应用方案

对于带宽要求较大的大企事业用户，可将 SDH 分插复用器（ADM）设置在用户处，并采用点到点或环形结构，以一个 STM-1 速率的通道与 STM-N 速率的业务节点相连，而对于带宽要求较小的企事业用户，则可采用较低速率的复用器或共享 ADM 方式来实现连接。下面以一个集成接入系统为例来进行分析。

在一个基于 SDH 的集成接入系统中，由于采用了 SDH 技术，因而使 SDH 的功能和接口能尽可能地靠近用户。再考虑到接入网的建设成本较高以及运行环境较恶劣等问题，因此要求运用于接入网的 SDH 设备必须具有紧凑、功耗低和价格便宜的特点。

1．接入方案

从网络拓扑结构上分析，接入方案可采用点到点的链路结构、星形结构、环形结构或环形-星形混合结构，但从其传输的角度来分析，可归纳为基于SDH接入和综合接入方式。

（1）基于SDH的接入方式

该接入方案中的传输部分采用SDH的传输标准，具有标准的速率、帧结构以及与STM-1相同的功能，并能够通过标准的SDH支路接口与STM-4或STM-16实现互通，而SDH支路接口既可以提供E1（2Mbit/s）信号，也可以提供155Mbit/s信号。在155Mbit/s支路接口上具有光/电分路功能，这样在光路上可形成光分路，也可利用电分路盘复用到上一级传输设备上去，从而提高系统组网的灵活性。

（2）综合接入方式

随着接入技术的不断发展，衡量一个综合接入网产品的好坏，已不能仅停留在其支持接入业务的种类多少上，而应根据其解决宽、窄兼容技术水平来确定。如果能够动态地分配带宽，那么只要配备相应的接口，便能满足各种业务（包括未来的新业务）要求，在集成接入系统中是通过虚容器（VC），将不同的支路信号映射到STM-1中，由于在传输过程中是以VC作为独立单元进行传输的，因而采用级联的VC就能映射比单独一个VC更大的数据流，这样便能够按照需求动态地为信道分配带宽，达到更有效地利用传输带宽的目的。例如，当要求接入的业务比特率大于E1时，可为其分配多个级联的VC-12；反之分配一个或部分E1。

2．支持接入业务类型

GEOS系统所能支持多种类型的接入业务，大致可分为以下三种。

（1）支持窄带业务

集成接入系统充分利用SDH技术优势，使SDH的功能和接口尽可能地靠近用户，这样可通过STM-0子速率（Sub STM-0）连接来为其提供灵活的、并能综合新老业务的64kbit/s传送平台。目前ITU-T第15研究组已开发出了新的G.708建议，建议中对sSTM-2n和sSTM-1k接口做出规范。在集成接入系统中是通过V5接口或DLC完成窄带接入的，如图8-11所示。

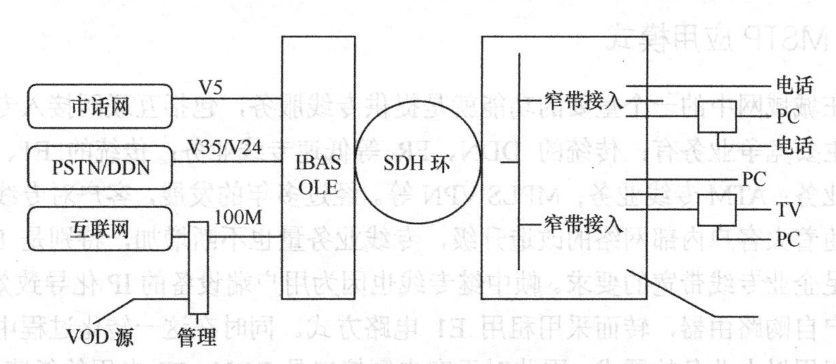

图8-11 集成接入系统应用实例

（2）支持宽带业务

SDH利用VC将不同的支路信号映射到（E1映射到VC-12，E3（34Mbit/s）映射到VC-3）STM-*N*中，这样级联的VC能映射比单个VC更大的数据流，从而实现“带宽的按需分配”，即动态分配信道，提高带宽的利用率，在图 8-11 所示的集成接入系统中是通过插入不同接口卡直接为用户提供 10M/100M 以太网接口或 270M DVB 数字图像接口，而无需 ATM 适配层就能将宽带业务映射到 SDH 帧中，并动态地按需为其分配带宽（N×E1），从而有效地利用带宽，实现真正意义上的宽、窄带业务接入兼容。

（3）支持 IP 业务

SDH 在接入网中的最新应用就是支持 IP 接入，即利用部分 SDH 净负荷来传送 IP 业务，从而使 SDH 也能支持 IP 接入。在集成接入系统中是通过在其 IBAS 设备（如图 8-11 所示）中插入网卡，以此作为支路盘来为用户提供两路以太网接口，并且可根据需要由系统为以太网接口分配带宽（n×2Mbit/s）。

随着 IP 技术介入到 SDH 传送平台，从而使各种不同技术标准达到相互兼容，实现网络互连及多媒体业务的互通。但由于最初 SDH 系统主要是针对语音业务而设计的，因而对于接入 10M/100M 的以太网业务，可采用 POS 互联方式组网。POS 方式的优点是技术成熟，并且便于维护管理，但缺点是只能支持点到点的连接，灵活性差。为了满足人们对各种多媒体应用的需求，目前城域网中普遍使用基于 SDH 的多业务传送平台。

8.3 MSTP 技术在城域网中的应用

8.3.1 MSTP 在城域网中的应用优势

由于 SDH 是传输层技术，它并不了解所承载的净负荷的内容，因此传统的 SDH 技术难以有效地满足数据传送的要求，面对电信业务的加速数据化和动态 IP 业务以及多样化的业务环境，产生了 MSTP 的概念。

MSTP 吸收了以太网、ATM、MPLS、RPR 等技术的优点，在 SDH 技术基础上，对业务接口进行了丰富，并且在其业务接口板中增加了以太网、ATM、MPLS、RPR 等处理功能，使之能够基于 SDH 网络支持多种数据业务的传送和终结，实现数据业务透传或二层交换和本地汇聚功能。

8.3.2 MSTP 应用模式

MSTP 在城域网中的一个重要的功能就是提供专线服务，包括互联网接入专线和企业互联专线。其主要竞争业务有：传统的 DDN、FR 等低速专线业务；传统的 E1、E3、STM-1 等数字专线业务；ATM 专线业务；MPLS VPN 等。经过多年的发展，客户对专线的认同度不断提高，但随着大客户内部网络的改造升级，专线业务量也不断增加，特别是 DDN 网络容量已难以满足企业专线带宽的要求。帧中继专线也因为用户端设备的 IP 化导致效率降低，使得大量的客户自购路由器，转而采用租用 E1 电路方式。同时在这一转化过程中，有部分客户提出直接租用以太业务的需求。因此对于客户侧接口是 DDN、FR 专用的低速接口，MSTP 同样提供此类接口，用以实现 DDN、FR、N×64kbit/s 仿真业务。这样可以通过 MSTP 所提供的 FE 接口，直接与客户交换机/路由器连接，替代原有的 PDH 设备和协议转换器，实现业务带宽的动态调整和平滑升级。MSTP 提供大客户专线的组网模型如图 8-12 所示。对于 ATM 专线、MPLS VPN 等，可利用 MSTP 网络的以太网功能开展大客户以太专线，可实现 VPN

组网，进而提供QoS、安全、可靠管理保障。组网模型如图8-13所示。值得说明的是，MSTP能够提供丰富的接口，如FE、GE、E1、E3、STM-1/4/16等，提供速率范围为2～1000Mbit/s，且有严格的带宽保证和安全隔离，可以进行简单的二层组网，具有50ms的网络自愈能力。但缺点是配置复杂，没有路由器，互通性差，二层处理能力受限。

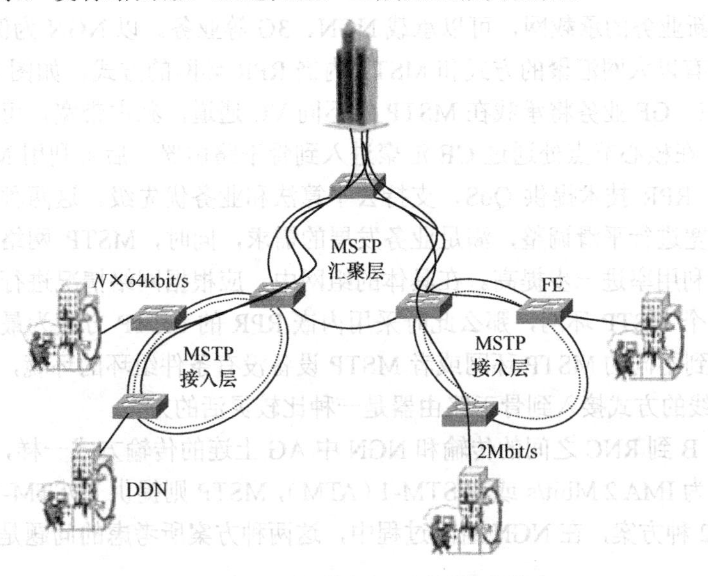

图8-12 MSTP提供大客户专线的组网模式

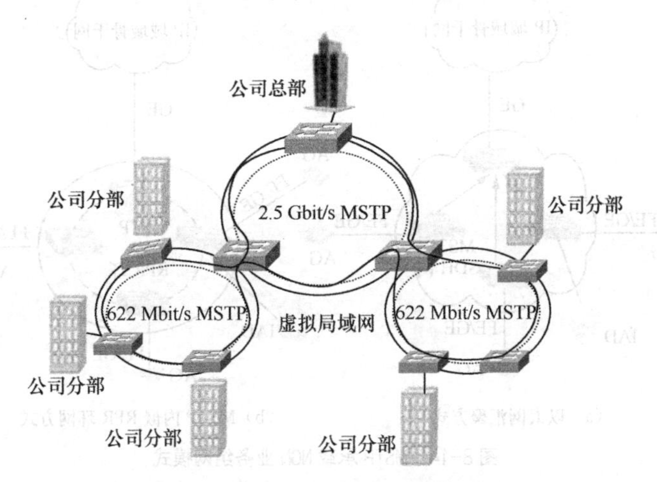

图8-13 MSTP提供虚拟局域网组网模式

MSTP的应用主要有以下几个方面。

（1）IP城域网。采用MSTP的GE透传实现路由器之间的互连。

（2）新建小区。采用MSTP的FE透传实现与BRAS的互连。

（3）写字楼等大客户的互连网接入专线。采用MSTP的FE透传功能实现客户交换机到IP城域网边缘路由器之间的互连。

（4）银行等大客户的数据专线。采用MSTP的VLAN汇聚功能实现分行到总行的互连。

可见MSTP主要针对业务连续性和网络安全性要求高的客户，充分发挥其多业务能力的特点，实现视频会议、信息共享、内部VoIP等业务。同时又可以共享一个互联网出口，减少接入互联网的专线成本，使之成为真正无地域限制的虚拟局域网。

8.4 MSTP 在 IP 承载网中的应用

MSTP 作为新业务的承载网，可以承载 NGN、3G 等业务。以 NGN 为例，MSTP 对 AG 上行的承载主要有以太网汇聚的方式和 MSTP 内嵌 RPR 环网的方式，如图 8-14 所示。前者各 AG 上行的 FE、GE 业务将承载在 MSTP 的不同 VC 通道，独占带宽，可以保证各类业务的 QoS 和安全，在核心节点处通过 GE 汇聚进入到骨干路由器。后者利用 MSTP 的部分 VC 开通 RPR 环网，RPR 技术提供 QoS，支持公平算法和业务优先级。这两种方式都可以利用 LCAS 对业务带宽进行平滑调整，满足业务发展的需求，同时，MSTP 网络还提供其他业务的接入，使网络利用率进一步提高。在具体的组网中，应根据网络情况进行选择。如果若干个 AG 欲接入一个 MSTP 环网，那么此时采用内嵌 RPR 的 MSTP 方案为最佳方案。如果若干个 AG 欲接入到不同的 MSTP 环网或者 MSTP 设备没有条件组环的环境，则通过汇聚型的 MSTP 以太网专线的方式接入到骨干路由器是一种比较灵活的方案。

3G 的 Node B 到 RNC 之间的传输和 NGN 中 AG 上连的传输方式一样，只不过 Node B 提供的传输接口为 IMA 2 Mbit/s 或者 STM-1（ATM），MSTP 则提供 EI/STM-1 等速率的 ATM 电路和 VP Ring 2 种方案，在 NGN 组网过程中，这两种方案所考虑的问题是一致的。

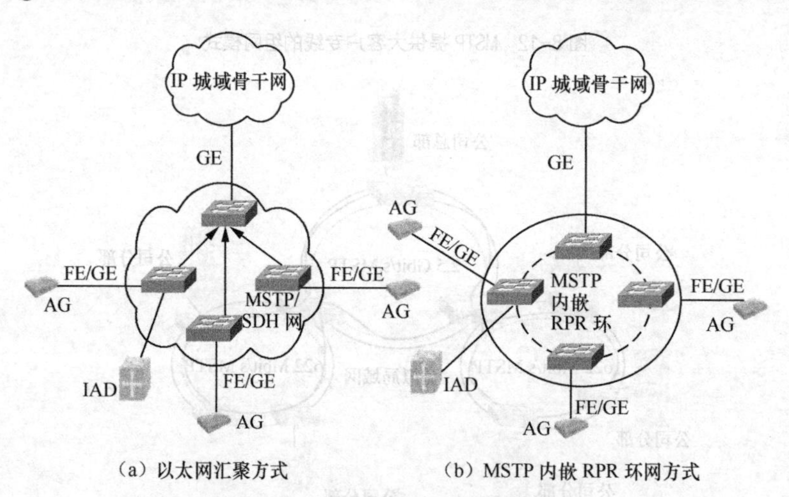

（a）以太网汇聚方式　　（b）MSTP 内嵌 RPR 环网方式

图 8-14　MSTP 承载 NGN 业务组网模式

小结

本章主要对 SDH&MSTP 技术运用于互联网、城域网以及接入网时的应用方案进行了详细的分析。

1. SDH 在互联网中实现宽带 IP 网络的主要技术如下。

网络分层技术：核心层、汇接层、接入层。

传送技术：IP over ATM、IP over SDH、IP over WDM。

接入技术；有线接入、无线接入。

2. IP over SDH 技术：数据封装、映射过程、高速路由器、应用方案。
3. 基于 SDH 的千兆以太网技术：数据封装、映射过程、应用方案。
4. SDH 在接入网中的应用：应用优势、应用方案、接入业务类型。
5. MSTP 在城域网中的应用：核心层、汇聚层、接入层组网方案。

复习题

1. 简述宽带 IP 网络中所运用的网络分层结构。
2. 请说出在宽带 IP 网络中可所使用的传送技术有哪些？
3. 简述 IP over SDH 的基本工作原理。
4. 画出 SDL 帧结构。
5. 请对 GEOS 应用方案进行评述。
6. 在接入网中应用 SDH 技术的优势有哪些？
7. MSTP 在城域网中的应用模式有哪些？

第9章 SDH与MSTP本地传输网规划设计

目前许多通信网交换局之间都采用SDH/MSTP网作为传输网，它为交换局之间提供高速高质量的数字传送能力，而且SDH/MSTP也是宽带IP城域网常采用的骨干传输技术之一。由此可见如何进行SDH/MSTP传输网的规划设计是至关重要的。

本章首先介绍本地传输网的分层结构及分层规划设计，然后举例说明本地SDH传输网规划设计的方法，最后讨论MSTP本地传输网的分层组网设计。

9.1 本地传输网规划设计概述

我国的传输网包括长途传输网和本地传输网。长途传输网由省际网（一级干线网）和省内网（二级干线网）两个层面组成；本地网是一级、二级干线网络的延伸，一般把传输网中非干线部分的网络划归本地网，本地网在内涵上包含了城域网。

本节重点介绍本地传输网的规划设计。

9.1.1 本地传输网的分层结构

考虑到对现有主要业务网络的兼容性、可预见的运营商业务的综合化以及企业发展战略的连续性，本地传输网一般分为：核心层、汇聚层和接入层。本地传输网分层结构示意图如图9-1所示。

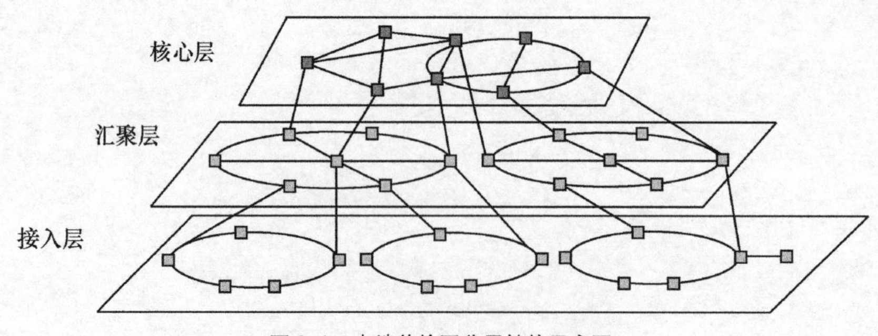

图9-1 本地传输网分层结构示意图

9.1.2 本地传输网的分层规划设计

目前本地传输网常用的拓扑结构主要有：环形结构、链形/星形结构、网状网（或不完全网状网）结构。在选择 SDH/MSTP 传输网的拓扑结构时，应考虑到以下几方面的因素。

- 在进行 SDH/MSTP 网络规划时，应从经济角度衡量其合理性，同时还要考虑到不同地区、不同时期的业务增长率的不平衡性。
- 应考虑网络现状、网络覆盖区域、网络保护及通道调度方式以及节点传输容量，最大限度地利用现有网络设备。
- 应考虑管理方便、技术成熟等方面。
- 由于环形网中接入节点数受到传输容量的限制，因而环网适用于传输容量不大、节点数较少的地区。通常当环路速率为 STM-4 时，接入节点数一般在 3～5 个为宜；当环路速率为 STM-16 时，接入节点数不宜超过 10 个。
- 根据具体业务分布情况和经济条件，选择适当的保护方式。

在实际的应用中，往往是多种拓扑结构的综合。本地传输网分层拓扑典型示例如图 9-2 所示。

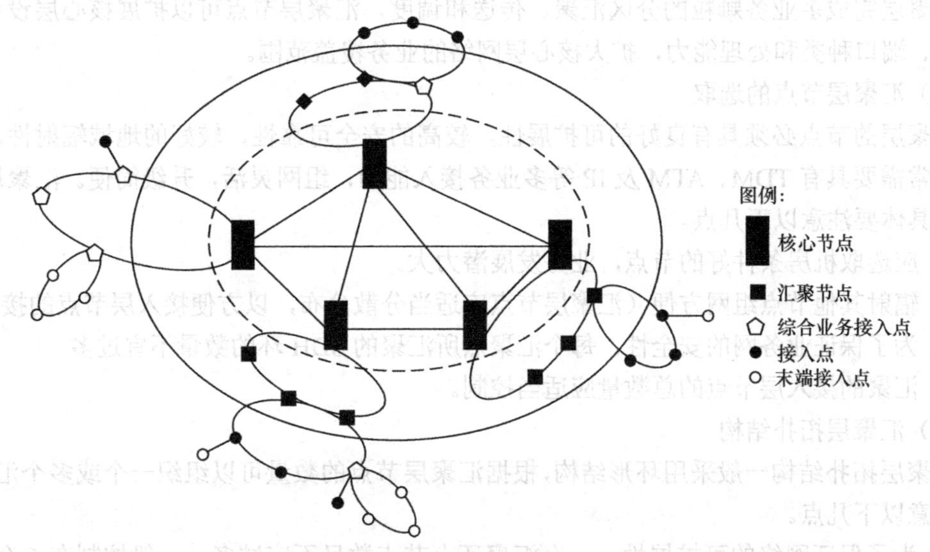

图 9-2　本地传输网分层拓扑典型示例

1. 核心层规划设计

（1）核心层的作用

核心层作为多种业务的传输平台，负责本地网范围内核心节点的信息传送，其传输容量大，节点的重要性高。

（2）核心层节点的设置

核心层节点一般为城域内移动交换中心（MSC）、数据交换中心、ATM 交换局、长途关口局、互连互通局、汇接局等中心局站。

（3）核心层拓扑结构

由于核心层的重要性，其网络应结构清晰、安全可靠、高效灵活、便于管理和维护、满足大容量业务调度的需要。

核心层在网络建设初期，可以采用环形结构（或者采用多环相交结构）、格状（即不完全网状网），随着业务的增加，可以逐步过渡到网状网结构。具体有以下三种情况。

① 大型城市核心层：一般采用格状拓扑结构。

② 中型城市核心层：节点相对较多，多数核心节点都是多种业务的中心局，各个节点间的业务流量也比较大，若为环形结构，应该采用四纤或二纤双向复用段共享保护环。

③ 较小规模的本地网核心层：局房数量不多，传输系统一般也采用环形结构（单环或多环相交），速率为 2.5Gbit/s 或者 10Gbit/s。

2．汇聚层规划设计

（1）汇聚层的作用

汇聚层介于核心层与接入层之间，其作用是对接入层上传的业务进行收容、整合，并向核心层节点进行转接传送。汇聚层主要用于分区汇集电信端局、数据分局、基站控制器(BSC)、县或重要镇的节点等业务接入点的电路，并将它们转接到核心层的节点。

汇聚层完成多业务颗粒的分区汇聚、传送和调度，汇聚层节点可以扩展核心层设备的端口密度、端口种类和处理能力，扩大核心层网络的业务覆盖范围。

（2）汇聚层节点的选取

汇聚层的节点必须具有良好的可扩展性，较高的安全可靠性，较好的地域辐射性。节点设备通常需要具有 TDM、ATM 及 IP 等多业务接入能力，组网灵活，升级简便。汇聚层节点的选取具体要注意以下几点。

① 应选取机房条件好的节点，业务发展潜力大。

② 辐射其他节点组网方便（汇聚层节点应适当分散分布，以方便接入层节点的接入）。

③ 为了保证业务网的安全性，每个汇聚点所汇聚的 SDH 环的数量不宜过多。

④ 汇聚的接入层节点的总数量应适当控制。

（3）汇聚层拓扑结构

汇聚层拓扑结构一般采用环形结构，根据汇聚层节点的数量可以组织一个或多个汇聚环，需要注意以下几点。

① 为了保证网络的可扩展性，一个汇聚环上节点数目不应过多，一般控制在 6 个以下。

② 汇聚环的容量一般为 2.5Gbit/s 或者 10Gbit/s。

③ 对于数据业务较多的汇聚环，应考虑该环上有与核心层数据交换局相交的节点。

④ 汇聚环与核心层互连的节点最好有两个，即保证光纤线路的双倍冗余，以避免节点失效影响整个汇聚片区。

3．接入层规划设计

（1）接入层的作用

一般的业务接入点（如基站、POP 点等）至汇聚节点的传输层面称为边缘层；本地传输网还包括从边缘层 POP 节点到用户端的接入部分，这部分一般称作用户接入层。习惯上，一般把边缘层、用户接入层统称为接入层。

本地传输网接入层的作用是为各种类型用户的接入提供传输手段。

（2）接入层拓扑结构

接入层位于网络末端，网络结构易变，发展迅速，一般要求接入层具有多业务传输能力及灵活的组网能力。

接入层可采用环形或链形拓扑结构。

- 接入环容量一般为155Mbit/s（农村地区）或622Mbit/s（城区环境），每个环的节点数不应超过16个，考虑到3G/4G与IP业务的开展，一般6～8个为宜。如果一个物理路由上的节点数量过多，可以组织多个接入层环网。接入环的网络保护通常采用通道保护方式。
- 在接入层中的个别偏远节点，采用链形拓扑结构。为了节约成本，一般链形结构不采用物理上的备用路由，即无保护。所以每条链路上的节点数目不宜太多（通常为3个以下），否则，链路的前端故障会引起链上所有的节点通信中断，造成较大的影响。

9.2 SDH本地传输网规划设计

9.2.1 SDH本地传输网规划设计的原则及内容

1. SDH本地传输网规划设计的原则

在进行SDH传输网络规划设计时，除应参照相关标准和有关规定外，还要结合具体情况，确定网络拓扑结构、设备选型等内容，另外应注意以下问题。

（1）SDH传输网络的建设应有计划分步骤实施。一个使用的SDH网络结构相当复杂，它与经济、环境以及当前业务发展状况有关。因而在综合考虑建设资金、业务量和技术等条件的前提下，逐步向更完善的网络结构过渡。

（2）SDH本地传输网规划应与本地电话网的范围相协调。

（3）在进行SDH网络规划时，除考虑电话业务之外，必须兼顾考虑数据、图文、视频、电路租用等业务对传输的要求。另外还应从网络功能划分方面考虑到支撑网对传输的要求，同时还要充分考虑网络的安全性问题，以此根据网络拓扑和设备配置情况，确定网络冗余度、网络保护方式和通道调度方式。

（4）新建立的SDH网络是叠加在原有PDH网络上的，两种网络之间的互连可通过边界上的接口来实现，但应尽量减少互连的次数以避免抖动的影响。

2. SDH本地传输网规划设计的内容

SDH本地传输网规划设计具体包括以下内容。

- 网络拓扑结构的设计。
- 设备选型。
- 局间中继电路的计算与分配。
- 容量的设计。
- 局间中继距离的计算。
- SDH网络保护方式的选择。
- SDH网同步的设计。

9.2.2 SDH 本地传输网规划设计的方法

下面以某个城市为例说明如何进行 SDH 本地传输网的规划设计。这里忽略分层的概念，重点讨论 SDH 本地传输网规划设计的方法。

1. 网络拓扑结构的设计

由于环形拓扑结构具有自愈功能，所以在 SDH 本地传输网规划设计时一般采用环形拓扑结构，并根据情况配以一定的格状、链形（也叫线形）或星形方式。

环形拓扑结构中各节点的设备一般选用分插复用器（ADM）。

图 9-3 所示是某市本地网的拓扑结构。为了便于集中计费和实现新业务，上级地区本地网已经采用智能网软交换平台。采用了智能网软交换平台后，要求本地网内任一端局的任一次呼叫必须经过智能网软交换平台交换后，才能到达目的局。所以即使一个端局内的用户呼叫本端局的另一用户，也必须经过智能网软交换平台，才能到达本端局的另一用户。所以本地区的各端局之间无直达电路，各端局只与汇接局 A 有电路。

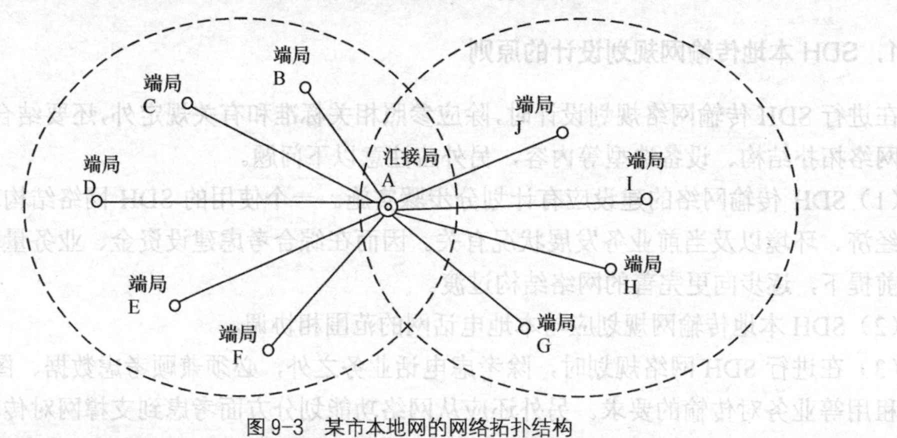

图 9-3　某市本地网的网络拓扑结构

所设计的 SDH 传输网所连接的本地网的逻辑结构也如图 9-3 所示。本次设计的传输网所连接的局站共有 10 个，其中汇接局 A 与端局 B、C、D、E、F 以星形方式连接，又同时与端局 G、H、I、J 以星形方式连接。

本次设计的传输网的物理结构如图 9-4 所示。

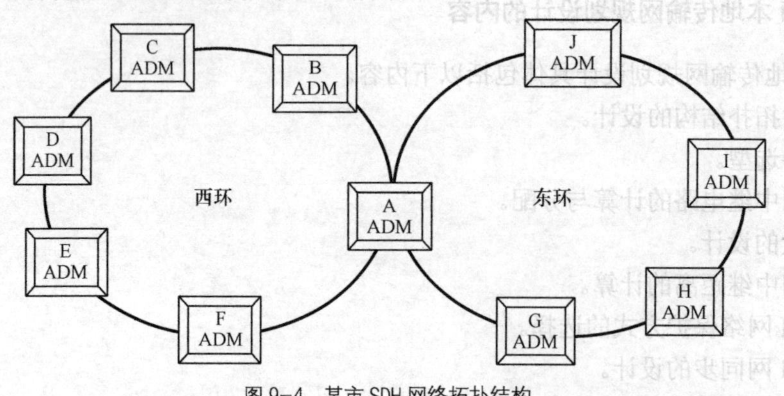

图 9-4　某市 SDH 网络拓扑结构

由图9-4可见，所设计的SDH传输网连成两个环路，两环之间通过汇接局A相连。

2．设备选型

目前，生产SDH设备的厂家颇多：国外的有朗讯、富士通等，国内的有武汉院、中兴、华为等公司。在进行设备选形时要综合考虑：技术先进性、可靠性、适用性、经济性和组网灵活性等因素。

例如，图9-4所示的SDH网络，选择使用中兴公司生产的ZXSM-150/600/2500系列SDH光同步传送设备。该设备具有如下特点。

（1）可由STM-1升级到STM-4直至STM-16，只需要更换光接口板，实现平滑升级。

（2）它的核心设计理念是“模块化的平台式结构”，设备硬件采用模块化设计，将SDH设备所处理的各项功能分为网元控制、ECC通信处理、净荷交叉、开销处理和时钟电源等功能模块，并相对独立。

（3）在业务通道上，系统可提供4个群路方向的STM-16光接口、12个群路方向的STM-4光接口、32个群路方向的STM-1光接口，可以组成复杂的传输网络。

（4）配置BITS外部时钟接口盒，可提供2路2Mbits/s或2路2MHz的外部时钟接入，或者提供两路2Mbits/s或两路2MHz的外部时钟输出。

3．局间中继电路的计算与分配

首先计算考虑电话业务时所需的局间中继电路数，主要包括以下几步。

（1）求某局到汇接局的平均话务量

由于各个端局之间无电路，它们只与所连接的汇接局有电路，每一端局发生的任一次呼叫均需要经过所连接的汇接局汇接（其中包括本端局的用户呼叫本端局的用户）。所以在计算各局站之间的业务量时，只进行各个端局到所连接的汇接局的业务量的计算，即只计算各个端局各自发生的所有话务量。

某局到汇接局的平均话务量为

每户平均话务量（Erl/户）*用户数量

（2）求中继电路条数

查厄朗表（呼损率不大于1%）得到中继电路条数；或根据下式计算得出中继电路条数：

某局到汇接局的平均话务量（Erl）/0.7（Erl/条）

（根据厄朗公式可计算出每条中继电路的话务量大约为0.7 Erl/条）

（3）计算电话业务所需的2M电路数

所需的2M电路数为：

中继电路条数/30

例如，对图9-4所示SDH传输网中的西环进行局间中继电路的计算与分配。

查阅本市电信历年的话务统计报表分析，对B、C、D、E、F五个局的1999年～2005年用户平均话务量统计如表9-1所示。

表9-1　　每户平均话务量　　单位：Erl

局名	1999年	2000年	2001年	2002年	2003年	2004年	2005年	总平均
B	0.011	0.021	0.028	0.032	0.039	0.041	0.033	0.029
C	0.012	0.018	0.026	0.033	0.037	0.041	0.033	0.028

续表

局名	1999 年	2000 年	2001 年	2002 年	2003 年	2004 年	2005 年	总平均
D	0.010	0.017	0.021	0.026	0.029	0.033	0.025	0.023
E	0.010	0.012	0.016	0.019	0.021	0.023	0.020	0.017
F	0.011	0.016	0.019	0.023	0.026	0.029	0.024	0.021

另外，依照目前电信市场的发展情况来看，固定电话的发展速度已经远落后于移动电话。所以，在考虑3～5年的固话发展量上，分析目前的实际情况，应该是装机增量很小，因此，语音话务量的计算依照现在的用户数来计算。各局的用户量统计如表9-2所示。

表 9-2　用户量统计表　单位：户

局名	B	C	D	E	F
用户量	7326	6823	3238	4369	4966

下面以B局为例来计算中继电路数。

B局到A局的平均话务量为

每户平均话务量（Erl/户）×用户数量

即 0.029 Erl/户× 7326 户 ＝213 Erl

查厄朗表（呼损率不大于1%）得到中继电路条数为305（或213/0.7=305）。

2M电路数为

305/30＝11（个）

以上预测的是电话业务所需的2M电路数，再考虑到宽带节点、城域网节点、用户2M电路的出租，并为后期的扩容和发展需要留出一定的富余量。得出各局所需的2M电路数如表9-3所示。

表 9-3　2M电路统计表

序号	站点	2M配置（个）	富余2M（个）	其他业务2M（个）	2M合计（个）
1	B	11	4	5	20
2	C	10	2	6	18
3	D	4	2	2	8
4	E	4	2	2	8
5	F	5	2	3	10
合计		34	12	18	64

西环各局的业务矩阵图如表9-4所示。

表 9-4　622M 西环业务矩阵图

局址	A	F	E	D	C	B	小计
A		10	8	8	18	20	64
F	10						10
E	8						8
D	8						8
C	18						18
B	20						20
小计	64	10	8	8	16	20	128

由表9-4可得到西环通路组织图如图9-5所示。

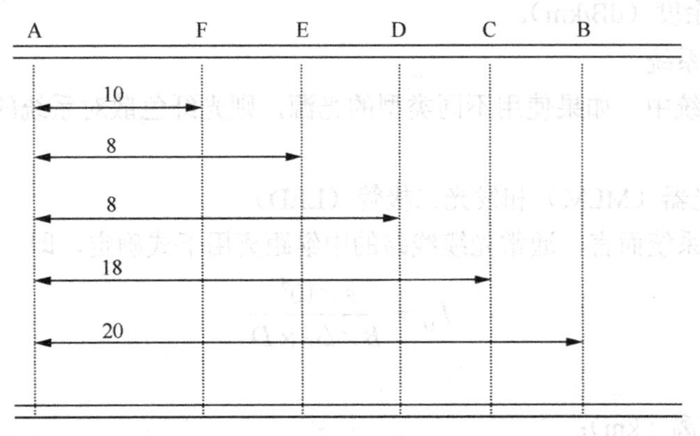

图9-5 西环通路组织图（单位：2M）

4. 环的容量的设计

我国的SDH传输网技术规定中的复用映射结构是以G.709建议的复用结构为基础的，1个STM-1里包含63个2M。由表9-4可知，西环实际容量为128个2M，所以应该选STM-4（即622M环）。按照同样的方法可以得到东环的各局的业务矩阵图、通路组织图等（不再赘述），结论是东环也选STM-4（即622M环）。

5. 局间中继距离的计算

中继距离的计算是SDH传输网设计的一项主要内容。在计算中继距离时应考虑衰减和色散这两个限制因素。其中色散与传输速率有关，高速传输情况下甚至成为决定因素。下面分别进行讨论。

（1）衰减受限系统

在衰减受限系统中，中继距离越长，则光纤系统的成本越低，获得的技术经济效益越高。因而这个问题一直受到系统设计者们的重视。当前，广泛采用的设计方法是ITU-T G.956所建议的极限值设计法。这里将在进一步考虑到光纤和接头损耗的基础上，对中继距离的设计方法（极限值设计法）进行描述。

在工程设计中，一般光纤系统的中继距离可以表示为

$$L_\alpha = \frac{P_T - P_R - A_{CT} - A_{CR} - P_P - M_E}{A_f + A_S + M_C} \tag{9-1}$$

式中，

P_T 表示发送光功率（dBm）；

P_R 表示接收灵敏度（dBm）（接收灵敏度是指系统满足一定误码率指标的条件下接收机所允许的最小光功率）；

A_{CT} 和 A_{CR} 分别表示线路系统发送端和接收端活动连接器的接续损耗（dB）；

P_P 是光通道功率代价（dB），包括反射功率代价 P_r 和色散功率代价 P_d；

M_E 是设备富余度（dB）；

A_f 是中继段的平均光缆衰减系数（dB/km）；

A_S是中继段平均接头损耗（dB/km）；

M_C是光缆富余度（dB/km）。

（2）色散受限系统

在光纤通信系统中，如果使用不同类型的光源，则光纤色散对系统的影响各不相同，下面分别进行介绍。

① 多纵模激光器（MLM）和发光二极管（LED）

就目前的速率系统而言，通常光缆线路的中继距离用下式确定，即

$$L_D = \frac{\varepsilon \times 10^6}{B \times \Delta\lambda \times D} \tag{9-2}$$

式中，

L_D表示传输距离（km）；

B表示线路码速率（Mbit/s）；

D表示色散系数（ps/km·nm）；

$\Delta\lambda$表示光源谱线宽度（nm）；

ε表示与色散代价有关的系数。

其中ε由系统中所选用的光源类型来决定，若采用多纵模激光器，由于具有码间干扰和模分配噪声两种色散机理，故取ε=0.115；若采用发光二极管，由于主要存在码间干扰，因而应取ε=0.306。

② 单纵模激光器（SLM）

单纵模激光器的色散代价主要是由啁啾声决定的。对于处于直接强度调制状态下的单纵模激光器，其载流子密度的变化是随注入电流的变化而变化。这样使有源区的折射率指数发生变化，从而导致激光器谐振腔的光通路长度相应变化，结果致使振荡波长随时间偏移，这就是所谓的频率啁啾现象。因为这种时间偏移是随机的，因而当受上述影响的光脉冲经过光纤后，在光纤色散的作用下，可以使光脉冲波形发生展宽，因此接收取样点所接收的信号中就会存在随机成份，这就是一种噪声——啁啾声。严重时会造成判决困难，给单模数字光通信系统带来损伤，从而限制传输距离。

其中继距离计算公式如下：

$$L_C = \frac{71400}{\alpha \cdot D \cdot \lambda^2 \cdot B^2} \tag{9-3}$$

式中，α为频率啁啾系数。当采用普通DFB激光器作为系统光源时，α取值范围为4～6；当采用新型的量子阱激光器时，α值可降低为2～4；而对于采用电吸收外调制器的激光器模块的系统来说，α值还可进一步降低为0～1。同样B仍为线路码速率，但量纲为Tbit/s。

以上分别介绍了考虑衰减和色散时计算中继距离的公式，对于某一传输速率的系统而言，在考虑上述两个因素同时，根据不同性质的光源，可以利用式（9-1）和式（9-2）或式（9-3）分别计算出两个中继距离L_α、L_D（或L_C），然后取其较短的作为该传输速率情况下系统的实际可达中继距离。

6. SDH网络保护方式的选择

我们已知环形网采用自愈环进行网络保护，在实际规划设计一个SDH传输网时，应根据

本地区的实际情况（如容量、经济情况等）综合考虑采用哪一种自愈环。

图 9-4 所示的 SDH 传输网采用二纤双向复用段保护方式，如图 9-6 所示。

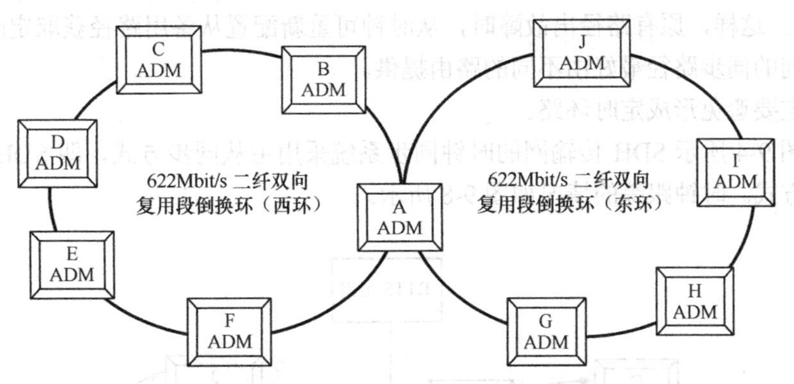

图 9-6　所设计的 SDH 网二纤双向复用段倒换方式

本网络所设计的西环保护倒换示意图如图 9-7 所示。

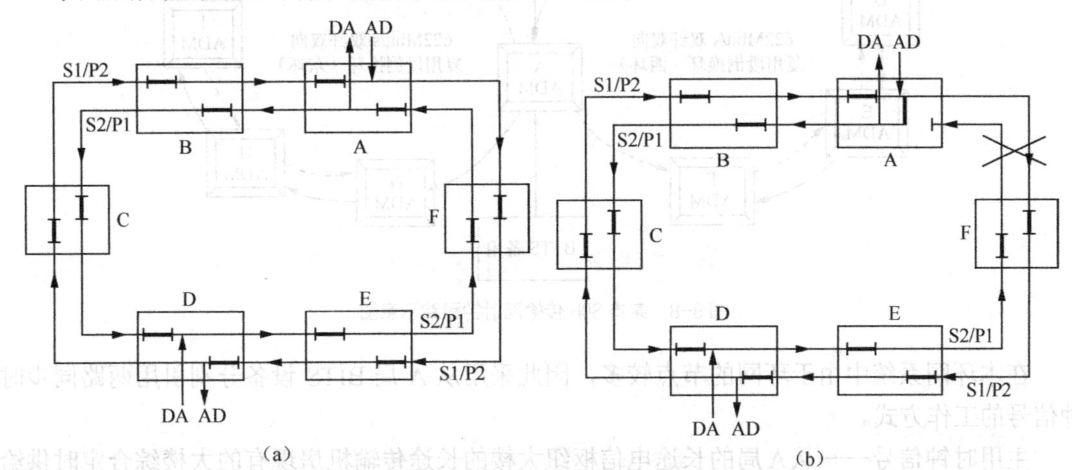

图 9-7　西环保护倒换示意图

本书第 5 章已经介绍过二纤双向复用段倒换环的保护倒换原理，下面针对本网络所设计的西环保护倒换为例具体说明是如何保护倒换的。

以 A 局到 D 局通信为例，图 9-7（a）是正常情况，AD 之间的通信，低速支路信号在 A 局馈入到 S1（S1/P2 光纤的前一部分时隙），沿 S1 经 F、E 到 D 落地接收。DA 之间的通信，低速支路信号在 D 局馈入到 S2（S2/P1 光纤的前一部分时隙），沿 S2 经 E、F 到 A 落地接收。

图 9-7（b）假设 A 和 F 节点间光缆被切断，与切断点相邻的 A 局和 F 局中的倒换开关将 S1/P2 光纤与 S2/P1 光纤沟通（即开关倒换）。AD 之间的通信，低速支路信号在 A 局馈入到 S1，由 S1 倒换到 P1，沿 P1 由 A，经 C、D、E 到 F，在 F 局信号由 P1 倒换到 S1，沿 S1 经 E 到 D 落地接收。DA 之间的通信，低速支路信号在 D 局馈入到 S2，沿 S2 经 E 到 F，在 F 局信号由 S2 倒换到 P2，沿 P2 经 E、D、C、B 到 A，在 A 局信号由 P2 倒换到 S2 落地接收。

7. SDH 网同步的设计

在进行 SDH 网同步的设计时应该注意以下几点。

（1）同步网定时基准传输链的长度要尽量短。

（2）所有节点时钟的 NE 时钟都至少可以从两条同步路径获取定时（即应配置传送时钟的备用路径）。这样，原有路径出故障时，从时钟可重新配置从备用路径获取定时。

（3）不同的同步路径最好由不同的路由提供。

（4）一定要避免形成定时环路。

例如，图 9-4 所示 SDH 传输网的时钟同步系统采用主从同步方式，即 SDH 系统采用外部定时工作方式。时钟跟踪的情况如图 9-8 所示。

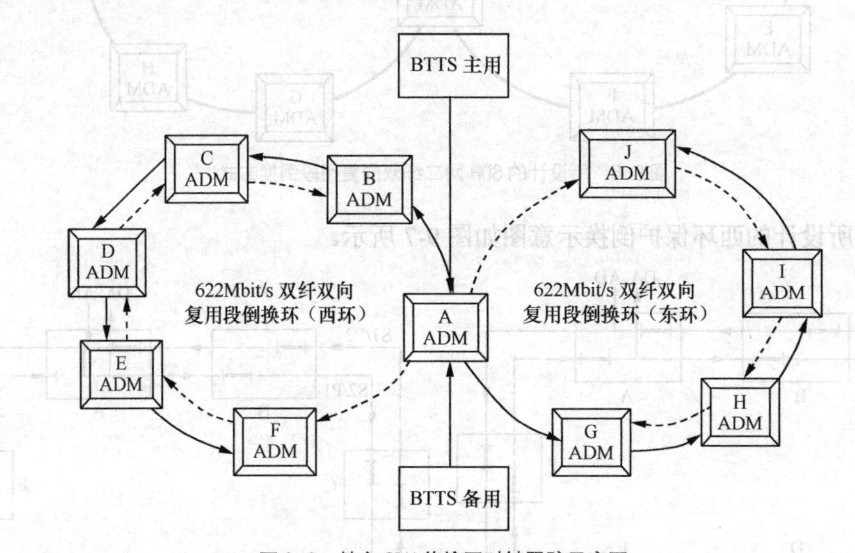

图 9-8　某市 SDH 传输网时钟跟踪示意图

在本环网系统中由于环网的节点较多，因此采用从 A 局 BITS 设备分别引用两路同步时钟信号的工作方式。

主用时钟信号——从 A 局的长途电信枢纽大楼的长途传输机房现有的大楼综合定时供给系统 BITS 设备配置 DDF 架上引入 2Mbit/s 主用同步时钟信号，接入本次工程新设 SDH 设备 A 节点的外部同步时钟输入口 1，其余各站 SDH 设备从 STM-4 信号中提取主用时钟。

备用时钟信号——从 A 局本地传输机房现有定时供给系统 BITS 设备配置 DDF 架上引入 2Mbit/s 备用同步时钟信号，接入本工程新设 SDH 设备 A 节点的外部同步时钟输入口 2，其余各站 SDH 设备从 STM-4 信号中提取备用时钟。

时钟保护按以下方法配置：A 局的外部时钟源 1 分配 ID 为 1，外部时钟源 2 分配 ID 为 2，内部时钟源分配 ID 为 3。

全网节点启动 S1 字节，时钟源跟踪级别设置如下。

- A 局：外部时钟源 1/外部时钟源 2/内部时钟源。
- B、C、D、E、F、G、H、I、J 局：跟踪主用时钟源/跟踪备用时钟源/内部时钟源。

正常情况下，各局从第一等级提取时钟，即跟踪主用时钟源。假如图 9-8 中，西环 C 局与 B 局之间的光缆断裂时，B 局跟踪 A 局的主用时钟源，而 C、D、E、F 局则只能从第二等级提取时钟，即跟踪备用时钟源。

9.3 MSTP本地传输网规划设计

9.3.1 MSTP本地传输网规划设计的方法

上面介绍了SDH本地传输网规划设计的方法，MSTP本地传输网规划设计的内容及方法与之基本相同。

MSTP是基于SDH技术的，MSTP设备集成了传统SDH设备的多种功能，通过硬件组合和软件灵活配置，MSTP设备可以成为SDH的任何一种网元。因而MSTP的传输性能与SDH网相同，所以局间中继距离的计算、网络保护方式的选择及网同步的设计等，MSTP与SDH网一样。主要区别在于计算局间中继电路数时，MSTP除了分析电话业务所需的2M或155M电路数，重点要考虑以太网业务、ATM业务以及其他宽带数据业务等。

9.3.2 MSTP本地传输网的分层组网设计

9.1节简要介绍了本地传输网的分层规划设计，下面具体针对MSTP组网进行讨论。

1．核心层组网设计

核心层主要提供大容量的业务调度能力和多种业务的传输能力，完成PSTN、ATM/FR、DDN和公用骨干网的互联互通。核心层传输网的业务需求主要以2Mbit/s、155 Mbit/s为主，同时还要满足3G/4G核心网、软交换以及城域骨干数据传输的需要，可见对带宽、传输延时等技术特性提出了更高的要求。

目前城域网中普遍采用SDH/MSTP环网来构建核心传输网，当核心层业务量非常大时，可选用MSTP技术进行组网。而对于未来业务流量将保持较高增长速度的地方，核心层应采用城域波分技术。同时考虑到向自动交换光网络（ASON）的过渡，因此需从网络结构、设备配置以及通路组织等方面进行规划。

（1）网络拓扑结构的规划

根据本地区的业务需求，分别做出近期、中期和远期的业务预测，并以中期为规划目标，进行传输带宽需求预测。根据预测结果，进行传输网的通路组织，从而获得带宽需求矩阵表、中继电路流量图等，作为网络拓扑结构规划的依据。具体设计原则如下。

① 充分考虑当地现有业务网的结构，准确地完成传输带宽需求预测，并在此基础上进行拓扑结构设计。若采用环形结构，普通城市一般建设1～3个核心层光环即可，大型城市可适当多建几个，但一般不超过6个。环上节点宜控制在3～4个，这样有利于节点间业务直接传送，从而提高带宽利用率及业务安全性。

② 遵循业务流量均衡组网原则，即网络中各节点、中继段所分担的负荷、带宽应达到均衡，避免流量过分集中而造成的不平衡的局面。

③ 未连通节点间的中继业务应本着转接节点最少、双路由分担负荷的原则进行规划。

值得说明的是，节点连通度与业务直达路由的合理规划都是向ASON平滑演进的有利条件。

（2）节点设备的配置

节点设备的配置应该建立在合理的架构基础上，要对设备的总线结构、交叉容量、群路和支路能力及业务调度的结构层次等进行统筹安排，这样才能充分发挥网络节点的重要作用。具体设备配置原则如下。

① 城域网核心层面业务量较大，且承担着各区业务的疏导和调度功能，光接口数量需求很多，同时考虑到向ASON演进的高连接度要求，因此建议采用大容量MADM设备，利用WDM、10Gbit/s/、2.5Gbit/s的MSTP设备进行组网，这样可提供充足的设备冗余度。

② 2Mbit/s电路与光接口支路应各自配置独立的下载子架，对于155Mbit/s带宽以上的接入电路，可选择由主设备接入GE或2.5Gbit/s SDH设备，下载子架应与2.5Gbit/s或以上速率级别主设备互连。

③ 建网初期下载子架的2Mbit/s支路板可以满配，光支路板、以太业务板等的配置则应根据需要并考虑适量冗余。在配置155Mbit/s光接口时，应按照与业务网元1+1保护的原则来进行配置，既要考虑到光接口数量的成倍需求，还要注意业务端口和保护端口在板位上分离。

（3）网络保护的设计

核心层传输网保护方式一般是以复用段保护为主，而对于重要业务需要跨环转接时，可采用子网连接保护（SNCP）。

SNCP倒换机理类似于通道倒换，采用“并发选收”的保护倒换规则，业务在工作和保护子网连接上同时传送。当工作子网连接失效或性能劣化到某一规定的水平时，子网连接的接收端依据优选准则选择保护子网连接上的信号。倒换时一般采取单向倒换方式，因而不需要APS协议。SNCP是一种专用的保护机理，可用于任何物理结构（如网状网、环形或混合结构）的传输网。

2. 汇聚层与接入层组网设计

汇聚层负责本地网区域内业务的汇聚和疏导，提供本地业务调度能力和多业务分发能力。在汇聚层采用MSTP技术可保证对传统TDM业务的支持外，还能够很好地优化数据业务的传送，提高带宽利用率。

接入层通过各种接入技术和各种线路资源，把业务就近接入汇聚节点，实现用户覆盖。接入层使用MSTP技术，可提供丰富的业务接口，最大限度地满足IP业务的接入和承载要求，有利于节约网络投资和提高资源利用率。若需IP业务流量占主导的区域，可采用RPR组网来优化数据业务接入能力。

通常在进行汇聚层和接入层组网设计时，应根据实际情况进行统一考虑。

（1）网络拓扑结构规划原则

考虑到汇聚层的容量、接入能力及网络的安全性，汇聚层和接入层网络拓扑结构规划应遵循下列原则。

① 汇聚层单个2.5Gbit/s环网上的节点数宜控制在4～6个。

② 接入层传输设备可根据接入光缆路由分别组成环形、星形（树形）或链形结构。

③ 汇聚点下挂的接入层622Mbit/s环和155Mbit/s环上节点数均为6～8个。

④ 汇聚点直接下挂的支链长度不能超过 4 个节点，接入环下挂的支链长度不能超过 3 个节点。

（2）汇聚层与接入层组网方案

从安全性方面考虑，原则上要求一个接入层节点应向上与汇聚层中的两个汇聚节点实现互连，并且各类业务应采用负荷分担方式通过两个节点进行疏通；同时需要考虑单节点和单平面失效故障，宜采用间插覆盖的网络结构，以防止汇聚区域内业务全阻。

具体的组网可以根据实际情况选择下列组网方式之一。

① 双平面双节点结构 MSP+通道保护组网方式

双平面双节点结构 MSP+通道保护组网方式如图 9-9 所示。其中汇聚层由双平面 2.5Gbit/s 系统构成，采用二纤双向复用段保护环（MSP）保护方式；接入层采用 155Mbit/s 环分别上连到不同平面的汇聚设备上，采用通道保护方式。这样相邻基站的电路通过不同的汇聚节点汇聚，中心机房可通过不同的设备实现上下话路操作。可见当汇聚节点出现故障瘫痪时，将会影响 50%的电路。

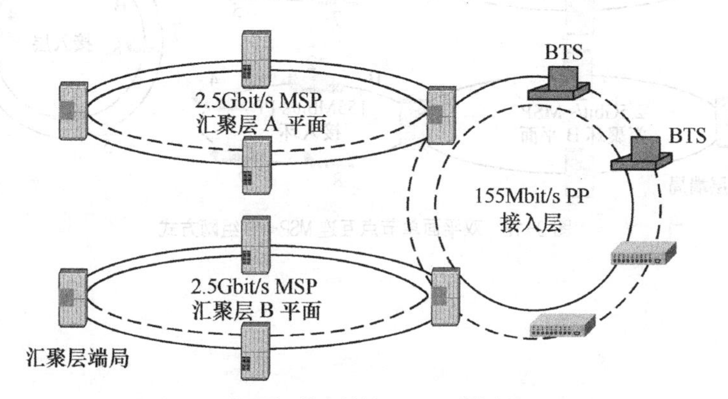

图 9-9　双平面双节点结构 MSP+通道保护组网方式

② 双节点互连端到端通道保护组网方式

双节点互连端到端通道保护组网方式如图 9-10 所示。接入环挂接在同一汇聚环上不同的汇聚设备上，采用二纤单向通道保护环（PP）保护方式。这样可以消除汇聚节点单节点失效导致业务中断的风险，大大提高设备的安全性。

③ 双节点挂环 MSP+通道保护的组网方式

双节点挂环 MSP+通道保护组网方式如图 9-11 所示。接入环挂接在同一汇聚环上不同的汇聚设备上，相邻基站的电路通过不同的汇聚节点汇聚。这种互连方式要求接入层通道保护环能够配合骨干层 MSP 环，同一个 2Mbit/s 业务的主用和保护路由均由同一个汇聚节点进行转接，虽然单个层面上业务均有较好的保护，但整个业务路径上存在单个节点互连的风险。

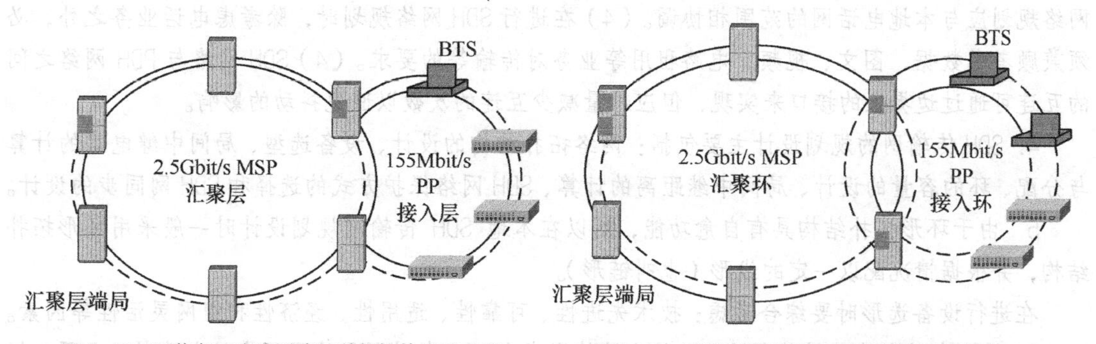

图 9-10　双节点互连端到端通道保护的组网方式　　图 9-11　双节点挂环 MSP+通道保护组网方式

④ 双平面单节点互连 MSP+PP 组网方式

双平面单节点互连 MSP+PP 组网方式如图 9-12 所示。汇聚层组建双平面，接入环采用单节点方式连接在单个汇聚设备上，接入层节点采用间插组网，即在接入层站点较多光缆环上采用同一条光缆，但不同的光纤环采用不同的芯缆，这样分纤隔点组成两个 155Mbit/s 接入环，如图 9-12 右图所示。

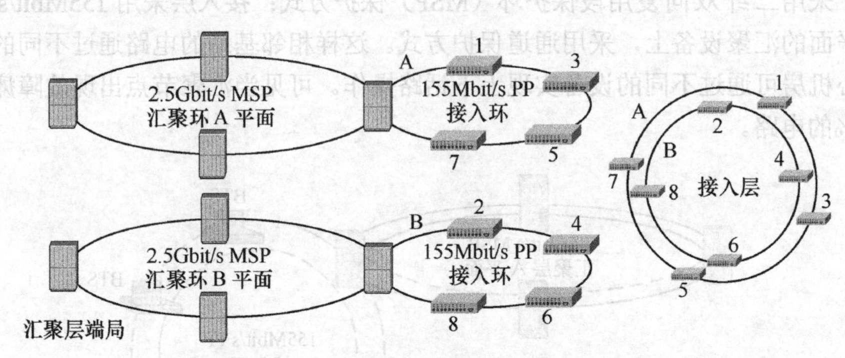

图 9-12 双平面单节点互连 MSP+PP 组网方式

小结

1. 一般把传输网中非干线部分的网络划归本地网，本地网在内涵上包含了城域网。本地传输网一般分为核心层、汇聚层和接入层。

2. 核心层作为多种业务的传输平台，负责本地网范围内核心节点的信息传送，其传输容量大，节点的重要性高。

核心层在网络建设初期，可以采用环形结构（或者采用多环相交结构）、格状（即不完全网状网），随着业务的增加，可以逐步过渡到网状网结构。

汇聚层介于核心层与接入层之间，对接入层上传的业务进行收容、整合，并向核心层节点进行转接传送。

汇聚层拓扑结构一般采用环形结构，根据汇聚层节点的数量可以组织一个或多个汇聚环。

接入层的作用是为各种类型用户的接入提供传输手段，可采用环形或链形拓扑结构。

3. SDH 传输网络规划设计的原则是：（1）SDH 传输网络的建设应有计划分步骤实施。（2）SDH 网络规划应与本地电话网的范围相协调。（4）在进行 SDH 网络规划时，除考虑电话业务之外，必须兼顾考虑数据、图文、视频、电路租用等业务对传输等的要求。（4）SDH 网络与 PDH 网络之间的互连可通过边界上的接口来实现，但应尽量减少互连的次数以避免抖动的影响。

4. SDH 传输网的规划设计主要包括：网络拓扑结构的设计、设备选型、局间中继电路的计算与分配、环的容量的设计、局间中继距离的计算、SDH 网络保护方式的选择和 SDH 网同步的设计。

5. 由于环形拓扑结构具有自愈功能，所以在本地 SDH 传输网规划设计时一般采用环形拓扑结构，并根据情况配以一定的线形（也叫链形）。

在进行设备选形时要综合考虑：技术先进性、可靠性、适用性、经济性和组网灵活性等因素。

6. 局间中继电路的计算与分配，首先计算考虑电话业务时所需的局间中继电路数，主要包括以下几步：①求某局到汇接局的平均话务量；②求中继电路条数；③计算电话业务所需的 2M 电路数。再考虑到宽带节点、城域网节点、用户 2M 电路的出租，并为后期的扩容和发展需要留出一定的富余量，得出各局所需的2M电路数。由此得出各局的业务矩阵图和环路通路组织图。

7. 局间中继距离的计算考虑衰减和色散这两个限制因素。

8. 环形网采用自愈环进行网络保护。在实际规划设计一个 SDH 传输网时，应根据本地区的实际情况（如容量、经济情况等）综合考虑采用哪一种自愈环。

9. 在进行 SDH 网同步的设计时应该注意：①同步网定时基准传输链的长度要尽量短。②所有节点时钟的 NE 时钟都至少可以从两条同步路径获取定时。③不同的同步路径最好由不同的路由提供。④一定要避免形成定时环路。

10. MSTP本地传输网规划设计的内容及方法与SDH传输网基本相同。

MSTP是基于SDH技术的，MSTP设备可以集成为SDH的任何一种网元。因而MSTP的传输性能与SDH网相同，所以局间中继距离的计算、网络保护方式的选择及网同步的设计等，MSTP与SDH网一样。主要区别在于计算局间中继电路数时，MSTP除了分析电话业务所需的2M或155M电路数，重点要考虑以太网业务、ATM业务以及其他宽带数据业务等。

11. MSTP核心层网络拓扑结构规划设计的原则：①充分考虑当地现有业务网的结构，准确地完成传输带宽需求预测，并在此基础上进行拓扑结构设计；②遵循业务流量均衡组网原则；③未连通节点间的中继业务应本遵循转接节点最少、双路由分担负荷的原则。

核心层传输网保护方式一般是以复用段保护为主，而对于重要业务需要跨环转接时，可采用子网连接保护（SNCP）。

12. MSTP在进行汇聚层和接入层组网设计时，应根据实际情况进行统一考虑。需遵循下列规定：①汇聚层单个2.5Gbit/s环网上的节点数宜控制在4~6个；②接入层传输设备可根据接入光缆路由分别组成环形、星形（树形）或链形结构；③汇聚点下挂的接入层622Mbit/s环和155Mbit/s环上节点数均为6~8个；④汇聚点直接下挂的支链长度不能超过4个节点，接入环下挂的支链长度不能超过3个节点。

复习题

1. 简要说明本地传输网的层次结构及各层采取什么样的拓扑结构。
2. SDH传输网络规划设计的原则是什么？
3. 在本地SDH传输网规划设计时一般采用什么类型的拓扑结构？为什么？
4. 在进行设备选型时要考虑哪些因素？
5. 计算局间中继电路数（考虑电话业务）主要包括哪几步？
6. 计算中继距离时应考虑哪两个因素？
7. 在进行SDH网同步的设计时应该注意哪些问题？
8. MSTP核心层网络拓扑结构规划设计的原则是什么？其保护方式如何？
9. MSTP汇聚层和接入层网络拓扑结构规划应遵循的原则是什么？

参考文献

[1] 袁建国，叶文伟．光纤通信新技术．北京：电子工业出版社，2014．

[2] 顾畹仪．光纤通信．北京：人民邮电出版社，2011．

[3] 孙学康，张金菊．光纤通信技术．3 版．北京：人民邮电出版社，2012．

[4] 何以心．光传输网络技术——SDH 与 WDM．2 版．北京：人民邮电出版社，2013．

[5] 韦乐平等．SDH 及其新应用．北京：人民邮电出版社，2001．

[6] 毛京丽．宽带 IP 网络．2 版．北京：人民邮电出版社，2015．

[7] 毛京丽．数字通信原理．3 版．北京：人民邮电出版社，2011．

[8] 曹蓟光，吴英桦．多业务传送平台（MSTP）技术与应用．北京：人民邮电出版社，2003．

[9] 余少华，陶智勇等．城域网多业务传送理论与技术．北京：人民邮电出版社，2004．

[10]王健全，杨万春，张杰等．城域 MSTP 技术．北京：机械工业出版社，2005．

[11]何能正，邱帆，郑志伟．基于 SDH 环形网的快速自愈以太网．光纤通信技术，2013．

[12]陈涛．以太网广域传输适用性分析．广播与电视技术，2013．

[13]杨贵，孙磊，李力等．区域保护与控制系统网络拓扑方案研究．电力系统保护与控制，2015．

[14]中华人民共和国通信行业标准 YDT 1620.2-2007．

[15]中华人民共和国通信行业标准 YDT 1620.3-2007．

[16]中华人民共和国通信行业标准 YDT 1289.4-2006．